蔬菜良种繁育学

郭尚 主编

孙胜 宋敏丽 薛义霞 韩志平 副主编

中国农业科学技术出版社

图书在版编目（CIP）数据

蔬菜良种繁育学／郭尚主编．—北京：中国农业科学技术出版社，2010（2021.6重印）

ISBN 978－7－5116－0185－8

Ⅰ．①蔬…　Ⅱ．①郭…　Ⅲ．①蔬菜－良种繁育　Ⅳ．①S630.38

中国版本图书馆CIP数据核字（2010）第096647号

责任编辑　徐平丽　赵　赟

责任校对　贾晓红

出 版 者　中国农业科学技术出版社

北京市中关村南大街12号　邮编：100081

电　　话　(010)82106638(编辑室)(010)82109704(发行部)

(010)82109703(读者服务部)

传　　真　(010)82109709

网　　址　http://www.castp.cn

经 销 者　新华书店北京发行所

印 刷 者　北京建宏印刷有限公司

开　　本　787 mm×1 092 mm　1/16

印　　张　17.25

字　　数　450千字

版　　次　2010年5月第1版　2021年6月第6次印刷

定　　价　48.00元

序　言

种子是农业生产中根本性的生产资料，是现代农业科技进步的重要载体，也是农业发展水平的重要标志。中国有“一粒种子可以改变世界”的名言，国外有“All the flowers of our tomorrows are in the seed today”的谚语，无不表明种子的重要性。

源于《中国统计年鉴》及《中国农业统计资料》的数据显示，2005 年以来我国每年蔬菜种植面积稳定在 2.6 亿亩左右，蔬菜总产量达到 5.8 亿吨左右，是世界上名副其实的蔬菜种植第一大国和生产大国，在农业生产中其种植规模仅次于粮食作物，位居第二位。其中主要蔬菜品种如白菜、萝卜、辣椒、番茄、黄瓜、茄子、大葱、西瓜、甜瓜面积约占蔬菜播种面积的 50%。如果每亩平均播种量按 0.3 千克计算，那么中国每年蔬菜的需种量高达 7.8 万吨。据专家分析，我国种子的年销售额约 200 亿元，位居世界第二位，占全球年交易额的 9%。未来十年，中国种子的年销售额将达到 800 亿元，巨大的潜在市场正吸引着全世界种业巨头的目光，已有如先锋、迪卡伯、孟山都、圣尼斯、诺华等跨国种子公司抢滩中国。

良种繁育是前承育种后接推广的重要环节，是连接育种和农业生产的桥梁和纽带，是使育种成果转化为生产力的重要措施。没有良种繁育，育成的品种就不可能在生产上大面积推广，其增产的作用也就得不到发挥；没有良种繁育，已在生产上推广的优良品种就会很快地发生种性的退化，丧失增产作用。种子经营者需要优质的种子提高企业的竞争力，种子的使用者需要优质的种子促进丰产、增收。就蔬菜产业来说，繁育出量足、质优的种子是实现持续、稳定增产的先决条件和重要保证。世界上没有“万能”的品种，所以育种家要不断地根据情况变化选育出符合人们需要的新品种；世界上也没有“万代”的品种（因为种性会在繁殖过程中发生退化），所以要想在一定的限度内尽量延长品种的使用寿命必须通过良种繁育才能实现。因此，搞好良种繁育对于整个蔬菜种子产业以及蔬菜生产都具有十分重要的意义。

本书系统地介绍了蔬菜良种繁育的基础理论，各类蔬菜的生物学基础，与良种繁育密切相关的种株开花结实习性、采种方式与繁育制度，常规品种与杂交种的生产技术等，可供从事蔬菜种子生产的科技人员以及农业院校相关专业的师生阅读参考。希望本书的出版能为进一步提高中国蔬菜种子的生产水平，提高蔬菜种子质量发挥积极的作用。

由于编著者水平有限，成书仓促，本书的结构编排、内容的充实程度以及其他等方面难免有不足和疏漏之处，在此诚请业内专家学者和广大读者批评指正。

编著者

2010 年 2 月 22 日

目录

第一章　蔬菜良种繁育学的基础理论

第一节　良种繁育学的概念和意义

一、良种繁育学的概念

良种繁育学是一门研究保持品种种性和生产优质种子技术的科学。良种繁育工作是指有计划地、迅捷地、大量地繁殖优良品种的优质种子的过程。具体来讲，良种繁育中的“繁”是指繁殖，就如何提高良种的繁殖系数而言；“育”是指种子的培育，就是采用先进的栽培技术和科学的管理措施，使优良品种的种性不发生混杂退化。由此概念我们可知，良种繁育的中心任务是迅速繁殖大量良种，同时防止品种种性的退化，保证种子的质量。

二、良种繁育的意义

目前中国栽培的蔬菜种类有100多种，在同一种类中有许多变种，每一变种中又有许多品种，甚至品系。要提高蔬菜种植业的经济效益，增加菜农的经济收入，为广大消费者生产出优质的蔬菜产品，首先就是要有优良的品种做基础。优良品种是蔬菜生产的基础生产资料，是优质、高产、高效生产的根本保证。虽然生产优良种子的成本会比生产一般种子成本增加5%～10%，而其增产的贡献率却高达30%以上。国外实践证明，在提高作物产量方面良种的贡献率占30%～60%，而目前中国的只占30%左右。

良种繁育是前承育种后接推广的重要环节，是连接育种和农业生产的桥梁和纽带，是育种成果转化为生产力的重要措施。没有良种繁育，育成的品种就不可能在生产上大面积推广，其增产的作用也就得不到发挥；没有良种繁育，已在生产上推广的优良品种就会很快地发生种性的退化，丧失增产作用。

在良种繁育过程中应遵循良种良法配套的原则，将科学的农业生产技术与优质种苗有机结合起来。只有充分依靠良种的内在遗传因素，而后再对其采用科学的栽培措施，才能获得高产、优质、高效的产品。良种在推广应用的过程中，必须以优质的种子作为基础，否则优良品种就会失去其利用价值。为了保证质量，良种繁育时应建立健全蔬菜良种繁育制度，实现种子生产专业化，解决好原原种、原种、良种三级繁育制度的组织和生产管理；建立专业化的种子生产基地，并重视培养专业人才；要认真执行种子工作的各项规程，防止机械混杂和生物学混杂，连续定向选择淘汰，以保持原品种的典型性状和纯度；要不断改进采种技术，提高繁殖系数，以增加种子产量和提高种子质量等。

第二节　蔬菜品种与种子的概念及分类

一、品种的概念与分类

（一）品种的概念

蔬菜品种是指在一定的生态和经济条件下，通过人工选育或者发现并经过改良，具备特异性、一致性和稳定性，并在一定时间内符合生产和消费的需求，具有适当名称的“植物群体”。品种具有一定的经济价值，与其他作物相比有着显著性的不同之处，同时作为一种农业生产资料，它是人类劳动和智慧的结晶。经过人工改良的野生植物即可称为品种，而未经人类选择的野生植物则不能称为品种。品种是栽培植物的类别，在概念上与植物学上的种和变种有明显区别。门、纲、目、科、属、种、亚种、变种是用来区分生物进化过程中亲缘关系远近的分类单位。

蔬菜品种是人类生产实践过程中需要的一种特殊生产资料。它是在一定的条件下，按照人们的特定要求目标培育的，每一个品种皆具有一致和特定的经济性状，而且这些性状可以以特定方式代代相传。任何品种都是在一定的生态条件和栽培条件下形成的，当地的生态条件和栽培技术既是品种形成的条件，也是品种生长发育所要求的条件，因此，每一个品种都只能适应于一定的栽培地区、一定的栽培季节和一定的栽培技术，离开了它所要求的环境条件和栽培方法就不能表现出其固有的优良性状，甚至完全丧失其优良性状，这也就是品种所具有地区适应性的特点。因而在利用品种进行栽培生产时要因地制宜，在进行良种繁育的过程中也要注意因地制宜，尽力做到良种生产专业化、品种布局区域化，充分发挥特定品种的生产潜能。了解品种特性，并要进行试种，是避免造成巨大经济损失的前提。任何一个品种都是在一定的时间内，其产量、品质等性状符合生产和消费的需求，但随着经济、自然条件、生产条件和消费观念的改变，现有的品种就会变得越来越不适应要求，从而失去品种原有的应用价值，并被能够满足需要的新的品种所替代，这也就品种的更新换代。所以说世界上没有万能的品种，也没有万世万代的品种。

（二）品种的分类

品种可以从不同角度进行分类。每种分类方法的目的都在于寻找共性，区分个性，用以了解不同类别的品种的特点，进而在良种繁育过程中有针对性地制定相应的繁种方案，采用合理技术和措施。

1. 按遗传的稳定性分类

（1）定型品种。

该类品种的特点是，性状可由亲代稳定地遗传给子代。这类品种多是通过选择育种或常规育种育成的品种或地方品种。当前生产中利用的豆类、芹菜、生菜、莴笋等蔬菜品种主要是定型品种，这类品种良种繁育相对比较容易。

（2）杂种品种（一代杂种）。

该类品种是通过亲本的选择、选配并采用一定的杂交技术，将基因型不同的亲本杂交产生的杂种一代。这类品种在生产中应用，一般只能利用一代，个别种类的特殊组合

可利用二代，尔后世代群体性状表现高度分离。

2. 按品种的来源分类

（1）地方品种（农家品种）。该类品种是农业生产上最早出现的品种，其栽培历史悠久，但纯度较低，是各地特别是边远地区蔬菜品种的重要组成部分。这类品种适应当地的生态环境，产品能够满足当地的消费习惯，具有较强的适应性，但是目前商品菜生产基地栽培此类品种已越来越少，只有较小面积栽培的蔬菜仍以地方品种为主。地方品种在良种繁育时应特别注意提纯复壮。

（2）育成品种。该类品种是按一定的育种目标，采用相应的育种途径，有计划、有目的选择培育出来的。育成的品种可以是定型品种，也可以是杂交种。人工选育新品种可以通过种质资源调查、引种、选择育种、有性杂交育种或诱变育种等途径进行。

3. 按品种繁殖类型分类

（1）有性繁殖品种。这类品种是通过有性过程进行繁殖的。根据开花授粉结实习性的不同又可分为自花授粉品种、异花授粉品种和常异花授粉品种等。自花授粉品种遗传基础简单，性状可稳定遗传，繁育过程较易操控；异花授粉和常异花授粉品种遗传基础复杂，性状遗传不稳定，必须通过合适的繁育途径才能保持其种性。

（2）无性繁殖品种。这类品种是通过无性过程进行繁殖的。品种的遗传基础复杂，但是通过无性繁殖来获得种子，子代与亲代之间性状相同，发生变异的可能性相对有性繁殖的品种来说较小。但长期的无性繁殖可导致繁殖材料上病毒病的累积，如大蒜、马铃薯等。

二、蔬菜种子的概念与分类

（一）蔬菜种子的概念

蔬菜种子是有生命的不可替代的基本的蔬菜生产资料，选用优良的品种及其优质的种子是获得高产、优质、高效蔬菜生产的重要保证。从植物学角度讲，种子是由雌雄配子结合形成合子，由合子发育成胚珠，进而发育成的具有繁殖能力的器官。然而从蔬菜生产角度来讲，种子的概念大大超越了其植物学的范畴，包括的范围被扩大，即在蔬菜生产中可作为播种的材料都统称为种子。其中包括由胚珠发育而来的真正种子，也包括具有繁殖能力的果实及营养器官等。种子具有传递品种遗传特性的功能，能把品种亲代的性状通过繁殖传递给下一代。同时它又有变异的可能性，使子代的性状与亲代之间产生差异。而这种相对的遗传与变异，在适宜的条件下就能保持和提高种性或选育出新的品种，在不良的条件下，就会发生品种的退化。

（二）蔬菜种子的分类

按形态学可分为 5 类：

第一类种子是真正的种子，是由胚珠经过受精作用而发育的一种有性繁殖器官，是种子植物独有的。如十字花科、茄科、葫芦科、豆科等蔬菜的种子。

第二类种子是由胚珠和子房构成的果实。如菊科的莴苣、茼蒿（瘦果），伞形科的芹菜、胡萝卜（双悬果），藜科的菠菜（聚合果）的种子。

第三类种子是营养器官。如鳞茎（葱蒜类）、球茎（芋头）、块茎类（马铃薯）、根茎（草石蚕）、块根（山药）等。

第四类种子是真菌的菌丝组织，也称为菌种。如蘑菇、草菇、香菇和木耳等。

第五类种子是人工种子，又称人工合成种子、合成种子、生物技术种子、胶囊种子、植物种子类似物等。它是在植物组织培养获得胚状体（芽或分生组织）的基础上，用包衣物质包裹而成的具有种子功能的丸粒，可以像生产用种那样调运、贮藏或直接用来播种。

某些蔬菜作物可以用有性繁殖也可以用无性繁殖。如一般以有性繁殖的番茄、甘蓝、大白菜等，也可以通过扦插的方法进行无性繁殖；韭菜、石刁柏既可分株繁殖，也可用有性繁殖。但上述蔬菜在大面积生产中均采用有性繁殖。大多数蔬菜种类的播种材料是真正的种子，即按照植物形态学分类的第一类和第二类，属有性繁殖的种子。根菜类蔬菜绝大多数是真正的种子（如萝卜）或果实（如胡萝卜）。

（三）优质种子的含义及其重要性

优质种子指的是生活力旺盛、发芽力强、籽粒饱满、纯净度高的种子。作为良种，应包括优良品种和优质种子两方面的内容，优良品种是以优良种子为载体表现出来的，如果没有优良的种子，优良的品种也就失去了利用价值。因此，蔬菜种子工作在蔬菜生产中具有重要的地位。

第三节　品种退化的原因及防止退化的措施

一、品种退化现象

品种退化是指一个新选育或新引进的品种，经一定时间的生产繁殖后，逐渐丧失其优良性状，失去品种应有的质量水平和典型性，降低以致最后失去品种的使用价值。严格地讲，狭义的品种退化专指种性在遗传上的劣变不纯从而引发的品种典型性及优良性状的丧失现象。生产上出现的品种退化现象比较复杂，通常把各种原因引起的品种典型性丧失和生产价值下降的现象统称为品种退化，具体表现为品种发生混杂和退化两个方面。

（一）混杂

混杂主要指品种纯度的降低。即具有本品种典型性状的个体，在一批种子所长成的植株群体中，所占的百分率降低。品种纯度降低，必然造成产量和质量下降，混杂的程度越严重，即纯度越低，损失越大。

（二）退化

退化主要是指品种植株的生活力降低、适应性和抗性减弱、经济性状变劣等。具体来讲，生活力降低是指与上代比较或与同一品种的其他来源种子相比较，品种在株高、叶重、株重等方面的生长量或生长速度降低。生活力衰退除了与种性退化和环境条件不良等因素有关外，还可能与种子的品质不良有关。种子品质方面主要指种子的发芽率、发芽势、净度、活力等。适应性和抗性减弱是指品种对不良环境条件和病虫害的抵抗力降低，在生产中的表现就是对不良环境适应性差，发病率增高，病情加重，植株生长发育不良等，最终导致产量和质量下降等。经济性状变劣主要指的是产量下降、品质变次等。

二、品种退化的原因

引起品种退化的原因是多方面的，最根本的原因是缺乏完善的良种繁育制度，没有认真采取防止混杂退化的措施，对已发生混杂退化的品种又没有及时地提纯复壮处理。主要原因有以下几个方面：

（一）生物学混杂

这种混杂，主要是由于在种子繁殖过程中，未将不同品种、变种、亚种或类型进行适当的隔离而发生了自然杂交（天然杂交、串花）造成的。各种作物都可能发生生物学混杂，但异花授粉作物最为普遍，同时发展极快，其中又以自交结实率低的十字花科、葫芦科、百合科的蔬菜为甚，这是引起品种混杂退化的最主要原因。生物学混杂在种内最容易发生，有时也可以在种间发生，如白菜和芥菜，其杂交后结实率可达10%～15%，结球甘蓝与花椰菜或球茎甘蓝杂交，其后代不再结球；另外，胡萝卜与野生胡萝卜也易杂交而发生生物学混杂。

在影响自然杂交的因素中，除蔬菜的种类（亲缘关系远近、异花或自花授粉外），采种田的面积大小，传粉昆虫的种类和活动情况外，气候条件及采种田间的隔离情况也是重要的影响因素。

（二）机械混杂

机械混杂是指因人为操作不当而造成某一品种内混入其他品种的种子。这种混杂主要发生在良种繁育过程中。当进行种子收获时，在后熟、脱粒、晒种、贮藏、调运等作业中，不能严格遵照良种繁育技术操作规程办事，使繁育的品种内混进了其他种类或品种的种子，就会发生机械混杂。机械混杂还会发生在不合理的轮作和田间管理的条件下，如前茬作物和杂草种子的自然脱落，以及施用混有其他作物种子的未经充分腐熟的厩肥和堆肥等也会造成机械混杂。当然，在种株培育阶段，也会因浸种、催芽、播种、分苗、定植、补苗等作业中操作不严而造成机械混杂。

对于已发生的机械混杂如不及时处理，其混杂程度就会逐年加大。另外，机械混杂还会进一步引起生物学混杂，所以异花授粉蔬菜机械混杂的不良后果，一般比自花授粉作物严重得多。

机械混杂有两种：一种是品种间混杂，即混进同一种蔬菜其他品种的种子；另一种是种间混杂，即混进其他种类蔬菜或杂草的种子。

品种间混杂的种子和植株在形态上极其相近，因此，田间去杂和室内种子清选时都难以区分，不易除净，故应特别注意防止发生这种情况。种间混杂虽因种子容易区分而易于解决，但也有不少蔬菜种子和幼苗亦难区分，所以也须加以注意。

机械混杂和生物学混杂之所以是引起品种劣变最重要的原因，是由于外来品种的基因进入了本品种群体，引起群体基因频率的变化，从而使品种群体的遗传组成发生急剧变化。外来的品种类型愈多，进入数量愈大，这种影响也愈严重，特别是生物学混杂引起的基因重组，对基因型频率的改变影响更大；而机械混杂往往是生物学混杂的先导，它对品种混杂起着推波助澜的作用。

（三）品种本身的遗传退化或选择不当

一个品种在投入生产使用之后，其本身的遗传特性会发生变化。因为在生物进化的过程中，遗传是相对的，变异才是绝对的。一般地说，优良品种其主要性状是一致的，但不同植株间各种性状的基因型不可能都是完全纯合的，而杂合体的后代就容易产生变异。此外，机械混杂和生物学混杂会引起基因重组，在自然条件下还会发生某些突变，且突变中多数是不利的变异，有利的变异很少。因此，在良种繁育过程中，如不注意严格的选择和淘汰已发生变化的植株，任其自然授粉留种，必然导致种性的退化。另外，有些自然选择和人工选择方向不同的性状，需要经常性的给予选择压力，才能维持性状的稳定。如果不重视选择或选择标准及方法不当，同样会引起品种的退化。

（四）连续多代的近亲繁殖与留种植株规模过小

一个品种群体的一些主要经济性状的基因型应保持一致性，而其他性状应保持适当的多型性。任何高纯度的品种，群体的基因型也不是绝对纯合和一致的。正是由于品种群体遗传基础的丰富性，才使异花授粉蔬菜表现出较高的生活力和较强的适应力。如果在良种繁殖过程中，留种株规模过小，特别是异花授粉蔬菜的连续多代的人工自交繁殖和授粉不良，就会造成品种群体内遗传基础贫乏，进而导致品种生活力下降，适应性减弱。当然，留种植株过少，由于抽样的随机误差的影响，必然会使上下代群体之间的基因频率发生波动，改变群体的遗传组成，就是基因的随机漂移。个体间的差异愈大，留种数量愈少，随机漂移就愈严重。反之，如果品种纯度高，留种量又多，就可以减轻随机漂移的影响。一般说来，随机漂移不是改变群体遗传组成的重要因素，但在小群体情况下，就不能忽视随机漂移的影响。此外，连续多代的近亲繁殖，还会使一些不利的隐性基因纯合而表现出来，这也是造成品种退化的原因之一。

（五）不良的自然条件和不合理的农业技术措施

由于自然条件和栽培措施的不适合，会使品种的种性下降。如萝卜、大白菜连年用小株采种，温室黄瓜常年露地留种等。

（六）其他因素造成的退化

用感病及发育不良或生长后期的植株或果实留种，也是造成品种退化的原因。

三、防止品种退化的措施

品种因混杂退化而发生劣变的现象，是蔬菜种子生产中长期存在的问题。为了延长优良品种的使用寿命，使其在较长时间的生产实践中发挥作用，必须针对引起种性劣变的原因，采取行之有效的防范措施。在良种繁育的过程中，除认真遵照良种繁育操作规程操作外，还要尽量避免机械混杂和生物学混杂的发生，适当扩大留种株的规模，改进采种技术，加强选择和淘汰，从而达到保持种性防止品种退化的目的。

（一）防止机械混杂

1. 以有性繁殖方式生产的品种

在种子收获时，从种株的堆放后熟、脱粒、晾晒、清选，以及在种子的包装、贮运、消毒直到播种的全过程中都要采取严格的防范措施，避免机械混杂的发生。应事先对场所、用具进行彻底的清扫，防止前一个品种的残留种子混入，晾晒不同品种时应保

持一定距离，包装和贮藏的容器外表面应标明品种、等级、数量和纯度等内容。

2. 以无性繁殖方式生产的品种

从繁殖材料的采集、包装、贮藏、调运等各个环节都要防止混杂。包装内外应同时注明品种名称，备有记录。所用标签材料和字迹墨水应具防水防潮功能。

（二）防止生物学混杂

防止生物学混杂的基本方法是隔离，隔离的方式有空间隔离、时间隔离和机械隔离等。

1. 空间隔离

生物学混杂的媒介主要是昆虫和风力，因此，隔离的距离因蔬菜的种类、昆虫的种类和数量、风力的大小和风向、花粉数量、有无障碍物、种子生产田面积等而异。一般来讲，制种级别高、花粉量大、花粉易散播、授粉昆虫种类复杂且数量较多、空间空旷、种子生产田面积大和异花授粉的蔬菜种类，空间隔离的距离应远一些。如根芥与不同亚种或变种间极易杂交，杂交后的杂种几乎完全丧失经济价值，所以根芥与各种芥菜变种间在开阔地的隔离距离应为2 000米左右，在有屏障的地方也要隔离1 000米以上。萝卜、胡萝卜等异花授粉蔬菜各品种间也极易杂交，杂交后虽未完全丧失经济价值，但失去了品种的典型性和一致性，给生产和销售也带来了很不利的影响，这类蔬菜在开阔地的隔离距离为1 000米以上，有屏障时也要在600米以上。

2. 时间隔离

时间隔离是种子生产的土地面积有限时防止生物学混杂极为有效的方法。时间隔离分为年度内时间隔离和跨年度时间隔离两种。前者是在同一年内，分期播种，分期定植，错开花期。这种方法对于光周期不敏感的蔬菜种类适用。后者是把所有品种分成几组，每组内品种间杂交率有限，每年只播种其中一组，所生产的种子经妥善保存，供繁殖周期内几年的使用，这种方法适用于种子寿命较长的蔬菜作物。

3. 机械隔离

主要应用于繁殖少量的原种种子或原始材料的保存。目前采用的方法主要有套袋隔离、网罩隔离和网室隔离。隔离袋有硫酸纸袋和塑料网袋，网罩可以用金属网纱、纱布或聚乙烯塑料网纱。机械隔离采种时要注意解决授粉问题。套袋隔离一般只能进行人工辅助授粉，而网罩隔离和网室隔离除了人工授粉外，还经常采用放蜂的方法辅助授粉。在对不同品种辅助授粉的过程中，要注意对器械用具消毒。

（三）严格选择和淘汰

蔬菜品种在繁育过程中，由于受到各种条件因素的影响，除了容易发生机械混杂和生物学混杂外，还会发生自然突变。如果对自然突变长期坐视不管，对品种不注意进行严格的选择和淘汰，就会使原品种的种性发生改变。所以在良种繁育中要不断地进行选择和淘汰，选择的目的是要保持原品种的典型性。

选择方法是直接影响选择效果的重要因素。选择时，如果方法不恰当，或选择标准不明确，或未做到连续定向地代代选择、一代中多次选，那么选择的效果也不会好。因此，选择要以品种典型性状为标准进行，同时每一代，以及在同一代内，应根据原品种性状，在容易鉴别品种特性的时期分几次进行。一般是对原种要按同一标准进行单株或单果选，对生产用种应在片选的基础上认真地去杂去劣。

（四）创造适合蔬菜繁育的环境，采取科学的农业技术措施来确保繁育种子的质量

如在马铃薯良种繁育时，采用高寒地留种能有效防止其品种退化。采取科学的农业技术措施有利于保持和加强种性，有时还需采取一些特殊的栽培方式和处理，如马铃薯的二季作、甘蓝种株的低温处理等。

四、品种的提纯和复壮

提纯是指将已发生混杂的品种种子，采用一定的选择方法，按品种原有的典型性状加以选择、去劣，从而获得较高纯度品种的过程。复壮是指通过异地繁殖，品种内交配，人工辅助混合授粉及选择等措施，使生活力减弱、抗逆性衰退的品种恢复到原有的水平。

（一）品种提纯

主要通过科学的选择来完成，常用的选择方法有以下几种：

1. 系谱选择法（多次单株选择法）

该选择法是从原始群体中，选出具有本品种典型性状的若干优良单株，分别编号，分别采种，下一代分别播种在不同的小区内，每个小区内种植的植株是一个单株的后代，称为株系，经过鉴定选出优良的株系。如果株系间和株系内株间差异较大，则应再从优良株系内选出优良单株，直至性状和一致性符合要求为止。这种选择法适用于自花授粉蔬菜。异花授粉采用此法时，必须进行人工辅助自交。

2. 双系法

双株成对授粉，即从入选的优良单株中进一步选出性状更为相似的单株，成对异交，异对间隔离，分株收种，分株播种，选出优良母系株。根据情况，进行一代或多代选择。这种方法在异花授粉蔬菜上应用可减缓自交衰退现象的发生。

3. 母系选择法

该选择法是从原始群体中选出典型、优良的单株，在翌年采种时，进行株间混合授粉，但按单株分别收种和分别播种。

4. 单株—混合选择法

该法是将单株选择法和混合选择法（从原始群体中，选出优良单株，混合采种，混合播种）结合应用的一种方法，即进行一代或几代单株选择，再进行一代或多代混合选择。

（二）品种复壮

生活力减弱、抗逆性降低，退化严重的品种在复壮时所采用的措施有：

（1）利用不同地区来源的种子或同一地区不同采种年份的种子，或用同一年份不同栽培条件下采收的种子进行品种内交配。

（2）利用异地采种或异地培养母株（2 年生蔬菜）的方法来恢复种性。

（3）株间授粉的方法，即利用株间差异增加异质性，提高生活力。对于异花授粉蔬菜进行人工辅助授粉，可使母本接受足量的花粉以满足受精的选择要求，从而有利于增加生活力。

（4）选用种株最佳部位产生的种子和千粒重大的优质种子繁殖。

（5）从原选育单位重新引进同一品种未退化的种子。

采用提纯复壮的措施以恢复品种种性虽具有实用性，但也存在局限性，因为不是所有退化的品种都可以通过自身的提纯复壮而得以恢复的。这就要求种子工作者要注意采取以防为主的措施，延长品种的使用年限，同时要不断培育出新品种以更换有缺陷的品种。

第四节　种株的开花

一、花芽分化与花器官的形成

蔬菜植物经营养生长之后，再经过一系列复杂的生理生化（如春化作用等）变化，一些原来形成茎、叶的叶芽发生质变，转变为花芽，使种株开始转入生殖生长，随着生长，花芽进而发育成花蕾。花芽有的着生在茎的顶端，有的着生在茎秆叶腋间。因为蔬菜种类不同，有的花芽只能形成一朵单花，如多数瓜类蔬菜；有的花芽可以形成多花集生的花序，如十字花科、伞形科、百合科的蔬菜。

从花原基的发生到形成花的过程，称为花芽分化。不同种类的蔬菜，其花芽分化时间的早晚也不同。如瓜类蔬菜和茄果类蔬菜当幼苗长至2~3片真叶时就已开始了花芽分化；而二年生蔬菜尤其是绿体春花型的二年生蔬菜只有在前一年形成较大的营养体，再通过低温长日照后才能形成花芽。当植株开始转入生殖生长时，其茎尖生长锥顶端分生组织不再分化叶原基和腋芽原基，而转为分化花原基或花序原基，并逐渐形成花和花序。这个花芽分化开始时，其茎尖顶端的细胞分裂加快，茎尖生长锥增大，呈半圆形或圆锥形，并在其基部的周缘最先分化出叶状的总苞原基，然后再自下而上或由外向内不断地进行花的分化，形成许多小突起状的花原基。这些原基都是幼嫩的细胞群，细胞分裂能力很强，它们经过一段时间的生长分化后，形成花的各部分，各部分继续生长分化，雄蕊原基分化出花药，心皮原基连合成雌蕊，并且下部膨大形成子房和其内的胚珠，这样一朵花就基本上形成了。

二、花器构造

花是被子植物的生殖器官，它可以在主茎或其侧枝上产生，或同时在二者上产生。蔬菜植物的花有单性花，也有两性花。典型的两性花由花柄、花托、花萼、花冠、雄蕊和雌蕊组成。

1. 花柄和花托

花柄是每一朵花所着生的小枝，它支持着花，同时又是茎和花相连的通道。不同作物的花柄长短各不相同。

花托是花柄顶端着生花萼、花冠、雌蕊和雄蕊的部分。

2. 花萼和花冠

花萼由若干萼片组成，花冠由若干花瓣组成。花萼与花冠合称为花被。如果花被不分化为花萼和花冠则称为被片，它是保护花的主要部分。花萼位于花的最外层，一般为绿色叶状薄片，在其内部充满了含叶绿体的薄壁细胞，没有栅栏组织和海绵组织的分化。大多数植物的萼片各自分离，这样的花萼叫分离萼（离萼），如十字花科的萝卜、白菜等。也有一些植物的所有萼片连在一起，成为合萼花萼（合萼），如茄科蔬菜的番茄、茄子、辣椒等。合萼下端连合的部分叫萼筒。萼片通常开花后即脱落，但也有直至果实成熟，花萼依然存在的宿存萼，如番茄、茄子的花萼。花冠位于花萼的里面，它和萼片一样，在内部结构上很像叶片，由薄壁组织、维管束系统和表皮组成。花瓣内的维管束系统相当复杂。花瓣有各种颜色，这是由于花瓣细胞内含有花青素或有色体之故。含花青素的花瓣显现红、蓝、紫各色，含有色体的则呈黄色、橙黄色或橙红色。有的花瓣二者全有，呈现出各种色彩，有的两者都没有的则呈现出白色。花瓣的表皮细胞常含挥发油，使花散发出特殊的香味，花瓣的颜色和香味对吸引昆虫传粉具有重要作用。

3. 雄蕊

雄蕊位于花冠的内侧，一般直接着生在花托上，也有的基部和花冠合生，因而着生在花冠上。雄蕊一般排列成轮状，一轮或多轮，与花瓣互生或对生。一朵花中雄蕊数目的多少，各类植物有所不同，如十字花科蔬菜的雄蕊数目是6枚。雄蕊一般由花药和花丝两部分组成。花丝是花药的一个细柄，其基部着生在花托上，具有支持花药的作用。它的结构也是由表皮、基本薄壁组织和维管束组成。花丝顶端与花药的药隔相连，维管束贯穿其中，从而沟通了通往花药的水分与营养物质的运输。

花药是雄蕊的主要部分，通常由4个或2个花粉囊组成，分为两瓣，中间以花药隔相连，有来自花丝的维管束穿过。花粉囊包含壁层和药室。花粉囊里产生许多花粉粒，花粉成熟后，花粉囊裂开，花粉散出。花粉囊开裂的方式有几种，大多数植物是纵裂式的，即花粉囊沿纵轴裂开，如番茄、辣椒、白菜、萝卜、胡萝卜等；一种是孔裂式的，即在花粉囊的上部裂开一孔，如茄子、马铃薯等；另一种是瓣裂式的，即花粉囊裂开时，以一瓣片向上揭开；还有背裂式的，如南瓜等。

雄蕊通常是分离的，但也常常有各种方式的连合，如豆类蔬菜的10枚雄蕊的花丝中有9枚相连，另外一枚是单生，番茄的5~6个雄蕊的花药借表皮毛相互拉连而聚合成筒状等。不同种类的蔬菜雄蕊的形态、结构、数量、大小，花药开裂散粉的方式、时间，花粉的数量和大小等均有较大差异。在良种繁育工作中，应在了解上述特点的基础上加以利用。

4. 雌蕊

雌蕊位于花的中央部分，由柱头、花柱和子房3部分组成。雌蕊是由心皮构成的。心皮是一个变态的叶，心皮边缘相结合部分称缝腹线。在心皮中间相当于叶片中脉的部分称背缝线。在背缝线和腹缝线处都有维管束。胚珠通常着生在腹缝线上，维管束由此分支进入胚珠中，构成胚珠中的维管系统，供应胚珠需要的营养物质。

子房是雌蕊基部膨大成囊状的部分，由子房壁、胎座、胚珠组成，是雌蕊的最主要部分。它的形状大小，因作物种类不同而有很大差异。由一个心皮形成的子房称为单子房，只有一室，如豆类蔬菜；由多心皮组成的子房称复子房，如大葱、韭菜。雌蕊的子房着生在花托上，有的只是子房的底部和花托相连，其余部分独立，称为上位子房，如

萝卜等十字花科蔬菜的子房；有的子房和花托完全合生，称为下位子房，如葫芦科蔬菜的子房。

子房内着生胚珠，胚珠是种子的前身。每一子房内胚珠的数目随作物不同而有很大差异。要使胚珠皆能发育成正常的种子，必须注意给予良好的条件。

花柱为子房上部雌蕊伸长的部分，它是花粉管伸入子房的通道，同时也是花粉管部分养分的供给者，因而授粉等操作时不可损伤。就花柱与花粉管生长的相互关系而言，花柱有 3 种类型，即开放型、闭锁型和半闭锁型。开放型花柱具有中空的宽敞的通路，但无通导组织，由内皮本身诱导花粉管生长，并以其细胞质供作花粉管生长的营养来源，如大葱的花柱。在闭锁型花柱中，花柱的中央部分由疏松的薄壁组织构成的通导组织所填满，花粉管是在富含细胞质的细胞之间穿行前进的，如甜玉米的花柱。而半闭锁型花柱中，花粉管则是沿着退化的通导组织的通路曲折向前。花柱的形状、长短、粗细因作物种类不同而异。

柱头生长于花柱的顶端或上部表面，是摄取和接受花粉的器官，也是花粉的天然培养基。当它成熟时，可为分泌物所覆盖。柱头分泌物的成分主要为类酯和酚类化合物（花青苷、黄酮醇、肉桂酸）。分泌物的类酯可起防止水分散失的作用，酚类化合物以苷和酯的形式存在，其作用与表皮细胞壁的蜡质相似。但是当它们水解后，可以提供花粉萌发必需的糖。酚类化合物还有其他的功能，如防御昆虫为害，抑制感染病菌以及刺激或抑制花粉的萌发等。不同蔬菜种类，柱头的形状、大小、结构不同，如萝卜等十字花科蔬菜柱头呈盘状，胡萝卜等伞形科蔬菜柱头为线状二裂，葫芦科的瓜类蔬菜柱头为肉质多瓣状。

作物柱头和花柱所具有的特点也是长期自然选择的结果，它与授粉有直接关系。注意观察和了解不同蔬菜种类柱头和花柱特点将有利于提高授粉效果。

雌蕊为花的主要部分，是果实和种子的前身，故需使之发育良好，同时在人工去雄及授粉时应尽量不要损伤。

多数蔬菜作物的花具有蜜腺。蜜腺是花朵分泌蜜汁的组织，分为具结构和不具结构两种，后者在外表上很难辨认，一般在表皮下面的分泌组织与表皮结合在一起形成蜜腺。蜜汁可由细胞壁的扩散或角质层的破裂分泌出来，也可通过气孔这个渠道溢出体外。

蜜汁主要含有多种糖类，其他还有氨基酸、蛋白质、有机酸、无机盐和维生素等营养物质，以及蔗糖酶、氧化酶与酪氨酸酶等，营养十分丰富。蜜腺及其分泌的蜜汁，对于招引传粉昆虫十分重要，异花授粉蔬菜蜜腺不发达会严重影响招引昆虫传粉而造成种子减产。

第五节　蔬菜的授粉特性与种子构造

一、蔬菜的授粉特性

1. 雌蕊接受花粉的能力

蔬菜花朵雌蕊的柱头一般在开花前一直到开花后数日均有接受花粉完成受精的能

力，而这种能力因蔬菜种类和品种的不同而异。如萝卜开花前1～3天、大白菜开花前4～5天雌蕊已成熟，开花后受精能力维持2～3天；甘蓝的雌蕊从开花前6～7天到开花后4～5天均具有受精结籽的能力；茄子的雌蕊从开花前2天到开花后2～3天均具有受精结籽的能力；番茄的雌蕊在开花前2天到开花后2～4天均具有受精结籽的能力；甜椒、黄瓜的雌蕊于开花前2天就具有接受花粉完成受精的能力；西葫芦的雌蕊于开花前1天具有接受花粉完成受精的能力，但结籽力极低。当然也有花盛开时才具有接受花粉完成受精的蔬菜，如洋葱、大葱等。

2. 雄蕊释放花粉的能力和花粉的寿命

蔬菜花朵雄蕊释放花粉的能力因种类和品种不同而异。对于雄蕊先熟性的蔬菜植物，如洋葱、大葱等，在开花前2～3天其雄蕊已发育成熟并大量散粉，当雌蕊成熟时先熟的花粉已失去了授粉完成受精的能力。有些蔬菜植物，如番茄、黄瓜、大白菜等，只有在花朵盛开花药充分成熟散粉，在开花之前剥离的花粉没有受精能力。还有一些蔬菜植物，如甘蓝、菜豆等，在开花前1天花药虽没有充分发育成熟，但其中的花粉已有了受精能力。花粉的寿命因种类和品种以及保存环境条件的不同而异。在脱离花药的室温条件下，充分成熟的番茄花粉的活力可保持4～5天，甘蓝6～7天，黄瓜和西葫芦4～6小时；而在低温干燥的条件下，这些花粉的寿命可保持常温下数倍到数十倍的长度。

3. 授粉受精的过程

雌蕊的柱头上分泌出特殊的营养物质和酶，当花粉落在柱头上以后，通过互相识别或选择，亲和的花粉在几分钟或几个小时内萌发，形成细长的花粉管，并不断在花柱中伸长，一般通过珠孔进入胚囊内，完成受精过程，也可通过合点等进入胚珠。不同种类和品种的花粉在柱头上发芽率、发芽速度及花粉管的伸长速度不同，其完成授粉受精过程所需时间也不同。如番茄的花粉落到柱头上以后，在数小时内萌芽，20～24小时后花粉管伸进胚囊，50个小时后完成双受精；而甜椒的花粉落到柱头以后迅速萌发，8小时后开始受精，14小时时受精率达到70%，24小时后全部受精；黄瓜授粉后4～5小时，花粉管就已到达子房入口处的胚珠。杂交和自交需要的时间差别更大，如大白菜自交时，正常条件下需12～24小时，而杂交的仅需9～12小时。不同环境条件对花粉的萌发和花粉管的伸长也有影响，一般花粉粒萌发的最适温度为20～30℃，如番茄为28～30℃。

二、种子发育时间

完成受精作用以后，合子便开始发育，在适宜的条件下，最后发育成种子。不同种类的蔬菜植物，不同的品种类型，其种子从合子到种子达到生理成熟所需要的时间是不同的。如番茄授粉25天后种子形态建成，35天后种子开始具有发芽能力，40天左右胚发育完成，40～45天时种子具备完全正常的发芽力，50～60天种子完全成熟；茄子授粉后25～30天种子形态建成，40天后种子开始具有发芽能力，但发芽率极低，50～55天种子基本成熟，但发芽率仅为正常值的50%～60%，60天时种子完全成熟；春露地栽培黄瓜采种，早熟品种从谢花到种瓜生理成熟需要40～45天，中晚熟品种需要45～50天；西葫

芦授粉后40～50天种子生理成熟；洋葱从开花到种子生理成熟约需60～70天左右；大葱从开到种子成熟需要35～40天；而菊科蔬菜从开花到种子成熟仅需25天左右。

三、蔬菜种子的构造

（一）蔬菜种子的构造

蔬菜种类很多，其种子形状、大小、颜色差别很大，但大多数种子基本构造相同，都是由种皮、胚和胚乳（有的退化）三大部分组成。

1. 种皮

种皮是种子最外层结构，由珠被发育而成，具有保护种子内部结构和限制种子内部对氧气和水分的吸收的作用，对种子的休眠和萌发有非常重要的意义。

2. 胚

胚是种子的核心部分。被子植物的胚是由受精卵发育来的，完全的典型胚由胚芽、胚轴、子叶和胚根组成。

3. 胚乳

胚乳是种子贮藏养分的主要器官，被子植物胚乳为三倍体。分为有胚乳种子和无胚乳种子。有胚乳种子中胚乳发育充分，如藜科的菠菜、茄科的番茄等种子。无胚乳种子在种子发育中胚乳营养已基本耗尽，种子的养分主要贮藏在子叶内，如十字花科、葫芦科的种子。

（二）蔬菜种子的化学成分及其特点

蔬菜种子中富含营养物质，这是种子发芽和形成健壮幼苗的物质基础，其贮藏物质的种类和量，直接影响种子的贮藏性、发芽特性等。在种子生产中应尽可能地使种子中贮藏更多的养分。种子内的化学成分主要是水分、糖类、脂类、蛋白质及其他含氮化合物，此外还含有少量的矿物质和维生素、酶等。与大田作物相比，蔬菜作物种子中多数含蛋白质、脂肪、纤维素较高，而淀粉、糖类较低。同时种子成熟过程中的环境条件和管理技术也影响其含量。种子中的水分以两种形式存在：自由水（游离水）和束缚水。种子的一切代谢活动都是在有自由水存在的条件下进行的，自由水减少或全部散失，种子生理活动处于最低程度，所以种子贮藏应尽量减少自由水含量，使之处于安全含水量以内。

第六节　蔬菜良种繁育的一般技术

一、蔬菜种子繁育基地的建立

为了保证蔬菜种子繁育的质量，从技术上讲，凡是会对种子质量产生影响的环节都要充分考虑到，并应采取严格管理措施，例如，防止品种混杂退化的隔离技术，种株正确的选择方法、科学合理的培育技术，花粉采集与授粉技术，种株种果的适时采收等。为了在生产上做到精益求精，必须要有充分的人力资源，包括领导的组织协调、专业人员的技术保障和劳动力的具体实施；还要有适宜的良种繁育基地以及一定量的设备和原种种子。人力资源、技术设备以及原种种子等是要首先具备的，在此基础上才能选定种子繁育基地。种子繁育基地的选择和建立要充分考虑这些因素，包括生态区域的确定、制种地块的选择、制种地的规划布局等。

1. 选择适于良种繁育的生态区

蔬菜生产对生态环境条件的要求比较严格，而蔬菜种子的生产对环境的要求就更为严格。在实践中，应根据蔬菜品种的生物学特性，选择适宜的生态区来进行种子的生产。蔬菜良种繁育基地一般宜选择在光照充足、温度和降水量适中、无大风等良好的自然环境中建立，而夏季温度太高、雨水过多和冬季温度太低的地区，通常不利于种子生产。我国地域辽阔，气候条件多样，为蔬菜种子生产带来极为有利的条件。根据蔬菜采种植株的生物学特性以及种子质量要求，我国蔬菜种子的生产基本实现了区域化。

在建立蔬菜良种繁育基地的过程中要充分考虑以下条件：

（1）采种植株生物学特性和开花授粉结实习性。

（2）采种基地的生态条件，如生长期的长短、温度条件（即低温和高温情况、昼夜温差、冬季温度等）、光照条件、降水量和多雨季节等。

（3）隔离条件与交通能力等。基地应选择在自然条件适宜且利于蔬菜的生长，便于隔离，交通方便的地区。

（4）组织领导和技术保障。组织领导能力强，技术力量雄厚，生产水平高，群众繁种的积极性高是建立良种繁育基地必须重视的问题。

（5）收益。为了保证良种繁育的可持续性，必须保证良种繁育农民的经济收益。

2. 选择适宜的制种田

在选择合理生态区的基础上，进一步选择生产基地和制种田是十分重要的。制种田是根据种子繁育计划安排的栽植种株的地块，它一般安排在种子生产基地内，但也可以单独设立。应注意以下几个方面：

（1）隔离。

制种田的选择必须以便于隔离和管理为前提，以利于节约成本和控制种子质量。同时要根据土质、水源、风向等条件具体安排，为了便于管理，要确保制种田连片。杂交制种时，种子田连片尤为重要。

（2）土壤结构和肥力应与采种的品种特性相一致。

如果是耐贫瘠的品种，肥力应稍差些；如果是喜水肥的品种，地力条件稍好一些，以利品种性状的表达。

（3）轮作。

同科内不能轮作，以免传染病害；同一种作物或易杂交的作物更不能连作，以免因前茬植株留在田间，引起混杂。

（4）土传病害。

一般不在有土传病害的土地上繁殖生产用种；但原种的生产有时相反，可在有土传病害的田块上繁种，以淘汰不抗病的植株。

3. 基地种植面积及设备的确定

基地规模主要由采种田面积、晒场、仓库和加工设备等组成。基地的采种面积是根

据种子繁殖的数量来确定的。种子繁殖量确定的依据是：各地订购及菜用栽培田的需要种量（常年需要和新发展需要）、贮备量（根据需要及贮藏条件）、单位面积产种量、种子质量（一般采种过程中种子的发芽率、千粒重）、本单位种子贮藏条件及种子寿命、品种更新更换制度等。基地的种植面积是由基地向外提供的商品种子量、自留量（自用和贮备用）和平均单位面积产量决定的。

在分级繁殖时，采种田面积的计算方法如下：上级采种田面积 = [（下级采种田面积 × 单位面积播种量）+贮备量] / 单位面积种子产量

二、种株的培育与管理

1. 种子处理

种子处理包括消毒、浸种和催芽三个环节。主要目的是防止种子传染病害，使种子快速吸足水分并迅速整齐出芽。

2. 播种期的确定

通过调整播种期，使种株开花时处于最有利于开花结实的环境条件，或有利于种株的贮藏等处理，如北方大白菜采种田的播期一般比生产田晚几天至十几天；另外，通过调整播期，使杂种的双亲花期相遇，以利于杂交。

3. 去杂去劣

及时去杂去劣，是保证种子质量的极为重要的工作。去杂是去除非本品种的植株，某一易于鉴别的性状明显不同于原品种的典型性者，均应去除。应在能鉴别性状时及时进行，一般分营养生长期、开花期和成熟期 3 个阶段进行。异花授粉作物尽可能在开花前进行，特别是营养生长期；某些性状只能到开花期（如花色、雄性不育、自交不亲和性等）或果实成熟期才能鉴别的，也应在开花期和果实成熟期继续去除。自花授粉作物在整个生长期均可以进行，但以能充分表现本品种性状的时期进行最为理想。对于某些 2 年生、有明显营养生长和生殖生长期的蔬菜，只有采用大株采种才能充分鉴别植株的性状，才能进行正确的去杂工作，所以繁殖原种，必须采用大株采种法。去劣主要是去除生长不良、感染病虫害的植株，以免繁殖的种子带病和造成品种退化。

4. 辅助授粉

在人工隔离条件下繁育异花授粉作物的良种必须进行辅助授粉，在采用空间隔离时也可结合辅助授粉，以提高种子产量。辅助授粉可采用人工辅助授粉或向隔离区内释放苍蝇或蜜蜂等昆虫。一般报道认为，在网室、温室等严格隔离条件内以释放大苍蝇效果较好；而在空间隔离的大田以释放蜜蜂和条纹花虻为好。

5. 肥水管理

生产田中一般氮肥施用较多，对提高产量起积极的作用，但制种田的氮肥施入量一般不能太多，否则将使种株生长期延长，种子成熟推迟，而且种株生长中易倒伏，特别是在前期一般不施氮肥。一般在开花后施一次氮肥，这次施氮肥对提高种子产量和质量很重要。

磷、钾肥对种子高产和优质是至关重要的，一般种株前期需磷肥较多，所以基肥中应多施磷肥，另外在开花时也要增施 1 ~ 2 次磷肥。多施磷肥有利于提高种株的抗病性、

抗倒伏能力等。总的原则是控制氮肥，增施磷、钾肥，促进开花坐果，在开花后追施1～2次壮花肥、壮果肥，以提高种子的产量和质量。种株栽培中灌水不能过勤，种株定植成活后，应控制水分，以防止徒长，但在坐果后要有充足的水分，使种子充分发育、饱满。

6. 加强病虫害防治

病虫害的发生，不仅造成种子产量和质量下降，同时部分病害可使种子带病，因此在整个制种过程中都要特别注意病虫害防治。

三、采种方式方法

蔬菜种类繁多，生长发育特性各异，由此引发其采种方式不同；另外，即使是同一种类的蔬菜，根据其种株的发育状况也有多种采种方法。

根据种株生育周期跨年与否，可分为一年生采种法、二年生采种法和三年生采种法。

一年生采种法是当年播种，当年即收获新种子，如茄科、葫芦科等蔬菜种子的生产。二三年生采种法多是针对二三年生蔬菜而言的，即在第一年进行营养生长，第二年抽薹开花采种或是在第二年还要进行一年的营养生长，而在第三年抽薹开花结籽。二年生采种法主要用于大白菜、甘蓝、萝卜等十字花科蔬菜的成株采种。三年生采种多是针对洋葱、大葱等百合科蔬菜的成株采种而言的。

根据性状遗传特点可分为定型品种采种法和杂种品种采种法。

定型品种采种法由于其性状可以代代稳定遗传，所以采种方法相对简单；杂种品种（一代杂种）的采种法由于包括了亲本种子的繁殖和杂种种子的配制等其技术较为复杂。仅亲本的生产就包括自交系、自交不亲和系及雄性不育系的繁育。

（1）定型品种采种。定型品种采种可分为以下两种类型。

一类是低温春化型：这种类型的蔬菜作物，多属于2年生蔬菜，其生长发育分为营养生长和生殖生长两个阶段。营养生长之后要求在一定的低温条件下，经过一定时间通过春化作用后，才能进行花芽分化，进而抽薹开花结实。属于这一类型的蔬菜有：大白菜、萝卜、胡萝卜、结球甘蓝、花椰菜、大葱、洋葱、芹菜等。根据生长发育周期的长短又可分为以下3种采种方式：

①成株采种或称大株采种、母株采种、老株采种、大母株采种。即按正常播种季节播种，形成正常的产品器官后，经选择确定种株，再经贮藏越冬等处理，定植大田采种。此法于第一年秋季培育种株，第二年春季定植采收种子。这种方法可充分表现品种的各种性状，可进行严格的选择淘汰，制种纯度高，种性好，但采种费时，成本高。主要用于原原种和原种的生产。适用的蔬菜主要有大白菜、结球甘蓝、苤蓝、根芥菜、薹菜、菠菜、大葱、洋葱、萝卜、胡萝卜、芥菜、芫荽、茴香、莴苣等。

②半成株采种法或称中株采种法。即比大株采种晚些播种，待产品器官已基本形成但性状尚未充分表现时进行株选，经贮藏越冬后再移植于大田采种。这种方法可对品种的性状进行一定程度的选择，但不如大株采种法全面和严格，所以保持种性的效果不如大株采种法。但种株占地时间较短、种株栽培密度较大，种株的病虫害较少，所以种子

产量较高，成本较低。主要用于原种和生产用种的生产，但不能用于原原种的生产，适用于萝卜、胡萝卜、大葱、大白菜、甘蓝、菜花等原种及生产用种的生产。

③小株采种法。该采种法直接在采种田内播种，而不经过营养产品器官的形成，直接使小株开花结实。这种方法采种时间短，费用低，但不能对品种的性状进行选择，所以种子质量不如上述两种采种方法，只能用于生产用种的采种，而且只能生产一代。适用这种采种方法的蔬菜有大白菜、萝卜、菜花、根芥菜、薹菜、大葱、洋葱、芹菜、芫荽、菠菜、莴苣等。可春播也可秋播；可直播，亦可育苗移栽。需要注意的是：春播时要注意通过春化阶段这个条件，秋播注意越冬保护，春季返青后（或定植时）根据苗期性状淘汰劣株。

另一类是非低温春化类型：这种类型的蔬菜作物多属于1年生的，种株没有明显的营养生长期和生殖生长期之分，营养生长与生殖生长几乎同步进行。阶段发育对温度条件没有严格的要求，采种种株的栽培管理技术与商品菜生产田的栽培管理技术基本相同。属于这类蔬菜作物的有：甜椒、辣椒、番茄、茄子、莴苣、茼蒿、黄瓜、冬瓜、南瓜等。

（2）杂种品种采种法。我国从20世纪50年代起逐步开展了杂种优势利用的研究工作，至70年代杂种一代品种大量育成。目前，栽培面积较大的蔬菜，如甘蓝、大白菜、黄瓜、番茄、辣椒等已基本采用杂种一代。

杂种品种的遗传特性是基因型高度杂合，其种子只能使用一代。杂种制种时必须用两个或两个以上的亲本进行杂交。亲本的采种方法可参考上述定型品种的采种方法，而杂交种的生产根据去雄授粉方式方法的不同分为以下几种制种方法。

①人工去雄制种。即人工去掉母本的雄蕊、雄花或雄株，再任其与父本自然授粉或人工辅助授粉来生产杂种种子。人工去雄制种较费工，种子成本高，某些花器较小的作物难于进行，对花器较大、繁殖系数较高的种类，如茄果类、瓜类等可采用此方法。一般是在没有更好的方法时采用人工去雄制种。

②自交不亲和系制种。用自交不亲和的母本或双亲配制一代杂种，使之自由授粉。如仅是母本自交不亲和，则只能采用母本上的种子，而双亲均不亲和时，则双亲上的种子均可采用（如正反交表现不同，则应分别采种）。这种制种方法主要在十字花科上应用，制种成本较低。但自交不亲和系的繁殖保存较费工。

③雄性不育系制种。即利用稳定的雄性不育系配制一代杂种，这种方法制种成本低，而且种子纯度高。目前主要利用细胞质不育型和细胞核不育型进行杂种的生产。利用细胞质不育（简称CMS）的进行杂交种的生产需选育三系，即不育系（A）、保持系（B）和恢复系（C），对于果菜类蔬菜来说，必须要有育性恢复的系统，而对于食用营养器官的蔬菜来说，则不必要求有恢复系；而利用细胞核不育系进行杂种的生产主要是选育两用系（即AB系），由于核不育基因大多为隐性，所以一般材料均可恢复其育性，即核不育类型的父本来源较丰富。

④利用雌性系制种。主要是瓜类，目前在黄瓜、南瓜、苦瓜、节瓜上均已发现了雌性系，并在杂交制种中应用。

⑤利用雌株系制种。即在雌雄异株的蔬菜中，育成雌株系作为母本配制一代杂种。

如菠菜、芦笋等。

⑥利用苗期标记性状制种。即利用苗期隐性标记性状的系统做母本，父本、母本按一定比例种植，自然授粉，然后再在幼苗期去除带有标记性状的幼苗。这种方法制种成本低，但在栽培时要去杂，难以大面积推广。

⑦化学去雄制种。即利用化学药剂如乙烯利、青鲜素（MH）处理母本，使母本雄性不育。乙烯利在黄瓜上已应用，青鲜素在茄果类上效果较好。但喷药的浓度、时间、环境条件等对结果影响较大，同时对母本的采种量、种子发芽率和幼苗长势有一定影响，所以应用有一定的局限性。

⑧利用迟配系制种。同基因型花粉管在花柱中的伸长速度比异基因型花粉管在花柱中的伸长速度慢的系统叫迟配系。利用此特点在制种中将两个自交系按一定比例种植，任其自然杂交，以获得杂交率基本符合要求的杂交种，这种方式已在白菜上得到应用。

四、采种的层性原理及其应用

1. 层性原理的概念

蔬菜种子的生理异质性是由其本身的遗传性、种株的株型、种子（或果实）在种株上的着生部位及种子生长发育时期的外界环境条件所决定的。种子的质量和产量因种株的分枝习性和种子（或果实）在花序（或种株）上着生的部位不同而表现出差异，这就是所谓采种中的“层性原理”。应用层性原理对提高种子质量和产量，防止种性退化具有重要作用。

2. 层性与种子质量

十字花科的大白菜、甘蓝、萝卜等蔬菜作物属总状花序，其开花是由下向上逐渐开放，种子成熟的顺序是主轴先熟，其次是一级分枝，再次是二级分枝。同一花序不论主轴还是分枝均由下向上逐渐成熟。由于开花时期不同，其种子生长发育所处的环境条件和营养条件不同，因而造成种子质量差异。开花早的，种子成熟度好，种子颜色就深，种子籽粒饱满。同一种株自下而上，种子色泽由深变浅，成熟度逐渐下降，种子质量下降。分枝越高，种子籽粒越小，千粒重愈轻。因此采用低分枝留种种子质量最好。所以白菜、甘蓝等十字花科蔬菜留种时以主枝上种子质量最好。茄科的茄子、辣椒、番茄以第二层和第三层果留种所采收的种子质量最好；洋葱、大葱以种球中上部的花所结的种子质量最高；菊科蔬菜以头状花序外围的花所结的种子质量最高。

在同一果实内，不同部位的种子质量也存在差异性，如番茄果肩的种子播种后植株具有强大的生长势，而果顶面的种子播种后植株发育慢。把一条黄瓜分成前、中、后3段采种，发现近花冠的前段种子数量多，种子质量最好，中部的次之，近瓜把的一段种子数量最少，而且质量也最差。

3. 遗传势与种子质量

根据遗传势理论，作物不同部位对于某一性状有强弱不同的遗传势，生物体各部位的化学成分的相似程度不同。相似程度大的部位性状遗传势强，同时生物体由于分化而造成各部位基因的表达不同，表现出遗传势的位置效应，使不同的作物表现出不同的期望性状。根据其期望性状的不同，可将作物分为3类：第一类为顶部优势作物，如黄

瓜，同一瓜果内前段的种子最好。第二类为中部优势作物，如番茄，期望性状处于全株的中部。因此，植株中部果节的果实内种子最好。在同一果实内的甜瓜种子，以中部的种子质量最好。第三类为基部优势作物，如白菜、萝卜等蔬菜作物的种子，以基部果枝的最好。

4. 层性原理与遗传势理论在蔬菜采种上的应用

蔬菜种子的质量和产量，由于在种株的着生部位不同和种株的株型不同，而存在大的差异，在采种时可以依据层性原理和遗传势的理论采取各种技术措施，以提高种子质量和产量。

（1）整枝和疏花疏果。调整种株的株型，疏花疏果均可提高种子的质量。如黄瓜选留主蔓上第二个、第三个雌花做采种瓜，待选留瓜坐住后，植株长到 18 ~ 20 片真叶时摘去主蔓生长点，保证有充分的营养供给种瓜，促进种瓜早熟，提高种子的千粒重。中晚熟番茄品种采种，种株多采用单秆整枝，在保证第二穗和第三穗果坐住后及时摘心，并摘除非留种花序和侧枝，以提高种子产量和质量。

（2）合理密植。种株分枝性能强的蔬菜作物，如大白菜、甘蓝、萝卜、胡萝卜、芹菜等，种株栽植得越稀形成的侧枝越多，而且分枝的层次也多，采种时小粒种子的比率也愈多。适当密植有限制侧枝发生和生长的作用，使种株的营养集中供给主枝和第一侧枝，以提高大粒种子的比率。

五、种子收获与采后处理

种子成熟时应及时收获，特别是对一些易在植株上发芽或自然脱落的种子，必须及时分次或一次性收获，收获后进行必要的后熟、取籽、晒干、清洗和分级。

第七节　良种的繁育制度与技术路线

良种应包括两个方面：一方面是优良品种的种性，另一方面是优质的种子。这两方面在农业生产中都起重要作用。优良品种的种性，对于高产、优质及高效的农业生产，在技术措施和栽培条件相同的情况下起决定性的作用。但优良的种性是通过优质的种子才能表现出来的，所以要使优良的种性得到充分的表达，生产优质的种子是基础之一。而在采种中，要获得或保持一个优良品种的种性，采用什么样的技术路线，是种子生产中的关键。

一、良种的繁育制度与种子质量

1. 良种繁育体系与程序

良种繁育体系即良种繁育的组织、领导及生产方式和方法。1978 年国务院提出种子工作实现“四化一供”的新方针，即种子生产专业化、种子加工机械化、种子质量标准化、品种布局区域化，并以县为单位统一组织供应良种，以保证质量。1995 年提出种子工程这个概念以来，我们国家进一步加强了蔬菜种子生产方面的工作。良种繁育程序是指种子繁殖阶段的先后和种子世代的高低及从事种子生产的次序和方式等。良种的繁育制度是指种子繁殖分级进行，在种子生产中，设置专门的留种地，按照一定的技术规程，逐步扩大繁殖，生产出不同级别的种子。目前，我国蔬菜种子生产一般采用三级繁育制，即原原种、原种、良种。由原原种生产原种，再由原种生产良种（生产用种），三种类型的种子必须分级繁殖和管理。

（1）原原种。又称育种者种子、超级原种，是一个品种在刚刚育成时获得的种子，或用这样的种子在一定世代内繁殖产生的，具有本品种典型性和较高产量水平的少量种子。原原种在一般情况下，只能由育种者生产，只有在特殊情况下，才可由指定的授权单位生产。

原原种应具备以下特征：①由育种者直接生产或控制的品种最原始的种子；②具有本品种完全的典型性状；③品种纯度为100%；④遗传性稳定；⑤有一定的世代限制；⑥产量和其他主要性状达到推广时的原有水平。

在实际蔬菜生产中，一个新品种开始推广时，都有显著的增产效果，可是在达到一定的种植面积或使用年限后，该品种的增产效果变得不明显，甚至减产。出现这一现象的原因之一是，这个品种最初没有提供原原种或是提供的原原种不够纯；原因之二是，随着繁殖次数的增加，使种性逐渐混杂退化。要保持一个品种在生产应用中的寿命，最有效、最经济、最科学的方法是解决原原种的来源问题，用原原种为种源生产原种，再用原种生产良种。因此，原原种的生产，是整个种子生产中不可缺少的组成部分，是生产良种的基础，它在良种生产和推广上具有极其重要的作用。

（2）原种。原种是由原原种繁殖的，遗传性与原原种相同，在各种技术指标上仅次于原原种的种子。在通常的情况下，原种只能由原育种者或是由接受原原种的原种场进行生产，只有在原原种生产计划失控和原种基地不健全的情况下，采取提纯的方法来生产原种，作为原种的补充。目前我们国家对各种蔬菜原种的质量有统一的标准要求。

（3）良种。又称生产用种。由原种繁育出来，质量达到国家标准，直接作为菜用栽培的种子。

2. 种子质量

种子质量包括品种品质（种性和纯度）和播种品质（种子品质）两个方面。在生产中，品种品质和播种品质同等重要。种子质量指标可从6个方面来综合评价，即纯度、净度、饱满度、含水量、健康程度、色泽等。也就是说，如果种子质量好，除品种的遗传纯度高之外，还要求该品种的种子干净、饱满、健康、活力高、色泽好而干燥。

纯度，是影响种子质量最重要的指标。由于种子内在遗传纯度难于从种子外表上鉴别，故通常依据本品种种子在一批种子中占的比例大小来衡量。一般原种的纯度要不低于98%，生产用种不低于85%~95%。

净度是在种子作为商品销售中，影响种子商品性的一个很重要的指标，因为它很容易从种子表观上鉴别。净度主要受种子脱粒、加工过程的影响。对净度的要求一般不应低于95%~98%。

种子饱满度一般用千粒重或容重表示。在一个品种的一批种子中，种子饱满充实则千粒重大，而且生活力高。要使种子饱满充实，必须在繁种过程中，注意种株的培育及种子发育过程中的环境条件。此外，种株种果的收获时期及后熟对种子饱满度也有重要

影响，而种子生产的其他环节对其影响很小。

生产用种子含水量一般要求在7%左右。

种子色泽也是商品性状中较重要的一项指标，主要受成熟度，脱粒及干燥是否及时、方法是否得当，贮藏中温度、湿度的高低与配合的影响。另外，种子的健康情况也非常重要，特别是对具有检疫病虫害的，必须严格检验。

种子质量的优劣，应根据国家制定的标准和种子质量检验规程进行综合评定。各项指标中品种纯度、净度、发芽率和含水量为必检项目。品种纯度为种子质量分级的主要依据。对原种与良种种子质量，国家都制定出了相应的生产技术规程和质量标准，所以种子的生产、质量检验都应按国家制定的标准进行。

二、原种生产的技术路线

目前，我国在原种繁殖上应用两种不同的技术路线，一种是原种重复繁殖法，另一种是循环选择法。

1. 重复繁殖法

重复繁殖法又称为保纯繁殖法，是指从原原种（育种家种子）开始到生产出生产用种（良种），实行分级繁殖。每个等级的种子只能种一次，即供下一个等级种植，每个等级自己不留种。这样每一轮的种子生产从原原种开始到生产用种结束，经2～3代繁殖，品种发生突变的可能性少，自然选择的影响也少。采用这种技术路线，种子群体是不断扩大的过程，几乎不受漂移的影响，除了必要的去杂去劣工作外，不进行人工选择，所以种子的纯度有充分的保证，而且品种的优良种性可以长期保持。下一轮的种子生产，仍然重复上次的过程，其生产过程如图1－1所示。

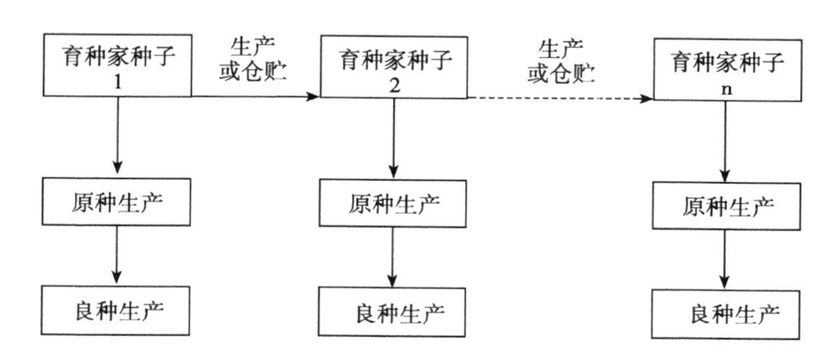

图1－1　原种重复繁殖程序

重复繁殖法不仅适用于自花授粉蔬菜和常异花授粉蔬菜的常规品种种子的生产，也可以用于自交系和“三系”亲本种子的保纯生产。

2. 循环选择法

循环选择法实际上是一种改良混合选择法，这种方法对于混杂退化比较严重的品种的原种生产较其他方法更为有效。其过程包括单株选择、分系比较和混系繁殖来生产原种，然后扩大繁殖生产用种，如此循环往复地进行良种的生产。此种程序常用于自花授粉蔬菜和常异花授粉蔬菜原种的提纯复壮生产，具体过程如图 1－2 所示。

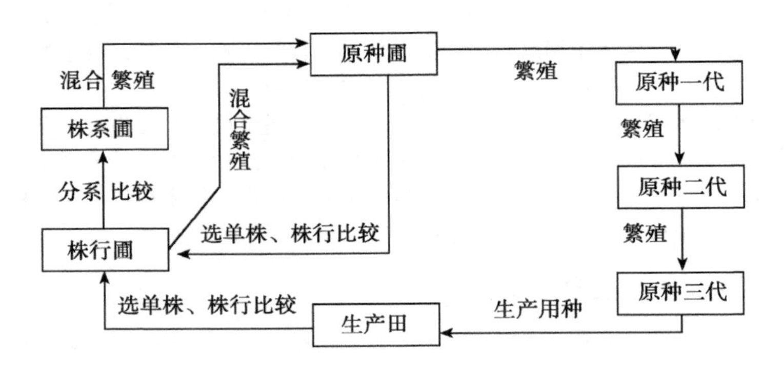

图 1－2　原种循环选择繁殖程序

此法在选择上采用改良混合选择法。选择单株之后，分系比较有利于鉴别和分离，然后混系繁殖，有利于防止遗传基础的贫乏。因此，对于提高种子的纯度和保持品种的优良特性具有一定效果。

但是循环选择法生产原种是在繁殖应用多代的生产田中提纯而来的，所以容易受自然选择的影响，每次的单株选择，使品种群体缩小，对于主要选择的性状来讲，由于环境和取样误差的影响，不可能对基因型做出可靠的鉴别，而对非选择性状来说，又容易发生随机的漂移，所以利用循环选择法生产的原种，难以完全符合原品种的种性，很难做到“复原”。

第二章 十字花科蔬菜良种繁育

第一节 大白菜

大白菜（*Brassica pekinensis* Rupr.），原产于中国，因为它分布广、栽培面积大、产量高、耐贮运、供应期长、营养丰富、食用方便多样，再加上种植较简易、省工、成本较低，所以在我国“菜篮子”中占有重要地位。据统计，2004 年我国大白菜的播种面积已达 3 933万亩，占全国蔬菜播种面积的 14.9%。据全国 33 个大白菜育种单位统计，1991 年以前育成的，目前尚在生产中应用的品种 56 个，1991～1995 年育成品种 69 个，1996～2002 年育成品种 140 个。

一、大白菜的生物学特性

（一）植物学特征

1. 根

大白菜的根为浅根性直根系。主根较发达，上粗下细，其上着生两列侧根，上部的侧根长而粗，下部的侧根短而细。主根入土不深，一般在 60 厘米左右，侧根多分布在距地面 25～30 厘米的土层中，根系横向扩展的直径约 60 厘米左右。

2. 茎

大白菜的茎在不同的发育时期形态各不相同。在营养生长时期的茎称为营养茎，或短缩茎。进入生殖生长期抽生花茎。

（1）营养茎。大白菜从苗期到营养生长结束，叶片很多，叶序排列紧密，节间距短，其茎也很短，故而称为短缩茎。短缩茎最初由胚芽发展而来，长成后粗度可达 4～7 厘米，在整个营养生长阶段基本呈球形或短圆锥形。

（2）花茎。大白菜在莲座末期至结球初期，苗端发育成为花序端，这时茎仍然很短。但到贮藏后期，由于花序和花的发育，茎伸长而发展成为花茎。茎顶端抽出主薹，叶腋间的芽可抽出侧枝，主薹和侧枝还可长出一级、二级侧枝。花茎有明显的节和节间的分化，高度达 60～100 厘米。

3. 叶

大白菜的叶是进行光合作用、气体交换和蒸腾作用的主要器官，又是营养贮藏器官。大白菜的叶具有多型性：有子叶、初生叶、莲座叶、球叶、茎生叶等 5 种形态。

（1）子叶。子叶是胚性器官，在种子内已形成。发芽时，胚轴伸长把子叶送出地面。子叶为肾形，光滑、无锯齿，有明显的叶柄，绿色。

（2）初生叶。继子叶出土后，出现的第一对叶片称为初生叶或基生叶。初生叶呈长椭圆形，具羽状网状脉，叶缘有锯齿，叶表面有毛，有明显的叶柄，无托叶。初生叶对生，与子叶呈十字形，故此期称为“拉十字”。

（3）莲座叶。初生叶之后到球叶出现之前的叶称为莲座叶。莲座叶为板状叶柄，有明显的叶翼。叶片宽大，褶皱，边缘波状。莲座叶基本上由3个叶环组成，每个叶环的叶片数因品种而异，早熟品种每环由5片叶子组成，中晚熟品种每环由8片叶子组成。莲座叶是大白菜主要的同化器官。

（4）球叶。是大白菜同化产物的贮藏器官，向心抱合形成叶球，是结球白菜的特征。球叶数目因品种而异，早熟品种为30～40片，中熟品种40～60片，晚熟品种60～80片。一般由第4叶环开始至14个叶环构成。外层的球叶可见到阳光，呈绿色；内层球叶见不到阳光，呈白色或浅黄色。外层球叶大，内层球叶较小。

（5）茎生叶。花茎上着生的叶片称为茎生叶或顶生叶。顶生叶是生殖生长时期的同化叶，叶片较小，基部阔，先端尖，呈三角形，叶片抱茎而生，表面光滑、平展，叶缘锯齿少。

4. 花

大白菜的花为复总状花序，完全花。由花梗、花托、花萼、花冠、雄蕊群和雌蕊组成。萼片4枚，绿色。花冠4枚，黄色或淡黄色，呈十字形排列。雄蕊6枚，4强2弱，花丝基部生有蜜腺。雌蕊1枚，位于花中央，子房上位。属异花授粉作物，自花授粉不亲和。

5. 果实、种子

大白菜的果实为长角果，喙先端呈圆锥形，形状细而长。授粉后30天左右种子成熟，成熟后果皮纵裂，种子易脱落。大白菜种子呈球形，红褐色或褐色，少数黄色。千粒重2～3克，种子寿命2～3年。

（二）生长发育

生产中，大白菜主要是秋季栽培，为典型的二年生植物。秋季进行营养生长，形成硕大叶球，并孕育花芽。冬季休眠，翌年春天在温和及长日照下抽薹、开花、结籽，完成生殖生长。由于种子萌动后就能感受低温，在0～10℃经10～30天通过春化阶段，因此，早春播种当年也可开花结籽，表现为一年生植物。大白菜的生长发育周期分为营养生长时期和生殖生长时期两大阶段。

1. 营养生长期

大白菜营养生长期历经发芽期、幼苗期、莲座期、结球期和休眠期。

（1）发芽期。从种子萌动至真叶显露，即“破心”，为发芽期。在适宜的条件下需5～6天。发芽期的营养，主要靠种子子叶里的贮藏养分提供。

（2）幼苗期。从真叶显露到第7～9片叶展开，亦即第一叶环形成，此期为幼苗期。此期结束的临界特征为叶丛呈圆盘状，俗称“团棵”。在适宜的条件下，约需16～20天。

（3）莲座期。从团棵到第23～25片莲座叶全部展开并迅速扩大，形成主要同化器官。此期结束的临界特征为叶丛中心叶片出现抱合生长，俗称“卷心”。此期加上幼苗期形成的叶环共有3个叶环，在适合的温度条件下，早熟品种约需15～20天，晚熟品

种25～28天。植株苗端此期逐渐向生殖生长转化，球叶分化相继停止。

（4）结球期。从心叶开始抱合到叶球形成为结球期。此期可分为前、中、后三个分期。

结球前期：莲座叶继续扩大，外层球叶生长迅速先形成叶球的轮廓，称为“抽筒”或“拉框”。此期10～15天。

结球中期：植株抽筒后，内层球叶迅速生长，以充实叶球内部，称为“灌心”，此期15～25天。

结球后期：叶球继续生长至收获，约10～15天。结球期植株生长量最大，约占总植株生长量的70%左右。结球期长短因品种而异，早熟品种25～30天。中晚熟品种30～50天。

（5）休眠期。叶球形成后遇低温而被迫进入休眠。此期正值冬季贮藏，贮藏期莲座叶的养分仍可向叶球输送一部分营养，有助于叶球紧实。贮藏期温度如过高，花芽会加速分化，侧枝也会萌发。

2. 生殖生长期

秋播大白菜进入结球期，营养苗端已转变为生殖顶端，只因此期温度较低，日照短，花器生长缓慢，翌春温度升高，日照加长，方能进人生殖生长阶段。生殖生长期又分为：

（1）返青期。种株栽于采种田后至抽出花薹之前为返青期。此期球叶形成叶绿素，进行光合作用。同时生出新根，吸收水分、养分。需7～10天。

（2）抽薹孕蕾期。从开始抽薹至始花为抽薹孕蕾期。此期是新根系形成和花蕾分化、生长的时期，需15天左右。

（3）开花结实期。从开始开花到果实、种子成熟为开花结实期。此期花枝不断抽生，茎生叶不断展出，花蕾不断长大并陆续开花、结实。后期果实陆续成熟，茎生叶陆续脱落，最后全株枯黄。

（三）生长发育对环境条件的要求

1. 温度

大白菜是半耐寒性植物，其生长要求温和和冷凉的气候。发芽期适宜温度为20～25℃，8～10℃即可发芽，但所需时间较长；26～30℃发芽虽迅速，但幼苗虚弱。

（1）幼苗期。对温度变化有较强的适应性，适宜温度为20～25℃；温度过高，在26～28℃时，幼苗虽能适应，但生长不良，易感病毒病。幼苗可耐长期－2℃的低温，甚至短期－8～－5℃的严寒。

（2）莲座期。要求较严格的温度，适温范围为17～22℃。温度过高，莲座叶生长快但不健壮；温度过低，则生长迟缓。

（3）结球期。对温度的要求最严格，适宜温度为12～22℃，结球前期温度可比后期稍高些。8～12℃的昼夜温差有利于营养物质的积累。但在东北、西藏、青海、新疆、内蒙古等高寒地区由于播种期早，温差大，结球期间日照时数仍较长，应注意先期抽薹。

（4）休眠期。在休眠阶段为了延长贮藏期，要将呼吸作用及蒸腾作用降低到最小限度，以减少养分和水分的消耗，以0～2℃最为适宜，温度低于－2℃发生冻害，5℃以上容易腐烂。

（5）抽薹期。虽然12～22℃最适于花薹的生长，但为了避免花薹徒长而发根缓慢造成的生长不平衡现象，以12～18℃为宜，这样种子产量高。

（6）开花期和结荚期。这一时期要求较高的温度。月均气温17～20℃为最适宜。当月均气温低于17℃，期间常有15℃以下的低温会导致开花不正常和授粉、受精不良；当月均气温高于22℃，期间常有30℃或以上的高温，将使植株迅速衰老，种子饱满度不高。在高温时还可能出现畸形花，不能结籽。

2. 光照

大白菜是一种需要中等强度光照的蔬菜。大白菜中下部的莲座叶光合作用光的补偿点较低，在弱光的条件下亦能正常进行光合作用。因而合理密植是获得高产的重要措施。但是光照太弱会严重影响植株的生长发育。当植株过密，光照不足时，叶片变黄，叶肉变薄，叶片趋于直立生长，产量大幅度降低。

大白菜为长日照植物。营养生长期对日照时间要求不严格，开花结果期要求较长的日照时间。长日照有利于促进开花结果。

3. 水分

大白菜叶面积很大，蒸腾作用旺盛，耗水量较多。大白菜球叶中含水量很高。因此，大白菜是需水量很大的蔬菜。大白菜的根为浅根型，根系不发达，不能充分利用土壤深层的水分，因此，生育期内应水分充足。幼苗期土壤干旱，极易因高温干旱而发生病毒病。故应经常浇水。莲座期浇水应适当，过多易引起徒长，影响根系下扎和包心。结球期应大量浇水，保持土壤湿润，保证叶球迅速生长。结球后期及采收前期应适当少浇水，以防止叶球开裂，便于收获贮藏。在贮藏期应控制适宜的空气相对湿度，以90%～95%为宜。湿度过低，外层球叶易干缩，影响食用品质；湿度过大，易引起腐烂损失。在生殖生长阶段，前期应少浇水，避免浇水降低地温。开花期应适当多浇水，以促进开花结荚。结荚期可适当控制浇水，以利种荚老熟和籽粒饱满。

4. 土壤

大白菜是高产蔬菜，对土壤的要求比较严格，以土层深厚、疏松、富含有机质的砂壤土、壤土和黏壤土为宜，适于中性、微酸性或微碱性的土壤栽培。在肥料三要素中大白菜对氮肥的需要量最大。氮肥对促进植株迅速生长，提高产量的作用最大。适当配合磷、钾肥，能提高抗病力，改善品质。大白菜对钙的需求较敏感，土壤中缺乏可供吸收的钙，则会影响水的代谢，而诱发大白菜干烧心等病害。

二、种株的开花结实习性

（一）春化与花芽分化

大白菜是种子春化型作物，从萌动的种子到结球的成株，都能感受低温效应，只要达到一定日数的合适低温，都可通过春化。大白菜通过春化的温度范围为1～15℃，以3℃效果最好。大白菜品种间通过春化时对温度的要求差异较大，春大白菜在2～13℃

的低温下需要25～30天才能通过春化，秋大白菜在2～13℃的低温下经过10～15天可通过春化，夏大白菜在10～15℃的较高温度下经过15～20天可通过春化。温度低于2℃时，生长点的细胞分裂不甚活跃，春化速度较慢，高于4℃时，胚根伸长显著加快，所以适宜的春化温度是2～4℃。由于低温效应可以积累，故低温间断不影响大白菜通过春化。

通过低温阶段后，较高的温度和较长的光照有利于抽薹开花，适宜的光照时间是每天14～20小时。适宜的温度是18～20℃，25℃以上的持续高温将使花芽发育速度减慢，温度越高抑制越显著，没有通过春化时持续的高温将使春化停止或逆转，而使大白菜继续进行营养生长。春化阶段完成后，大白菜苗端就停止叶片的分化，进入花芽分化，即转化为生殖端，此时，大白菜的叶片数已经确定。大白菜苗端向生殖端转化，是在感应低温的缓慢生长中与春化同时进行的。一般种株感应低温的时间愈长，感应低温时的生理年龄愈大，则花芽分化愈早，花芽素质愈高。如果感应低温的时间很短或春化后生长在30℃以上的高温下，则花芽素质差，抽薹开花迟，畸形花多，落花严重，种子产量大幅度降低，在春播小株采种中应特别予以注意。

（二）抽薹与分枝

通过春化后，开始花芽分化的种株，在较高的温度和较长的日照下，即可迅速抽薹和分枝。大白菜的花序为复总状，先由生长点或短缩茎顶端抽生出主花茎，接着在主花茎上从下向上，依次从主花茎的茎生叶叶腋中抽生一级分枝，健壮种株还可继续抽生二级、三级分枝。各级分枝及主茎顶端是短缩的总状花序，从下向上陆续开花。随着开花，总状花序逐渐伸长。张鲁刚等通过对矮桩叠抱、高桩叠抱和高筒类型的3种大白菜自交系观察发现，大白菜的分枝习性，不同品种间差异较大，一级分枝有的多达12～18个，有的仅8～9个。一级分枝较多的品种，大多仅抽生二级分枝，三级分枝很少。而一级分枝较少的品种，大多三级分枝多，也可抽生出四级分枝，这样的品种花期长，种子成熟时间不集中。

（三）授粉与结实

大白菜是异花授粉虫媒传粉植物，黄色花瓣和芳香的气味具有吸引昆虫的作用，传粉的昆虫主要是蜜蜂和蝇类。因此，利用人工或昆虫授粉是提高结实率的重要措施。

大白菜的花一般在上午8～10时开放，花瓣平展成“十”字形，随后花药裂开，散出花粉。雌蕊柱头在开花前4天和开花后2天，受精结实率差异不大。开花前花药中的花粉已经具有萌发能力，以开花当天的花粉生活力最强。自然条件下，花粉生活力可保持6天以上。若温度高、湿度大，或在阳光下暴晒，则寿命缩短。就花枝来说，花从下向上开放，每天开4～6朵。单株的有效花期为20～30天，开花期的适宜温度是15～24℃。30℃以上授粉受精不良，造成花而不实；10～15℃条件下，花器生长缓慢；0～5℃，开花无效；0℃以下，花蕾死亡脱落。

一般授粉后，经过30～60分钟花粉管进入柱头，18～24小时完成受精，形成合子。3天后花冠变色、凋萎，4～5天后花冠脱落，受精7天后胚珠开始膨大。从受精到种子成熟一般需要30～40天，刚成熟收获的种子有轻度休眠，低温处理、用赤霉素溶液浸种或剥除种皮等，均可打破休眠。

大白菜主花茎的始花期最早，稍后是一级分枝，二级和二级以上分枝的始花期极显著地晚于一级分枝，多在种株生长的后期开放，常形成瘦小秕粒。因此，种株上的有效种子主要来自主花茎及一级分枝。

大白菜单株开花数主要取决于花序数和分枝数，一般一株平均开 1 500左右朵花，变幅在 1 000～2 000朵。品种间的开花数分布随分枝习性而变，其中主花茎上花数占6%～9%，一级分枝和二级分枝占 80%。单株平均结荚数占开花数的 60%左右，主要分布在一级分枝和二级分枝上，不同品种间也有较大差异。结荚率一般是一级分枝 > 主花茎 > 二级分枝。个别冬性较弱的品种，因早春温度低，使主花茎基部的花多为无效花，结荚率也很低。张金科等（1993）、杨建平等（1999）都以鲁白八号为试验材料，经研究认为在大白菜选种及良种繁育过程中，应以提高二级及一级分枝数和坐果率来达到单株种子高产的目的。在大白菜种子产量构成因素中，种株主要通过增加分枝数，进而增加结荚数和粒数，最终使产量增加。因此，在栽培管理中，应以增加分枝数，尤其是一级分枝和二级分枝，作为主攻方向。

三、采种方式与繁育制度

（一）采种方式

1. 成株采种

成株是指达到品种商品性状成熟时的植株。不同的种类和类型其商品特征不同：大白菜和结球甘蓝要求结球紧实，小白菜要求品种特征符合市场要求，芜菁要求肉质根充分肥大，花椰菜要求花球紧实，青花菜要求花球达到商品要求，球茎甘蓝要求变态茎充分肥大等。以具备商品特征的植株做种株进行采种叫成株采种。成株采种也叫结球母株采种或大株采种。由于成株采种能在商品成熟期按品种的标准性状选择优株，因而生产出的种子种性纯正，一般是原种、原原种生产中采用的采种方式。其缺点是冬前收获时植株过分衰老，冬季贮存中养分消耗过多，春季定植时地温偏低，因而定植后发根慢，长势弱，病株死株多，缺株断垄十分严重，产量低而不稳，生产成本高，在生产种生产中难以大量应用。

2. 半成株采种

用具有部分商品特征（如半结球状态）的植株做种株采种叫半成株采种。其具体方法和成株采种相同。只是将播种期推迟一定的天数（一般 10～20 天）。这种采种方式可以对种株的结球性、耐热性进行一定的选择，而且翌年种株成活率高，产籽大，种子产量和小株采种相近，防杂保纯效果较小株采种优越。而且一般可以露地越冬，或简单覆盖越冬，不需窖藏越冬。

3. 小株采种

用没有商品特征的植株小苗做种株采种叫小株采种。根据小株采种的播种时期，有秋播小株采种和春播小株采种。冬季无严寒地区，一般是晚秋播种，以 7～8 片叶的植株露地越冬，春暖天长后抽薹、开花、结籽，这就是秋播小株采种。不能露地越冬的严寒地区，一般是冬季（1 月左右或早春直播）阳畦育苗，3 月定植于大田，春暖天长后抽薹、开花、结籽，这就是春播小株采种。

小株采种的突出优点是种子产量高，生产成本低。因为翌春抽薹时的秋播种株，已是约有10片叶子的健壮大苗，生活力远比冬前结球的种株旺盛得多，其根系冬前已充分发育，春季又继续生长，且没有受伤，远比结球种株发达，所以越冬死苗率低。春播小株采种因播种迟，种株的长势及产量较秋播小株稍差，但仍优于成株采种，所以小株采种是生产种生产中最常用的采种方式。

小株采种因播种时避开了8月的高温，抽薹时尚未结球，所以无法针对种株的特征（如结球性、耐热性）选择优株，一代接一代的小株采种必然导致品种退化。故小株采种方式收获的种子一般不再用于种子生产。

（二）繁育制度

繁育制度是指为了保证种子质量而建立的不同级别种子生产的程序和规程。大白菜种子通常分为原原种、原种、生产种三级种。由原原种生产原种，由原种生产生产种。原原种保持着品种的原始特性，通常是由严格选择的成株繁殖所得，数量较少一般不直接用于生产，而是用来生产原种，2～3年繁殖1次；原种由原原种的成株通过去杂去弱，混合繁殖所得，一般3～4年繁殖1次，通常也不直接用于生产，而是采用其小株混合采种生产生产种。对于杂交一代种子，原原种就是由亲本成株生产的种子。原种就是原原种半成株或小株生产的亲本种子。生产种就是由双亲半成株或小株通过杂交获得的杂交种。在实践应用中，根据情况可以采用以下5种繁育制度。

1. 成株一级繁育制

指在大白菜收获时选择符合品种标准性状的植株，窖藏越冬后栽植在隔离区内，或采用组织培养方法扩大群体进行采种，所收获的种子直接用于生产田，生产田收获时再选留种株，如此一代接一代地进行下去，见图2－1。由于不分繁殖用种和生产用种，仅生产出一个级别的种子，故称成株一级繁育制。这种方法已经很少大规模应用，多属于农户留种。

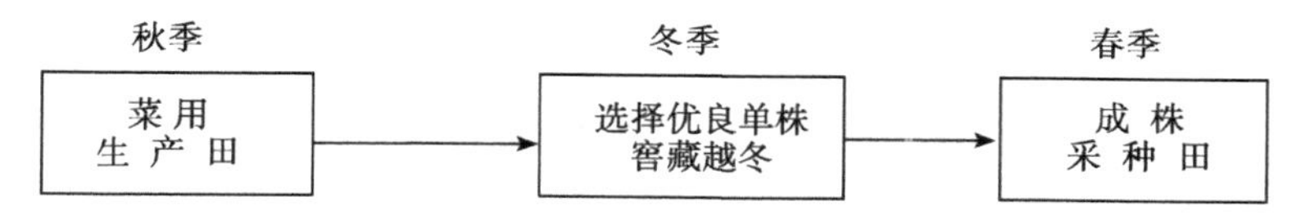

图2－1　成株一级繁育制模式程序

这种繁育制度简便易行，但容易引起品种混杂退化、基因漂移。因为每年生产田需要大量种子，成株采种产量不高，要满足菜田用种就必须选留尽可能多的种株，因而很难坚持严格的选株标准；一代接一代繁殖下去，必然使品种退化；由于每年的条件各异，选择的群体有限，常常使没有表达的基因丢失，长期下去，遗传背景越来越窄。

2. 成株、成株二级繁育制

将春季收获的原种级种子（原种及原种一代、二代等）分成2份，一份通过选优采用成株采种法生产原种级种子，另一份通过去杂去劣采用成株采种法生产生产种级种子，年年如此进行即可，见图2－2。这种生产方式的生产种，种子质量好，但种子产量低，不能满足大量需要。

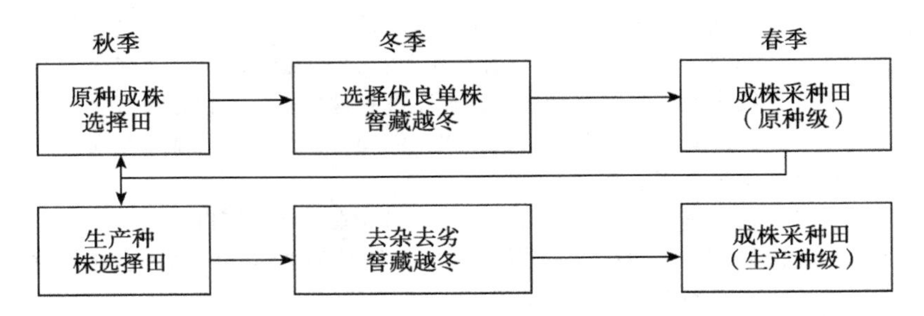

图 2-2　成株、成株二级繁育制模式程序

3. 成株、小株二级繁育制

将春季收获的原种级种子（原种及原种一代、二代等）分成2份，一份用秋播小株采种法生产生产级种子，另一份用成株采种法生产原种级种子，年年如此进行即可，见图2-3。

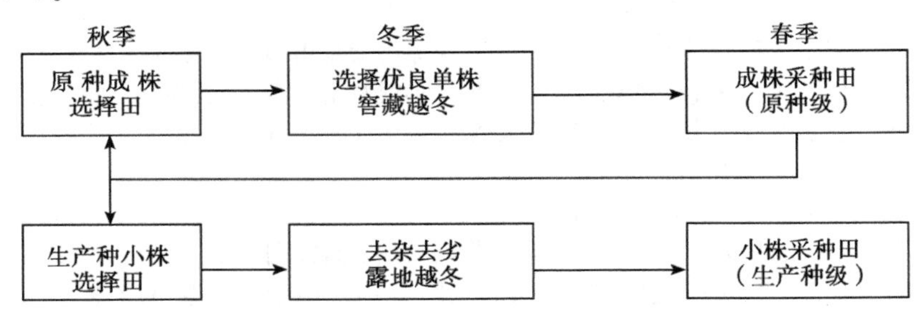

图 2-3　成株、小株二级繁育制模式程序

在这种繁育制度中，生产种是用原种级种子直接繁殖出来的，种性纯正。生产种又是用小株采种法生产出来的，种子产量高，既满足了菜田用种需要，又减少了原种级种子用量。由于原种级种子用量较少，就可以按品种的标准性状进行严格的选择，确保了原种质量，防止了品种退化，因而具有很高的实用价值，成为种子生产者普遍采用的繁育制度。

4. 成株、成株、小株三级繁育制

在成株、成株二级繁育制的基础上，用二级成株采种的种子再小株生产一次生产种。这种繁育制可以说是标准的三级繁育制，形成原原种、原种和生产种，较成株、小株二级繁育制的繁殖系数提高很多，有很高的实用价值，成为育种者普遍采用的繁育制度，见图2-4。

5. 成株、小株、小株三级繁育制

在成株、小株二级繁育制的基础上，用小株采收的种子再小株生产一次生产种，这样的生产种往往较差，但繁殖系数最高，在原级种子太少时，可以临时采用，最好不要经常采用，见图2-5。在杂交一代制种中，这种模式采用较普遍，即以成株繁育的种子作为亲本原种，以亲本原种小株生产的种子作为杂交用亲本种子，再用杂交亲本的小株生产杂交一代种子。

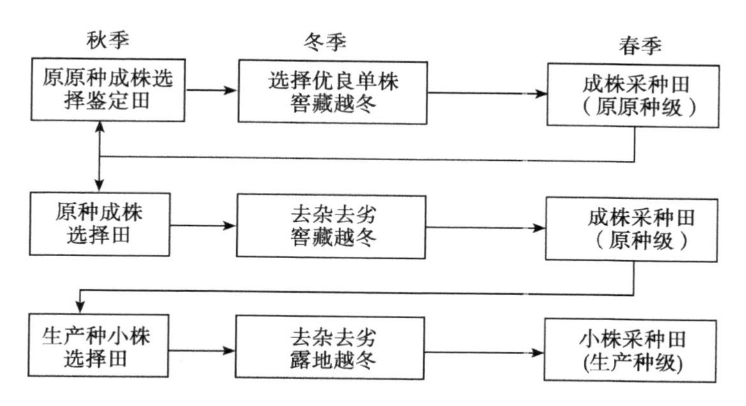

图2-4　成株、成株、小株三级繁育制模式程序

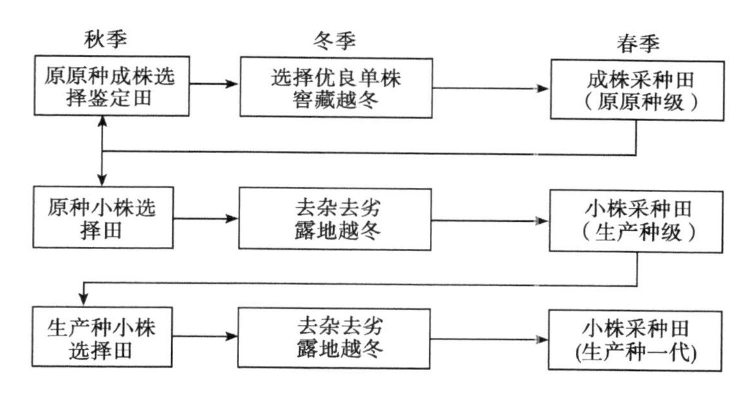

图2-5　成株、小株、小株三级繁育制模式程序

四、常规品种种子的生产

（一）原种生产的方法和程序

一个优良大白菜品种（常规种或杂交种），经几年种植后常因种种原因而出现混杂、生产力退化等现象。此时若无合格的原种以供种质更新，则需通过选优提纯的方法再生产原种。大白菜为异花授粉作物，常用的选优提纯方法有母系选择法、双株系统选择法和混合选择法，以母系选择法效果较好。其程序如下：

1. 单株选择

按照本品种的标准性状制定出具体的选择标准，通过秋季田间选择、冬季窖内选择和春季抽薹期选择，获得表现型符合本品种标准性状的大量植株。

（1）秋季田间选择。应在纯度高、面积大的种子田中选择优株，在莲座期和结球期进行，主要根据株型、叶色、叶片抱合方式等性状进行选择，选择符合本品种标准性状的无病植株约200株，收获时将入选株连根挖出，窖藏过冬。

（2）冬季窖内选择。结合翻窖倒菜以及切菜时进行选择，淘汰脱帮早、侧芽萌动早、裂球早和感病的植株。此次淘汰后剩余的植株，最好在100株左右。

（3）春季抽薹期选择。翌春定植后及时拔除病株、弱株、抽薹过早或过迟的植株。此次淘汰后剩余的植株，最好在30株左右，开花期系内株间自由授粉，种子成熟后按单株分别留种，供秋季株系比较之用。

2. 株系比较

秋季将春季入选株的种子按株系播种，每株系播一小区，每小区50株，各株系顺序排列，每5个株系设一对照（对照为本品种选优提纯前的原种或生产种），周围设保护行，常规管理。在性状表现的典型时期，按单株选择时的项目、标准和方法，对各株系的群体表现进行观察和比较，收获时测产，最终选择符合本品种标准性状、株间高度一致、产量显著超过对照的优良株系若干。对性状表现相同或十分相似的株系，去杂去劣后混合收获、窖藏，翌春混合留种，这就是本品种的原原种种子。如果株系圃中没有符合标准的株系，则应在优系中继续选择优株，分株留种，继续进行株系比较，直到达到目标为止。

3. 混系繁殖

将入选株系的种子秋播，以选优提纯前的原种或生产种为对照，鉴定所选原原种的生产能力和性状表现。如果确实达到国家规定的质量标准，则全田混合收获种株，窖藏越冬后混合留种，即为本品种的原种种子。

（二）原种生产的技术要点

不论是用选优提纯的方法生产原种，还是用品种选育者提供的原原种生产原种，或者是用原种生产原种一代、原种二代等原种级种子，都必须采取优良的栽培管理技术，才能生产出合格种子。

1. 秋季结球种株的培育

（1）整地做垄。大白菜生长期长，生长量大，但根系分布浅，因此深耕施肥、精细整地极为重要。为了在播种前有足够的时间深耕施肥，最好选西葫芦、矮生菜豆、大蒜、早黄瓜、早番茄等为前茬，也可以大麦、小麦等为前茬。前茬结束后尽早深耕晒土，每亩施农家肥5 000千克、过磷酸钙25千克做基肥。播前浅耕细耙做畦，秋雨过多的地方应采用高垄栽培，既可防涝防病，又可诱导根系向深土层伸长。高垄栽培的缺点是地表受热面积增大，地温高，给幼苗生长带来困难，故垄不可过高，以15厘米左右为宜。垄距因品种而异，早熟品种50厘米，中熟品种55～60厘米，晚熟品种60～66厘米。为保证灌水均匀，垄沟底部要平，垄面要踩实，垄长不超过10米。

（2）播种期和密度。原原种和原种级种子生产的播种期，应比菜用栽培的提早3～5天，或者同期播种，一般不要推迟。华北地区中晚熟品种应在7月底至8月上旬播种，早熟品种在7月20日前后播种。迟播病害轻，收获时入选种株活力较强，春季定植后种子产量较高，但迟播往往不能形成充实的叶球，因而不能根据球形、球重、紧实度等性状进行严格选择，也不能根据抗病性和耐热性进行选择，连年迟播必然导致种性退化。

留苗密度可较菜用栽培稍稀些，以利于植株健壮生长，使其优良性状充分表现出

来，便于选择优良植株。早熟品种每亩2 500～3 000株；中熟品种2 000株左右；晚熟品种1 500～1 600株。

（3）水肥管理。和菜用栽培一样，种株田的追肥可在团棵期、莲座期、结球前期和中期分次进行，氮肥用量应稍低于菜用栽培，适当增施磷钾肥。灌水时，前期与菜用栽培相同，如苗期小水勤灌，降温保苗；莲座后期控水蹲棵，促进根群向深土层伸长，抑制外叶徒长，促进结球；蹲棵结束后经常保持地面湿润。有所不同的是，进入结球中期以后种株田要减少灌水次数，采收前20天停止灌水。减少氮肥用量和后期控水，目的是使种株生长充实，提高耐藏性，减少翌春定植后的死亡率。

（4）选择和收获。种株田应较菜用栽培早3～4天收获，以便晾晒入窖。收获前去杂去劣，淘汰株型、球形明显不符合品种特性的植株，以及包球不紧实的、感病的植株，其余为入选株，将其连根挖出，尽量不要使根系受伤。

2. 种株窖藏越冬及管理

（1）打窖。根据入选种株数量在收获前10～20天打窖，窖晾晒3～4天。一般选择地势高、距离定植地近的田块打窖，窖东西走向，宽1.3米，深60～70厘米，长10米。

（2）窖菜。刚刚收获的种株含水量高，马上入窖常因高温高湿而腐烂，需先晾晒一下。方法是将种株根部向南、头部向北，单层摆放1～2天，再翻转使接触地面的一侧晾晒1～2天，以减少外叶水分，促进根系伤口愈合，同时去除病叶、老叶。从窖的一头开始，在窖内按南北方向挖一浅沟，把种株菜根埋入沟中，注意要埋严，踏实，不要漏风走气。

（3）菜窖管理。种株入窖后，由于温度下降，要及时准备好盖窖的材料。坚持白天揭、夜晚盖。严冬季节，晚揭早盖，下雪后及时扫雪。保持窖温1～2℃，空气相对湿度维持在60%左右为宜。

（4）切头。根据情况，在气温回升时切头，使花薹容易从叶球中抽出。切头的方法很多，如一刀平切、三刀锥形切、环切等。比较常用的是三刀锥形切，即由距根基部10厘米左右的叶球处，向上斜削三刀，使残留在种株上的叶球呈三面锥体。切头后继续假植在窖内，大约半个月后叶球伤口愈合，残叶返青，此时定植发根快，成活率高。结合切头淘汰侧芽萌动早的种株。

3. 种株的定植和田间管理

（1）隔离区选择。露地自然授粉采种，为确保种子纯度，采种田周围2 000米范围内，不可种植与大白菜同种的近缘作物，如大白菜的其他品种、小白菜、瓢儿菜、白菜型油菜、菜薹、芜菁等。能与大白菜天然杂交的近缘种，如甘蓝型油菜、芥菜等，也应有1 000米以上的隔离距离。大多数情况下，原种生产多采用网棚，即利用30～40目的尼龙纱网覆盖进行隔离，即使这样也要求周围100米范围内，不可种植与大白菜同种的近缘作物和近缘种。

（2）定植时期。当10厘米深地温稳定在6～7℃时露地定植，华北地区的定植期为3月上中旬。确定种株定植期的基本原则是：在不遭受冻害的前提下，尽量提早定植，同时考虑种株不能在窖内抽薹。

（3）定植密度。网棚成株采种每亩可定植2 500～3 000株，做宽垄窄畦，有利于人工授粉；露地成株采种每亩可定植3 500株左右。稀植虽可增加二级分枝而使单株产量稍有提高，但却因种株数量减少而使单位面积产量降低。据观察，大白菜种株二级及二级以上分枝的增减，对种子产量无明显影响。合理密植能有效地抑制二级分枝的发生，增加单位面积上的一级分枝的数量，从而使种子产量大幅度提高。

（4）水肥管理。结合整地，采种田每亩施农家肥5 000千克、过磷酸钙30～40千克做基肥。定植时要埋住种株根系，踩实根际土壤，种株不可入土过深，避免把短缩茎埋入土中。定植后不要随即灌水，以免土温过低引起烂根。若土壤干燥，3～5天后灌水。始花时结束蹲苗，每亩施尿素15～20千克，勤灌水，经常保持地面湿润。适时插竹竿绑枝，防止种株倒伏。花期结束时（主花茎和一级分枝谢花，二级分枝继续开花），每亩施氮磷复合肥10～15千克，继续保持地面湿润。后期适当控水，以免贪青晚熟，但不可干旱，否则秕粒增多。田间部分角果挂黄时进入黄熟期，应完全停止灌水。

4. 种子的采收

大白菜角果黄熟后稍有震动便开裂落粒。为减少损失，最好分次在有露水的早晨收割，及时脱粒、清选、晾晒。每亩一般可产50～100千克原种种子。

（三）生产种的生产

对于冬季严寒而导致白菜不能露地越冬的地区，一般采用春播育苗，天气转暖后定植在隔离区中进行生产种的生产。春季播种期极为重要，播种过早，温度较低，幼苗很小就开始花芽分化，定植后只有2～3片叶子就开始抽薹，种子产量很低。播种过晚，因温度已经很高，生长点花芽分化缓慢，定植后营养生长过旺，抽薹开花很晚，甚至有部分植株不能抽薹，种子产量亦很低。适宜的播种期，应使定植时的种株有6～7片真叶，且为未抽薹的状态。每亩定苗4 500～5 000株。此后按原种田的管理原则进行日常管理。

五、杂种一代种子的生产

（一）亲本的繁殖

1. 自交不亲和系的原种生产

大白菜自交不亲和系，具有花期系内株间异交、株内自交皆不亲和的特性，虽然解决了杂交制种中母本系统的雌、雄蕊隔离的问题，保证了杂交种种子纯度，但给自身的繁殖带来很大困难。长期以来，许多学者为解决这一难题进行了大量的探索性工作，取得了不少进展。但到目前为止，应用于自交不亲和系种子生产的，主要是蕾期人工授粉和隔离区自然授粉2种方法。

（1）克服自交不亲和的方法。

①蕾期人工授粉。这种方法目前在大白菜、小白菜、结球甘蓝、花椰菜、青花菜、萝卜等自交不亲和系繁殖中应用最普遍。方法是在开花前2～4天，将花蕾用镊子剥开，授以本株或同一自交不亲和系其他植株的花粉，种子成熟后即可获得大量自交不亲和种子，用于杂种一代生产。该方法存在蕾期人工剥蕾、授粉麻烦，且连续自交易造成亲本生活力衰退的问题。但是，通过增加自交不亲和系留种株数、采用系内株间授粉和选育

自交衰退缓慢的株系等措施，可恢复和提高自交不亲和系的生活力。

②花期自然授粉。让自交不亲和系的植株在隔离区内自然授粉，所收获的种子即为自交不亲和系种子。隔离区自然授粉每一植株收获的种子实际上比蕾期人工授粉多。该方法省去了蕾期人工授粉的过程，还能减轻和延缓自交衰退。但连续多代花期自然授粉会使花期自交亲和性逐渐提高，应该每隔两三代测定一次亲和指数，选花期亲和指数低的株系供亲本繁殖用。

③化学药剂克服自交不亲和性。张文邦（1984）报道，用5%食盐水喷花，能提高甘蓝自交不亲和系的亲和指数。李元福（1986）报道，在大白菜自交不亲和系的开花期内，每隔1天用2%～10%食盐水喷花，亦能极显著地提高亲和指数。在花期自然授粉时应用这些成果，就能使单花结实数赶上甚至超过蕾期人工授粉，从而大幅度提高种子产量。用食盐水喷花克服自交不亲和的方法通常与蕾期人工授粉、自然授粉相结合使用。对于不同的自交不亲和作物和品种，在应用该技术前，应对食盐溶液的适宜浓度、喷洒时间和喷洒次数进行必要的试验，以免给生产造成损失。

④钢刷授粉。钢刷是由直径0.1毫米、长4毫米的细钢丝制成。授粉时用钢刷先在成熟的花药上蘸取花粉，然后在柱头上摩擦，轻微擦伤柱头，可克服自交不亲和性，促进自交结实。钢刷法比较省工，不仅适用于未开放的花蕾，而且适用于当天开放的花。

⑤电助授粉器授粉。操作时，将授粉器主体装入衣袋中，将细针插入种株茎部或叶柄上，然后手拿铜刷蘸取花粉进行花期株系内授粉。该方法按照单位授粉时间内结籽数计算，比蕾期人工授粉工作效率大大提高。

⑥控制环境二氧化碳含量。利用温室、大棚等生产自交不亲和系种子时，在花期用5%～6%二氧化碳处理2～6小时，处理后进行人工辅助授粉或放蜂授粉，均可提高自交不亲和系的种子产量。但不同种类和品种花期适宜的二氧化碳浓度和处理时间不同，效果也有差异。因此，在处理前最好通过试验确定适宜的二氧化碳浓度和处理时间。

此外，松原幸子（1985）用50～100克/升激动素，500毫克/升精氨酸、1 000毫克/升丝氨酸和天门冬氨酸、200～1 000毫克/升叶酸，胡繁荣（1988）用100毫克/升吲哚丁酸，花期喷洒，可有效克服大白菜、萝卜自交不亲和性，提高自交亲和指数；用1%～5%丙酮清洗花粉，或用α射线或γ射线处理花粉，或用切除柱头和切短花柱后授粉等措施，都有克服自交不亲和性的效果。

（2）蕾期人工授粉生产自交不亲和系原种。

大白菜自交不亲和性一般具有明显的阶段表达特点，即蕾期和花期不亲和性存在差异，我们通常利用的是蕾期亲和、花期不亲和的系统。因此，在柱头尚未完全成熟，自交不亲和性尚未充分表现的蕾期人工剥蕾自交授粉，可以获得自交种子。

①种株培育。大白菜自交不亲和系的生活力很弱，秋季播种时可比菜用栽培的正常播期推迟7～10天，避过高温天气，否则幼苗生长不良，易感病死亡。播种后的田间管理、收获时的种株选留及窖藏越冬等，均与常规品种的原种生产相同。华北地区在翌年2月上中旬将种株定植在日光温室或塑料大棚中，使之及早返青，及早开始人工授粉。无保护条件的地方可在3月中旬前后露地定植，抽薹后用纱网隔离。为便于授粉操作，应宽窄行定植，宽行行距80～100厘米，窄行行距40～50厘米，株距33厘米。定植后

的田间管理与常规品种的原种田相同。

②蕾期授粉。蕾龄、花粉活力及授粉技术是决定授粉后结实多少的3个主要因素。蕾龄愈大，自交不亲和性的表现愈充分，授粉后结实愈少。蕾龄过小，雌蕊无受精能力，也不结实。实践证明，开花前2～3天的花蕾是人工授粉的最佳蕾龄。由于一个花序每天自下而上开花3～4朵，所以从花序已开放的花朵中最上部一朵起，向上数第五个至第十个花蕾就是当日授粉的最佳花蕾，切不可只图操作方便仅挑大蕾授粉。授粉时先用粉刷在系内各株刚刚开放的花朵（花冠鲜黄色）中采摘花药，制成混合花粉，然后用镊子拨开适龄花蕾（不必去雄），露出柱头，千万不要刺伤柱头，再用粉刷（或铅笔尾端的橡皮头）轻轻给柱头授粉。一般每个花序只对中下部的20多个花蕾授粉，其余花蕾全部掐掉。整个授粉过程要认真仔细，不要碰伤雌蕊，不要扭伤花柄：种子成熟后混合收获留种，即为自交不亲和系的原种种子。

蕾期授粉安全可靠，目前几乎所有的自交不亲和系都用这种方法繁殖。缺点是用工多、产量低、成本高。自交不亲和系的蕾期亲和指数一般在2～10，极少有更高的系统，如果按5计算，千粒重4克，那么生产1千克种子就需人工授粉5万个花蕾。一个技术熟练的工人每天可授粉500个花蕾。

（3）花期自然授粉生产自交不亲和系原种。

春季将自交不亲和系的结球种株定植在隔离区中，花期系内自由授粉，成熟后混合收获的种子，就是自交不亲和系的原种种子。这种方法的主要优点是，不需人工剥蕾授粉，简便易行，且单株种子产量不低于蕾期人工授粉的产量，大大降低了生产成本。合格的自交不亲和系在花期自然授粉中，每朵花的平均结籽数不多于2粒，较蕾期人工授粉，单花结籽数大大降低，但可以利用的花朵数大大增加，所以两者的单株种子产量不会有太大的差异。即使花期自然授粉的单株产量比蕾期人工授粉的低，通过扩大面积、增加株数等简单措施，即可获得足够量的种子。花期自然授粉生产种子的突出缺点是，会使自交不亲和系的亲和指数逐代升高，因为自交不亲和系内各植株间的亲和指数是不完全相等的。在花期自交传代过程中，亲和指数高的植株繁殖的后代多，亲和指数低的植株繁殖的后代少，经过若干代后必使群体构成上的这一变异得到累积和加强，使花期亲和指数明显升高。蕾期人工授粉繁殖也存在这一问题，只是上升的速度稍慢些而已。

解决这一问题的方法是，将自交不亲和系分两级繁殖，即以蕾期人工授粉的方法生产自交不亲和系原种（成株采种），以花期自然授粉的方法生产自交不亲和系生产种（可小株采种）。原种可用来生产原一代种子和生产种种子（杂交种），见图2－6。

（4）自交不亲和系自交亲和指数测定。

自交不亲和系的自交不亲和性在多代繁殖过程中，与其他性状一样，也会发生变化。所以每繁殖2～3代，就需进行一次自交亲和指数测定。对于花期亲和指数升高、蕾期亲和指数降低的予以淘汰，用库存原种重新生产，或者采用株系筛选提纯复状。亲和指数测定方法如下：

①选枝套袋。先从待测自交不亲和系群体中，随机抽取10个以上植株作为被测定株，再从每个被检植株主花茎中部选取2个健壮的一级分枝，一枝做蕾期授粉枝，一枝做花期授粉枝。从每个一级分枝顶部的总状花序中选留发育良好的中下部花蕾25～30

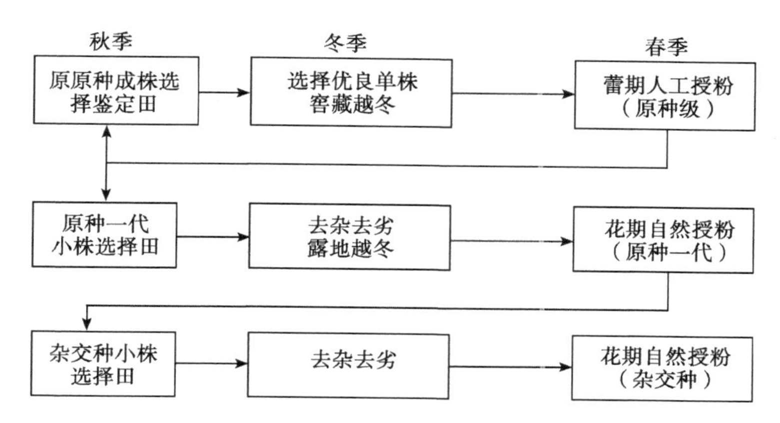

图2－6　自交不亲和系原种的繁殖和杂交种生产

个，掐去下部已开放花朵及上部其余小花蕾后套袋，挂牌。蕾期授粉枝下部多掐5～7个大花蕾，上部多留5～7个小花蕾。

②剥蕾授粉。从套袋次日早晨起，先给蕾期授粉枝剥蕾，然后用粉刷从花期授粉枝上开放的花上取粉并授粉，然后给蕾期授粉枝授粉后立即套袋，防止花粉污染。每天如此，直到授粉枝上的全部花蕾、花朵授粉完毕为止。

③计算亲和指数。角果挂黄后，分别收获各被检株蕾期和花期授粉枝的角果，统计各枝的授粉花朵数、结荚数和结籽数，计算出该自交不亲和系各单株的花期、蕾期自交亲和指数及株间变异。亲和指数＝结籽总数/授粉花朵总数。若花期亲和指数不大于2，蕾期亲和指数不小于3，则该自交不亲和系可以继续使用。若花期亲和指数大于2，蕾期亲和指数小于3，则应淘汰此自交不亲和系，用库存原种重新繁殖使用，也可选择几个符合要求的自交不亲和单株混合繁殖成自交不亲和系。

2. 普通自交系的原种生产

与常规品种的原种生产方法相同。

3. 两用系的原种生产

两用系内的可育株对两用系具有完全保持能力，用它给不育株授粉，其子代仍是两用系。所以，通常用隔离区自然授粉的成株采种法繁殖两用系的原种种子。即将两用系结球种株定植在隔离区内，花期自由授粉，角果成熟后从不育株上收获的种子就是两用系原种种子。其生产技术要点如下。

（1）种株培育。结球种株的秋季培养和田间选择、冬季贮藏、春季定植及管理，以及建立隔离区等，均与常规品种原种田相同。

（2）系内植株的育性检查。两用系原种繁殖中，可育株上的种子并不是两用系的种子。可育株上的种子若和不育株上的种子发生机械混杂，必将使两用系内不育株率下降，给杂交制种带来麻烦。因此，必须在开花期内对两用系内每一个植株进行育性检查，给不育株挂牌标记。可通过植株花色、花蕾大小、株型等相关性状初步判断育性，开花初期最终统一确定育性。

（3）自然授粉或人工辅助授粉。在网棚内可以采用人工辅助授粉，在自然隔离区要求每亩放1箱蜜蜂。

（4）拔除可育株。为保证种子成熟后只从不育株上收获种子，严防可育株上的种子混入，在花期结束后应及时将全部可育株拔除干净。

4. 细胞核基因互作雄性不育系的原种生产

细胞核基因互作雄性不育系的原种生产（含上位假设和显性复等位假说），包括甲型两用系的原种生产、乙型两用系可育株（临时保持系）的原种生产和核基因互作雄性不育系的原种生产三方面内容，需3个隔离区。

（1）甲型两用系的原种生产。与上述两用系的繁殖程序完全相同。

（2）乙型两用系可育株的原种生产。与上述自交不亲和系的繁殖程序相同，但它一般是自交可育系，不需要蕾期授粉。

（3）核基因互作雄性不育系的原种生产。一般采用小株繁殖，在隔离区内按2～4：1的行比栽植甲型两用系和乙型两用系可育株，同时要求甲型两用系加密1倍栽植。在初花期逐株检查甲型两用系行，及时拔除大约50%的可育株，同时拔除甲型两用系和乙型两用系可育株行中的弱株、变异株。花期自然授粉或人工辅助授粉，要求乙型两用系可育株的花期覆盖甲型两用系的花期，在甲型两用系花期结束后，拔除乙型两用系可育株行的植株，最后从甲型两用系的不育株上收获的种子就是核基因互作雄性不育系种子。

5. 胞质不育系的原种生产

作为生产不育系原种的不育系和保持系种子必须来自成株。繁殖胞质不育系原种一代通常采用小株繁殖，在不育系繁殖隔离区内按2～4：1的行比栽植不育系和保持系。抽薹、开花初期检查不育系的育性，拔除不育系行混入的保持系可育株，同时拔除不育系、保持系行中的弱株、变异株。花期自然授粉或人工辅助授粉，要求保持系的花期覆盖不育系的花期。在不育系花期结束后，拔除保持系行的植株，最后从不育系植株上收获的种子就是胞质不育系亲本种子。这个种子即可用于配制杂交一代的母本。

（二）大白菜露地越冬制种技术

1. 隔离区选择

大白菜属十字花科芸薹属常异交作物，容易发生生物学混杂。因此，制种田要求有严格的隔离条件，开阔地间隔2 000米以内不能有不同品种的大白菜、小白菜、黑油菜、瓢儿菜、菜薹、油菜、芥菜等作物的菜种，制种田四周有障碍物条件下（村庄、树林等），间隔要求在1 000米以上。

2. 制种田选择

选择2～3年未种植过十字花科作物的田地。要求地势平坦，背风向阳，阳光充足，排灌方便，土质肥沃，最好为中性（pH值为6.5～7）砂壤土。

3. 育苗

（1）苗床准备。苗床选择在制种田附近处，要求排灌方便。一般每亩制种田需10米长、1.5米宽的标准育苗畦2个。播种前5～7天，每畦施入优质腐熟过筛的农家肥150千克，过磷酸钙2.5千克，尿素0.25～0.5千克，充分拌匀，整平畦面。

（2）播种期确定。根据地区和双亲特性不同而异，华北南部地区适播期为9月中旬左右。播种过晚，越冬时植株太小，容易冻死；播种过早，植株发育太快，同样不耐低温而造成越冬困难。

（3）播种方法。采用点播。播种前，耙平畦面并踏实，浇透水，待水渗下后，整平畦面，划成8～10厘米见方的方格，每个方格中央播1粒饱满种子，播完后上面覆薄薄一层细土（以种子盖严为度）。然后搭拱棚，覆盖遮阳网或塑料薄膜，光照太强时遮阳，阴雨时防雨。出苗后根据苗的生长情况，主要围绕除草、防虫、防病、遮阴等培养壮苗。壮苗的指标是苗粗壮，节间短，叶片色深、肉厚，根系发达。

4. 定植

一般要求苗龄不超过30天，5片叶子时定植为宜，即以定植后至霜降前种株共有13～15片叶子、根系扎稳为标准。华北南部地区一般于10月中旬左右定植。

（1）自交不亲和系制种。定植时按亲本行比要求，先定植一个亲本，定植完后再定植另一亲本。定植畦不宜太长，以免灌水困难。

（2）两用系制种。在制种田隔离区内按2～4∶1的行比栽植两用系和父本系，要求两用系加密1倍栽植。在初花期逐株检查两用系行，及时拔除大约50%的可育株，同时拔除两用系和父本系行中的弱株、变异株。花期自然授粉或人工辅助授粉，要求父本系的花期覆盖两用系的花期，在两用系花期结束后，拔除父本系行的植株，最后从两用系的不育株上收获的种子就是杂交种。

（3）胞质不育系、核基因互作雄性不育系制种。在隔离区内按3～4∶1的行比栽植胞质不育系或核基因互作雄性不育系和父本系，在初花期逐株检查、拔除胞质不育系或核基因互作雄性不育系和父本系行中的弱株、变异株，以及核基因互作雄性不育系行内的可育株。花期自然授粉或人工辅助授粉，要求父本系的花期覆盖胞质不育系或核基因互作雄性不育系的花期，在胞质不育系或核基因互作雄性不育系花期结束后，拔除父本系行的植株，最后从胞质不育株或核基因互作雄性不育株上收获的种子就是杂交种。

（4）定植密度。一般每亩定植4 000～4 500株为宜，即株行距为33厘米×45～50厘米，对于肥水充足的田块，栽植株数可适当减少，瘠薄的田地，栽植株数可适当多些。品种不同，定植密度也有差异。

（5）定植方法。定植方法有两种，一种是“坐水移栽”，即先在定植行开沟，沿沟灌水，随即将种株按株距摆正，然后一次把土覆平。另一种是先栽后浇水，即先刨窝，再摆苗，后浇水，水下渗后立即封窝。栽植时秧苗要尽量保证土坨完整，少损伤根系，轻拿轻放，不要弄散土坨，以免伤根，否则生长不整齐，重者造成严重缺苗。

5. 越冬前田间管理

为了能使秧苗安全越冬，秋后若无阴雨天气，必须浇冻水并适当覆盖秸秆等。冬至前后灌1次大水，灌后每亩施用农家肥2 500～3 000千克，覆盖1层农家肥后，撒施1层草木灰并培土，冬前结合查苗补苗进行1次选苗，拔除弱苗、病苗和杂苗。

6. 越冬后田间管理

（1）浇水。土壤解冻后，视墒情及时灌1次水，促进发苗。如果灌水过晚，容易形成老化苗，侧枝少，开花少，影响种子产量。当种株普遍现蕾，并大部分抽薹6～7

厘米时，要及时灌水，避免土壤板结，切忌干旱。结荚到角果开始变黄前，控制灌水，一般不旱不灌，在遇到大雨时应及时排涝。角果开始变黄后，高温、强光有利于种子成熟，一般掌握“浇花不浇籽”的原则。

（2）施肥。定植前，结合整地，每亩施农家肥5 000千克，并适当增施磷钾肥（可用草木灰）。现蕾抽薹时，结合灌水每亩追施尿素10～15千克，肥力较好的地块不必追肥。可在抽薹期、初花期叶面喷施0.1%～0.15%硼酸，以增加种子产量，硼肥结合0.5%磷酸二氢钾喷施效果更好。

（3）中耕。开春后，气温比较低，为使种株快速生长，应及时中耕，以提高地温。在不伤害根系的前提下，中耕应尽量做到“勤、深、细”。

（4）摘心掐花。大白菜种株在进入抽薹期后，首先是主花茎开花，此时温度尚低，不利于授粉受精，另外主花茎先抽出，顶端优势较强，造成侧枝少，生长缓慢。所以应及早摘心促进侧枝的生长发育，这样种株分枝多，开花期也较一致，有利于传粉受精，提高种子产量。利用摘心措施，还可以调整父母本的花期。对早开花的亲本摘心，使其延迟抽薹，与另一亲本花期相遇。具体做法：当主花茎长至5～6厘米高时，把主花茎顶芽摘掉。在正常田间管理的条件下，摘心可有效地提高单株种子产量，从而增加单位面积产量。

大白菜种株花期过后，角果部分发育已成为全株的生长中心，为保证种株的养分供应，需及时进行掐花打顶。实际上，这时开的花为无效花，大部分不能形成种子或形成的种子不饱满。如果其中的一个亲本已谢花，则另一亲本自交率会提高，不利于提高种子纯度。因此，后期开的花，必须及时打去。试验证明，采取前期摘心、后期掐花的技术措施，可使大白菜种子增产10%以上。

（5）调节花期。为保证种子纯度，两个亲本的花期要求一致。首先通过播种期调节花期，当出现一个亲本或单株开花较早时，要及时将已开的花摘除或将主花茎打顶，直到两个亲本的花期一致。当一亲本花期结束后，另一亲本继续开花时，也应打掉迟开的花朵。

（6）培土搭架。大白菜种株枝条细弱，到生长后期，头重脚轻，遇上风雨很易倒伏。倒伏后，一方面，根茎部及根部受到损伤，影响水分、养分的吸收和运输；另一方面，倒伏的枝荚紧贴地面，种粒未熟即发生霉变而造成大幅度减产。因此，建议在开花前或初期，利用竹竿搭架，防止倒伏。另外，根部培土也是防止倒伏的一项有效措施。

（7）人工放蜂。大白菜是异花授粉虫媒花植物，利用蜜蜂授粉可以提高一代杂种的纯度和产量，应保证每亩制种田放1箱蜂。放蜂前要关箱净身1周，以防蜂身上存留有其他的十字花科花粉对制种田造成污染。为使蜜蜂对制种田的大白菜花香建立条件反射，能集中在制种田范围内传粉，可采取诱导的方法。即在初花期采摘少量父母本开放的鲜花，浸泡在1∶1的糖浆中约12小时，在早晨工蜂出巢采蜜前，给每群蜂饲喂200～250克这种浸制的花香糖浆，连续喂2～3次，就能引导蜜蜂积极采集制种田的花蜜，提高授粉效果。

（8）种子采收。角果黄熟期即可采收，不可采收过早或过晚。采收过早，种子的成熟程度差，秕粒多，不仅产量低，而且质量差；采收过晚，角果很易开裂散落种子，

影响产量。因此，根据当地情况，在角果黄熟、籽粒由绿变黑时采收比较适宜。另外，应注意即使同一地块大白菜种株的成熟度也不一致，应采取分期采收的办法，或者及早打花，促使成熟一致。为防止角果开裂散落种子，对成熟早的个别种株，可提前带口袋及剪刀到地里选择采收，待大部分种株进入黄熟期，即可集中收获。角果容易震裂，采收最好在上午9时以前带露水进行。用快镰刀或剪子等平地面把地上部主茎割断即可，一定不要连根拔起，以免带起土块而影响种子质量。剪割的种秸应轻放在平铺的麻袋或垫布上，收割后堆放1天左右，摊开晒透即可脱粒。注意不能堆放过久，以防霉变发热。不能在土地上脱粒，而应该在条带布或水泥土地上脱粒。

（三）大白菜保护地制种技术

大白菜保护地制种技术也叫杂交种小株采种技术或春播小株采种技术。

1. 隔离区选择

同大白菜露地越冬制种技术。

2. 土地要求

阳畦育苗，土地要求同大白菜露地越冬制种技术。

3. 育苗

（1）苗床准备。选背风向阳处做阳畦。阳畦北墙高40～50厘米，南墙高10～15厘米，宽1.5米，东西两墙依南北墙高度打成斜坡。北墙每隔2米长设一个通风口。一般每亩制种田需10米长、1.5米宽的标准育苗畦2个。每畦中施入优质腐熟过筛的土粪300千克、过磷酸钙5千克、尿素1千克，充分拌匀。播种前5天将畦面整平，再撒入复合肥1千克，与床土混合均匀后用脚踏实整平，浇水渗透。再覆盖薄膜烤畦，提高床温。有条件的可以在温室育苗，只需做成育苗畦即可。

（2）播种期确定。华北地区南部适播期为12月中下旬；京津地区的适播期为12月下旬至翌年1月上旬；山东省大部分地区适播期为12月中旬至翌年1月中旬。根据当地情况大白菜小株采种的播期也可适当提前。如山东地区可提早到11月中下旬，此时气温和地温均较高，播种后出苗快而齐全，一般5～6天即可齐苗。一旦发现某个亲本出苗不好，还可补种，有回旋的余地。由于播种早，可以控制幼苗的生长发育，可以根据天气状况早定植。但应注意对于个别冬性较弱的白菜亲本，不宜播种过早，播种过早，苗龄长，幼苗在苗床内即可抽薹，不利于采种。

（3）播种方法。可采用撒播也可采用点播。撒播前，先把育苗畦整平并用脚踏实，然后灌大水，每标准畦撒复合肥0.5千克，待水渗下后，上面撒很少一层“稳土”，将种子与适量的细土混匀、撒种，播种后覆0.5～1厘米过筛细土。点播常采用土坨育苗，方法是待水渗下后，先划成8厘米×8厘米的方块，再单粒播种，也可以采用营养钵或纸筒育苗。点播法虽然费工，但出苗后不必间苗。同时，单粒播种用种量少，出苗整齐，营养面积大，不易徒长，定植带土坨缓苗快，成苗率高。

（4）苗床管理。

①播种后的苗床管理。温度保持20～25℃，晚上覆盖草帘，白天揭开，保持薄膜干净，以接受更多阳光。当幼苗2片子叶展平、心叶露出时，适当通风，将床温降至5～6℃，持续5～6天，进行低温炼苗，可防止高脚苗，增加抗寒能力。随后适当控制

通风，晴天白天床温保持18℃左右，夜间床温保持10～12℃，可促进幼苗生长；阴天床温可比晴天降低3～5℃。三叶至四叶期，开始放风炼苗，风口由小到大，逐渐增加，夜间最低温度掌握在2℃以上，白天可逐渐揭开苗床薄膜，加强低温锻炼，保证幼苗通过春化。

②分苗和分苗后的管理。撒播育苗时，如果密度太大，就要分苗，一般在幼苗长至2片真叶时进行。分苗前去杂去劣。分苗应选择晴天进行，分苗株行距为8厘米×8厘米。分苗时注意随栽随盖薄膜。缓苗期白天床温保持20～25℃。缓苗后，晴天保持18℃左右，阴天保持10～12℃。定植前20天开始炼苗，主要是采取逐渐加大通风量、降低床温的措施，使幼苗逐渐适应定植后的外界环境条件。定植前1周在苗床内浇大水，待水渗下后，用刀按株行距将苗床土割成深10～12厘米土坨，以利于定植后缓苗。

温室育苗一般在幼苗长至4～5片叶时，将幼苗移至室外，采用白天揭膜、夜晚盖膜的方法管理，经过6～7天的低温处理，保证幼苗通过春化。

4. 定植

（1）定植时期。华北地区南部定植适期为2月底至3月初；京津地区定植适期为3月10～20日；山东省大部分地区定植适期为2月底至3月上旬，胶东地区定植适期为3月20日左右。定植时幼苗以6～8片叶为好。少于6片叶的秧苗，缓苗慢，分枝数少，产量低；多于8片叶的秧苗，叶片生长旺盛，抽薹推迟，影响产量。

（2）定植方法。采用地膜覆盖栽培。具体做法是：2月底前把大田浇透水，待墒情合适时施足基肥，整地做畦，畦做成高10厘米、宽1米的半高垄。定植前7～10天覆盖地膜，提高地温，定植时用手或铲按株行距戳破地膜开穴定植。

5. 田间管理

（1）浇水。种株全生长期不能缺水，前期缺水会影响生长发育，后期缺水则影响种子的饱满度。开春后，气温比较低，为使种株快速生长，应设法提高土壤温度。一般在种株开花之前不浇水，如果明显缺水，也可小水浇灌。开花初期浇1次透水，直到结荚期，可以不浇水。结荚到角果开始变黄以前，控制浇水，一般不旱不浇。角果开始变黄后，一般不再浇水。

（2）施肥。同大白菜露地越冬制种技术。

（3）打顶摘心。根据亲本情况，在种株抽薹期，可对种株主花茎进行一次摘心。方法是：当主花茎长至5～6厘米高时，把顶芽摘掉。这样可促进种株基部萌发新枝，增加种株的分枝数量及结荚数。

（4）调节花期。同大白菜露地越冬制种技术。

（5）培土搭架。在开花初期，可给植株根部培土，并利用竹竿搭架等措施，防止大白菜后期倒伏。

（6）人工放蜂。同大白菜露地越冬制种技术。

（7）种子采收。同大白菜露地越冬制种技术。

第二节 结球甘蓝

结球甘蓝（*Brassica oleracea* var. *capitata* L.）简称甘蓝，是十字花科芸薹属甘蓝种中能形成叶球的一个变种，属二年生草本植物。别名洋白菜、圆白菜、卷心菜、茴子白、莲花白、椰菜、大头菜等。

结球甘蓝原产于地中海至北海沿岸，在公元前2500～2000年就已开始栽培。相传最早栽培甘蓝的是居住在西班牙的古代伊比利亚人，后传到古代希腊、埃及、罗马，约在公元9世纪，一些不结球甘蓝类型已在全欧洲广为栽培。13世纪欧洲开始出现结球甘蓝类型，17世纪传入美国，16～18世纪传到了亚洲，后传遍世界各地。到19世纪40年代结球甘蓝已在我国许多地区栽培。由于结球甘蓝具有适应性广、耐寒、抗病、栽培容易、产量高、品质优及耐贮运等优良特性，在我国栽培发展很快，在蔬菜生产和供应中占有重要地位。

近年来，结球甘蓝的育种取得了长足进步，各地先后选育出许出早、中、晚熟配套的新品种，尤其是杂种一代，具有明显的丰产性、抗病性，在生产上得到大面积推广应用。

一、结球甘蓝的生物学特性

（一）植物学特征

1. 根

甘蓝的主根不发达，须根多，易产生不定根。主要根群分布在30厘米的土层内，最深可达60厘米，根系横向伸展半径可达80厘米，有的可达100厘米。因此，吸收土壤中的肥水能力强，有一定的耐涝和抗旱能力。

2. 茎

甘蓝的茎为短缩茎，分内茎和外茎两种。外茎上着生莲座叶，其长短因品种及栽培条件而异，一般早熟品种较短（16厘米以下），而晚熟品种较长（20厘米以上）。某些品种苗期徒长时，外茎亦较长。球叶着生的部位为内茎（也称中心柱）。内茎越短小，包心越紧实，品质越优。内茎的长度主要因品种而异，一般平头型品种的内茎短，圆头型品种较短，而尖头型品种较长。甘蓝内茎大小与外茎是相应的，在选育品种时，可以参考植株高度、叶球形状来估计品质。茎高，叶球不正，一般中肋和中心柱大，品质较差。

3. 叶

甘蓝基生叶和幼苗叶有明显的叶柄，莲座期以后叶柄逐渐变短，叶色有黄绿、深绿、灰绿、蓝绿、紫红色等，叶表面光滑，肉厚，披有灰白色蜡粉，可减少水分蒸腾，能增强抗旱和耐热性。

叶球是甘蓝同化产物的贮藏器官，由于品种间的差异，构成不同的结球状态。早熟品种外叶有10～16片，中、晚熟品种有24～32片。叶球着生在短缩茎上，短缩茎的长短，标志着包球紧密、品质好坏、食用价值高低，以短缩茎越短越好。甘蓝的侧芽在营养生长阶段一般不萌发，保持休眠状态。当顶芽折断或叶球收获而失去顶端优势之后，侧芽就可萌发生长。所以一年一作地区可以利用叶球收割后根上的侧芽进行2次结球。同样道理，在未熟抽薹时，也可以摘除花茎，促进侧芽萌发和结球。此外，为了进行品种的提纯复壮，还可以利用春甘蓝收球后长出的侧枝扦插繁殖或用老根采种。

4. 花

甘蓝的花呈十字形，淡黄色，异花授粉。不同品种间容易杂交，而且与同属的花椰菜、芥蓝之间也易于杂交，因此制种时应注意隔离保纯。

5. 果实、种子

果实为长角果，种子黑褐色，千粒重3.3～4.5克。

（二）生长发育

甘蓝为二年生作物。正常情况下，它于第一年生长根、茎、叶等营养器官，冬季通过低温春化，到第二年春天通过长日照完成光周期，进而抽薹开花结实，完成整个生长发育过程。

1. 营养生长期

包括发芽期、莲座期、结球期和休眠期。

（1）发芽期。从播种到第1对基生真叶展开形成“十字”的时期。因季节不同，种子发芽期长短也不同。一般来说，冬、春季需15～20天，而夏秋季一般为8～20天。种子发芽到长出子叶主要是靠种子自身贮藏的养分。因此，饱满的种子和整理精细的苗床是保证出好苗的重要条件。

（2）幼苗期。从第1片真叶展开到第1叶环形成（一般早熟品种5片叶，中晚熟品种8片叶）时期。因栽培季节、栽培地区不同幼苗期各异，一般为25～30天。幼苗对光照要求不一，但在充足的光照下有利于幼苗的生长。

（3）莲座期。从第2叶环出现到形成第3叶环的时期。一般需24～40天（因品种而异），此期叶片和根系的生长速度加快，须适当控制肥水并及时中耕，促使根系向纵深发展，防止外叶生长过旺，为形成大而紧实的叶球打下基础。尤其是秋甘蓝，在此时期要做到旱时及时浇水，涝时及时排水。

（4）结球期。从开始包心到叶球形成的时期，需25～40天。此期要求温和、冷凉的气候，高温会阻碍甘蓝的包心，若遇上高温干旱，会使叶球松散。叶球较耐低温，10℃左右叶球仍能缓慢生长。中早熟品种成熟的叶球可耐短期－5～－3℃的低温，中晚熟品种的叶球能耐短期－8～－5℃的低温。

2. 生殖生长期

包括抽薹期、开花期和结荚期。

（1）抽薹期。从种株定植到花茎长出为抽薹期，北方地区需25～35天。

（2）开花期。从始花到谢花为开花期，依品种不同花期有所不同，一般需30～45天。

（3）结荚期。从谢花到荚角黄熟时为结荚期，一般约需40～60天。

甘蓝从营养生长转向生殖生长的必需条件是低温。10℃以下低温，早熟品种需经过45～50天，中晚熟品种需经过60～90天完成春化作用，花芽分化后经长日照而抽薹开

花。在抽薹开花期，如遇低温或高温，均会影响开花、受精，造成不能正常授粉结实。一般来说，从种株定植到抽薹现蕾，以夜间温度5～10℃，白天温度15～25℃为宜。开花授粉的最适温度为20℃，在27℃时花粉变得异常，40℃以上和5℃以下花粉不能萌发，当气温高于30℃时不能正常受精结实。

（三）生长发育对环境条件的要求

1. 温度

甘蓝喜温和气候，耐寒耐热性强，月平均温度7～25℃下生长适宜。但不同生育期对温度的要求有所差异。在2～3℃下种子即可发芽，但发芽缓慢，发芽适宜温度为18～20℃，当地温在8℃以上时才易出苗。刚出土的幼苗抗寒能力稍弱，当具有6～8片叶时幼苗的耐寒力和耐热力增强，而且能耐－2～－5℃的低温，经过低温锻炼的幼苗还能忍耐短期－12～－8℃的严寒。幼苗期和莲座期还能适应25～30℃的高温。甘蓝光合作用的低温界限为5℃，7～25℃适宜外叶生长，叶球生长适温为15～20℃，昼夜温差大，有利于养分的积累和结球紧实。当气温在25℃以上和空气潮湿时，外叶容易徒长而延迟结球。在高温和干燥条件下，光合作用降低，呼吸消耗增强，外茎伸长，外叶变小而成狭长形，叶面蜡粉增多，中肋明显突出似船底，基部外叶容易干枯脱落，叶球小，包心不紧，从而降低产量和品质。抽薹开花期抗寒力弱，10℃以下影响正常结实，－3～－1℃时花薹受冻。

2. 湿度

甘蓝组织含水量在90%以上，根系分布较浅，叶面积大，蒸腾作用旺盛，不耐空气长期干旱，所以要求比较湿润的栽培环境。当空气相对湿度为80%～90%，土壤湿度为70%～80%时，甘蓝才能生长良好，其中对土壤湿度的要求比较严格。若保证土壤水分的需要，即使空气湿度稍低，植株也能生长良好；如果土壤水分不足再加上空气干燥，则容易引起基部叶片脱落，叶球小而疏松，严重时甚至不结球。

3. 光照

结球甘蓝属长日照作物，在没有通过春化阶段的情况下，长日照条件有利于营养生长。它对光照强度适应性广，阴天、晴天均能良好生长，露地和保护地内都能满足其对光照的需要，因此均能结球并且生长良好。在高温季节常与高秆作物间作遮阴，栽培效果也很好。

甘蓝在苗期和莲座期要求较强的光照。苗期光照不足易形成高脚苗。莲座期光照不足则脚叶黄萎，提早脱落，新叶继续散开，不利结球。在结球期要求日照较短、光照较弱，所以一般春甘蓝和秋甘蓝较夏甘蓝结球好，产量高。

4. 土壤营养

甘蓝对土壤的适应性较强，以中性和微酸性土壤为好，也可忍耐一定的盐碱性。甘蓝在含盐量达0.8%～1.2%的盐渍土上能正常生长与结球。甘蓝是喜肥而又耐肥的蔬菜，对土壤营养元素的吸收要比一般蔬菜多，栽培上应尽量选择肥沃的土壤。不同生育阶段，甘蓝对氮、磷、钾吸收量不同。早期消耗氮素较多，莲座期对氮素的需要量达到最高峰，叶球形成期则消耗磷、钾较多，整个生长期吸收氮、磷、钾的比例约为3：1：4，所以只有在施足基肥的基础上，配合磷、钾肥的施用才能达到优质丰产的目的。

二、种株的开花结实习性

（一）春化条件

结球甘蓝属于严格绿体春化型作物，萌动的种子在低温下不能通过春化。它由营养生长转为生殖生长，通过春化必须同时满足下述3个条件：一定范围的低温条件；一定大小的绿体（苗体），即苗态；一定时间的低温感应。通过春化的低温范围一般为0~10℃，4~5℃通过较快，0℃以下或10~15.6℃通过春化缓慢，15.6℃以上则不能通过春化。

苗态和低温感应时间因不同品种而异，早熟品种只要茎粗达0.6厘米以上，且有3片以上真叶，经过30天左右的低温感应，就可通过春化；而大型晚熟品种则要求苗茎粗达1~1.3厘米以上，叶数达6片以上，低温感应期达70天以上，才能通过春化；中熟品种居于两者之间。一般来说，植株的营养体越大，通过春化所需低温的时间越短，越容易通过春化。甘蓝品种间的冬性强弱差异很大，一般牛心形品种和扁圆形的部分品种冬性较强，大部分扁圆形品种次之，圆球形品种往往冬性偏弱。冬性强的品种通过春化需要的苗态大，而且要求的低温时间长；反之，冬性弱的品种通过春化需要的苗态小，而且要求的低温时间也短。但是原产于北欧、北美的圆球形品种，如果秋季播种过早，形成了紧实的叶球，翌年春季抽薹、开花往往推迟。

（二）抽薹与分枝

通过春化的植株，其重要的形态变化是茎端生长点由分化叶芽的营养生长，转为分化花芽的生殖生长。翌年春暖天长时，首先由短缩茎顶端抽生主花茎，随后由主花茎茎生叶的叶腋中抽生一级分枝，健壮的植株还能继续由一级分枝的叶腋中抽生二级分枝、依次抽生三级、四级分枝。不同生态型的甘蓝品种，分枝习性差异很大。一般圆球形品种生长优势明显，主花茎长势强，抽薹初期往往只有一个主花茎，以后才慢慢发生一级分枝及二级分枝，而且分枝数少。牛心形和扁圆形品种主花茎长势较弱，一级、二级分枝发达，还可长出三级分枝。据岩间诚造（1976）报道，甘蓝已分化的花芽中，通常仅有1/3的花芽发育成花枝，形成花器，其余花芽则成潜伏芽而不再发育，所以甘蓝的花枝明显少于大白菜。据江口（1958）等研究，氮素能促进甘蓝腋花芽萌发，抽薹初期增施氮肥，能使一级、二级花枝数量显著增多。孙壮云（1990）等报道，秋播小株采种中适当推迟播期，也能增多一级、二级花枝数量。

一般而言，长日照和较强的光照有利于甘蓝抽薹开花，但不同类型的品种对光照的反应差异很大。尖头、平头形品种对光照要求不严格，种株通过冬季窖藏后，翌春均可抽薹开花；而圆头形品种种株通过冬季窖藏后，翌春定植后往往有一部分不能抽薹开花。

如果春化不充分，或者春化后遇到连续高温使春化部分解除，不但抽薹、开花推迟，而且花枝也减少，落花落蕾严重，甚至主花茎短小，腋芽不发育成花枝，反而形成一个个小的叶球。如已经抽薹开花的圆球形品种，如果遇到30℃以上的高温条件，花茎顶端就会停止花蕾和花的分化，而长出绿叶。这种抽薹种株向营养生长逆转的现象，

就是所谓的“不完全抽薹”，这是甘蓝种子生产中经常出现的一个十分重要的问题，必须努力防止，以免种子产量大幅度降低。

赤霉素有促进开花的作用，据顾祯祥研究（1979，1983），用100～200毫克/升赤霉素处理未经过低温春化的黑叶小平头甘蓝，结果处理的36个植株全部显蕾开花，而相同处理的冬性强的鸡心甘蓝，22%～40%的植株显蕾开花。赤霉素处理一般在结球初期效果最好，对老根上长出的幼苗或已经结球的植株效果较差。

（三）授粉与结实

甘蓝种株各花枝顶端都是短缩的总状花序，花距较大，花蕾间的顶端优势明显，未开花时成塔形，在开花过程中逐渐伸长。每个花序大约有花蕾30～40个，多的可达60～70个，每天开花3～4朵，温度较高的晴天可开5～6朵，自花序基部依次向顶端开放。每朵花的花期3～4天，每个植株的花期20～30天，一个品种群体的花期可持续40～50天。春季开花时间的早晚因品种类型而异，在相同的条件下，牛心形和扁圆形品种的花期较圆球形品种早7～15天。

甘蓝的雌蕊先熟特性很突出，一般在开花前6～7天雌蕊就具有受精能力，而且有效期可延长到开花后4～5天。开花前1～2天的花粉已有受精能力，但开花后1天生活力已明显降低。自然条件下花粉的生活力可保持3～4天；如果贮存在干燥器内，室温下花粉的生活力可保持7天以上；在0℃以下的低温干燥条件下，花粉的生活力可保持更长时间。

甘蓝属异花授粉作物，虫媒花，自花授粉极为稀少。甘蓝花粉发芽的最适温度为15～20℃；低于10℃，花粉萌发缓慢；高于30℃，影响受精；4℃以下或40℃以上不能萌芽。在异花授粉条件下，授粉后2～4小时花粉粒萌发出花粉管，6～8小时花粉管进入雌蕊组织，36～48小时完成双受精，合子细胞开始分裂。在自花授粉中，授粉后3天仍有大量花粉尚未萌发，已萌发的花粉中，大部分花粉管在花柱组织内膨大成球状，停止了生长。在少数继续生长的花粉管中，有的尚未到达子房胚囊已经退化，有的虽进入胚囊，但精卵细胞不能结合，所以极少结实。但蕾期人工自交，结实基本正常。甘蓝受精后50～60天种子发育成熟，正常的甘蓝种株单株可采种50克左右。成熟的种子黑褐色或灰褐色，圆球形，千粒重3.3～4.5克。在北方，常温下种子生活力可保持4～5年；而在南方可保持1～2年。

三、生产方式与繁育制度

甘蓝种子生产的方式有4种，即成株采种、小株采种、老根采种和扦插采种。种子的繁育制度与大白菜相同。

四、常规品种的种子生产

根据甘蓝种子的生产方式及繁育制度，其常规品种的种子生产技术如下：

（一）成株采种

当年培育结球种株，冬季收获时按品种标准性状严格选择优株，假植在阳畦内或贮存在菜窖里过冬，翌春定植在隔离区内，花期自然授粉采种。成株采种能按品种的标准性状选择种株，种子种性质量高，但产量较低，多用于秋甘蓝的原种生产。

1. 播种期

若播种过早，会形成过于紧实的叶球，翌春定植后抽薹困难，花期推迟，种子产量下降；播种过迟，则收获时尚未结球，无法选择。华北地区，早熟品种 8 月上旬、中晚熟品种 7 月中旬播种较为适宜。

2. 种株选择

要在苗期、叶球成熟期和抽薹开花期分次选择。

（1）苗期选择。定植前初选叶色、叶形、叶缘、叶柄等符合本品种标准性状的秧苗，然后在初选的秧苗中选节间短、茎上叶片着生密集、心叶略向内曲、叶腋无芽的植株定植。

（2）叶球成熟期选择。收获前选叶球形状和大小、外叶数量和颜色、蜡粉多少、株幅大小等符合本品种特征特性的植株做种株。种株定植后结合切头，选侧芽未萌发、不裂球、不抽薹、中心柱短的植株作种株。

（3）抽薹开花期选择。定植后淘汰抽薹过早的植株，这对于也可作春甘蓝栽培的品种是很重要的。据报道，茎生叶宽大的植株是“营养型”植株，其后代结球性好；茎生叶窄小的植株是“生殖型”植株，其后代结球性差。因此，也可根据茎生叶宽窄选择采种株。

关于选择优良植株的数量，一般认为最终用于授粉采种的植株要在 50 株以上，因为种株过少会出现后代退化现象。

3. 种株越冬

保护结球种株安全过冬的方法，主要有阳畦假植和菜窖贮存两种。

（1）阳畦假植。秋冬收获时，将入选的种株带根挖出。连同外叶一起紧紧实实地假植在阳畦之中，灌透水 1 次，此后除定植前灌第二次水外，整个假植期内不再灌水。气温达到 0℃时盖草帘保温，0℃以上可揭帘不盖，尽量见光，畦温保持在 1～4℃可安全过冬。

（2）窖藏。和大白菜结球种株一样，采收后先晾晒几天，在小雪前后视天气情况入窖。平时要注意通风换气，使窖温保持在 1～2℃，相对湿度保持 60%～70%，即可安全过冬。

4. 种株的定植和田间管理

（1）选择隔离区。为确保种子纯度，采种田周围 2 000米的范围内，不能栽植甘蓝种内的其他变种，如花椰菜、球茎甘蓝、抱子甘蓝、芥蓝、青花菜和其他甘蓝品种的开花植株。

（2）定植时期。甘蓝结球种株的定植，在不遭受冻害的条件下愈早愈好。陕西关中地区以 2 月中下旬定植为好。甘蓝种株生长旺盛，定植密度不可过密。露地定植一般行距为 65 厘米，株距依品种而定，早熟品种 30～33 厘米，中熟品种 35～40 厘米，晚熟品种 45～50 厘米。

（3）切头。定植后要及时切开叶球，使花薹容易从紧实的叶球中长出。常用的切头方法是在叶球顶部切一个“十”字，深达短缩茎生长点之上，约为叶球高度的 1/3。

也可以将叶球切成三面锥体或6厘米见方的长柱体。

（4）灌水施肥。种株定植后不要灌水，将根系四周的土壤踩实即可。大约7~8天后可灌1次水，以后尽量不灌水，可通过多次中耕达到保墒、提高地温、促进根系发育、控制枝条徒长的目的。4月中下旬种株进入始花期，每亩可追施氮磷复合肥20~25千克，施肥后灌水，以后每隔5~6天灌水1次，使地面经常保持湿润。盛花期再追肥1次，每亩施尿素10千克。整个花期内不可缺水少肥，否则花序中上部花蕾发育受阻，易干枯，子房小，产量低。在5月中下旬种株盛花期结束，进入终花期和绿荚期，此两期必须严格控制灌水次数，否则种株基部及叶腋会萌发出新侧枝，耗费大量养分，影响已坐角果种胚的发育。但是，也不能停止灌水，因为长时间干旱会导致种株早衰，影响种胚发育，质量、产量下降。大约在6月中旬，部分角果开始挂黄，此后完全停止灌水，可促进种子成熟。

5. 种子的采收

7月上旬大部分角果变黄后，应及时收割，在晒场上晾晒至角果枯黄干燥后可脱粒。

（二）小株采种

秋季适当推迟播期，在冬前形成尚未结球的较大植株，在严冬来临前15天左右，选优株定植在隔离区过冬，翌春采种。露地不能安全过冬的地区，也可将种株假植在阳畦中过冬，春天定植采种。

小株采种种子产量较高，但种性质量较差，只可作生产种使用，不能作繁殖用种。

（三）老根采种

春甘蓝成熟很早，距冬初的入窖贮存期尚有半年多时间，收获后无法使结球种株度过炎热多雨的夏秋两季而在初冬入窖。若秋播采种，虽不存在上述问题，但无法针对其早熟性、抗寒性、耐抽薹性等进行选择，一代接一代地秋播采种必然导致种性退化。

为解决上述问题，春甘蓝可采用老根采种法生产原种种子。其要点是春甘蓝收获时，先按本品种的标准性状严格选择优良植株，切去叶球，然后将带莲座叶的种株集中移栽到另一田块，让其继续生长到秋季，种株的腋芽又会重新结出较小的叶球，此时再选株窖藏过冬，翌年春天定植采种。此采种方法能保持春甘蓝品种的优良种性，但种株在炎热多雨的夏秋两季继续生长，病害极为严重，死株率很高，现已很少采用。

（四）扦插采种

春甘蓝收获时，先按品种的标准性状严格选择优良植株，然后将各个初选株的叶球切下并剖开，选花薹未抽生、腋芽未萌发、中心柱短的植株作种株。对最终挑选的种株，保留莲座叶，用硫黄粉或紫药水涂抹伤口，在原地继续生长20余天，便可萌发出5~10厘米长的腋芽若干。选其中健壮的腋芽剪下，按25厘米×25厘米的株行距扦插在苗床内。插前苗床要灌足底水，取芽时带少量母株老皮可显著提高成活率。若天气炎热，扦插后及时搭凉棚遮阴，并每天洒水，保持床面湿润。大约经过20余天新根长出，可逐渐拆除阴棚，逐渐减少洒水。当幼苗长出7~8片叶时定植于大田，株行距为33厘米×33厘米。冬前可形成较充实的叶球，收获后窖藏过冬，翌年定植在隔离区采种。

扦插采种不但能在春季栽培条件下严格优选植株，保持品种优良的种性，而且种株通过夏秋两季时，成活率比老根采种显著提高。但是，扦插采种生产周期长（600天左右），费工费时，成本很高，故多用于春甘蓝和夏甘蓝的原种生产。为降低种子生产成本，春甘蓝和夏甘蓝的生产种可秋播采种，每年春季将扦插采种法生产的原种种子分成2份，一份秋播，用小株采种法生产生产种。另一份按菜用栽培的正常播期播种，先繁殖出结球母株，再用扦插采种法生产原种（图2－7）。

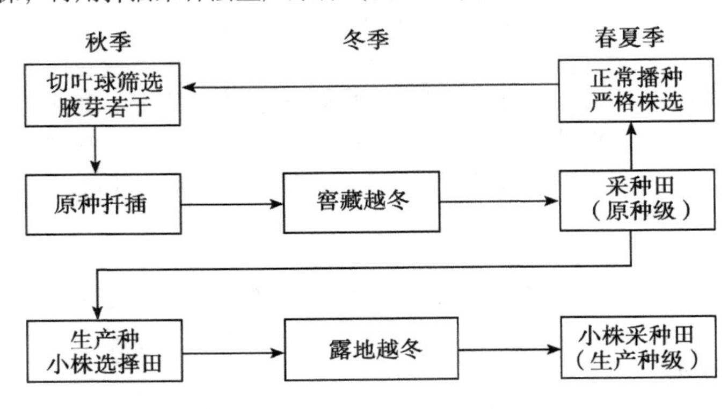

图2－7　甘蓝扦插采种生产种子程序

五、杂种一代种子的生产

（一）杂交亲本的繁殖

1. 自交不亲和系的原种生产

生产甘蓝自交不亲和系的原种，主要用蕾期人工授粉方法，也可用隔离区花期自然授粉方法生产。

（1）蕾期人工授粉生产自交不亲和系原种。

①种株培育。蕾期人工授粉的种株必须是结球的成株，但结球过于紧实的种株，翌春抽薹困难，使开花期明显推迟，不利于授粉。有的甚至在收获时就已裂球，不能贮存过冬。所以叶球包而不紧是种株培育的基本目标，可采用如下措施。

一是适期晚播。甘蓝自交不亲和系生活力弱，抗逆性差，而播种时天气炎热，在适宜的播期范围内适当晚播，既缓和了生活力与环境条件间的矛盾，又缩短了生育期，利于种株培育目标的实现。华北地区，以中晚熟品种为亲本的自交不亲和系，可在7月下旬播种育苗或在8月上旬露地直播；以早熟、中熟品种为亲本的自交不亲和系，可在8月上旬播种育苗。

二是精细育苗。为节约亲本种子，便于管理，以育苗移栽较为适宜。为防止烈日暴晒或暴雨冲刷幼苗，播种后及分苗后要搭小拱棚，用遮阳网、芦苇帘等遮阴挡雨。幼苗长出3～4片叶时分苗，株行距为7厘米×7厘米，7～8片叶时定植于大田，株行距为33厘米×66厘米。

三是严格选择。按照自交不亲和系的典型特征和标准性状，分别在苗期、莲座期和结球期严格去杂去劣，保持自交不亲和系优良种性。另外，每隔1～2年进行一次花期

自交亲和指数检验，淘汰亲和指数不符合标准的植株。

四是种株越冬方式的选择。种株越冬有2种可供选择的方式，即阳畦假植越冬和菜窖贮藏越冬。尖头形、扁圆形的亲本可以带土假植于阳畦，也可窖藏越冬。圆头形亲本一定要带土假植于阳畦。据方智远（1990）等报道，越冬期间的光照时间，对圆头形甘蓝自交不亲和系有明显影响，较长时间的光照，对其越冬后的抽薹开花有显著的促进作用。因此，这类自交不亲和系11月中下旬收获时，带大土坨假植在阳畦内越冬，白天尽量见光，夜间在薄膜上加盖草帘防寒，使阳畦内温度不低于0℃。除假植时灌透水外，越冬期内不灌水施肥，只通风排湿。非圆头形自交不亲和系，越冬期间有无光照对抽薹开花无影响作用，可贮藏在菜窖内越冬，以节约人力、物力，降低生产成本。

②种株的栽培管理。用蕾期人工授粉的方法生产甘蓝自交不亲和系原种，通常是把结球种株定植在日光温室、塑料大棚或阳畦中进行授粉，这样一方面容易隔离，另一方面可使花期提前。

日光温室内温度较高，为种株提早定植、提早抽薹开花、提早开始蕾期人工授粉提供了有利条件。能否达到提早抽薹开花的关键：一是定植时种株必须通过春化，否则因温室温度较高，不能继续春化，不能正常抽薹开花；二是定植后温度调控不可过高，否则因春化的部分解除而导致营养生长逆转，同时因地上部与地下部生长的严重失调，导致开花种株的大量死亡。华北地区，以金早生、黑叶小平头、黄苗、西安大平头、黑平头为亲本的自交不亲和系，始花期较早，可于2月上中旬定植在日光温室。以北京早熟、金亩84、狄特409为亲本的自交不亲和系，始花期较晚，可于2月下旬定植于日光温室。为便于授粉操作，通常采用宽窄行定植，宽行行距90~100厘米，窄行行距35~40厘米，株距33厘米。定植后少灌水、多中耕，以提高地温、促进根系发育。北京地区日光温室的温度调控指标，据朱其杰（1979）研究，2月平均温度为13℃，最低温为6℃，最高温为20℃；3月平均温度为15℃，最低温为7℃，最高温为22℃。随外界温度的不断提高，4月可逐渐用纱网替换薄膜，既可降低温度，又可防止昆虫传粉。温室内肥水管理、种株管理等，可按前述露地成株采种田的方法进行。

亲本为北京早熟、金亩84、狄特409的自交不亲和系，春化缓慢，即使将日光温室的定植期推迟到2月中下旬，也常因温度调控不当而不能正常抽薹开花。所以这类自交不亲和系最好定植在阳畦内生产种子。阳畦定植期既可在当年2月中下旬，也可在头年11月中下旬。实践证明，11月中下旬定植的种株，根系发育好，翌春生长旺盛，始花期、盛花期明显提早，植株增高，一级、二级花枝增多，为种子丰产奠定了基础。

③蕾期人工授粉。华北地区在日光温室定植的以黄苗、黑叶小平头、金早生、西安大平头、黑平头为亲本的自交不亲和系，始花期一般在3月中下旬。定植在阳畦中的以北京早熟、金亩84、狄特409等为亲本的自交不亲和系，始花期大致在4月初末至4月中旬。为了提高种子产量和质量，授粉过程中应注意以下几个问题。

一是选适龄花蕾授粉。自交不亲和系从开花前1天的大蕾到开花前6~7天的小蕾，都有受精结籽的能力。以开花前2~4天的花蕾授粉后结籽最多，是蕾期人工授粉的最佳蕾龄。由于甘蓝一个花序每天自下而上开4~5朵花，所以开花前2~4天的花蕾，大体是从花序最下一朵花向上数第5个至第20个花蕾。甘蓝花序内花数较多，一般30~

40 朵，多的可选 60 ~ 70 朵。在自交不亲和系蕾期授粉时，通常只从每个花序中选 20 ~ 30 个适龄花蕾授粉，其余的一律摘除。

二是最好用当日开放的新鲜花粉授粉。花粉日龄不同，授粉后的结籽数也不相同。用开花前 1 天到开花后 1 天的花粉授粉，结籽最多；用开花后 2 天的花粉授粉，结籽数量显著降低；用开花前 2 天或开花后 4 天的花粉授粉，几乎不结种子。所以，蕾期授粉最好使用开花当日的新鲜花粉，花粉不足时，也可用开花前 1 天和后 1 天的花粉，其余花粉不要使用。

三是用混合花粉授粉。甘蓝是典型的异花授粉作物，若自交不亲和系长期自交繁殖，必然导致生活力的严重衰退。为减缓退化速度和程度，蕾期人工授粉时应采用本系统的混合花粉授粉，尽量避免单株自交。

四是在隔离条件下授粉。种株进入始花期之前，要将不同的自交不亲和系隔离开来，防止花期天然杂交。日光温室可用纱网逐渐替换薄膜，阳畦上罩纱网，既能防止媒介昆虫传粉，又能防止室内、畦内温度过高。此外，在授粉过程中要注意防止人为的花粉污染，更换授粉株系时，要在距授粉场所稍远的地方，将工作服粘带的花粉拍打干净，并用 70% 酒精擦洗手和授粉用具，杀死残留的花粉。授粉时先用镊子将开花前 2 ~ 4 天的花蕾剥开，露出柱头，然后用蜂棒、铅笔橡皮头等授粉工具，蘸取本系统混合花粉，轻轻地涂抹在柱头上。整个授粉过程要认真仔细，不要拉断花枝、扭伤花柄、碰伤柱头。

④种子的采收。甘蓝授粉后 50 ~ 60 天，种子完全成熟。完全成熟的种子，不但采种当年发芽率高，而且在干燥器内贮存 3 ~ 4 年，其发芽率仍保持在 80% ~ 90%。授粉后 50 天以内收获的种子，发芽率不高，过翌年夏季，其发芽率降至 10% ~ 30%，丧失了种用价值。因此，甘蓝必须在角果变黄、籽粒变褐即完全成熟之后才能收获种子。甘蓝花期长，同一品种的不同植株之间，特别是同一植株的不同花枝之间，种子成熟期差异很大，若整个田块 1 次收割完毕，必因种粒之间成熟度参差不齐而使整体发芽率降低，同时还因最先成熟的角果裂开落粒而使产量降低。若以花枝为单位分次收获，则不会出现上述问题。种株收获后要在晒场上充分晾晒，严防因堆放发热和雨淋引起角果霉变。晾至角果枯黄后脱粒，种子清选后充分晾晒，含水量不超过 7% 时放入干燥容器中贮存。

（2）花期自然授粉生产自交不亲和系原种。

此种方法和常规品种成株采种法完全相同，即在 3 月上中旬将结球种株露地定植，采种田的空间隔离距离必须在 2 000米以上，开花后，任昆虫自由传粉。大面积采种时养蜂传粉效果更好，种子成熟后混合收获留种。

甘蓝自交不亲和系花期自交亲和指数很低，用花期自然授粉的方法生产种子，不但单花结籽数很少，而且会使花期自交亲和指数逐渐升高，花期喷洒食盐水可以解决这两个问题。张文邦（1984）以甘蓝自交不亲和系青种平头 2 - 4 和黑叶小平头 7222 - 1 - 3 为材料，用 5% 的食盐水喷花，30 分钟后人工授粉自交，结果使花期自交亲和指数提高 7 ~ 10 倍。

对于不同自交不亲和系，其适宜的食盐水浓度可能有一定的差异，需要通过试验确

定。喷洒方法是上午10时前用5%食盐水将种子田内所有花序均匀喷洒一遍，然后利用昆虫自由传粉或人工授粉。从始花期开始，每隔3天喷洒1次，整个花期内共喷10余次即可。

2. 温度敏感显性雄性不育系的原种生产

（1）纯合显性雄性不育系的保存与扩繁。由于纯合显性雄性不育系不育性稳定，在不同生态环境条件下都不出现花粉。因此纯合显性雄性不育株不能自交繁殖，需要在实验室条件下用组织培养的方法保存、扩繁。一般在4~5月取纯合显性雄性不育株的花枝或侧芽在实验室进行组织培养扩大群体。9~10月将生根的组培苗移植于大田，冬季在保护地越冬春化，翌年4~5月继续取纯合显性雄性不育株的花枝或侧芽在实验室进行组织培养……反复进行，见图2-8。

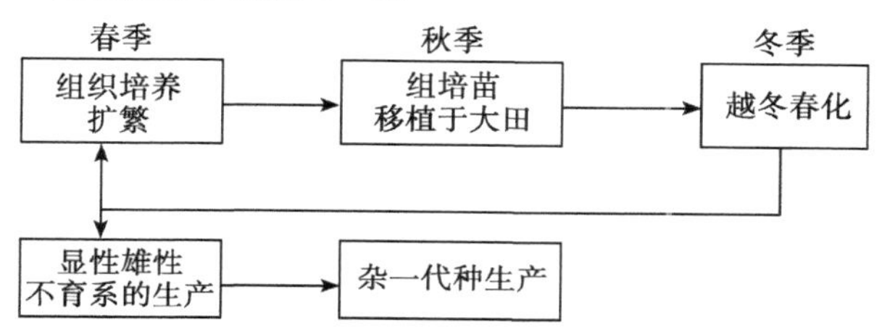

图2-8 甘蓝显性雄性不育系杂交种生产流程

（2）优良显性雄性不育系的生产。用优良的纯合显性雄性不育系做母本，用筛选出的保持系做父本，两者按3:1的行比定植于特别严格的隔离区内自由授粉，由纯合显性雄性不育系植株上收到的种子即是用于配制一代杂种的显性雄性不育系种子。

（3）临时保持系和父本自交系的繁殖。采用常规自交系方法繁殖。临时保持系一般选用自交亲和系，故可在网罩隔离条件下用蜜蜂授粉繁殖；如果暂时仍然是优良自交不亲和系，则还需靠蕾期人工授粉繁殖。

3. 细胞质雄性不育系的原种生产

（1）胞质不育系的繁殖。只需将不育系与保持系种植在隔离网棚内，用蜜蜂授粉，由不育系植株收获的种子即为配制杂交种用的胞质雄性不育系。

（2）保持系的繁殖。采用常规自交系方法繁殖。保持系一般选用自交亲和系，故可在网罩隔离条件下用蜜蜂传粉繁殖。

（二）杂交种子的生产

甘蓝杂种一代种子的生产分为保护地生产和露地生产2种方式。保护地生产是指在阳畦及日光温室等保护地内生产杂一代种子，投资大，成本高，不能大面积制种，一般只用于因双亲始花期差异过大，其他措施不能使之相遇的杂一代种子生产，如报春、双金、庆丰等品种的生产。露地制种可大面积进行，凡双亲始花期一致的品种如京丰、晚丰、园春、秋丰等，以及双亲始花期虽有差异，但采用一般措施就能使之相遇的品种，如中甘11号等，都可采用露地方式生产种子，以降低成本。

1. 育苗与苗期管理

（1）播种期确定。甘蓝杂种一代种子生产多采用半成株采种，以降低成本。为避免苗期病害，根据杂种亲本生长期的长短，可适当晚播。但是播种也不能过晚，否则苗龄太小，影响去杂去劣和通过春化。甘蓝属绿体春化型植物，即通过春化阶段需要一定大小的苗态和较长时间的低温，冬前苗态茎直径长至0.6～1.6厘米，才能通过春化，并保证翌年春季正常抽薹开花。北京地区，中晚熟品种于7月下旬至8月上旬播种，早熟、早中熟品种于8月上中旬播种；河南、山东、陕西地区，中晚熟品种于8月中下旬播种，早熟、早中熟品种于8月下旬至9月上旬播种。

（2）苗床准备。甘蓝育苗期处于高温多雨季节，需选择地势高、通风凉爽、排灌方便的田块，同时前茬不可是甘蓝采种田。育苗畦标准为1.5米宽，7～10米长，畦间挖宽30厘米、深10厘米左右的沟，以利于大雨后排水。畦上搭遮阳网遮阴，有条件的可搭上纱罩防止菜粉蝶、小菜蛾等飞入危害。为避免暴晒和大雨冲刷，可准备塑料薄膜进行遮盖。盖薄膜切忌盖严，四周须离地30厘米以上，且形成一定坡度，以利于排水、通风。选择过筛后的田园土做覆土。

（3）播种。播种前畦内浇足底水，畦内裂缝填平，然后按5～6厘米划方格，在每个方格内点2粒种子。播后及时覆土，厚度为0.5～1厘米，可选择直径0.8厘米左右的竹竿贴住畦面平放在畦内，作为覆土厚度的参照标准，覆土后用木板刮平畦面即可。覆土结束后，炒少量麦麸拌上农药，加水做成毒饵，撒在畦周和畦面，以诱杀蝼蛄和蛴螬。畦内撒毒不要成堆，以防该处种苗出土后受药害而死亡，播种结束后，在育苗床上架设遮阳网。

（4）苗期管理。播种后3～4天开始出苗，出苗率达到30%～40%后，开始揭遮阳网。早晚把遮阳网卷起，让幼苗见光，中午前后阳光太强时要盖遮阳网遮阴。如果播后4～5天发现出苗少，表土发白变干，可给畦面洒水，使表土湿润以利于出苗，但必须保证到齐苗前不能使表土板结。7～10天后苗基本出齐，子叶转绿，就可去掉遮阳网。苗期浇水不宜过大，第一次浇水后，需用粗铁丝做的小钩把行间锄一下，以松土保墒，填补裂缝。苗期虫害主要是蚜虫、菜青虫、小菜蛾和跳甲等，选用药剂主要为功夫和敌杀死等。幼苗抗药性弱，喷药浓度不能过高。一般苗期需喷药2～3次，最后一次喷施在定植前1～2天。

2. 田间管理

（1）隔离区选择。定植种株幼苗的田块忌与十字花科作物连作，前茬以种黄瓜、西瓜或番茄等作物的地块为好。空间隔离应保证距离其他甘蓝品种及花椰菜、甘蓝型油菜等作物2 000米以上。

（2）整地施肥。定植地每亩施农家肥5 000千克、磷肥50千克做基肥。

（3）定植时间。中晚熟品种为8月下旬至9月上旬，早熟品种为9月中下旬，小苗长到5～6片真叶时是最适宜的定植时期。

（4）父、母本定植比例。父、母本双亲都为自交不亲和系的，父母本比例为1∶1；双亲有一个为自交系，另一个为自交不亲和系的，父母本比例为1∶2或1∶3；以显性雄性不育系为母本，甘蓝自交系为父本的，父母本比例为1∶3。一般按比例采用间行定植，中晚熟亲本株行距为40厘米×60厘米，早熟种亲本株行距为30厘米×50厘米。

（5）防病控苗。种株的栽培管理不能像秋甘蓝那样大水大肥促高产，而要适当控

苗，到越冬前能使种株形成松软的叶球即可。但是，要注意预防病毒病、黑腐病和霜霉病等病害的发生，还要注意及时喷药防治菜青虫、蚜虫、菜螟和跳甲，保证苗健壮。

（6）去杂去劣。去杂去劣是种株越冬前的首要工作，凡不符合该亲本特征特性的植株都应拔除。去劣一定要在下霜前进行，否则霜后种株的叶形叶色都失去正常状态，影响选种。

（7）培土冬灌。培土冬灌是安全越冬的主要措施。种株培土以小雪前后为宜，过早培土会引起种株发热腐烂，造成损失。一般培土分 2 次进行。小雪时进行第一次培土，先培一部分土，等天气变冷再培第二次土，最终以埋住种株叶球的 2/3 为宜。为了安全越冬，必须浇足越冬水，时间为土壤即将冻结、第二次培土结束以后。

（8）春季管理。翌春 3 月，天气开始变暖，越冬种株开始返青。这一阶段植株生长十分缓慢，管理以提高地温为主，促进根部生长。具体应做好以下几点：①清棵。将越冬期间种株四周的培土除去，并清理干净种株周围的枯叶。②及时中耕。清棵后，如果土壤明显缺水，可在晴天下午浇一次返青水，水宜小不宜大。返青水浇过以后要进行中耕，以起到松土、增温、保墒的作用。③割球。春分时进行，将结球紧实的甘蓝种株呈“十”字形切开，球中间要浅割，切勿伤及主茎生长点。

（9）花期管理。花薹抽出后，植株生长加快，需要及时追肥，以促进枝叶生长，每亩可追施钾肥 10 千克，氮肥 15 千克。在新叶生长的同时要清理球叶，防止短缩茎腐烂而造成植株死亡。该时期要注意防止虫害的发生，特别是防治蚜虫。在抽薹末期至始花期前，无论是否发现蚜虫、菜青虫等都要喷药 1 次。开花初期应进行第二次追肥，每亩用硝酸铵 30 千克左右。花期浇水次数增多，要防止植株倒伏造成减产，可在花薹伸长到 50 厘米左右时搭设支架，这是甘蓝制种夺得高产的主要措施之一。花期每亩制种田放 1 箱蜂，可提高杂交率和种子产量。花期喷洒 0.3% ~0.5% 磷酸二氢钾溶液 2 ~3 次，可促进籽粒饱满，提高千粒重。花期严禁喷洒杀虫剂，以免误杀蜜蜂。如有蚜虫等危害，可喷施尿洗合剂（洗衣粉 50 克、尿素 150 ~200 克，加水 18 ~20 升）防治。

3. 提高种子纯度的措施

（1）配制适合的父母本比例。要使所配杂种纯度好、种子产量高，必须根据亲本的生物学特性选择适当的父母本配制比例，保证母本花期有充足的父本花粉源，如秦菜 3 号甘蓝种子其父母本比例为 1：3。

（2）调节花期。不同亲本材料，因其品种特性不同，始花期迟早、花期长短亦不同。要使所配制的杂种产量高、纯度好，应特别注意调节父母本花期，使双亲花期始终重合，并使其盛花期处于最适宜于授粉受精、坐荚结实的气候条件下，一般气温为25 ~30℃比较适宜。华北地区 5 月上旬气温稳定，是甘蓝授粉受精和坐荚结实的最佳时期。如果有较短时期的花期不遇，应及时摘去开花较早或较长的花蕾，以减少假杂种的概率。

调节花期不遇的主要措施：①双亲错期播种、错期定植。开花晚的亲本提前 1 周播种，可调节花期 3 ~4 天。②开花晚的亲本搭小拱棚或地膜覆盖，可促其提早开花。③摘心。双亲始花期相差 5 ~7 天，对始花期早的亲本，当其花茎抽出一级分枝时，距离主花茎顶端 10 厘米摘心，可使始花期延迟。将开花早的亲本主花茎顶端或一部分一级分枝顶端花序摘除，使养分转移，可推迟花期。另外，根据当地地形，也可将开花晚的亲本靠墙角、屏障等偏暖处定植，以提高其生长速度而提早开花。④花期叠加。双亲花期长短差异大的，对花期短的一方分两期播种，使早播的花期终止前与迟播的花期刚开始相重叠或相衔接，以达到使花期延长的目的。⑤适时去杂去劣，清洁隔离区。去杂去劣宜在苗期、莲座期、抽薹现蕾期进行，及时除掉异常形态植株，避免其混杂整个群体。清除隔离区应在亲本始花期前，去除2 000米区域内的其他结球甘蓝、花椰菜、苤蓝、抱子甘蓝等甘蓝类品种的留种植株，保证所繁甘蓝种子的品种纯度。

4. 种子的采收

（1）适时采收。一般情况下，甘蓝开花授粉后60天种子可成熟。试验表明，种子成熟度愈高，色泽愈深愈亮，千粒重愈大，耐贮性愈好。早中熟品种种子于7月上旬左右成熟采收，晚熟品种种子于7月中下旬成熟采收。种子成熟后应及时采收，避免种子因连阴雨受潮发芽或霉变。

（2）后熟和脱粒。种子成熟采收后，其枝条、角果、种子的含水量仍较高，后熟堆放时，应保持一定的透气性，避免堆实发热而使种子发芽。后熟2～3天后，将角果晾晒至外干内潮时脱粒。甘蓝种皮薄、胚质脆，脱粒时尽量避免机械损伤。

（3）种子的晾晒。不能直接在土场上晾籽和打籽，以免使种子净度下降，外观不美，显得陈旧。另外，还要防止中午太阳暴晒种子和在塑料布或水泥地上晾晒种子而影响种子发芽率。当籽粒水分含量下降到7%以下时，收起贮存。将脱粒好的正反交种子分开晾晒。晒干的种子，除去杂质、秕粒、小粒，选留籽粒饱满种子，分开正反交种子包装，并标明品种名称、采种年度、生产者。

第三节　萝卜

萝卜（*Raphanu sativus* L.）是十字花科萝卜属一二年生蔬菜作物。萝卜原产于中国，据考古研究，早在6 000～7 000年前人们已开始食用萝卜。

中国是世界上萝卜资源最丰富的国家，民间栽培的品种约2 000个。根据用途特点的不同，萝卜品种资源可分为生食用种、熟食用种和加工用种；根据栽培季节的不同分为春萝卜、夏萝卜、秋萝卜、四季萝卜等。20世纪70年代中期及80年代末，我国开展了杂优育种和品质育种等工作，取得了突破性的进展，仅1980～1990年，经国家及省（市、区）审定萝卜品种的就有75个之多。其中以地方品种为材料，经过提纯、选种后推广的品种占45.3%，采用有性杂交育种技术培育的品种占21%，经系统选育获得的品种占6.7%，用雄性不育系配制的杂交种占9.3%，由国内外引种试种成功推广的品种占15.4%。

一、萝卜的生物学特性

（一）植物学特征

1. 根

萝卜是直根系作物，小型萝卜的主根深60～150厘米，大型萝卜则深达180厘米，

主要根群分布在20～45厘米的土层中。萝卜的吸收根生长很快，当子叶展开后，侧根就开始生长，接着侧根又进行分枝。随着生长的进行，萝卜的肉质根内部结构也发生一系列的变化。初生形成层和次生形成层不断分生薄壁细胞及其薄壁细胞膨大形成肥大的肉质根。

萝卜肉质根的形状和大小因品种不同而差异很大。常见的形状有圆形、扁圆形、椭圆形、细颈圆形、圆柱形、圆锥形、弯月形、倒圆锥形等。小的肉质根如四季萝卜单株根重只有几十克，大的如拉萨萝卜可重达10～15千克。

萝卜肉质根的根外皮颜色，通常有红皮、白皮、青皮3种。根肉色大多为白色，也有少数品种的根肉色为红色、绿色、红绿相间等。

2. 茎

在营养生长期间为短缩茎，当种株完成了阶段发育，在合适的温度和光照条件下，由短缩茎的顶芽抽生花枝，如顶芽受到损伤，侧芽也能抽生花枝。主枝高达100～120厘米，由主枝腋芽抽生一级侧枝，由一级侧枝腋芽再抽生二级侧枝，形成多次分枝。

3. 叶

幼苗出土后，有子叶2片，为肾形。萝卜从种子萌动到真叶出现前，主要靠两片肥厚的子叶供应养分，子叶的发育程度直接影响幼苗的质量，所以饱满种子（子叶肥厚）要比秕子质量高。待真叶出现后，子叶的功能才逐渐减退；第一对真叶匙形，称“初生叶”，以后在营养生长期内长出的叶子统称“莲座叶”。萝卜营养叶的叶形有板叶和羽状裂叶，叶色有淡绿、深绿等，叶柄有绿色、沁红色、紫色，叶片和叶柄上多茸毛。小型早熟品种为2/5叶序，大型中晚熟品种为3/8叶序。叶丛生长方式有直立、半直立、平展、塌地等形状。营养生长时期的叶片比较肥大，制造养分主要供给贮藏器官；生殖生长时期叶片比较小，制造养分主要供开花结果的需要。在收获种根摘除叶片时，需留部分叶柄保护。

4. 花

萝卜的花为复总状花序，完全花，花瓣4片，呈“十”字形。花色为白色、粉红色、淡紫色。一般白萝卜的花多为白色，青萝卜的花多为紫色，而红萝卜的花多为白色或淡紫色。花器中，雄蕊6枚，4长2短，基部有蜜腺，雌蕊位于中央。主茎上的花先开，每株自下而上逐渐开放。全株花期为30～35天，每朵花开放期为5～6天。

5. 果实和种子

在授粉后35～40天种子发育成熟，形成具有双子叶的无胚乳种子。种子被包围在子房腔内，子房壁在种子发育的同时逐渐长大，形成果皮，果皮和种子共同构成果实。果实为长角果，每一果实内含种子3～10粒，角果成熟后不易开裂，种子脱粒较为困难，需晒干后再脱粒。种子为不规则的圆球形，种皮浅黄色至暗褐色，千粒重为7～15克。种子发芽率可保持5年，但生产上宜用1～2年的新种子。

（二）生长发育

萝卜的生长发育过程包括营养生长和生殖生长两个时期。第一年进行营养生长，形成肥大的肉质根，经过贮藏休眠，第二年进入生殖生长时期，抽薹开花结果。萝卜种子萌动后就能接受低温，完成春化过程，若早春播种，当年就可开花结籽，完成整个生长周期，表现为 1 年生。

1. 营养生长期

萝卜的营养生长期是从播种后种子萌动、出苗到形成肥大肉质根的整个过程。在这个过程中，根据生长特点的变化，分为发芽期、幼苗期、叶生长期、肉质根生长盛期和休眠期。

（1）发芽期。从种子萌动到第一片真叶显露，需 5 ~ 6 天。此期主要是子叶和根的生长，栽培上应创造适宜的温度、水分和空气条件，以保证顺利出苗。

（2）幼苗期。从真叶显露到“破肚”，需 15 ~ 20 天，已有 7 ~ 10 片叶子展开。此时叶片加速分化，叶面积不断扩大，肉质根开始膨大。所谓“破肚”，是指因肉质根加粗生长，其表皮连同部分皮层不能相应地生长膨大，因而造成下胚轴部位破裂的现象。破肚历时 5 ~ 7 天，破肚结束即幼苗期终了。此期是幼苗生长迅速的时期，要求充足的营养及良好的光照和土壤条件。并需及时地间苗、中耕和定苗，以促进苗齐苗壮。

（3）叶生长期。又称莲座期或肉质根生长前期，从“破肚”到“露肩”，需要 20 ~ 30 天。“露肩”是指肉质根的根头部开始膨大变宽。此时是叶丛旺盛生长的时期，同时伴随肉质根的迅速膨大。子叶和基生叶已完全脱落，幼苗叶也开始衰老，莲座叶的第一个叶环完全展开，并继续分化第二个、第三个叶环的幼叶，叶面积迅速扩大，同化产物增加，根系吸收水肥能力增强，植株的生长量比幼苗期大大增加，肉质根延长生长和加粗生长都很迅速，但地上部分的生长量仍超过地下部分的生长量。在莲座期的初期和中期，应增加肥水，促进形成强大的莲座叶。此后，应有较低的夜温，并适当控制水肥，使莲座叶的生长稳定下来。在莲座叶生长后期，又要大量追施完全肥料，为以后的肉质根生长盛期打下基础。

（4）肉质根生长盛期。从“露肩”到收获的时期，需 40 ~ 60 天。此时是肉质根生长最快的时期，地上部分生长逐渐减慢，大量的同化产物运输到肉质根中贮藏积累，因而肉质根生长迅速。肉质根生长末期，叶片重量仅为肉质根重量的 20% ~ 50%，并表现出品种的特征。此期吸收的无机营养有 3/4 用于肉质根的生长，故此期土壤中要有大量的肥水供应，以利于养分的积累和肉质根的膨大。在肉质根充分生长的后期，仍需适当浇水，保持土壤湿润，避免因干燥引起空心。

（5）休眠期。秋冬萝卜肉质根形成后，因气候转冷被迫休眠。

2. 生殖生长期

秋冬萝卜进入肉质根形成盛期，营养苗端已转化为生殖顶端，由于气温下降，未能抽生花薹。经过冬季贮藏以后，第二年春季定植于大田，在长日照和温暖条件下抽薹、开花、结实。1 年生的某些早熟品种，春播后当年就可以抽薹、开花、结实，完成其生长发育周期。萝卜现蕾至开花，一般需 20 ~ 30 天，花期为 30 ~ 40 天，种子成熟期需 30 天左右。

自抽薹开花始，同化器官制造的养分及肉质根贮藏的养分都向花薹中运送，供给抽薹、开花、结实之用。这时肉质根就变为空心，失去食用价值。为了获得高质量的种子，此期需要适当的供给肥水。

（三）生长发育对环境条件的要求

1. 温度

萝卜起源于温带地区，为半耐寒性蔬菜。生长适宜的温度范围为5～25℃。种子在温度2～3℃时开始发芽，适温为20～25℃。苗期的生长适温为15～20℃，肉质根膨大时期的适温为18～20℃。所以，萝卜营养时期的温度从高到低为好，前期温度高，出苗快，可形成繁茂的叶丛，为肉质根的生长打好基础，后期温度渐低，有利于光合产物的积累和肉质根的膨大。当温度高于25℃时，呼吸作用增强，有机物消耗过多，植株生长衰弱，容易发生病虫害，尤其是蚜虫和病毒病的发生，也会增加肉质根的纤维含量而降低品质。当温度低于6℃以下时，植株生长缓慢，并容易通过春化阶段而导致未熟抽薹。当温度低于0℃时，肉质根就会受冻害。

2. 光照

萝卜生长喜欢较强的光照。阳光充足，植株生长健壮，光合作用强，物质积累多，有利于肉质根的膨大。若光照不足，往往引起叶柄伸长，下部叶因营养不良而提早衰亡，肉质根膨大缓慢，产量低，品质差。萝卜属长日性植物，完成春化的植株，在12个小时以上的长日照及较高的温度条件下，花芽分化和花枝抽生都比较快。因此，萝卜春播时容易发生未熟抽薹现象。

3. 水分

土壤水分是影响萝卜产量和品质的重要因素之一。一般萝卜生长过程中要求均匀的水分供应。在发芽期和幼苗期需水不多，只需保证种子发芽对水分的要求和保证土壤湿润即可，故应小水勤浇，不断供水，在夏秋季节还能降低地表温度。叶生长盛期，叶生长旺盛，肉质根开始膨大，要求土壤湿度保持在60%左右。“露肩”以后，标志着肉质根进入迅速膨大时期，需水量增多，要求土壤湿度经常保持在65%～80%，如果此时水分供给不足，肉质根膨大受阻，表皮粗糙，辣味增加，糖和纤维素含量降低，易发生糠心。土壤含水量偏高，通气不良，肉质根皮孔加大，表皮粗糙，侧根着生形成不规则的突起，品质也会下降。土壤干湿不均，肉质根木质部的薄壁细胞迅速膨大，而韧皮部和周皮层的细胞不能相应膨大，易引起裂根。

4. 土壤条件

萝卜对土壤的适应性较广。因肉质根肥大，而且深入到土壤深层，故以土层深厚，保水、排水良好，疏松透气的砂质壤土为宜。黏重土不利于肉质根膨大，土层过浅、坚实，易发生杈根。土壤pH值以5.3～7较为适宜。萝卜对营养元素的吸收以钾最多，氮次之、磷最少。氮、磷、钾的吸收比例为2.1：1：2.5。在氮肥和磷肥供应适量时，多施钾肥，可增加肉质根中还原糖的含量，提高萝卜品质。

二、种株的开花结实习性

（一）花器构造

萝卜花由花梗、花托、花萼、花冠（瓣）、雄蕊和雌蕊组成。花萼是包被在花最外部的叶状体，共4片，花冠位于萼片内侧，由4片离生的花瓣组成，与萼片相间排列，呈“十”字形花冠。雄蕊位于花冠内侧，4长2短，通称4强雄蕊。雄蕊由花丝和花药组成，花丝着生花托上，两侧着生蜜腺以引诱昆虫，花丝的顶端有花药，花药由2个药室组成，开花时由药室散出花粉。雌蕊着生于花的中央，由包被胚珠的子房和接受花粉的柱头以及传送花粉管的花柱3部分组成。子房为雌蕊的主要部分，子房腔内着生数枚胚珠，在子房的基部。果实为角果（俗称“荚”），由假隔膜分为两室，种子成排着生在假隔膜上。

（二）开花结果习性

萝卜是雌雄同株、同花的异花授粉作物，靠昆虫进行传粉。萝卜花序为复总状花序，在中央主花茎上的叶腋间可发生一级分枝，各分枝上还可再萌发次级分枝。开花顺序是先主茎，然后一级、二级侧枝。就一个花枝来说，是由基部向上依次开放。整个花序为无限生长型，陆续开花，花期较长。上、中部花枝抽生早，花数多，开花早，结荚多，种子饱满；基部花枝抽生晚，侧枝短，花数少，开花结荚晚，种子质量差。每果种子数一般为10粒以下，果实成熟后不开裂，尖端果喙部细长，不含种子。

三、采种方式与繁育制度

（一）萝卜的采种方式

萝卜为异花授粉作物，杂交频率极高，所以在留种时，必须采取严格的隔离措施，一般必须有1 500～2 000米的隔离区。萝卜的采种方法主要有成株采种法、半成株采种法和小株采种法3种。

1. 成株采种

成株采种法也叫大株采种法。按萝卜生产的正常播种时间播种，在萝卜肉质根收获季节收获。在收获过程中进行人工选择，选具有本品种典型性状的成株留种。主要是选择具有本品种特性、无病虫害、肉质根大而叶簇相对较少、表皮光滑、色泽好、根尾细的作种株（母株）。种株需经过冬季低温贮藏，第二年春天定植到露地或保护地中采种。成株采种是在植株充分生长、品种性状得到充分表现的基础上进行人工选择的，这对于保持和提高品种的种性有利；但成株采种由于播期早，占地时间长，苗期高温多雨，病虫害较重，种株生活力弱，采种量较少，生产成本较高，主要用于原原种、原种的采种。

2. 半成株采种

比成株采种晚播15～30天，躲过前期的高温多雨，种株生长期间病虫害轻，具有较强的生活力，种株采种量较多，生产成本较低，但由于种株肉质根收获贮藏时，生长期较短，品种性状未得到充分的表现，选择效果要比成株采种差。主要用于繁殖生产用种或原种（只繁育1个世代）。

3. 小株采种

小株采种法又称当年直播法。早春播于阳畦或风障前及化冻的露地顶凌播种，利用早春的低温，对萌动的种子及幼苗进行春化处理，或进行人工春化处理，即将萌动的种子，置于1～3℃的低温中，根据品种对春化反应的强弱，分别处理2～4周，再播种于露地，种株在春末夏初抽薹、开花、结实。其优点是生育期短，省工、省地，适于密植，种子产量高，成本低；缺点是不能对种株的经济性状进行很好的选择。连年应用小

株采种法会引起种性退化，因此，小株采种只能用于繁殖生产用种。

（二）繁育制度

为防止品种混杂退化并提高生产种产量，萝卜常用“成株—小株”或“成株—半成株”二级繁育制度来生产商品种。即采用成株采种繁殖原种一代、二代等原种级种子，同时又用原种级种子按半成株采种和小株采种繁殖生产用种（繁育制度如图2－9所示）。

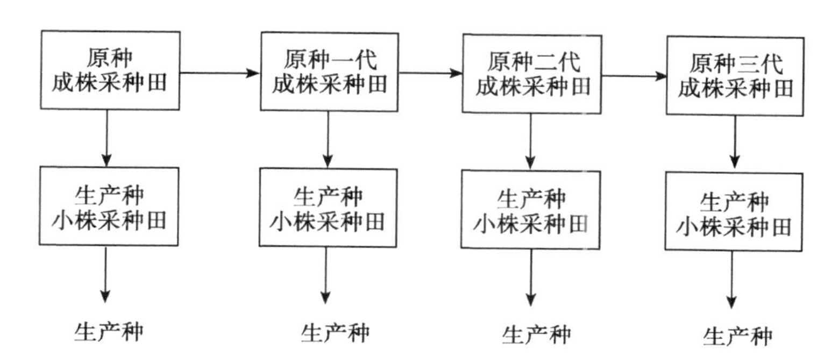

图2－9　萝卜二级留种繁育制度示意

四、常规品种种子的生产

（一）原种种子的生产

1. 原种生产的隔离条件

原种繁育要求严格，技术水平要求高，除了要求具备一定条件和技术水平的单位才能胜任外，还需要负责原种繁育的人员熟练掌握原种繁育基本理论与繁育技术。

萝卜属异花授粉作物，一般天然杂交率在90%以上。为了防止生物学混杂，导致原种种性退化，原种的繁育必须采取严格的隔离措施。一是空间隔离，要求隔离距离为2 000米；二是采用大棚或日光温室尼龙纱网隔离设施，一年繁种，多年使用。

2. 原种的提纯复壮

生产中使用的原种如果已经混杂退化，品种选育者或有关部门又无原种可以提供时，则可采用母系选择法选优提纯复壮原种，其生产程序是：单株选择、株系比较和混系繁殖。即先根据品种的典型特征选择种株，窖藏越冬后定植于隔离区内抽薹开花，花期时不同株间相互授粉，分株收获种子。秋季将每一个种株上收获的种子播种一个小区，进行株系比较，在性状的表现期进行选择，选择小区内性状相对一致，个体表现符合本品种典型特征的株系若干，淘汰其他株系。冬前收获时，在入选的株系内进一步选择符合本品种性状的种根，第二年春季将不同株系收获的种根分别定植在不同的隔离区内收获种子，秋季进行株系比较。株系选择的时期和标准与单株选择的相同，性状符合本品种特征的入选株系的种根混合收获，下一年春季定植于制种田即可获得原原种种子。如果再次发生混杂退化可按原种生产规程继续重复这个过程，如图2－10所示。

（1）单株选择。单株选择是原种提纯复状的基础，必须严格把关。单株选择应在

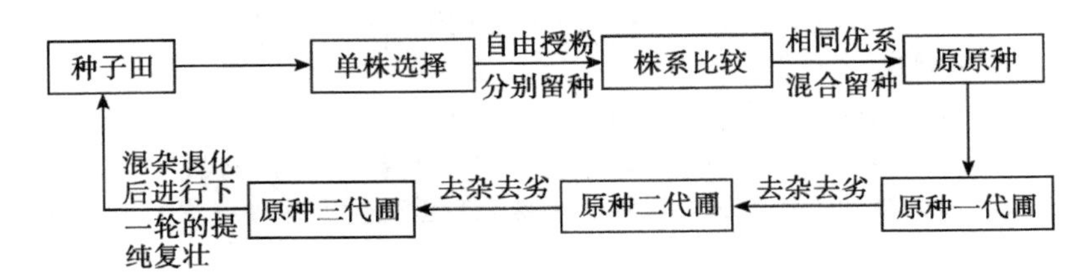

图 2-10　萝卜原种提纯复壮生产程序

原种圃或纯度高的种子田中进行，种植面积不小于 1 亩。单株选择主要是在肉质根收获时进行，选择的标准如下：

首先，针对叶片颜色、叶片形状、叶面刺毛、叶簇形态、开张度、叶量等，选择符合本品种标准性状的健壮无病植株。

然后，在初选株中再针对肉质根皮色、性状、大小、入土部分的长短、侧根的粗细多少、尾根粗细、表面光洁度、“顶盖”大小、根肩颜色等，选择符合本品种标准性状的无机械损伤的植株。此次入选的植株在 150 株左右，切去叶片后窖藏越冬。

定植前，淘汰感病腐烂的植株，其余种根用打孔器从肉质根中部横向打孔，深达根之中心部，取出根内组织观察，淘汰糠心、黑心及根组织变色的植株。最终入选的种根在 50 株左右。

留种方法：将最终入选的优良种株定植在隔离区中，开花期间自由相互授粉，种子成熟后分株收获留种并编号。

（2）株系比较。

①田间设计：秋季将入选的优良单株种子按田间设计要求，在相同的栽培和管理条件下分小区种植，每一株系播种一个小区，每个小区最后留苗 200 株左右，不同株系间顺序排列，不设重复，四周设保护行。每隔 5 个小区设 1 个对照，对照品种需用本品种的原种，如无原种，可用本品种的生产种或选优提纯前的种子。

②选择标准：在性状表现的典型时期，除按单株选择时的项目、标准对各个株行进行观察比较外，还应着重鉴别各株行的典型性和一致性。淘汰性状表现与本品种标准性状有明显差异的株系，或株间整齐度差的株系。凡小区产量低于对照平均产量的一律淘汰。入选株系去杂去劣后将性状表现相同的株系混合窖藏越冬，翌春定植在隔离区内采种，这就是本品种的原原种种子。

（3）原种繁殖。将上述原原种种子适时秋播，在优良的农业技术条件下，培育母株，收获时进行性状鉴定，如果性状符合本品种的标准性状，且纯度达到国家规定标准，则可去杂去劣后窖藏越冬，繁育出优质的种子就是本品种的原种种子。为避免发生生物学混杂，原种圃周围 2 000 米范围内不得栽种其他任何萝卜品种；为保证原种质量，种株生长发育过程中必须严格去杂去劣，翌春定植在隔离区内采种，这就是本品种的原种种子。按照原种生产操作规程，还可在原种的基础上，生产原种一代、原种二代、原种三代等。

3. 原种生产的栽培技术

萝卜常规品种原种的生产采用成株采种方式进行。即秋季栽培萝卜种株，入冬时结

合收获进行株选贮藏，第二年早春定植露地使其抽薹开花结籽。大体要经历一下几个技术环节：种株培育、种株选择、种株贮存越冬、种株定植与管理及采种等。

（1）种株的培育。

①地块选择。栽培萝卜应选择疏松、通透性好的砂壤土、壤土或黏壤土，土壤富含有机质，保水、保肥，便于排灌的田块。萝卜不宜重茬，若重茬会出现生长缓慢、长势不好、病害重、肉质根表皮粗糙、有黑斑等问题。萝卜和其他十字花科蔬菜连作也易发生病虫害。秋冬萝卜的前茬以瓜类、茄果类、豆类为宜，其中以黄瓜、冬瓜、西瓜、甜瓜较好。也可将水稻、大豆或玉米等大田作物作为前茬。选择适宜的地块栽培，有利于肉质根充分生长，表现出本品种的典型特征，使种株选择更加准确、可靠。

②整地、施肥。萝卜要求土层深、土质疏松的土壤。因此，播种前整地要精细，要求做到深翻、整平、施肥均匀，这样才能保证苗全、苗壮，有利于肉质根的生长。北方地区一般在7月上中旬，前茬作物收获后，及时清除残株及杂草，然后进行整地。土壤翻耕的深度一般在25～30厘米，小型品种和入土浅的品种可适当浅一些。一般要求翻耕2～3次，并使土壤有充分时间的暴晒、风化，以减少病菌和虫卵。翻耕后田块要求土地平整，土壤疏松。

秋季培育萝卜种株，因生长期较长，需要的养分较多，故在整地的同时要施足基肥。基肥每亩撒施腐熟的厩肥4 000千克，过磷酸钙25～30千克。

为了给肉质根的生长创造适宜的土壤条件，大、中型萝卜多采用高畦栽培。起垄栽培不仅可使土质疏松，增加耕层深度，而且通风透光，增加昼夜温差，改善田间通气状况，减少病虫害传播，也有利于雨季排水防涝及灌溉。一般每间隔40～50厘米做一垄，垄高10～20厘米，垄背宽18～20厘米，把垄背上的土推平，耙碎，稍稍镇压，以利于播种。小型萝卜品种都采用平畦栽培，以增加种植密度，增加单位面积株数。一般畦面积为1.5米×0.8米。畦面要整平，以免低处积水，招致沤根和软腐病的发生。

③播种。适期播种：播种期的选择应按照采种品种的生物学特性进行，尽量把萝卜各生育期安排在适宜生长的季节里，尤其是肉质根膨大时期温度要适宜，才能使之充分膨大。成株采种时播种时期很重要，如果播种过早，秧苗长期处于高温干旱或高温高湿的环境，容易发生病虫害，肉质根顶部开裂，心部发黑，不能充分表现本品种的特性，而且贮藏越冬时易烂根。播种太晚，萝卜生长季节缩短，肉质根也不能充分膨大而不能充分表现本品种的特性。所以早熟品种宜适当晚播，晚熟品种宜适当早播。华北地区以8月上中旬为播种适期。

播种密度、播种量与播种方法：合理密植是达到充分利用环境条件、增加株数的有效方法。因此，必须根据当地的土、肥、水条件和品种特性来确定合理的密植密度。萝卜都采用直播。大型品种用点播，中型品种用条播，小型品种用撒播。大型萝卜点播的行距为40～50厘米，株距40厘米；起垄栽培时，行距为54～60厘米，株距27～30厘米。点播，每穴播种5～7粒种子，每亩播种量为300～500克；条播，每亩播种量为500～750克；撒播，每亩播种量为1～1.5千克。

萝卜的播种深度以2～3厘米为宜，因为萝卜种子在发芽时子叶出土，若播种过深，子叶出土前要消耗大量的营养物质；如果覆土过浅，种子容易干燥，影响出苗。播种时，若土壤干燥，可先浇水，待水渗入土中后再播种。注意在土壤过湿的条件下播种，幼苗生长不旺，根的发育不良，故雨后不能立即播种。秋季栽培萝卜，播种后 2 ~ 3 天种子发芽，正常情况下 4 ~ 5 天齐苗。如发现缺苗，应抓紧补种，以保证全苗。

④田间管理。萝卜播种后，须适时适度地进行间苗、浇水、追肥、中耕除草、防治病虫害等一系列工作，其目的是为了很好地控制地上部与地下部的平衡，使前期根叶并茂，为后期光合产物的积累和肉质根的肥大打好基础。

及时间苗：幼苗出土后生长迅速，为了防止拥挤、遮阴而引起徒长，应早间苗，分次间苗，适时定苗，保证苗齐苗壮。一般在第一片真叶展开时进行第一次间苗，拔除被病虫侵害苗、细弱苗、畸形苗及不具有品种特征的苗；选留 2 片子叶大小一致、形状呈肾脏形的苗。2 ~ 3 片真叶期，进行第二次匀苗和去杂去劣，每穴可留苗 2 ~ 3 株。在真叶 6 ~ 7 片，即“大破肚”时按规定株距，选留壮苗 1 株（即定苗），把其余的苗拔除。条播的每距离 16 ~ 20 厘米留 1 株。定苗一般要在上午 9 ~ 10 时进行，发现幼苗有枯萎的，说明根系受了伤害或感染病害，要及时拔除。

合理浇水：秋萝卜的叶面积大，蒸发量大，肉质根的水分含量高，须供给足够的水分。浇水不足，叶片生长不好，不能制造大量的同化物质向根部运输，影响肉质根的膨大。尤其在根部发育时，如遇气候干燥、土壤缺水，则会使根部瘦小、粗糙、木质化，辣味增加，易空心，使品质降低，不能表现出本品种的典型特征，不利于进行株选。但水分过多，也会导致叶片徒长，肉质根发育不良，并且易引起病害。因此，须根据降水量多少、地下水位高低等条件来确定浇水次数和每次浇水量。同时，虽然萝卜的需水量较大，但它的须根很少，不发达，吸水能力很弱，因此，必须要勤浇、少浇，以满足它对水分的要求。

播种时要浇足底水，萝卜发芽期土壤有效含水量宜在 80% 以上才有利于种子发芽。在幼芽大部分出土时，要浇 1 次小水，保持土表湿润，以利于保全苗。幼苗期土壤有效含水量以 60% 为宜，要掌握“少浇勤浇”的原则，以免幼苗因缺少水分而生长停滞和发生病毒病。在幼苗“破肚”前一个时期内，要少浇水蹲苗，以抑制浅根生长，促使根系向土层深处发展。叶生长盛期，茎叶生长迅速，肉质根也开始逐渐肥大，所以对水分需求较多，要适量浇水，但后期要适当控水，以防止叶片徒长，影响肉质根生长。肉质根生长盛期，要充分均匀地供水，以防止裂根。在土壤有效含水量 70% ~ 80%、空气相对湿度 80% ~ 90% 的条件下，肉质根生长快，品质好。生长期后期仍应适当浇水，以防止空心。但株选（收获）前 5 ~ 7 天应停止浇水，以提高肉质根的品质和耐贮藏能力。

分期追肥：追肥要和浇水结合进行。大型或中型萝卜品种，生长期较长，需肥量很大，播前施用的底肥应能满足整个生长期的需要。如果基肥不足，地力差，要注意追肥，才能提高产量。全生长期可分 3 次追肥：第一次在蹲苗结束之后，结合浇水每亩追施腐熟的优质混合粪肥 1 500 千克；第二次追肥在叶生长期的“露肩”前，每亩追施尿素或硫酸铵 25 ~ 35 千克；在肉质根生长盛期，还要进行第三次追肥，每亩追施尿素或硫酸铵 15 ~ 20 千克，结合追施硫酸钾 10 ~ 15 千克，则效果更好。在“露肩”后，每周

喷1次2%的过磷酸钙，有显著的增产效果。追施硼肥，对提高萝卜肉质根产量和改善萝卜品质均有较好的效果。硼肥可在播种时做基肥使用，每亩施硼砂1千克，或结合施钙肥做叶面追肥，在肉质根膨大开始和膨大盛期，叶面喷施0.3%硼砂溶液。

中耕除草及培土：苗期气候炎热，雨水多，容易丛生杂草，需经常进行中耕除草。高畦栽培的，畦边土壤易被雨水冲刷，中耕时需进行培土。可将中耕、除草、培土三项工作结合起来，以节省劳力。中耕宜先深后浅，先近后远，至封垄后停止中耕，及时除草。

（2）种株的收获与选择。

①收获。秋季萝卜种株收获和株选的时期，可根据当地的气候条件、品种、播种期确定。总的原则应该是及时采收。因为若为早熟品种，收迟了容易空心，而且易受冻；晚熟且根部大部分露在地上的品种，要在霜冻前及时采收，以免受冻。成株采种萝卜需要贮藏越冬，要特别注意切勿使其受冻，一旦受冻贮藏时容易空心、烂根。萝卜采收的标准，一般在肉质根充分膨大，肉质根的基部已圆起，叶色转淡，开始变为黄绿时，便应及时收获并株选。萝卜虽能耐0～1℃的低温，但遇到－3℃以下的低温就会受冻。因此，秋季萝卜必须在气温低于－3℃的寒流到来之前收获和株选完毕。

②选择。萝卜收获株选时，多用手拔。收获株选要在上午露水消失后进行，带着露水收获时容易沾上泥土，且易断裂。收获株选后立即在离根3厘米处削去顶部叶片，以减少水分蒸发和避免贮藏时发芽糠心。拔下后要轻放，不可碰伤，否则不耐贮藏。

（3）种株的越冬。

在我国北方寒冷地区，由于冬季低温冰冻，种株无法在露地越冬，需将种根埋藏或窖藏，翌年春天定植于露地，抽薹、开花、结实，进行采种。

①就地埋藏。萝卜种株是选后留在地里不收获，采用3次封土法使其就地越冬。第一次封土在初霜后、严霜前进行，把地表外的萝卜用土封住2/3，其作用是保持地温，有利于萝卜继续生长。第二次封土是在严霜后、土壤结冻前进行，把萝卜外露部分全部封严，但不压顶，使叶片继续进行光合作用，以供肉质根生长。第三次封土是在土壤封冻时进行，把萝卜的叶丛全部盖严。此法在冬季不太寒冷、冻土层很浅的地区可以采用。注意封土时不要碰伤肉质根，前两次封土时勿伤叶子。最后一次封土厚度要适宜，以2～3厘米为宜。

②沟藏。此法在北方地区应用较广。最好选择地势较高、地下水位低且土质黏重、保水力较强的地块开沟，沟宽以1～1.5米为宜，过宽受气温影响较大，难以维持沟内温度的稳定。沟向为东西延长，长度根据贮藏量确定，8平方米面积的沟可贮藏萝卜1 500千克。沟的深度因各地最大冻土深度而异，一般沟深应比当地冬季的最大冻土层稍深，如北京地区冻土层为0.7～0.8米，沟深以1～1.2米为宜；沈阳地区冻土层为1～1.2米，沟深应为1.6～1.8米。由北向南沟深渐浅，济南约为1米，徐州约为0.6米。

萝卜收获后最好当即入沟贮藏。如外界气温较高，可将萝卜在田间堆成小堆，用叶子或土盖好，防止风吹日晒造成蒸发失水，待气温适宜时再入沟贮藏。入沟时间最好在上午10时前，此时萝卜体温和沟内的温度较低，带入沟内的热量少。萝卜在沟内可以散堆，也可以一层萝卜一层土分层码放。不管采用哪种方式，沟中萝卜的堆积不可过厚，以40～50厘米厚为宜。如堆积过厚，萝卜上下层温差过大，将造成上层受冻，下层变热。萝卜入沟后，上面覆盖一层土。

沟藏需根据气候的变化，分次盖土防冻，使贮藏温度保持在0～3℃，土壤绝对湿度保持在12%～18%，空气相对湿度保持在90%。温度不宜过高或过低，过高会引起种根的发芽、糠心、腐烂，过低会引起种根冻害。沟藏的萝卜种株可露地定植时一次出沟，出沟时应对其耐贮性等进行选择淘汰。

萝卜越冬也可以采用窖藏方式。其方法类似于沟藏。

（4）种株的定植与田间管理。

①采种田的确定和准备。首先选用有隔离条件的地块，以防止生物学混杂。一般自然隔离距离，原种为2 000米，良种为1 000米以上。如无自然隔离条件，可采用保护地栽培，提前定植，提早开花结实，与露地品种进行花期隔离，或罩纱罩、套纸袋等办法隔离。采种田应选择肥水条件好、前茬未种过十字花科蔬菜的砂质壤土。冬前进行深耕，深度在30厘米以上，翌年春天每亩施有机肥5 000千克，过磷酸钙20～30千克，耙平打细。

②定植时间。在我国北方，种根收获经冬贮后，于翌年春天土壤化冻后定植到露地。要求露地10厘米深处地温稳定在5℃以上时定植。华北地区一般在3月中下旬定植，东北地区在4月中下旬定植。

③定植方法。大型品种的行株距为70厘米×50厘米，中型品种为60厘米×40厘米，小型品种为50厘米×30厘米。定植深度，将种根全部埋入土中，根头部入土2厘米，以防止冻害。如覆盖马粪，防冻效果更好。对于某些长根型的萝卜品种，种根可以斜栽，栽后一定要将土踩紧，以免浇水时土壤下陷，使种根外露，引起冻害，或地下积水过多，引起种根腐烂。

④肥水管理。定植后半个月，种株嫩芽即可出土。出土后随着气温逐渐上升，种株陆续抽薹开花。定植后视土壤湿度情况，若湿度大，可不浇水，以利于地温升高；若湿度小，可浇小水。及时中耕，切忌大水漫灌，影响地温的回升。种根发芽后，及时将土或马粪扒开，追施1次稀粪水。待抽薹叶片已充分展开后，每亩追施1次粪肥和硫酸钾20千克左右，并及时中耕。待种株开花后，要隔5～7天浇1次水，并每亩间隔施复合肥料30千克左右，此时土壤见干见湿，以地表不开裂为宜。进入末花期以后，停止浇水，防止植株恋青，促进种子成熟。

⑤设立支柱和植株整枝摘心。为了防止种株倒伏，在抽薹期就要设立支柱，每株插一竹竿或插成篱架，把主枝绑在支柱上，待种株进入末花期后，要将枝条未开放的花蕾摘去，并将植株基部新抽生的侧枝及时剪去，使植株养分集中向种子输送。

⑥病虫害的防治。种株生长期间主要是蚜虫和霜霉病危害，需及时防治，否则会影响种子的产量和质量，特别是在抽薹后开花前，一定要及时彻底防治蚜虫，使虫口密度降低到最低限度，以后进入开花期，则尽量不喷药，以免杀伤传粉的昆虫，影响种子的产量。盛花期过后，外界气温升高，蚜虫繁殖很快，霜霉病也跟着发生，此时除积极防治蚜虫外，还应在杀虫药中附加代森锰锌或退菌特等杀菌剂防治霜霉病，做到病虫兼

治，以提高种子产量和质量。

（5）种株的采收和脱粒。

种荚黄熟后，要及时收获种株，以防止鸟害和雨淋。收获种株时，还可进行最后一次选种，选结实率高，种根生长完好，不易糠心的种株进行单独留种。萝卜种荚脱粒较为困难，可采用稻谷脱粒机将种株的干荚脱下，再把脱下的干荚装入水稻碾米机脱粒，可大大提高劳动效率。脱粒后，清除杂质，风干、包装，在冷凉干燥处贮藏备用。种子发芽力一般可维持4～5年。

（二）生产种的生产

1. 用半成株采种法生产生产种

用原种级种子播种，播期应较菜用栽培正常播期推迟15～30天，晋中地区多在8月中下旬播种。由于生长时间短，种株个体不大，故定苗时要加大留苗密度，株行距一般为10厘米×30厘米。冬前收获，淘汰明显的杂株、劣株后贮藏越冬。3月上中旬定植在隔离区中，株行距25厘米×40厘米。至于种株培育、贮藏越冬、定植后田间管理等各项农业技术，均可参照前述原种的生产技术进行。一般每亩可产100～150千克生产种。

2. 用小株采种法生产生产种

小株采种可育苗移栽，也可顶凌直播。晋中地区一般在3月上旬露地播种，播前趁墒整地，墒情不足时要浇水造墒。播种多在平畦内进行，在畦内开3～4厘米深的小沟，按20～25厘米的株距点播，每穴5～6粒种子，覆土1厘米厚，压实。同时保证行距40厘米左右，然后覆盖地膜。苗出齐后破膜放苗，破膜处用土封严。分次间苗2～3次，定苗时每穴只留1株。此后的其他管理技术，可参照原种田进行。

五、杂种一代的种子生产

萝卜一代杂种优势极为明显，通常在产量、品质、早熟性、抗逆性、贮运性、整齐度等方面的表现都优于亲本。一代杂种可以通过品种与品种、品种与自交系（不亲和系）、自交系（不亲和系）与自交系（不亲和系）、雄性不育系与品种、雄性不育系与自交系（亲和系）间的杂交获得。由于品种与品种间杂交，品种的纯度较差，一代杂种较难稳定，并存在一定数量的假杂种，使杂种优势得不到充分的发挥，因此，这些杂交方式在生产上应用较少。自交不亲和系每年都需通过蕾期自交或盐水处理保纯和繁殖亲本，加之萝卜单荚结籽少，每荚结籽3～10粒，不如大白菜和结球甘蓝结籽多（单荚结籽可高达20粒），配制一代杂种远比大白菜和结球甘蓝成本高，且费工费事，但目前仍是萝卜配制一代杂种的主要方式之一。目前，我国利用萝卜雄性不育系配制一代杂种也较为普遍，杂交率高（几乎100%），杂种优势强，保存和繁殖亲本及配制一代杂种操作较简便。

萝卜杂交只靠昆虫传粉，所以开花期晴天数、温度以及当地的昆虫量和活动情况均对杂交种子产量有重要的影响。杂交种亲本的繁殖一般采用成株采种法，一代杂种种子的繁殖可以是成株法，也可以是半成株或小株采种法。它们的种株栽培过程基本与常规品种采种法相同。

（一）利用雄性不育系（CMS）生产杂种一代种子

1. 亲本的保存及繁殖

亲本有雄性不育系、保持系及一代杂种的父本（品种或自交亲和系）。它们的繁殖均采用成株采种方式，即第一年秋天将3个亲本分别播种在各自繁殖圃中，为了获得生活力较强的种株，避开苗期的高温多雨及病虫危害，播种期可较生产田晚7～10天。水肥管理同常规。秋末冬初采收种根时，注意去杂去劣，每个系统的优株分别收获、分别贮藏。第二年春季，将雄性不育系及其保持系种根定植在同一个隔离区内，或是网室隔离或是露地2 000米范围内没有萝卜其他品种进行采种栽培。雄性不育系与保持系种根的定植密度比为3～4：1，可以间行定植，这样可使母本花期授粉充分。种子成熟后分别采收，在雄性不育系上收获的种子仍为雄性不育的，其中大部分作为生产杂种一代的母本，少部分用于自身的繁殖；在保持系上收获的种子仍为保持系，用于下一代雄性不育系繁殖的父本。杂交种的父本种株在另一个隔离区内繁殖，种子采收后一部分用于下一代自身的繁殖，大部分作为杂交种的父本用。

2. 杂交种子的生产

杂交种子的生产可采用露地直播小株采种方式进行。其技术要点是：选用肥水条件好，有隔离条件的地块作为杂交种子的生产田。待早春气温回升，土壤化冻后，施足底肥，每亩施入腐熟有机肥5 000千克，过磷酸钙30～40千克。合墒耕翻，耙平打细后做畦。华北地区一般在3月上旬顶凌播种，父本与母本的行数比为1：3～4，间行种植。齐苗后即可间苗，长至4～5片叶时定苗，株行距根据亲本的生长势具体确定。种株抽薹后，及时进行田间检查。如果两个亲本的花期不一致，要先摘除先抽薹亲本的主花薹，促使双亲花期相同。幼苗期，因地温较低，为促进幼苗生长宜少浇水，管理上以勤中耕提高地温为主；定苗后，及时浇水追肥，促进营养体丰满；开花期保持土壤经常湿润，每隔1次水，追1次肥，每次追施复合肥10～15千克；花期结束后，停止浇水追肥，促进种荚及早成熟，种子饱满。雨季来临前，适时收割采种。在母本植株上收获的种子即为杂交种子。

早春露地直播进行萝卜杂交种子的生产，由于前期温度低，种株生长缓慢，抽薹开花时种株营养体过小，花枝和花数较少，种子产量较低，另外质量也相对较差。所以在生产中多采用早春育苗移栽来进行杂交种子的生产，其技术要点如下：

早春萝卜育苗可在阳畦、塑料大棚或日光温室中进行。华北地区阳畦育苗可在1月底播种，营养土按园田土与腐熟厩肥6：4的比例进行配制。营养土配好后过筛，装入直径5厘米的塑料营养钵中，将营养钵摆放整齐后每钵播一粒充分发育的亲本种子。覆土后浇水，父母本分开播种，比例为1：3～4。

若双亲花期不一致，还需调节播种期。1月至2月中旬，外界气温很低，苗床要盖严，注意保温，少通风。2月中旬以后，床温随外界气温的升高而升高，需逐渐加强通风；白天床温维持在叶片生长的最适温度15～20℃，夜间不低于0℃。定植前两周需加大通风量进行炼苗，直至将苗床全部打开，使幼苗完全适应外界变化的气候。在华北地区3月下旬就可开沟定植，父母本的行数比一般以1：3～4为宜，行株距视亲本植株的大小而定，先刨坑，后栽苗。栽时注意保护土坨，以免伤害根系；浇足水后再封土，封

土以不露土坨、不埋心叶为宜。如覆盖地膜，定植时间可适当提前几天，即将苗定植于沟底，沟背上覆盖地膜，苗在沟底的小气候条件下，温度高，生长快，待长至 8～9 片叶开始顶膜时，需及时破膜，防止烤伤，苗出膜后，在其基部需用土压住。定植时，覆盖地膜可提早抽薹开花，延长结荚期，有利于种子产量和质量的提高。

种株的田间管理基本上同早春露地直播采种的相关内容。实践证明，杂种一代的优势大小取决于亲本的纯度，亲本的纯度越高，则杂种优势越大，亲本的纯度越低，则杂种优势越小。因此，利用雄性不育系配制一代杂种对亲本纯度要求极高。雄性不育系除了雄性不育这一性状外，其他性状应与保持系基本一致，保持系为多代自交的自交亲和系，纯度极高；杂种一代的父本最好选用高纯度自交亲和系。同时，在亲本的繁殖过程中，还应严格设立隔离区和保证隔离条件，严防生物学混杂，并随时注意去杂去劣和选留种株，以保持和提高亲本的纯度。为了提高一代杂种的种子产量，除加强亲本的田间管理外，应设法使双亲（不育系与父本）的盛花期相遇，以增加母本（不育系）的授粉机会，这可通过采取调节双亲的播种期、定植期、保护地栽培、春化处理以及摘除主枝的花序等措施实现；另外，还可在采种区内放养一定数量的蜜蜂，以增加传粉的机会，提高结实率。种株一定要分开收获，分开脱粒，分开贮藏，严防机械混杂。

（二）利用自交不亲和系生产杂种一代种子

1. 亲本的保存及繁殖

亲本有自交不亲和系、自交亲和系（或品种）。第一年秋天将亲本分别播种在各自的繁殖圃中，为了获得生活力较强的种株，避开苗期的高温多雨及病虫危害，播期可比大田生产晚 7～10 天。秋末冬初收获种根时，注意选优去劣，分别收获，分别贮藏。第二年春天，将双亲分别定植在不同的隔离区内，隔离距离 2 000米以上。亲和系（品种）可使其充分地授粉，获得大量的自交亲和系（品种）；自交不亲和系则在开花期用 0.4% 的盐水处理，隔 1 天喷 1 次，以克服自交不亲和性，并要设法摇动花枝使花粉充分地落到柱头上进行自交，这样即可快速大量地繁殖自交不亲和系。但用盐水处理繁殖自交不亲和系不能连续使用，繁殖自交不亲和系原种时仍应采用蕾期人工自交的方法，即在花蕾开放前 1～2 天，人工蕾期自交采种。人工蕾期自交因萝卜单荚种子数较少，繁殖的成本较高。一般是用人工蕾期自交繁殖亲本（自交不亲和系）的原种，而用盐水处理法快速繁殖亲本（自交不亲和系）。

2. 杂种一代种子的生产

杂交种的配组方法有自交不亲和系 × 自交系（品种）或自交不亲和系 × 自交不亲和系。由于采用第二种方法组配时，双亲上采得的种子均为杂种一代，杂交种的种子产量比第一种组配法高 1/4～1/3，是目前经常采用的方法。自交不亲和系 × 自交系组配生产杂种一代时，是以自交不亲和系为母本，亲和系为父本，父母本的比例一般是 1∶3～4，从母本（自交不亲和系）上采得的种子即为杂种一代。而自交不亲和系与自交不亲和系组配生产杂种一代时，双亲比例为 1∶1，从双亲上采得的种子均为杂交种子。利用自交不亲和系生产一代杂种种子的其他管理方法与利用雄性不育系生产杂种一代种子的方法相同。

第四节 花椰菜

花椰菜（*Brassica oleracea* var. *botrytis* L.）又名花菜、菜花。是十字花科芸薹属甘蓝种中以花球为产品的一个变种，一二年生草本植物。

花椰菜原产地中海沿岸，由甘蓝演化而来。演化的中心在地中海东部沿岸。花椰菜性喜冷凉温和的气候条件，属半耐寒蔬菜。目前花椰菜在世界各地广泛栽培。我国广东、广西、福建、台湾等地最早引种花椰菜，目前南北方均有种植。花椰菜食用部位为花球，其风味鲜美，粗纤维少，营养丰富。

一、花椰菜的生物学特性

（一）植物学特征

1. 根

花椰菜根系比较发达，主根基都肥大，上生许多侧根。在主、侧根上发生须根，形成极密的网状圆锥根系，有利于吸收上壤中的水分和养分。根群分布在30～40厘米的土层中，以30厘米以内的耕作层中最密集，横向伸展半径在50厘米以上，对肥水要求较高。由于主根不发达，根群入土不深，抗旱能力较差，易倒伏。因此，应在比较湿润的土壤环境中栽培，并要注意培土。花椰菜根系不耐涝，因此，生长期间既要防旱又要防涝。

花椰菜根系再生能力强，断后易生新根，故适合育苗移栽。花球收获后10～15天内，在主根或侧根上会分化出一些根蘖并长出幼苗，这些幼苗移植成活后可长出正常的花球，通过根蘖获得幼苗，可以作为春花椰菜选纯复壮繁殖种子的一种方法。

2. 茎

营养生长时期，茎为粗壮的短缩茎，其上着生叶片。短缩茎长20～25厘米，下部直径2～3厘米，上部4～5厘米。茎上腋芽一般不萌发，阶段发育完成后抽生花茎。

3. 叶

花椰菜的叶披针形或长卵形，营养生长期具叶柄，并具裂片，叶色浅蓝绿，有蜡粉。分为外叶和内叶两种，外叶狭长开张，自外向内叶片逐渐增大，至花芽分化时达最大。内叶没有叶柄，自外向内渐小，外部小叶直立，内部小叶在花球显露时向中心自然卷曲，包裹花球。叶在茎上的排列从第一片真叶起为3叶1层，5叶1轮呈左旋式排列。从第一片真叶至花球旁的心叶止，总数自20～30片至40～50片不等。一般早熟种13～18片，叶片数少，叶片积累营养期短；中熟种20～23片，叶片数较早熟种多，同化面积大，积累营养比早熟品种为多；晚熟品种25～30片，而且植株高大。因为花球大小直接与叶面积的大小和功能数量多少相关，所以，为了不影响同化作用，每株应至少保留必要的外叶数为12～13片。

4. 花球

营养贮藏器官，花球由肥嫩的主轴和50～60个一级肉质花梗组成，一个肉质花梗具有若干个5级花枝组成的小花球体。基部小花球粗2～3厘米，中心部的小花球不到

1 厘米。花球球面呈左旋辐射轮纹排列，轮数为 5。正常花球呈半球形，表面呈颗粒状，质地致密。一个成熟的花球横径一般 20 ~ 30 厘米，纵径 10 ~ 20 厘米。早熟品种的重量约 0.5 千克，中晚熟品种可达 1.5 ~ 2.5 千克。

5. 果实和种子

果实为长角果，一般情况下，每个植株有效角果为 1 000 ~ 1 200个，主要分布在一二级分枝上。每个正常的角果内约有 20 粒左右种子，在每个花序上，上部和下部角果内种子较少，中部角果内种子较多。种子圆球形，紫褐色，千粒重为 3 ~ 4 克。

（二）生长发育

花椰菜是一年生或二年生植物，其生育周期包括营养生长阶段（包括发芽期、幼苗期和莲座期）和生殖生长阶段（包括结球生长期、抽薹期、开花期和结荚期）两个阶段。

1. 营养生长时期

（1）发芽期。是从种子萌动、子叶展开至真叶显露。这一时期的适温为 20 ~ 25℃。所需时间，春、夏、秋季 8 ~ 15 天，冬季 15 ~ 20 天。由于种子萌芽到长出子叶主要靠种子自身贮藏的养分，因此，饱满的种子和精细的育苗床是保证出好苗的重要条件。

（2）幼苗期。从第一片真叶显露到第一个叶环（5 ~ 7 片）真叶展开的阶段，需 20 ~ 30 天。生长适温为 15 ~ 25℃。为培育壮苗，要因地制宜进行田间管理，特别是要控制温湿度，以防幼苗徒长。

（3）莲座期。从第一叶环叶片展开到莲座叶全都展开。花椰菜在莲座期结束时主茎顶端发生花芽分化，出现花球。这一时期适温为 15 ~ 20℃。所需时间，早熟品种约 20 天，中熟品种约 40 天，晚熟品种则需 70 ~ 80 天。

2. 生殖生长时期

（1）花球生长期。自花球开始发育（花芽分化）至花球生长充实适于商品采收时为止。此期花薹、花枝短缩与花蕾聚合为贮藏营养的器官，形成洁白而肥嫩的花球。花球生长期的长短依品种及气候条件而异，一般需 20 ~ 50 天。适温为 14 ~ 18℃，25℃以上花球形成受阻。早熟品种发育快，且天气温暖，花球生长期短；中、晚熟品种发育慢，且天气冷凉，花球生长期则长。自定植到花球采收，极早熟品种需 40 ~ 50 天，早熟品种在 70 天以内，中熟品种 70 ~ 90 天，晚熟品种则在 100 天以上。

（2）抽薹期。从花球边缘开始松散、花茎伸长到初花为抽薹期，这一时期的适宜温度为 15 ~ 20℃，需 10 天左右。

（3）开花期。由始花到终花为开花期。每一花序上的花由下向上开放，一个花序上每天开放的花朵数因天气状况而有差异，阴雨天每天可开放 1 ~ 3 朵，晴天可开放4 ~ 5 朵；每朵花可开放 2 ~ 3 天。开花期的适宜温度为 15 ~ 20℃，每个植株的开花期为 20 ~ 30 天，一个群体的开花期约为 40 ~ 50 天。

（4）结荚期。从花谢到种角黄熟、种子成熟。这一时期，果实与种子迅速生长，适温为 15 ~ 30℃，时间需 20 ~ 40 天。

（三）生长发育对环境条件的要求

1. 温度

花椰菜喜温和的气候，其营养生长适温约为 18 ~ 24℃，不同品种和不同生育期对温度的要求也不同。

（1）发芽期。种子发芽适温18～25℃，在2～3℃低温下也能缓慢地发芽，在25℃以上发芽加速，在适温下一般3天出齐芽。

（2）幼苗期。幼苗生长发育的适温是15～25℃，但花椰菜幼苗有较强的抗寒能力，可在12月或翌年1月最寒冷的季节播种，能忍受较长时间－2～0℃的低温及短时间的－5～－3℃的低温。但在27℃以上的高温条件下仍能正常生长。一般视品种特性不同而略有差异。

（3）莲座期。此期适温15～20℃。由于品种不同，其耐热性和耐寒性也有一定差异，但是温度高于25℃时同化作用降低，呼吸消耗增加，往往生长不良，加速了基部叶片的脱落和短缩茎的延长。所以，要有一定的昼夜温差，以利于营养积累。

（4）花球形成期。花球形成要求凉爽气候，适宜温度为14～18℃，在这种温度情况下，花球组织致密，紧实而重，品质优良。气温过低，花球发育缓慢或发生品质变化，如5℃以下，则发育迟缓；1℃以下，花球容易腐烂。温度过高，不易结球。如温度超过30℃，很难形成花球。不同品种对温度反应有所差异，极早熟品种花球生长适温为20～25℃，早熟品种适温为17～20℃，但在25℃时仍能形成良好的花球，中熟品种适温在15℃以下，晚熟品种则要求更低。中晚熟品种在温度高于20℃时，花球松散且容易发生苞片，形成"毛花"，品质下降。温度是决定花球形成的主要条件。因此，在进行花椰菜制种时，应根据品种特性及当地气候条件合理安排播期，使花球生长处于最适温度条件下，才能获得高产优质的种子。我国华北地区种植南方早熟花椰菜，5～9片真叶就可以形成花球，晚熟品种经过温床育苗作春夏栽培，在夏季高温长日照条件下，由于通过春化时间晚，却难以形成花球。

花椰菜开花期的适温为15～20℃。温度高于25℃时花粉丧失发芽力，种子发育不良；低于13℃，则结荚不良。

2. 水分

花椰菜对水分要求较高。由于花椰菜根系分布较浅，多分布在20厘米以内，而植株叶丛大，蒸发量大，要求比较湿润的环境条件，同时又怕涝，最适宜的土壤湿度是70%～80%，空气相对湿度80%～90%，其中尤其对土壤湿度的要求更为严格。

3. 光照

花椰菜属于长日照植物。喜充足光照，也能忍耐稍阴的环境。叶丛生长适宜较强的光照与较长的日照。在光照充足的条件下，叶丛生长强盛，叶面积大，营养物质积累多，产量高。在气温较低、昼夜温差大、生长期较长的情况下，更有利于营养积累。抽薹开花期日照充足，对开花、昆虫传粉、花芽发育、种子发育都有利。但花球在日光直射下，可由白色变成浅黄色，进而变成绿紫色，使品质降低。在出现花球之后应及早采取折叶或盖叶的方法，使花球免受阳光直射，保持洁白。通过春化的花椰菜植株，不论日照长短，均可形成花球。

4. 土壤营养

花椰菜对土壤的要求比较严格，适宜在有机质丰富、疏松深厚、保水保肥和排水良好的壤土或砂壤土上栽培。土壤酸碱度要求在6～6.7。在整个生长过程中，花椰菜对

氮肥尤为敏感，需要充足的氮素营养，特别在莲座叶生长盛期，更需供应充足的氮素。磷在幼苗期有促进茎叶生长的功效，而在花芽分化到现蕾期，又是花芽细胞分裂和生长不可缺少的营养元素。钾是花椰菜整个生育期所必需的营养元素，需要量最大，特别是进入生殖生长时期，钾与花球的肥大关系密切。据有关资料介绍，每生产 100 千克花椰菜，平均吸收氮 11.0 千克，磷 3.1 千克，钾 9.24 千克。在整个花椰菜生长过程中，要求氮、磷、钾的比例大致为 46：14：40。

在花椰菜生产中，应注意合理施肥。花椰菜缺氮，植株生长矮小、下部叶片开始黄化，老叶表现为橙色、红色到紫色，幼叶呈灰绿色。缺磷，植株叶数少，叶短而狭窄，叶片边缘出现微红色，地上部重量减轻，同时也会抑制花芽分化和发育。在花芽分化到现球期间（也就是莲座期）如缺磷，会造成提早现球，甚至影响花球的膨大而形成小花球，降低花球产量。缺钾，植株的下部叶片首先黄化，叶缘与叶脉间呈褐色，缺钾也不利于花芽分化及以后的花球膨大，造成产量降低。

除三大元素外，花椰菜对钼、硼、钙等微量元素反应十分敏感。缺钙，叶缘，特别是叶尖附近部分变黄，出现缘腐，如果在前期缺钙，植株顶端部的嫩叶黄化，最后发展成明显的缘腐。缺硼，生长点受害萎缩，出现空茎，花球膨大不良，严重时花球变成锈褐色，味苦。缺钼，出现畸形的酒杯状叶和鞭形叶，植株生长迟缓矮化，花球膨大不良，产量及品质下降。缺镁，下部叶的叶脉间黄化，最后整个叶脉呈黄化，降低植株光合功能。

二、种株的开花结实习性

（一）春化与花芽分化

花椰菜属半耐寒性蔬菜，为低温长日照和绿体春化型植物。和甘蓝不同的是，花椰菜可在 5～20℃的较宽温度范围内通过春化，播种当年能形成花球。品种不同，春化时对低温的要求也不相同，早熟品种可在较高的温度和较短的时间内通过春化，晚熟种则要求较低的温度和较长的时间。早熟品种在 17～20℃下，经 15～20 天通过春化；中熟品种最适温度为 12℃，经 15～20 天通过春化；晚熟品种在 5℃下，经 30 天就可通过春化。花椰菜春化快慢还受植株营养体大小的影响。营养体愈大，需要的低温感应期愈短。花椰菜通过春化后开始花芽分化，分化期间若遇到 25℃以上的连续高温或 -5℃以下的连续低温，花芽分化不良，多形成不能发育成正常花蕾的“瞎芽”。

（二）花球发育和花枝伸长

花芽分化后 20 天左右出现花球，再过 10 天左右花球开始膨大，花球发育的适宜温度是 15～18℃，10℃以下发育缓慢，0℃以下低温常使花球受冻。在花球肥大过程中，若遇到 24℃以上的连续高温，花枝逐渐伸长，会使紧实的花球松散开来。一般是花球边缘的花枝最先伸长，顶部中央的花枝伸长最迟最慢。随着散球，花原基由白变黄，由黄变紫，最终形成由萼片包被着的绿色花蕾。花椰菜花枝伸长困难，原因在于作为繁殖器官的花球，其花轴、花枝畸形发育，变成了粗短肥嫩、薄壁细胞发达、输导组织衰弱的养分贮藏器官。有时要求人工割去花球中的大部分花枝，才能刺激其他花枝正常抽生。

（三）授粉与结实

花椰菜从花枝伸长到开花，在适宜温度下需要20天左右。花椰菜为总状花序，每花序每日开花4～5朵，由基部向花序梢依次开放。发育成熟的花蕾多从下午4～5时起渐渐开放，到次晨达盛开状态，呈“十”字形。花椰菜花器构造，授粉受精习性与甘蓝相同，但开花集中，花期较短。一般始花期仅2～3天，盛花期也只有15～20天。开花期间对环境条件变化十分敏感，旬平均温度在15～19℃之间是开花结实的最适温度，平均温度高于25℃或低于13℃，开花结实不良，常形成无籽角果。

开花期内若遇连续阴雨天气，很容易使花球腐烂。因此，采种栽培时必须安排好播期，使开花结实期处于最适宜的环境条件之下，而不能像菜用栽培那样，仅使花球肥大期处于最佳的环境之中。花椰菜授粉后45～50天种子成熟，成熟的种子呈灰褐色或黑褐色，圆球形，种皮上有网状斑纹，在室温下种子发芽力可保持3～4年。

三、常规品种原种种子的生产

（一）原种生产的方法、方式和程序

不论是春花椰菜还是秋花椰菜，若用选优提纯的方法生产原种，其程序和大白菜一样，包括单株选择、株系比较，混系繁殖。所采用的选择方法也和大白菜相同，主要是混合选择法或母系选择法。母系选择法可参照大白菜原种生产进行操作。生产原种级种子，都必须在正常的栽培季节里，对品种性状表现进行严格鉴定，才能获得种性纯正的种株。春花椰菜的正常栽培季节是10～11月播种，翌年4～6月收获，收获后种株面临的是炎热的夏季。秋花椰菜的正常栽培季节是6月播种，9～11月收获，收获后不久便进入了严寒的冬季。由于春花椰菜、秋花椰菜种株收获时遇到的气候不同，因而原种生产所采用的技术措施必然不同。可分为春播采种和秋播采种2种方法。春播采种宜选择春季栽培的春花椰菜品种，按照北方各地正常栽培时期，培养商品成熟花球后，依照品种标准株选，并割除花球，留茎叶诱导抽生不定芽，利用不定芽生长的嫩枝扦插采种。秋播采种分成株（温室）采种和半成株（阳畦、小拱棚和露地）采种。

（二）春花椰菜原种生产技术

1. 种株培育和选择

春花椰菜大花球的培育技术，与菜用栽培完全相同。华北地区一般是10月上旬前后播种育苗，11月上旬于阳畦或日光温室内分苗，覆盖草帘越冬。3月中旬以后幼苗长出6～8片真叶时定植于大田，加强肥水管理，促进花球发育。6月上旬花球成熟收获时，严格选择符合品种标准性状的优良植株。

2. 不定芽培育

6月上中旬在入选植株短缩茎下部保留6～7片健壮叶，将茎上部连花球一起割去，待伤口愈合后带大土坨集中移栽到另一田块，缓苗后15～20天会发生许多不定芽。也可割球后在种株北侧扒坑，用水冲刷出老根暴露在空气之中，15～20天后也会发生许多不定芽。7月上中旬不定芽长度达6～7厘米时，选健壮的扦插。

3. 扦插

扦插床与结球甘蓝扦插床相同，要建在排灌方便、空旷不窝风的地方。以透气性良

好的砂质壤土做床土，灌透水后扦插，株行距为10厘米×10厘米。扦插后用草帘、苇席或遮阳网遮阳，如果地温过高，也可一边灌水一边排水。成活后逐渐撤去草帘。为扩大营养面积，8月上旬幼苗长出8～9片叶时移栽1次，株行距为25厘米×25厘米左右。

4. 温室采种

10月上中旬将带有25厘米见方大土坨的种株移栽到温室，此时已经显球，此后可按秋花椰菜原种生产中的温室管理方法（见后）进行管理。12月下旬花枝陆续抽出，开花后人工授粉。翌年2月下旬以后，外界气温已经回升，要逐步加大放风量，延长放风时间，将室温控制在25℃以下。3月中旬前后种子成熟收获。春播花椰菜原种级种子生产周期长，技术难度大，可一次大量生产，多年使用。

（三）秋花椰菜原种生产技术

秋花椰菜原种生产因播期、种株和花球抽薹开花前大小不同分为成株（温室）采种和半成株（阳畦、小拱棚和露地）采种。半成株采种常常用于生产生产种（见后面）。成株（温室）采种常要注意以下技术环节。

1. 培育种株

培育种株的方法和菜用秋花椰菜栽培完全相同。一般应在6月中旬至7月上旬播种育苗，播后20～30天幼苗长出3～5片真叶时分苗。为防止烈日、暴雨危害，一般在出苗到第一片真叶展开期间、在分苗到成活期间，要用遮阳网遮阴保苗。当幼苗7～8片真叶时，带土坨定植于大田，株行距为50厘米×66厘米，定植后立即灌水。缓苗水后应注意中耕蹲苗，促进根系发育，防止徒长，花球直径达到2～3厘米时结束蹲苗。花椰菜需肥量大，除施足基肥外，还应按需分期追肥2～3次。秋花椰菜成株采种其花球不宜过于肥嫩，否则极易引起腐烂，氮肥不宜施用过多，要多施磷钾肥。花椰菜怕旱，也怕涝，应小水勤灌，见干见湿，不可大水漫灌，以免田间积水。

2. 选择种株

9月下旬至10月上中旬花球成熟收获时，按品种的标准性状严格选择优株。一般应选株型紧凑，叶丛发育良好，叶数适中、着生密集，短缩茎细而直，花球硕大、紧实、洁白、不散球，球内不夹生紫色或绿色小叶的植株。入选株数一般在50株左右。

3. 移栽入温室

秋花椰菜收获后不久即进入严冬，只有将入选的种株移栽到温室，才能抽薹、开花、结籽。花椰菜无茎生叶，全靠花球下的老叶制造养分，供种株开花和种子发育，保住老叶在移栽后不脱落或少脱落，是提高种子产量和饱满度的关键所在。为减少落叶，要严格保护根系，尽量缩短缓苗期，因此移栽时每株种株必须带有30厘米见方的土坨。挖取种株时先束起外叶，再从距株茎15厘米的3个侧面下挖30厘米，使土坨三面在阳光下暴露几天，可促进根系伤口愈合、降低土坨湿度，以免移栽中散坨。移栽前先在温室中按50厘米行距挖出栽植沟，沟深、沟宽各30厘米，然后将带大土坨的种株，按40厘米株距摆入沟内，填半沟土后浇透水，水渗完后立即用细土将沟填平。这样既保证根际有充足的水分，利于缓苗，又不使温室内空气湿度过大，防止了花球腐烂。大约10天左右种株缓苗，结合灌缓苗水施少量氮肥。

4. 花枝花蕾形成期管理

种株缓苗后开始散球，短缩肥嫩的花枝逐渐伸长，由白变黄、变绿，而后形成正常的花枝，花原始体由白变黄、变紫、变绿，逐渐形成成熟的花蕾，需20天左右。此期应做好以下几项工作。

（1）割球。花椰菜花球厚实而紧密，通常不易抽薹或花枝抽生困难，缓苗后需及时割去大部分花枝，才能刺激其余花枝正常抽出。由于花球是一个短缩的复总状花序，花球边缘的花枝就是复总状花序的中下部花枝，最先延长抽生，最先开花结籽，而花球顶部中央的花枝就是复总状花序的上部花枝，抽生最迟，而且很难形成健壮花枝和正常的花蕾，故应割去，仅保留边缘部位的花枝。一般割去花球中央部分的1/3～2/5，仅保留边缘部位的花枝。割球应在晴天中午进行，切口要小而平，割后立即在切口处撒硫黄粉或代森锰锌粉，以免伤口感染引起腐烂。割球前后4～5天内不要灌水，加强通风，降低室内湿度，促进伤口愈合。对于冬性过强、经割球处理也不易抽薹的品种，可把茎基部北侧的土壤扒开，露出根的上部，促使根部的不定芽萌发成植株，以小株留种。

（2）调温控水。种株移入温室后天气逐渐变冷，既要防止高温高湿引起花球腐烂，又要预防低温引起花球冻害，一般花球冻害在短期内是不易表现出来的，但抽薹时花球极易腐烂。因此，要严格调控温室内的温度和湿度，使白天气温不高于25℃，夜间不低于5℃，空气相对湿度不高于80%。为形成健壮、粗短的花枝和数量多且大小一致的花蕾，还要少灌水、勤中耕、适当蹲苗，否则花原体在形成花蕾过程中，常因花枝徒长而中途停止发育，甚至干枯死亡。

（3）疏枝搭架。花椰菜花枝过多，浪费养分，影响通风透光。为节约养分、改善通风透光条件，在花枝长达20～30厘米时，要疏除瘦弱、细短的花枝，感病、腐烂的花枝及花蕾发育不良的花枝，拔除短缩茎叶腋中发生侧枝的植株，每个种株一般只保留健壮花枝5～6个。花椰菜花枝长而纤细，疏枝后及时搭架固定，以免倒伏或折断。

5. 开花结荚期管理

花蕾成熟后即可开花。花椰菜开花之前大多数花蕾已同时形成，所以开花集中，花期较短，始花期2～3天，盛花期15～20天，终花期4～5天，整个花期约30天。花期结束后进入绿荚期（约30天）和黄荚期（5～10天）。开花结荚期内应着重做好以下工作：

（1）温度管理。华北地区秋花椰菜成株采种时，一般在10月上中旬将大花球种株栽入日光温室，12月下旬开始开花。翌年3月中下旬种子成熟。为确保种株能在严寒的冬季开花结实，防寒保温是开花结荚期温室管理的关键。一般从10月底起，随着气温的下降，应给温室屋面加盖薄膜，在外界温度接近0℃时将棚膜盖严。随着外界温度的继续降低，要适时加盖草帘防寒，有寒流时生火加温，下雪后及时清除屋面积雪。总之，要采取各种措施使室温白天保持20～25℃，夜间不低于10℃，以利于开花结实。在防寒保温的同时，要十分重视通风排湿工作，否则花球易腐烂，易诱发黑腐病、黑斑病、霜霉病等，导致叶片枯黄脱落。放风应在10时以后进行，放风时间长短和放风量大小，要视外界气温变化情况灵活掌握。在不影响室内温度的条件下，白天尽量揭帘见光，以免叶片发黄。

（2）水肥管理。由于花椰菜花期较短，荚期较长，开花结荚期需肥量大，所以常在花蕾呈绿色、将开而未开时，每亩施氮磷复合肥 20～25 千克，花期结束后每亩再施磷酸二铵 5～10 千克。硼肥能促进甘蓝类蔬菜受精，有利于碳水化合物向角果运输，提高种子的产量和质量，因此可在盛花期用 0.2% 硼酸溶液进行 1～2 次的叶面追肥。温室内水分蒸发量较小，可每 7～8 天灌水 1 次。角果挂黄以后停止灌水，以促进成熟。

（3）人工授粉。种株在严冬季节开花，温室内无媒介昆虫活动，需人工授粉才能结实。方法是，用洁净毛笔或蜂棒从已开放的多个种株花朵上采集花粉，涂抹在已开花的柱头上。如繁殖杂种一代亲本自交不亲和系，应采用剥蕾授粉方法，与结球甘蓝的相同。由于采粉和授粉是同时完成的，故株间交叉授粉就是混合授粉。混合授粉结实较多，后代生活力强。

6. 种子收获

大部分角果变黄后收割花枝，放在通风处干燥，角果全部变黄后脱粒。

四、常规品种生产种的生产

（一）生产种的生产方式

我国北方，春、秋花椰菜的生产种都用秋播小株采种的方法生产，即用花球尚未充分肥大的植株做种株生产。由于各地的气候条件不同，种株越冬过程中保护设施不同，又可分成温室采种、阳畦或改良阳畦采种、小拱棚采种和露地采种等几种形式。例如，北京等地用阳畦、改良阳畦、小拱棚（图 2－11）生产春花椰菜生产种，用温室生产秋花椰菜生产种。

（二）生产种简易设施小株采种技术

阳畦、小拱棚和改良阳畦中用小株采种法生产生产种，其方法技术完全相同，各地可选择使用。据杨春起（1983）报道，由于阳畦（冷床）、小拱棚、改良阳畦的保温性能不同，因而种株的越冬死亡率、越冬后的生长发育和种子产量方面有明显不同，以改良阳畦最好，小拱棚次之，阳畦最差。其技术要点如下：

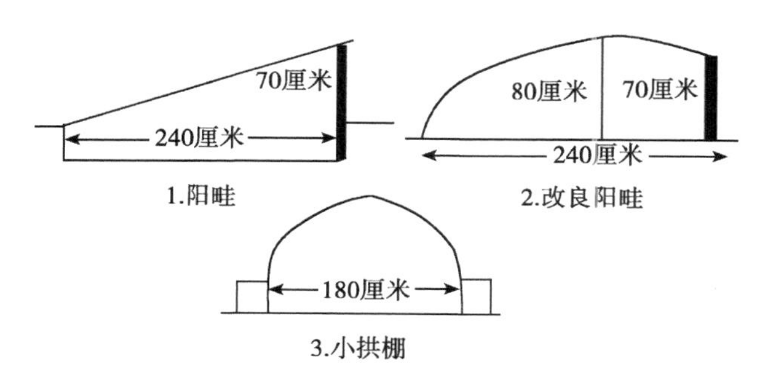

图 2－11　阳畦、改良阳畦、小拱棚

1. 播种育苗

阳畦和小拱棚小株采种能否成功，关键在于播种期是否适当。最适宜的播种期，是能将种株的盛花期安排在当地旬平均温度在 15～20℃的一段时间里。据华北南部地区多年观察，花椰菜若 4 月上旬开花，因旬平均温度仅 12.3℃，开花后结实很少；4 月中旬至 5 月中旬开花，因旬平均温度已达 14.2～19℃，结实最多；5 月下旬，旬平均温度已上升到 21.1℃，开花后不结实或极少结实。所以，在华北南部地区花椰菜中熟品种在 8 月 20～25 日播种，早熟品种在 9 月上旬播种，以使花期处于翌年 4 月中旬至 5 月中旬的最佳温度条件下。若播种过早，因冬前已形成较大的花球，在阳畦或小拱棚中越冬极易受冻腐烂，同时因“早期显球”的种株营养体小，翌年春天抽生的花枝纤细瘦弱，开花时气温偏低，受精不良，种子产量很低。若播种过迟，种株生长旺盛，显球很晚，花期后延，盛花期处于 20℃以上连续高温下，只开花不结实，导致采种失败。播种后约 1 个月幼苗长出 3～4 片真叶时露地分苗，株行距为 10 厘米×10 厘米，缓苗后灌稀粪水 1 次，合墒中耕，7～8 天后施少量氮肥，促进生长，定植前应培育出有 6～7 片真叶的健壮大苗。

2. 种株越冬前管理

10 月下旬至 11 月上旬天气开始变冷，应将种株定植在阳畦或小拱棚中，株行距为 30 厘米×33 厘米。结合定植严格去杂去劣。由于种株要在阳畦中生长 8 个月时间，所以阳畦内一定要施足基肥。为加快缓苗，定植时幼苗要多带宿土，定植后立即灌水。缓苗后结合灌水施适量氮肥，然后中耕蹲苗，促进根系发育。到种株叶片停止生长时，应培育出有 9～10 片叶的壮苗。注意冬前施肥培土和冬灌，使幼苗生长健壮，增强抗寒能力。

3. 种株越冬期管理

在种株越冬期内（华北南部地区从 11 月中旬至翌年 3 月初），一般不灌水施肥，只进行防寒保温，使畦内温度保持在 0～5℃即可。11 月中下旬，当夜温已降至 0℃时，应在畦面或棚上加盖草帘，白天气温在 0℃以上时应揭帘见光。以后要根据温度高低、天气阴晴，灵活掌握盖帘厚度和揭盖草帘的时间。在不遭受冻害的前提下，应尽量延长光照时间，以免叶片黄化脱落。1 月下旬至 2 月初种株显球后，更要注意防寒保温，绝不可使畦内温度降低到 0℃以下，也不可使覆盖物上的水滴溅落在花球上，否则花球会腐烂。进入 3 月中旬以后，天气已暖，花球逐渐抽出花枝，此时可沿东西方向在阳畦上架起高约 1 米的铁丝，以供夜间覆盖薄膜或苇帘等防霜。若阳畦内土壤干旱，可适当浇水 1 次，合墒中耕，以提高地温。4 月中旬晚霜期结束后撤去畦面覆盖物。

4. 结荚期管理

4 月中旬以后气温已高，种株陆续进入开花结荚期。该期需大量肥水，缺水少肥常使花序表现不正常，导致结荚率降低，种子发育不良，产量质量显著降低等。花椰菜花期较短，追肥宜早不宜迟，一般当大多数种株已无紫蕾、绿蕾尚未开放的时候，可每亩施氮磷复合肥 20～25 千克，每 3～4 天灌水 1 次，保持地面湿润。花椰菜角果成熟缓慢，为提高种子饱满度，可在花期结束时，每亩施氮磷复合肥 10 千克。此后，逐渐减少灌水次数，但不可干旱，特别是种子灌浆期不可干旱，否则秕粒增多。当部分角果挂黄后可停止灌水，促进种子成熟。

5. 防杂保纯

种株开花前严格检查隔离条件，采种阳畦周围2 000米范围内，不得有甘蓝、苤蓝、甘蓝型油菜、菜花其他品种等的采种田，即使是菜用生产田，若有先期抽薹的植株，也要拔除干净。

6. 种子收获

大多数角果变黄后可全田收割，在晒场上晾几天后脱粒，及时清选、晒种。

（三）生产种露地小株采种技术

北方冬季比较温暖的地区，可选用平畦育苗、露地小株采种技术。西北地区花椰菜的中晚熟品种于8月中旬、早熟品种于9月中旬播种育苗，大约1个月后，幼苗3～4片真叶时分苗1次，株行距为10厘米×10厘米。11月上中旬，带10厘米见方的土坨囤苗于阳畦之中；也可先分苗于泥筒或塑料钵中，然后囤苗于阳畦。土坨间靠紧实，用细土弥合缝隙后，灌透水，合墒后覆盖薄膜及草帘。整个越冬期间不施肥灌水，注意揭帘见光、适当通风，保住叶片不脱落。翌春约3月上旬，当10厘米深度地温≥10℃时定植于采种田，此时花球直径约2厘米。经过一个多月的生长，于4月中下旬开花，5月下旬花期结束，6月中旬前后种子收获。一般每亩产种子50～60千克。

（四）生产种温室小株采种技术

华北北部地区冬季寒冷，秋花椰菜生育期短，采种时播种较晚，故多在温室中进行小株采种。一般是10月中旬在阳畦中播种育苗，11月下旬分苗于温室，12月下旬幼苗长出5～6片真叶时定植于温室，可生火加温，使室温白天达20℃，夜间达10℃。4月上旬开始开花，6月中旬开始采收。温室采种成本较高，近几年来已逐渐改用改良阳畦采种。

五、杂种一代种子的生产

（一）杂交亲本的繁殖

目前国内花椰菜杂交制种主要利用自交不亲和系和细胞质雄性不育系。

1. 自交不亲和系繁殖

花椰菜自交不亲和系扩大繁育时，除了适期播种、培育壮苗、适时定植、严格隔离、精细的田间管理以及适时收获外，自交不亲和系原种必须采用蕾期人工授粉的方法繁殖。具体做法是：取同系当天开放的新鲜花粉进行混合，选开花前2～4天的花蕾，用镊子将花蕾轻轻拨开，露出柱头，将花粉授在柱头上。授粉时间以每天上午9～12时、下午3～7时效果较好。因为温度在20～25℃、空气湿度在60%～70%时，花粉最为饱满，柱头对花粉的接受能力最强。为保持室内湿度，可以采用人工增加空气湿度的方法，即在日光温室的后墙，人工授粉的走道上喷水，从而解决花粉饱满的问题。授粉工作要求精心细致，要由专人负责，用固定的镊子，不可采不同系的花粉使用。

2. 雄性不育系和保持系繁育

将不育系和保持系按要求比例定植于同一个温室或网棚内，严格隔离并去杂去劣，花期采取人工辅助授粉或放蜂授粉繁种，从不育株上采收的种子即为不育系种子，从可育株上采收的仍为保持系种子。其他栽培管理技术与常规品种原种繁育相同。

（二）杂交种子的生产

1. 播种育苗

（1）育苗地点的选择。育苗床应选择地势高、排水畅、浇水方便、通风良好、未种过十字花科蔬菜的砂壤土。

（2）育苗床的准备。育苗床做成长 10 米、宽 1.2 米的阳畦，施腐熟过筛的农家肥 100～150 千克，然后将粪和土混匀。拌匀后，每平方米加 50% 甲基托布津 10 克，以防苗期猝倒病，每平方米还要加 90% 敌百虫原粉 5～10 克，防止苗期蝼蛄、地老虎等地下害虫危害。畦面要整平。

（3）播种期。适宜的播种时间播种是种子生产的关键，杂交制种应准确把握父母本播期，一般中晚熟品种于 8 月中旬播种，早熟品种于 9 月中旬播种，母本比父本提前 3 天播种，以使其花期相遇。

（4）播种方法。播种前用水将畦面浇透，然后用细木棍画 0.5 厘米深、行距 5 厘米的小沟，进行点播，粒距为 5 厘米，种子用量为每平方米 3～5 克。

（5）播种后管理。播种后均匀覆盖 0.5 厘米厚的过筛细粪土，然后盖一层 0.5 厘米厚的稻草。据观察，在 31℃气温条件下，稻草下的畦面温度仅为 28.5℃，未盖草的畦面温度为 35℃，降温效果明显。然后用水壶将稻草浇透，并适当在草上喷 50% 辛硫磷乳油 800～1 000倍液，以防苗期地下害虫危害。为防止出现高脚苗，播种后第三天晚上必须揭去稻草，再搭 40～50 厘米高的遮阴棚，既可防止因白天温度太高而使幼苗被晒死，又可避免大雨、冰雹危害。

2. 苗期管理

为防止高温伤苗，每天用喷壶洒小水 3 次。上午 10 时左右、下午 1 时和 6 时各喷 1 次，注意上午必须喷水。因为上午气温低，喷水后地面蒸发量小，幼苗成活率可高达 80% 以上。当苗出齐 1 周、幼苗 2 片真叶后，下午可少喷 1 次水。在此期间，每周应喷 1 次 5% 氯氰菊醋乳油 1 000倍液，防治小菜蛾和蚜虫，喷 25% 多菌灵可湿性粉剂 500～1 000倍液，以防止猝倒病和其他苗期病害。

随着幼苗对水分需求量的增大，每天上午仍要喷水 1 次以保证幼苗正常生长。如果幼苗生长缓慢，应适当浇粪水或 0.3% 尿素溶液促进其生长。当幼苗 3～4 片真叶时分苗 1 次，株行距为 10 厘米 ×10 厘米。11 月初将带 10 厘米见方土坨的幼苗囤于阳畦中越冬。土坨间要靠紧实，用细土弥合缝隙后灌透水，合墒后覆盖薄膜及草帘。整个越冬期间不施肥灌水，注意揭帘见光、适当通风，保护叶片不脱落。

3. 杂交制种田的准备

（1）土地选择。选砂壤土、浇排水方便、未种过十字花科蔬菜的田块作为杂交制种田，以防止重茬。同时要求在周围 2 000米范围内没有其他甘蓝类作物的制种田。

（2）整地做畦。定植前清洁田园，每亩施农家肥 3 000千克，过磷酸钙 50 千克，深翻到土中拌匀。将畦面整平整细，并做成宽 60 厘米、高 15 厘米的半高垄，然后覆膜，双行定植。

4. 定植

翌年春季，当 10 厘米深度地温≥10℃时，将幼苗定植于采种田，定植时期一般在

幼苗6～7片真叶时，此时花球直径约2厘米。一定要适时定植，因为幼苗达到定植苗龄而未定植会直接于苗床显球，并且定植后发育不良，在未形成正常花球时就抽薹，会导致种子产量降低。定植前苗床浇透水，以利于起苗移栽。定植密度因品种而异，早熟品种株行距为50厘米×35厘米，每亩定植3 300株左右；晚熟品种株行距60厘米×55厘米，每亩定植2 300株左右。定植时选壮苗无病苗，定植前施过磷酸钙于穴内，穴深5～6厘米，每穴用肥量为3克。应于晴天下午3时以后或阴天定植，边定植边浇水，以利于缓苗。自交不亲和系杂交制种田多采用1：1的隔行栽培方式，雄性不育系制种田采用父母本1：3～4行比定植。要尽可能将开花期安排在日平均温度为16～20℃的季节里。

5. 定植后的管理

（1）缓苗期。定植后7～8天即可完成缓苗，此时浇1次缓苗水，待合墒后及时中耕除草，提高地温和土壤透气性，以利于根系发育。3天后每亩施尿素10千克，每株3克左右，施肥时距根10厘米左右，不要把肥埋在根脚处，以防烧苗。施肥后浇水，切忌大水漫灌，以免大幅降低地温和垄面过湿造成病害。

（2）团棵期。当植株长到10片真叶时进入团棵期，为促进营养体进一步生长发育，每亩施尿素10千克、过磷酸钙15～20千克，然后浇水，切忌大水漫灌。此期要勤中耕松土，以促进根系生长发育。

（3）显球期。为保证种子质量，一般于花球直径5厘米左右时进行田间检查，拔除不具备本品种特征特性的杂株、劣株，以及病害严重的植株。此期每亩施尿素15千克，促进花球肥大。当花球长至直径10厘米左右时进行割球，以促进抽薹。方法是，用小刀将花球中心割去，花球四周均匀留3～4个“花枝”，若为晚熟品种留2个。割球时不要割得太重，以免感病腐烂而影响正常花枝发育。晴天下午、阴天不要割球，以免湿度过大病菌感染伤口。割球后于伤口处涂紫药水或喷58%甲霜灵·锰锌可湿性粉剂400～600倍液防治霜霉病。少浇或不浇水，降低湿度，以免感病。还应注意防病治虫，每周须喷农用链霉素4 000～5 000倍液防治黑腐病，喷25%万灵水剂800～1 500倍液防治蚜虫，喷35%蛾宝2 000倍液或Bt可湿性粉剂1 000倍液防治小菜蛾。

（4）抽薹期。此期间仍应及时防病治虫。当薹长10厘米时，结合浇水每亩施尿素10千克，过磷酸钙15千克。

（5）花期管理。

①防杂保纯。种株开花前严格检查隔离条件，采种阳畦或小拱棚周围2 000米范围内，不得有甘蓝类蔬菜品种的制种田。即使是菜用生产田，若有先期抽薹的植株，也要及时拔除干净。

②蕾期蜜蜂授粉。蕾期时每亩放置2箱蜜蜂，以提高种株结实率。此期可喷3～4次0.5%硼肥促进种子饱满，施尿素10千克，浇水2～3次。此期主要是预防小菜蛾和蚜虫，在开花前把虫害发生控制在最低限度内，减少花期喷药，以免杀死蜜蜂。虫害发生严重时，应1周喷2次农药，多种农药混合使用。

③初花期。为提高种子产量与质量，每亩施碳铵40千克，可溶于水中顺沟施，水不应太大。

④盛花期。盛花期管理是种子产量高低与质量优劣的关键，肥水均不可少。每亩施尿素10千克，结合浇水1周1次。喷1.8%阿巴丁200倍液或Bt可湿性粉剂1 000倍液等生物农药防治小菜蛾，喷24%万灵水剂500倍液防治蚜虫，切忌喷有机磷类农药，喷药的最佳时期是在蜜蜂活动少的傍晚。

⑤结荚期。花谢后至种子成熟需要40～50天，应加强肥水管理。花谢后，每亩施尿素10千克，过磷酸钙15千克，随后浇水。灌浆期结合浇水，每亩施尿素10千克，此期间仍应注意防治小菜蛾和蚜虫，因为结荚期气温高、虫口密度大，而角果嫩，角果很容易被吃光，直接影响种子产量和质量。为提高种子产量，可用0.3%磷酸二氢钾溶液叶面喷肥。还应注意返花现象，一旦出现马上剪掉，以免消耗养分，降低产量。

6. 花期不遇的调整方法

（1）错期播种。

实践证明，不能以生长期来确定双亲播期，使之花期相遇。双亲花期相遇，不但与生长期有关，还与双亲割球到见花的时间长短有关。根据其特性，可分为3种类型：①长蕾期型。特点为花球松散，散球快，冒薹易，但花蕾细小，长蕾速度慢，从现蕾到见花时间长。②短蕾期型。特点为花球结实，割球后边散球、边抽薹、边长蕾、边开花。③冬性型。特点为冬性强，割球后迟迟不抽薹，甚至重新结球。花期吻合的好坏还与双亲花期的长短有关。一般单株的花期22天左右，群体花期一般品种在40天左右，也有个别品种在35天以内的。所以在确定双亲播期时，还应考虑花期的长短，使之紧密吻合，以提高制种产量和质量。

（2）摘心。

对始花期早的亲本，当其植株抽出一级分枝时，将主花茎顶端摘心，可使始花期延迟。

7. 种子的采收

当角果发黄、种子变褐时可陆续采收，若过早收获，因种子未完全成熟，会降低产量；若采收过晚，角果爆裂，也会降低产量。自交不亲和系制种时，一定要将父本与母本种子单独采收，切不可混杂。雄性不育系制种时，从不育株上收获杂交一代种子，父本单独收获或授粉完毕及时拔除。晒干种子，使种子含水量不超过7%，除去杂质，使种子净度高于95%。

第五节　小白菜

小白菜（*Brassica. campestris* L. ssp. *chinesnis* var. *communis* Tsen et Lee）（不结球白菜）又称白菜、青菜、油菜等，是十字花科芸薹属芸薹种小白菜亚种的一个变种，原产于中国。我国各地普遍栽培，长江流域及其以南地区为主要产区。其种类和品种繁多，生长期短，适应性广，高产、省工、易种、可周年生产与供应。产品鲜嫩、营养丰富，鲜食腌渍皆宜，为广大消费者所喜爱。

一、小白菜的生物学特性

（一）植物学特征

小白菜与大白菜的主要区别在于叶片开张，株型较矮小，多数品种的叶片光滑，叶柄明显，没有叶翼。主要植物学性状如下：

1. 根

须根发达，分布较浅，再生力强，宜于育苗移栽。少数主根肥大，具二个原生木质部，二列侧根与子叶方向一致。

2. 茎

营养生长期是短缩茎，但在高温或过分密植条件下，会出现茎节伸长。花芽分化后，遇到温暖的气候条件，茎节伸长而抽薹，抽薹后品质明显下降，栽培上要注意选择品种与播种期，防止先期抽薹。春季抽生的花茎高度依品种气候和土壤条件而异，可达15～16厘米。其分枝数与着生角度依品种与栽培条件而异。

3. 叶

着生于短缩茎的莲座状叶，柔嫩多汁，为主要供食部分，而且又是同化器官。叶的形态特征，依类型品种和环境条件而异。一般叶片大而肥厚，叶色浅绿、绿、深绿至墨绿。叶片多数光滑，亦有皱缩，少数具茸毛。叶形有匙形、圆形、卵圆、倒卵圆或椭圆形等。叶缘全缘或有锯齿，波状皱褶，少数基部有缺刻或叶耳，呈花叶状。叶柄多明显肥厚，一般无叶翼，柄色白、绿白、浅绿或绿色，断面为扁平、半圆或圆形，长度不一，一般内轮叶片舒展或近叶片处抱合紧密呈束腰状，而叶柄抱合成筒状，基部肥大，呈壶形，俗称“菜头”，少数心叶抱合呈半结球状。真叶多数以3/8叶序排列，单株成叶数一般十几片，塌菜类可达百片以上。花茎叶除菜薹类外，均无叶柄，抱茎而生。

4. 花、果实与种子

抽薹后在分枝顶端开花，为总状花序，花色鲜黄至浓黄，完全花，花瓣4瓣，十字形排列。雄蕊6枚，花丝4长2短，雌蕊1枚，位于花的中央。

开花习性依品种和当地气候条件而异。开花时间从早上9～10时盛开，以后渐少，午后开花更少。花后3～5天花瓣脱落。花期持续约30天。始花后约2周进入盛花期。雌蕊受精能力一般在开花前7天至花后数日，但以开花当天至第二天具最强的受精能力。雄蕊花粉从花药开裂至花瓣脱落期间，均有发芽力，但以花药开裂当天散出的花粉最好。属虫媒花，异花授粉作物。花瓣脱落后，受精的子房伸长，经10～14天长度即长足，20～30天后种子陆续成熟，果荚黄熟，果实系细长角果，成熟时易开裂，每果有种子10～20粒，种子近圆形，红褐或黄褐色，千粒重1.5～2.2克。

（二）生长发育

小白菜生育周期分营养生长期和生殖生长期。

以秋冬白菜为例，营养生长期包括：

发芽期：从种子萌动到子叶展开，真叶显露。

幼苗期：从真叶显露到形成一个叶序。

莲座期：植株再展出1～2个叶序，是个体产量形成的重要时期。

生殖生长期包括：

抽薹孕蕾期：抽生花薹，发出花枝。主花茎和侧枝上长出茎生叶，顶端形成花蕾。

开花结果期：花蕾长大，陆续开花、结实。

（三）生长发育对环境条件的要求

1. 温度

小白菜是性喜冷凉的蔬菜，日平均气温 18～20℃是其最适生长的温度。比大白菜适应性广，耐热耐寒力较强。在 -3～-2℃下，能安全越冬，而塌菜类能耐 -10～-8℃的低温，经霜雪后，味更甜美。25℃以上的高温及干燥条件下，生育衰弱，易受病毒病危害，品质也明显下降。只有少数品种，耐热性较强，可作夏白菜栽培。江南地区以秋冬季节栽培最多，产量品质亦最佳，寒冷地区，则以夏秋栽培为主。

2. 光照

经研究发现红光能促进小白菜生长发育，促进干物质积累，而绿色光波下生长发育则受抑制。产品器官形成需要较强光照，同时具有耐弱光的特点，但长时间的阴雨弱光易引起徒长，茎节伸长，品质下降。

3. 土壤、水肥

小白菜对土壤的适应性较强，但以富含有机质、保水保肥力强的粘土或冲积土最适。土壤含水量对产品的品质影响较大，水分不足，生长缓慢，组织硬化粗糙，易患病害；但水分过多，引起积水，则根系窒息，影响呼吸及养分水分的吸收，严重的会因沤根而萎蔫死苗。较耐酸性土壤。

小白菜对肥、水的需要量与植株的生长量几乎是平行的。即在生长的初期，植株的生长量少，对肥、水的吸收量也少；生长的盛期，植株的生长量大，对肥、水的吸收量也大。由于以叶为产品，且生长期短而迅速，所以氮肥尤其在生长盛期对小白菜的产量和品质影响最大，其中硝态氮较氨态氮，尿素态氮又较硝态氮，对生育、产量、品质有更大的影响。钾肥吸收量较多，但磷肥的增产效果不显著，微量元素硼的不足，会引起硼的营养缺乏症。

二、种株的开花结实习性

（一）春化与花芽分化

小白菜性喜冷凉的气候。种子发芽适温为 20～25℃。植株生长适温为 18～20℃，在 -3～-2℃的低温下能安全越冬，有的品种能耐 -10～-8℃的低温。一般小白菜处于种子萌动及绿体植物生长时期，在 15℃以下经 10～40 天即可通过春化，之后苗端开始花芽分化，叶片分化停止，进而开花结实。

不同类型的小白菜品种通过发育阶段达到抽薹开花对温度及光周期的要求有所不同。春性品种如广东矮脚白、江门白菜等，不经低温处理，在江南地区几乎全年都能抽薹开花；冬性弱的品种如南京矮脚黄、高桩、苏州青、上海矮箕白菜、杭州早油冬、常州短白梗等，在 0～12℃温度下，经 10～20 天可以通过春化；冬性品种如南京白叶、杭州半早儿、上海二月慢、三月慢等，须在 0～12℃温度下经 20～30 天方可通过春化；冬性强的品种如南京四月白、上海四月慢、五月慢、杭州蚕白菜等，须在 0～5℃温度

下经40天以上才能通过春化。春化要求严格的冬性较强的品种，对光周期要求严格；春性品种，对光周期要求不严格。

（二）抽薹与分枝

小白菜的抽薹、分枝习性与大白菜相似。

（三）授粉与结实

小白菜开花习性依品种和当地气候条件而异。开花适温为15～25℃。花瓣平展成"十"字形，此时花药裂开，散出花粉。雄蕊花粉从花药开裂至花瓣脱落期间，均有发芽力，以花药开裂当天散出的花粉最好。雌蕊柱头在开花前2～3天已有接受花粉能力。当有生活力的成熟花粉落到雌蕊柱头上后，如果花粉与柱头是亲和的，则花粉粒萌发形成花粉管，约经30～60分钟花粉管进入柱头、花柱。18～48小时完成双受精过程形成合子，受精7天后胚珠开始膨大。

三、种子生产方式与繁育制度

（一）生产方式

小白菜种子的生产方式主要有成株采种法、半成株采种法及小株采种法。

1. 成株采种

秋季适期播种，选生长健壮、具品种固有特性的优良植株做种株，并按40厘米×40厘米株行距定植。大株耐寒能力较差，冬季需注意适当培土或覆盖防寒，翌年春天除去防寒覆盖物，进行中耕、除草、追肥、防虫等。江淮地区一般于9月播种育苗，翌年5～6月陆续收获种子。成株采收的种子，产量高，质量好，可用作秋冬季小白菜栽培、半成株采种田和小株采种田的播种材料。

2. 半成株采种

半成株采种的播种期，一般较成株采种的晚20天左右，江淮地区多于10月上中旬播种育苗，11月下旬至12月上旬定植，翌年春季选留健壮植株做种株。半成株采种法的成本较低，种子产量较高，但因植株未完全长成，对种株不能进行严格选择，种子质量不及成株采种。应与成株采种相结合，即用成株采种所得种子作半成株采种的播种材料，半成株采得的种子可供小白菜生产种使用。

3. 小株采种

小株采种又称直播采种，利用小白菜种子可在种子萌动或幼苗期间即能通过春化的特性，在早春播种，当年采收种子。长江流域可延迟到2月上旬至3月上旬播种。小白菜通过春化后，在温度逐渐升高、日照逐渐加长的条件下，可抽薹、开花、结籽。此法采种成本低，且植株生长健壮，种子单产高。但植株未充分成长，选择不如成株严格，一般采得的种子专供小白菜生产用。

（二）繁育制度

小白菜种子分原原种、原种和生产用种。其种子生产程序都是：原原种→原种→生产种。在种子生产过程中，原种和生产种不应用同一级种子做繁殖材料，而应用上一级的种子做繁殖材料。鉴于一般原种（尤其是原原种）用量很少，特别是制种规模小的用量更少。而原种群体过小，可能导致小白菜繁殖时群体内基因型的单纯化和遗传基础贫乏，生活力下降，品种退化。因此，小白菜每一亲本的繁殖群体一般要求不少于50株，如果网室隔离，则应坚持以本系统内混合花粉授粉为好。保证一定数量，一次繁殖多年使用，既可减轻每年繁殖原种的负担，又可达到“时间隔离”防止杂交亲本混杂退化。

根据原种与生产用种生产的不同需要，制种基地设置共分3个层次：一级原种基地，应当拥有较强的技术力量和良好的生产设施，隔离条件要求甚严，是所有原原种及部分原种的繁殖基地，是整个良繁体系的基础。二级原种基地，要求具有优良的自然隔离条件和较高的生产管理水平，并具备一定的技术力量。其基本任务是将一级原种基地提供的某些必须扩繁的原原种繁殖为原种，是一级原种基地与良种基地之间衔接的重要“桥梁”。生产用种基地，要求具备优良的隔离条件，良好的生态环境，同时考虑当地的经济水平与繁种的经济承受能力，一般选择省内外粮棉油林果生产区，此类基地生产相对稳定。

四、常规品种的种子生产技术

小白菜常规品种原种与生产种种子生产的技术相同，只不过所用的繁殖材料和繁殖基地有所差别而已。即原种利用原原种繁殖（在一级或二级原种基地进行），生产种利用原种繁殖（在生产用种基地进行）。现在以生产种种子为例来介绍小白菜常规品种种子的生产技术。

（一）生产种种子的生产

1. 隔离区选择

十字花科作物品种间自然杂交率较高，为避免由于杂交而造成的品种特性退化，小白菜采种田应与白菜类其他蔬菜严格隔离，也要与芸薹属中染色体基数 $x=10$ 的其他栽培作物隔离。不同品种间有障碍物时，空间隔离距离不得少于1 000米。无障碍物时，隔离距离必须超过2 000米。农户自己留种和小面积留种，可采用花期套袋和网罩隔离的办法，但要进行人工授粉，以提高受精率和结实率。

2. 土地要求

制种田要选冬季较温暖、收获期少雨的地区。小白菜对土壤适应性较广，以轻黏土和砂壤土为宜，在有机质丰富、排水良好、保水性好、pH值为6.5～7的壤土生育旺盛，病虫害少，种子产量和质量高。前茬以小麦、玉米、豆类及瓜类为宜，避免与其他小白菜品种、大白菜等十字花科植物连作。

3. 整地施肥

前茬收获后要及时深耕灭茬，结合整地施足基肥，每亩施3 000～5 000千克优质腐熟的农家肥，同时施入20～25千克磷肥做基肥。基肥全面撒施，耕翻做畦，要注意土、肥拌匀，以免烧苗断垄。

4. 播种

延迟播种时，小白菜苗也可越冬进而抽薹开花，但苗弱、生育不良时耐寒性降低。播种过早，越冬期苗龄过大也易遭受冻害。适期播种、培育壮苗非常重要。壮苗的标准是：根系粗，叶片大，颜色灰白，有薹孕，定植缓苗后即可抽薹开花。

（1）播种时间。

①成株采种。播种期应安排在比生产栽培适播期延后1~2个月，南方地区小白菜成株采种一般安排在9月上旬播种，10月上旬定植。在秧苗充分成长后，于11月间，选生长健壮、具品种固有特性的优良植株做种株，并以50~67厘米×33~50厘米株行距栽于采种田中。

②小株采种。播种期较迟，南方一般在10月上中旬播种，11月下旬至12月上旬栽植，株行距为20厘米×20厘米。至翌春，一般按隔行隔株疏去不符合品种特征特性的1/2植株，留下生长健壮、种性强的植株做种株。利用小白菜种子可在种子萌动和幼苗期间通过春化的特性，长江流域也可延迟到2月上旬至3月上旬播种。对于冬性强的品种，根据冬性的程度不同，可在0~5℃低温下处理萌动种子20~40天，以控制植株大小，促进植株提前抽薹开花。北方留种一般安排在早春播种，东北地区可在播种前15~30天对种子进行低温冷冻处理，利用井水、雪水浸泡或冰箱冷冻等方法，打破小白菜种子休眠期，促使其发芽一致，待70%~80%种子萌动即可适时播种，一般2月下旬播种于温室，4月中旬定植；露地直播可在4月中旬至5月初，一般日平均温度稳定在5℃左右即可播种。华北南部地区一般于1月上中旬在阳畦播种育苗。

（2）用种量。

每亩育苗用种量为50~60克；点播为120克，条播为180~200克，撒播为500~750克。

（3）播种方式。

直播或育苗移栽均可。点播每穴播四五粒种子，早春后定苗，每穴留1~2株苗。育苗移栽时可灵活安排茬口，同时可在苗期进行去杂，但育苗移栽较费工。苗床面积主要根据大田种植面积、定植密度和苗的质量而定。苗床面积与大田面积的比例一般以1∶10为佳。

（4）播种方法。

为使下种均匀，播种时每亩苗床所用种子可掺过筛干沙8~10千克。苗床播前先摊平床土浇透底水，然后将种子撒播均匀，播后覆土0.5~1厘米，温度保持20~25℃，3天可出齐苗。直播深度随墒情而定，墒情好，播种深度为1.5~2厘米，墒情一般，播种深度为2.5~3厘米，最深不可超过4厘米。

5. 适时移栽

小白菜的移栽苗龄以35~40天为宜，于11月中下旬至12月5日结束移栽。移栽前秧苗生长过旺易造成冻害；过弱则难以形成壮苗，影响春发。移栽时要做到“匀、直、紧”，匀：大、中、小苗分开移栽，全田株行距均匀一致；直：移栽时做到根正苗直；紧：做到边栽边用手压紧或用脚踩紧，使菜根与土壤紧密接合，从而达到保水、成活快、缩短缓苗期的目的。

6. 合理密植

合理密植能充分利用地力和光能，协调个体与群体生长发育的关系，是夺取小白菜种子高产的重要措施。一般株行距35~40厘米×25~30厘米，每亩保苗5 000~8 000株。

7. 田间管理

（1）肥水管理。

①苗期。出苗后及时查苗，对缺苗断垄的地段应做好标记，进行补苗或补播。为促进苗期生长，齐苗后尽早中耕、松土，幼苗长至4～5片叶时进行定苗，定苗时选留叶色（浓绿）、株型（根茎细长）一致的壮苗，去掉病弱株及与本品种特性不符的苗。若定苗后雨水过多，形成僵苗，则每亩追施磷肥25千克或磷酸二铵7.5千克，以促进活棵以及壮苗越冬。翌春后及时追肥，促进春发，增加分枝，提高单产。

②抽薹期。定苗浇水，及时中耕松土，进行蹲苗至植株开始抽薹现蕾。开花后，加强肥水管理。从始花至盛花期需浇水2次，始花期浇水促进茎增粗，盛花期浇水促进多发侧枝，提高种子产量。浇2次水后应及时进行叶面施肥，用0.3%磷酸二氢钾或磷酸二铵1～2次。

③结荚期。盛花期结束，植株进入结荚期，此时籽粒发育迅速，一方面植株需水量大，缺水影响种子灌浆，造成籽粒不饱满；另一方面若水分过多，植株贪青不能按时收获。故应根据土壤墒情及植株长势确定浇水量，适时适量满足植株所需水分。

（2）中耕、松土、除草。浇水后，通过中耕松土，消除土壤板结，消灭田间草害，提高土壤的通气性和温度，促进根系发育和叶片生长，增强根系的吸水、吸肥能力和抗倒伏能力。

（3）检查隔离条件、严格去杂。严格检查周围2 000米内是否有白菜类作物开花，发现后及时拔除。严格去杂是确保品种纯度的一项重要措施，去杂是否彻底将直接影响到种子质量。去杂在苗期、抽薹现蕾期和收割时进行，苗期、抽薹现蕾期，根据品种特征（叶色、叶形、叶脉、花蕾颜色等）拔除杂株劣株、可疑株及抽薹过早、发生病虫害的植株，收割时，去掉角果畸形、植株贪青长势过大的植株，从而提高繁种质量。同时还应将杂草除尽。

（4）整枝摘心。单株结荚数是单株种子产量构成中最主要的因素。种子产量在植株上的分布情况：一级分枝的荚数占总荚数的64.23%，植株的中上层侧枝的种子产量占单株种子产量的61.51%，主花茎的种子产量仅占8.12%。生产上采取及时摘心措施，促进侧枝发育，可在主花茎抽薹10～15厘米时摘心。授粉结束后摘除各侧枝顶端花枝，减少养分消耗，提高坐荚率，促进角果膨大，减少无效花枝，促使种子早熟饱满。

（5）辅助授粉。小白菜是常异花授粉作物，除了放蜂群辅助授粉外，如果在早春制种时蜜蜂很少，传粉不够，开花前期可用人工辅助授粉，以提高杂交率。人工辅助授粉应在晴天进行，操作时要注意防止折断花枝。方法有拉绳法、竹竿法、鸡毛帚或绒球授粉等，以拉绳法为好。拉绳法是沿父母本行平行的方向，2人拉一根2～3米长绳，绳上系50～60厘米宽的薄浴巾，垂直父母本行向行走，或来回拉动，依靠绳子上的浴巾，使父母本植株相互传粉；竹竿法与拉绳法相似；鸡毛帚或绒球法则是用鸡毛帚或在1米长的竹竿上绑上绒球，在父母本间来回扫动即可。于盛花期每天上午10时至下午1时进行，每隔1～3天辅助授粉1次。

8. 种子的采收

（1）收割。小白菜是无限花序，开花延续的时间较长，角果成熟很不一致，收获过早，籽粒尚未充实饱满，秕粒多；收获过晚，角果炸裂丢粒或角果内种子发芽。因此，生产上一般在全株 4/5 的角果呈黄色时收获，即“黄八成，收十成”，掌握“三割、三不割”的原则，即带露水割，阴天割，早晚割；露水干后中午不割，下雨不割，青棵不割。采收以人工收割为好，收割时不要带根沾泥。

（2）脱拉。收获后不宜立即晾晒脱粒，应在晒场上堆放后熟 3～4 天，这样不但有利于角果的营养进一步向种子转移，而且易于脱粒。脱粒时，场地要清扫干净，宜在篷布或水泥场上进行，不可在土场上脱粒，亦不可与其他品种同场脱粒。

（3）晾晒。种子脱粒、扬净后及时晾晒，需在篷布上进行，晾晒时应与其他品种保持较大的距离，同时注意防止雨淋和暴晒，隔 1～2 小时翻动种子 1 次。

五、杂种一代的生产

（一）利用雄性不育两用系生产杂种一代种子

1. 原原种的繁殖

播种雄性不育两用系的种子后，从苗期到产品器官形成期，严格淘汰不抗病、经济性状不典型的植株，保留 60～100 株抗病性好、综合经济性状优良的留做种株。待种株开花后，以不育株为母本、可育株为父本进行 10～20 对植株的成对授粉，成对授粉结束后，将全部可育株及其余不育株拔除。各授粉不育株上的种子分别采收。注意授粉前后要有严格的隔离条件，防止授粉时花粉污染。将各不育株上分别采收的种子分别播种，初花期检查不育株率，将不育株率低于 50% 的株系淘汰，其余者进入纱网内人工授粉，授粉结束后拔除可育株。将各不育株上的种子混合采种，即可作为雄性不育两用系的原原种。

2. 原种的繁殖

两用系原种采种田一般采用自然隔离法（隔离距离在 2 000米以上）。在原种采种田上播种两用系原原种，待种株开花时，要逐株进行育性检查，在不育株主茎上做好标记，盛花期过后将可育株拔除。从不育株上收到的种子即为雄性不育两用系原种，可用其作为杂交制种的母本。也可一年繁殖较大量的两用系和父本种子，进行安全贮存，以后几年分别取出部分两用系和父本用小株法繁殖生产用种，这样可以较好地保持组合的遗传稳定性。

3. 杂种一代的制种及父本系的繁殖

在大面积制种时，一般采用自然隔离法，防止非父本花粉进入制种田。在我国华南地区有的采用时间隔离法，即将小白菜杂交制种田双亲的播种期与其他易与小白菜自然杂交的作物的播种期错开，以达到错开花期的目的。在杂交制种田中，按不影响母本授粉结实的情况下尽量减少父本数量的原则，种植雄性不育两用系（母本）及父本自交系，父本行与母本行比例为 1∶3～4。通过调整双亲的播种期、春化处理，以及摘除主花茎的花序整枝法，使双亲花期相遇。在制种田进入初花期后，连续 9～15 天，每天上午 9 时检查和彻底拔除母本行中的有粉株。待杂交制种田的种子成熟后，先收母本种株，其种子即为杂种一代；父本种株可晚收，其种子仍为父本系种子。为了更有效地防止制种田父母本种株上的种子发生机械混杂，也可以在盛花期过后，立即将父本行种株拔除。每年制种所需的父本系可在专门设置的父本系繁殖区生产。父本系繁殖可采用隔离区自然授粉的方法进行。但为了提高杂种种子质量，应采用大小株结合采种法，在秋季要对父本系主要经济性状进行严格选择；再利用小株扩繁种子，以降低父本生产成本。

（二）利用自交不亲和系生产杂种一代种子

1. 亲本的繁殖

自交不亲和系的繁殖主要是在严格隔离条件下，通过蕾期人工授粉实现。为防止自交不亲和性的减弱，每隔2～3代要采用系内成对授粉法，检查1次花期系内亲和指数，选择花期亲和指数低、蕾期亲和指数高的单株用来繁殖自交不亲和系。近年来，许多地区采用花期喷2%～3%食盐水的办法来克服自交不亲和性，收到了良好的效果。方法是上午9～10时对自交不亲和系材料进行喷雾处理，经过0.5～1小时，水雾蒸发后，人工辅助授粉1次，第二天再授粉1次。坚持每隔48小时用食盐水喷花1次，整个花期喷花不少于10次，保持花期内用食盐水喷雾不间断。同时在开花结荚期间，选晴天傍晚喷施1～3克/升硼酸溶液1～2次，以提高结实率、种子千粒重。为了提高种子产量和质量，小白菜自交不亲和系可采取成株采种和小株采种相结合的办法，以成株繁殖的种子作为原原种，再用小株扩大繁殖原种，避免多代小株采种，造成退化。

2. 杂种一代的制种

配制杂交一代生产用种，方法依亲本系的不同而异。如果父母本均为自交不亲和系，父母本比为1∶1；当父母本一个为自交不亲和系（母本），另一个为自交系（父本）时，父母本比为1∶2。由昆虫自然授粉，制种田内收获的种子可混合使用。

第三章 葫芦科蔬菜良种繁育

第一节 黄瓜

黄瓜（*Cucumis sativus* L.）又名王瓜、胡瓜，是葫芦科黄瓜属一年生草本植物。原产东印度热带潮湿地区及喜马拉雅山脉地区。由野生黄瓜经过长期栽培、驯化而来。早在2 000多年前我国即开始栽培黄瓜，我国的西南山区是黄瓜的原产地之一。目前黄瓜已成为全球性主要蔬菜之一，栽培面积仅次于番茄、甘蓝、洋葱，列第四位。我国黄瓜种植面积居世界第一位，单产高于世界平均水平。丰富的品种资源，悠久的栽培历史，精湛的生产技术，为我国黄瓜栽培提供了十分有利的条件，使黄瓜成为重要的满足人们生活不可缺少的大宗蔬菜。

一、黄瓜的生物学特性

（一）植物学特征

1. 根

在直播条件下，播后6周主根入土深约1米，侧根水平生长，长达2米。靠近基部所生侧根比较粗壮，向四周水平生长，在1级、2级根基部再分生2～3级侧根，但根系主要分布约30厘米的耕作层内。移栽者根浅，茎基邻可发生不定根。根的维管束鞘易老化，断根后难发新根，不耐移植。

2. 茎

苗期茎短缩，几乎直立，4～5叶以后节间伸长，具蔓性，叶腋着生花和卷须。茎的横切面呈四棱形或五棱形，由表皮、厚角组织、厚膜组织、维管束、髓腔组成。表皮生刺毛，皮层的厚角组织较薄，双韧维管束分布松散，木质较不发达，髓腔较大，辐射状展开，较易折断。分枝能力因品种而异，有的品种分枝少，主蔓结果为主。另一些品种易分枝，侧蔓结果为主；中间类型的品种主侧蔓均能结果。

3. 叶

叶互生，叶梗长，叶片大，单叶面积200～500平方厘米，呈掌状浅裂，裂片呈锐三角形，叶缘细锯齿，均具粗毛。叶形随叶位上升而增大，15～30叶为主要功能叶，幼叶开展10～15天叶面积达最大值，光合效能强，30～45天后同化量迅速减少。

4. 花

花腋生，雌雄异花同株；间有雌性两性花，为雌花与两性花同株；也有全雌株。一般雄花发生先于雌花，雌雄交替发生，雌花着生节位及密度是品种熟性的重要形态标志。花萼、花冠均为钟状5裂，花萼绿色具刺毛，花冠黄色。雌花子房下位，3室，侧膜胎座，花柱短，柱头3裂；雄花雄蕊3枚，连成一体。雌花雄花均具蜜腺，为虫媒花。

5. 果实

果实由子房和花托共同发育而成，圆筒形或长圆筒形，一般长25~50厘米，也有长达1米的品种。幼果呈绿色或白色，外披蜡质。有的品种果面带有瘤、棱、刺，有的品种果面则平滑、无棱，且刺较少。同时，刺分为黑刺和白刺两种。黑刺果实品种的成熟果实呈黄色或褐色，大多具网纹；白刺品种呈黄白色，无网纹。一般开花后7~15天便可采收嫩果。开花至果实成熟一般需35~45天。

6. 种子

一般果实含种子150~400粒。种子披针形，扁平，黄白色，千粒重22~42克。种子无明显的生理休眠，但采种后几周内发芽不整齐。贮藏3个月后发芽整齐。种子发芽年限4~5年。

（二）生长发育

黄瓜从种子萌动至生长结束约90~130天，整个生长发育周期分为：

（1）发芽期。自种子发芽至子叶充分平展，历时5天左右。

（2）幼苗期。子叶展平至4片真叶充分开展，历时20~40天。

（3）抽蔓期。开始抽蔓至第1雌花坐果，历时15天左右。

（4）开花结果期。第1雌花坐果至拉秧，历时约60~100天或更长。

（三）生长发育对环境条件的要求

1. 温度

黄瓜是喜温暖的作物，生长适温为25~30℃，光合作用适温25~32℃。为了促进雌花的形成和减少呼吸的消耗，应保持昼温22~28℃，夜温17~18℃或至少在13~14℃以上，在10~12℃停止生长，0~-2℃受冻致死，30℃以上的高温同化效能降低，影响花粉发芽，果实畸形或有苦味。

种子发芽的适温27~29℃；幼苗期昼温25~28℃，夜温15~18℃；开花结果期昼温25~29℃，夜温18~22℃；采收盛期以后温度应稍低，以防止植株衰老，维持较长的采收期。

黄瓜根系生长的适宜地温20~23℃，10~12℃停止生长，必须在15℃以上。地温一般较气温低约5℃。较高的地温促进同化产物向下位叶和根系分配，有利于根系的生长，相反，气温高地温低则有利于同化产物向上位叶分配，地上部生长旺盛。

2. 光照

黄瓜需较强的光照，叶片光合作用的饱和点在5.5万~6万勒克斯、补偿点0.35万~0.45万勒克斯，黄瓜能适应较弱的光强，故适于冬春保护地栽培。但光照不足，对产量和品质有不利影响。黄瓜属于短日照型蔬菜，但不同生态型的品种对日照长短的要求不同，华南生态型的黄瓜品种生长发育要求一定的短日照，而华北生态型的黄瓜品种则对日照长短要求不严格。8~11的日照有利于雌花的分化和形成。

3. 水分

黄瓜喜湿，怕涝、不耐旱。黄瓜的叶面积大，蒸腾量大，且根系较浅，分布范围

小，吸收能力弱，因此要求较高的土壤和空气湿度，以满足其生长。成株适宜的田间持水量为80%～90%，但田块积水，会影响根系呼吸，导致沤根。空气相对湿度在70%～80%时生长良好，但湿度过大会引起多种病害发生。干旱会导致黄瓜生长不良，甚至萎蔫枯死。

4. 土壤

黄瓜为浅根系作物，吸收肥水能力差，所以要求含有机质丰富、通气性好的肥沃壤土。黄瓜生长适宜的pH值为5.5～7.6，pH值在4.3以下就会枯死，最适宜的土壤pH值为6.5。由于过多追施化肥，易造成土壤中盐类浓度增加，所以黄瓜栽培中要注意多施有机肥，采收期间也尽可能多追施有机肥。

二、种株的开花结实习性

（一）花芽分化

黄瓜一般为雌雄同株异花株型。多数品种在1～2片真叶展开时就开始分化花芽。在花芽分化初期其性型尚未确定，是具有两性的原始体即具有雄蕊与雌蕊原基，在发育过程中，才开始性型分化。黄瓜幼苗第一片真叶显现时其第一花芽已在第三叶腋或第四叶腋处分化形成；第一片真叶充分展开时，第七节、第八节处的花芽已分化；第二片真叶展开时，第十一节处的花芽已分化，此时第一花芽已开始性别分化；第九片真叶展开时，第二十七节处花芽已分化，不久第十六节处的花芽开始性别分化。

黄瓜的性别表现，除了受遗传因素影响外，还与环境条件有关。一般9℃左右的夜温，8小时的短日照有利于雌花形成；高温长日照有利于雄花雄成。但不同的品种对温度和日长的反应有所差异，有人报道华南型春黄瓜比夏黄瓜和华北型品种敏感。土壤含水量和空气湿度也影响性别分化，含水充足，湿度高，可降低雌花的着生节位并增加雌花数量。氮肥与磷肥的适期施用有利于雌花形成，而钾肥则有利于雄花形成。植物生长调节剂的施用也会影响黄瓜花芽性别的变化。如低浓度的赤霉素有利于雌花的形成，而高度的赤霉素则有利于雄花的形成。生长2～4片真叶的幼苗喷150毫克/千克的赤霉素，可以在第十节位左右出现雄花。用300～500毫克/千克的硝酸银溶液喷洒二叶一心的黄瓜幼苗，隔3～4天喷1次，共喷3～4次，也可以诱导出雄花。

（二）植株的性型

黄瓜的花生于叶腋，普通品种的植株上雄花常簇生，雌花多单生（少数簇生），两性花仅偶尔出现，且常与雄花混生。根据植株上花的种类，黄瓜共有7种不同性型的植株。

（1）雌雄同株：植株下部数节为雄花，中上部既有雌花又有雄花。

（2）纯雌株：植株的所有花朵都是雌花，这种株型特性可稳定遗传，是选育雌性系的原始材料。

（3）完全花株：植株的所有花朵全部是两性花。这种性型也可以稳定遗传，且纯雌株对两性花植株为显性，是选育雌性系之保持系的基本材料。

（4）纯雄株：植株的所有花朵全部是雄花。

（5）雌全株：植株上仅有雌花和两性花。

（6）雄全株：植株上仅有雄花和两性花。

（7）雌雄全株：植株上有三种性别的花朵。

在普通品种中只有雌雄同株这一种性型的植株，其他6种株型很少见。

（三）开花授粉习性

发育成熟的花蕾，从清晨5～6点陆续开放，到10时前后几乎全都开放，12时以后极少开花。一朵花从始开到盛开约需1～1.5小时，盛开前后花药开裂散粉。开花的适宜温度为18～21℃，13℃以下停止开花，16℃以下停止开药。雄花于开花前一日已具有受精能力，以开花当日上午受精能力最强。花粉寿命很短，脱离花药后4～5小时，生活力显著降低。开花次日下午雄花凋落。雌花于开花前两日已有结籽能力，以开花当日结籽能力最强。授粉后当日下午凋萎，凋萎后仍在子房上残留很长时间。未授粉的雌花可开放2～3天，但结籽能力大大降低，甚至不能结籽。

黄瓜的雌花花柱很短，授粉后4～5小时，花粉管已到达子房入口处的胚珠，但子房很长，花粉管到达子房基部的胚珠却需很长时间，甚至不能到达。这可能是种瓜后部无种子、中后部少种子的原因之一。黄瓜具有单性结实的能力，即不授粉受精也能坐果，果实也能正常膨大。从开花到种子成熟大约需要40天。

三、常规品种种子生产制度

黄瓜种子产量高，播种量小，可按二级留种制生产种子。方法是：用原种播种育苗，适时定植在隔离区即原种一代生产田中，第2雌花开放前拔除杂株劣株，摘除第1雌花或根瓜。此后任凭昆虫自由传粉，第3雌花坐瓜后整枝摘心，摘除非留种瓜和雌花，同时按品种标准性状严格选择优良植株。种瓜成熟后，由各优株上混合收获的原种一代种子，翌年用于生产原种二代的种子，由其余植株上混合收获的原种一代的种子，翌年用于生产生产种种子。以后各年可按此种方法生产原种二代、三代、四代等原种级种子及各年的生产种种子。大约在原种第四代前后又会出现新的混杂退化问题，此时可用库存的原种开始新一轮的种子生产。生产程序如图3－1。

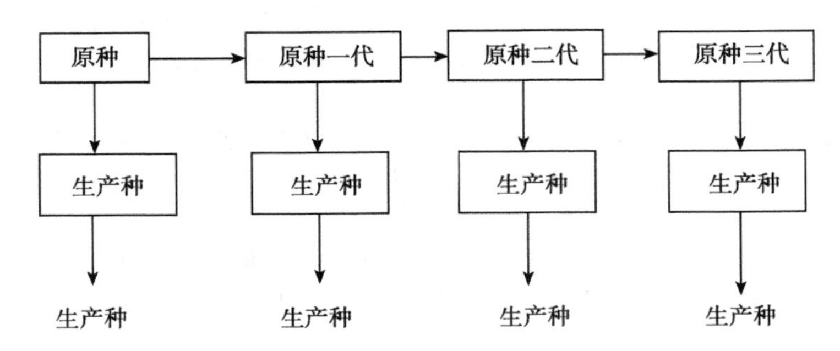

图3－1　黄瓜二级留种繁育制度示意图

四、常规品种的种子生产

（一）原种的生产

生产黄瓜原种最简单最可靠的方法是在优良的农业技术条件下，用品种选育者提供的原原种直接繁殖原种。如果育种者或有关部门无原原种可以提供，则需要采用适当的选择方法，对已混杂退化的品种选优提纯，将其性状全面恢复到原有的优良水平，获得原原种，然后繁殖出原种。

黄瓜选优提纯的最佳选择方法是母系选择法。系谱选择法不适合于黄瓜的选优提纯。因为黄瓜是异花授粉作物，植株基因型的杂合程度相对较高，强制自交后植株基因型由复杂变单纯，但群体内株间的表现型必然由纯变杂。在只经过 1 ~ 2 代自交提纯的“株行圃”和“株系谱”中，根本不会出现恢复了品种本来面目的、株间高度一致的优良株系。即使通过多代自交分离，最终也只能获得纯合一致的自交系，而得不到恢复了品种本来特性的原种。即使得到了也会因周期过长而丧失了实践价值。母系选择法因不自交留种，故无此弊病。

用选优提纯法生产原种的程序是：单株选择、株行比较、株系比较、混系繁殖。

1. 单株选择

（1）选择目标。从混杂退化的品种群体中选择表现型尚未退化的植株，即性状表现完全符合本品种标准性状的植株，是单株选择的唯一目标。为了便于选择，应将退化程度较重的性状和本品种的典型性状作为选择的主要目标性状。

（2）选择地点。在原种级种子田中，最容易选出符合本品种标准性状的植株，生产种种子田次之。暂无种子田的，也可在高纯度的生产田中选择。混杂退化面目全非的田块不宜作为选择的地点。

（3）选择时期和标准。在对生长发育全过程作系统观察基础上，着重抓好以下三个时期的选择：

第二雌花开放期选择：主要针对植株的长势、第一雌花节位、开放期、成瓜性、植株的雌花节率、雌花连续性等，选择符合本品种标准性状的植株 100 株左右。各入选株一律用第三雌花人工授粉留种。为了防止昆虫授粉，在第三雌花开放的前一日下午，将各入选株上的第三雌花和将于次日开放的雄花花冠扎住。第二天早上先由每个入选株上摘下扎着花冠的雄花 1 朵，剥去花冠后置于一个干净的瓷盘中，少时干燥后，用毛笔充分搅拌，制得混合花粉，然后打开优株上第三雌花花冠，充分授粉后重新扎住花冠。由于各入选株第 3 雌花开放期不一定相同，人工扎花授粉需分次进行，为提高选择效果每次都必须用全部优株的混合花粉授粉。

种瓜商品成熟期选择：授粉后 8 ~ 10 天，种瓜商品成熟，此时先按上次的选择标准，对入选优株进行一次全面地严格复查，淘汰不够标准的部分植株后，再着重按瓜条的商品性选择符合本品种标准性状的植株 30 株左右。一般应选择瓜条生长快、瓜形端正、瓜把细短、瓜皮深绿无黄条、棱大、瘤多、白刺、无病的植株。入选株在种瓜上部保留 4 ~ 5 片叶子摘心，并将其他非留种瓜、雌花摘除。

种瓜生理成熟期选择：授粉后 40 ~ 45 天种瓜生理成熟。此时主要按抗病性、抗衰性、种瓜皮色及植株的分枝性等，在第二次选择的植株中选择符合本品种标准性状的植株约20株左右。各入选株单独收获采种、编号。

2. 株行比较

（1）选择目标。鉴定各入选株后代的群体表现，初步评选出符合本品种标准性状的、株间比较整齐一致的株行（系）。

（2）田间设计。将上一年所选植株的种子，按株行（系）播种育苗，适时定植在株行圃的观察区和留种区中。

观察区：每株行（系）栽一个小区，每小区定植40株，行距60厘米，株距30厘米，单株栽植。田间管理同菜用栽培，但若为复状抗病品种，在生长发育过程中不喷药防治，以鉴定抗病性的强弱。

留种区：每株行（系）栽一行，每行20株，行距60厘米，株距30厘米。第2雌花开放前先拔出个株行（系）中的杂株劣株，后用本株行（系）的混合花粉，给行（系）内每个植株的第2或第3雌花授粉留种。为防止行（系）间发生杂交，授粉前后必须对雌花、雄花进行杂花隔离；更换授粉株行（系）时，必须用酒精擦洗采粉、授粉的工具。种瓜坐稳后整枝摘心，加强田间管理，确保种瓜成熟。

（3）比较选择。观察区内仍按上年单株选择时的标准和方法进行选择，逐株观察比较后对各株行（系）的群体表现和纯度作出鉴定，同时逐株测定早期产量、中期产量和总产量，对各株系的熟性及生产力作出鉴定结论。最后通过对观测结果的综合分析，淘汰不符合本品种标准性状的株行（系），或纯度低于95%的株行（系）。

（4）优系留种。种瓜成熟后，根据观察区的选择结论，只从留种区中各入选株行（系）的相应留种行（系）采收种瓜，分株行（系）混合留种。

3. 株系比较

（1）选择目标。将上年入选株行（系）的种子和对照品种（即本品种选优提纯前的原种或生产种）的种子播种育苗，适时定植在株系圃中，继续鉴定各株系的群体表现，准确选择完全符合本品种标准性状的、株间高度整齐一致的株系。

（2）田间设计。观察区：每一株系栽一小区，不同株系随机排列，每5个株系设1个对照，重复3次。田间设计的其他方面，与株行圃的观察区相同。

留种区：与株行圃的留种区相同。

（3）比较选择。田间观察鉴定与株行圃相同。最后选择性状表现完全符合本品种标准性状的、生产率显著优于对照的、无一杂株的优良株系若干。性状表现相同的株系混合留种，这就是本品种的原原种种子。

4. 混系繁殖

将上述原原种种子播种育苗，定植在四周1 000米范围内无黄瓜栽植的隔离区中，精细管理，花期由昆虫自由授粉，选用第2～3雌花所结的果实留种，这就是本品种的原种种子。

为确保原种质量，应进行田间播种检验和室内检验，当各项指标均达到国家规定的标准后，方可作为原种使用。原种应一年大量生产，低温贮藏，多年使用。

（二）生产种种子的生产

黄瓜种子的生产方式因地理位置不同而各不相同，但北方大部分地区多采用春季育苗，露地栽培的方式进行，很少采用日光温室或塑料大棚等设施内采种。其栽培技术与菜用栽培大体相同，具体如下：

1. 适时播种

黄瓜采种应安排在春夏季栽培，而且必须育苗。育苗使黄瓜延长了1个多月的生长期，这样可以增加种子的产量。华北地区一般在3月中下旬播种，4月下旬或5月初露地定植，5月下旬或6月上旬选留种瓜，7月中下旬种瓜成熟采收。

2. 合理密植

因受种瓜生长发育和植株摘心的限制，黄瓜种株秧蔓低矮，叶数较少，植株生长势比收摘嫩瓜的植株弱，所以采种田黄瓜定植密度应大于菜用黄瓜田。具体密度依品种和栽培方式确定，一般以每亩6 000株左右为宜。经验证明，加大栽培密度是提高黄瓜种子产量的关键技术措施之一。

3. 增施有机肥

黄瓜栽培应以有机肥为主，采种田更要注意增施有机肥，除腐熟的猪、牛粪外，增施鸡粪、豆饼等精肥。施用的有机肥中除了氮肥之外，还应含有丰富的磷、钾肥，这些肥料能使种子饱满，产量增加。

4. 整枝摘心

为了使植株养分不消耗在过于旺盛的营养生长上，应及时除去不留种瓜的侧枝。另外，留2～3条种瓜之后，在种瓜以上留5～6片叶后把生长点打掉，使营养集中到种瓜上，控制植株继续生长。

5. 种瓜节位与留瓜

中晚熟品种第一雌花出现节位高，第一条瓜就应留种；而早熟品种3～4片叶就出现雌花，第一雌花是否留种，视植株的生长情况确定。如果植株发育健壮，第一雌花就应留种；如果植株生长势弱，叶片很小，那么第一雌花在未开之前就应摘去，使养分集中到营养生长上，等第二雌花出现再留种。如果黄瓜的适宜生产期很长，每一植株上不仅能留2～3条种瓜，而且留种节位有调节的余地。如果黄瓜的适宜生长期很短，每株只能留1条种瓜，那么留种节位调节的余地就很小，第一雌花应及早留种。

6. 自然授粉及辅助授粉

黄瓜不经授粉也能结瓜，但没有种子，因此，采种必须授粉。蜜蜂、蝴蝶、苍蝇等昆虫都是携带花粉的媒介。如果连续不断地喷杀虫剂，消灭所有的昆虫，也就消灭了传粉的媒介，黄瓜采种将大受影响。因此，采种田在开花结果期要保护昆虫，有条件的，还应放养蜜蜂，增加传粉媒介。在温室大棚中采种，或在露地采种遇阴雨天气，昆虫很少，就要进行人工辅助授粉，其方法是在开花当天上午取下异株上的雄花，将花药在雌花柱头上轻轻摩擦，或用毛笔刷取花粉，在柱头上涂抹。在开花坐果期每天反复授粉，能显著地提高种子产量。

7. 去杂去劣

从第一雌花出现到采收种瓜都要注意去杂去劣。去杂，是将非本品种特性的黄瓜种株淘汰。从植株出现侧枝情况，看第一雌花节位与本品种的差异；从嫩瓜上看果形、刺瘤、皮色等是否符合本品种植物特征，应及时拔掉不符合本品种特征的植株。对种瓜畸形、烂果等，也应及时淘汰。采收种瓜时，也应根据种瓜的特征，及时去除杂果。

8. 采收种瓜及淘洗种子

黄瓜雌花受精后25天左右，种子已有发芽能力，但尚未饱满。受精后40～50天时间，种子才能饱满。因此，种瓜应留在植株上让其充分成熟，因为采下后熟的效果不如留在种株上的好。

一般情况下，黄瓜种瓜需后熟6～10天，后熟的种瓜最好放在室内架上或室外通风不见光和雨水淋不到的地方，单层平放。

淘洗种子时应先剖开种瓜，将种子和瓜瓤一起掏出，放入缸内发酵，注意不用金属容器，金属容器会使种皮变黑。发酵的种子也不能加水，加水就会稀释瓜瓤中抑制种子发芽的物质，导致发酵过程中种子发芽。发酵的时间视温度而定，温度高时4～5天就发酵，种子脱离瓜瓤后下沉，瓜瓤漂浮在表层。如发酵过度，种子色泽会变灰，失去光泽，甚至影响发芽率。将发酵后的种子放在清水中漂洗，沉入底层的是饱满的种子，浮在上面的是瘪籽，应将它和瓜瓤发酵物一起漂洗掉。将漂洗出的种子放在苇席上晾晒，切忌放在水泥地上暴晒，这样会灼伤种子，降低发芽率。合格的种子外表洁白，无杂物，含水量低于9%，发芽率在95%以上，千粒重为25～30克。

华北生态型黄瓜每条种果种子数为200～300粒，千粒重20～30克。500克种子需50～100条瓜。每亩产种子15～30千克，最高可达80千克。

少量采种或单株采种，可以不经发酵而直接淘洗。其方法是将种子和瓜瓤放入纱布中，在盛水的盆中搓洗，使种子脱离瓜瓤，然后都洗入盆中，种子沉入底层，瓜瓤和瘪籽浮在上面，将浮物漂洗掉，即得到干净的种子。这种方法比采用发酵法洗出的种子更洁白，更有光泽，发芽率更高。

五、杂种一代种子的生产

黄瓜的一代杂种优势很强，有显著的增产效果。近年来育成的黄瓜新品种大多是一代杂种。一代杂种制种法有：人工杂交制种法、利用雌性系制种法和化学去雄制种法。杂种生产中要防止混杂，制种田除父母本黄瓜之外，周围1 000米之内不能栽种其他黄瓜品种，在制种全过程中，要严格拔除杂株劣株；制种过程中可增加授粉次数和授粉量，以提高种子产量。自然杂交时，昆虫少会影响花粉传播，尤其是阴雨天更缺少传播花粉媒介，所以应在每天上午进行人工辅助授粉。

（一）人工杂交制种

黄瓜为雌雄同株异花植物，且花朵大，人工杂交无须去雄，操作容易。人工杂交制种是可行的，并且已在生产上应用。其技术要点如下：

1. 调节父本始花期

为了使花期相遇，并获得足够多的雄花用于杂交，一般父本比母本提前5～7天播种，而母本要求适期播种，华北地区可在3月下旬、4月上旬播种，4月底5月初露地定植，5月中下旬开始人工杂交，最迟在6月中旬结束。父本播期按其始花期迟早适当

调整。父母本始花期相同或相近的组合，父本可较母本早播 3 ~5 天；父本始花期较母本晚 6 ~7 天的组合，父本应较母本早播 10 天左右为宜。早播种的父本系统也要早定植，早管理，这样才能早开花。

为了便于授粉，父母本可按 1∶4 或 1∶6 的比例定植。父本雄花多的，可以少栽些。父母本可以隔行栽，也可分两处栽。母本的定植密度每亩不应小于 6 000株。

2. 选择花朵杂交

母本一般选择第 2 到第 5 雌花中的 2 ~3 朵进行杂交，要求子房端正。雄花选择父本植株中部发育良好的雄花。在开放条件下（有昆虫传粉），授粉前 1 天下午将第二天将开放的父本的雄花和母本的雌花花蕾捆住，捆花数雄花应多于雌花。开花当天上午授粉时将雄花摘下，解开被捆的雌花进行授粉，授粉后仍需将雌花捆住，以防止昆虫传播异源花粉，并应作出醒目标记。

3. 授粉后种株的管理

由于种株处于旺盛的生长发育过程中，要不断的发出侧枝，长出嫩瓜，为使有限的营养源源不断地输送到杂交的种瓜中，满足其果实的膨大和种子发育的需要，就要及时彻底地摘除侧枝和非杂交的嫩瓜。至于水肥方面的管理以及病虫害的防治同常规菜用栽培。种瓜生理成熟后及时采收后熟，并进行采种处理。

（二）利用雌性系制种

普通黄瓜雌雄同株，即植株上既有雌花，又有雄花；而雌性系黄瓜植株上只有雌花，没有雄花。因此，利用雌性系进行一代杂种制种就无须去雄，而且所制的一代杂种制种纯度更高，成本更低。另外，黄瓜全雌株性状对雌雄同株性状是显性，因此，雌性系制的一代杂种也具有全雌株性状，表现为早熟、瓜密、采瓜期集中等优点。

利用雌性系制杂交种首先要进行雌性系（母本）的大量繁殖，才能进行杂交种的繁殖。

1. 雌性系的繁殖

采用诱导雌性株产生雄花，在隔离条件下自然授粉来繁殖雌性系。生产中常采用两种药剂进行诱雄处理，即赤霉素和硝酸银。

（1）赤霉素。赤霉素中以 GA_4 和 GA_7 混合使用最为有效。一般使用浓度为0.1% ~0.4%。处理的时期要根据雌性系的纯度来定，高纯度的雌性系在母本植株 1 ~2 片叶子时就可以处理，连续喷 2 ~3 次，每隔 5 天喷 1 次。如果雌性系的纯度不高，则需到母本植株 5 ~6 片叶子时再进行处理。因为不是雌性系植株的个体在长到此时就会有雄花出现，要及时拔除非雌株后再进行处理。一般经过赤霉素处理 15 天左右雌株上才会开出雄花，因此为了使花期相遇，用赤霉素处理诱雄的植株要较作母本的雌性系早播10 ~15 天。

（2）硝酸银。硝酸银诱雄效果比赤霉素好，成本低。适宜浓度为 300 ~500 毫克/千克，硝酸银保存不能见光，随配随用，不能用自来水（自来水中钙离子浓度高）配，否则易产生沉淀。高浓度的硝酸银易出现少量药害，叶出现斑点，局部叶片皱缩，以后斑点干枯，过高浓度甚至会造成死苗。具体做法及管理同赤霉素处理。

（3）雌性系保持系。除上述硝酸银、赤霉素外，还可用育成的两性花品系来繁殖和保持雌性系，并进一步用两性花品系即（雌性系×两性花系）×普通自交系来配制三交种。两性花系主要利用 m2 基因。

用赤霉素和硝酸银处理繁殖雌性系时也可以在植株长到二叶一心时喷药，此时正是在花芽分化初期，诱导效果较好，但因植株小，不能对其雌花的分化情况进行选择淘汰，长期使用会造成雌性系中雌性株比例的下降。所以，最好是在植株具 5～6 片真叶时，经选择淘汰个别的非纯雌性株后再诱导雄花的产生，进一步繁殖雌性系。

2. 利用雌性系生产杂交种

利用雌性系制种时，在隔离条件下父母本比例按 1∶3 种植，即 1 行父本，种 3 行雌性系母本。在开花前拔除母本系统中出现雄花的弱雌性株，使之在自然条件下杂交或人工辅助授粉杂交。在母株上只选留 2 条种瓜，在母本上采收的种子即为杂种一代种子。由于雌性系黄瓜开花早，父本黄瓜就要提前 7 天左右播种，以保证父母本植株花期相遇。

（三）化学去雄自然授粉制种

大量生产一代杂种靠人工一朵一朵地授粉，用工太多，成本太高。为解决这一问题，充分利用黄瓜花芽分化性别可诱导的特性，使母本系统只开雌花，不开雄花可省去大量的去雄杂交成本。目前，应用的黄瓜去雄剂主要为乙烯利（二氯乙基磷酸）。应用乙烯利给黄瓜去雄时，首先将 40% 的乙烯利原液对水稀释成 1 200～1 500倍液，质量比浓度为 200～300 毫克/千克。在黄瓜幼苗二叶一心期进行首次喷药，以后每隔 4～5 天喷 1 次，共喷 3～4 次。夏黄瓜花芽分化较晚，可在第二叶展开时喷药，此后每隔3～4 天喷 1 次，共喷 3～4 次。喷药时间宜在早晨或傍晚进行，此时空气湿度较大，药液可较长时间停留在叶片上供吸收。经过处理的幼苗，待长到定植标准时，按父母本 1∶3 比例隔行定植，每亩定植 6 000株左右。如乙烯利的浓度适宜，处理得当，母本植株在 10～15 节位以内出现的花便全部是雌花，由昆虫任其传粉，母本植株上采收的种子，即为一代杂种。为了保证一代杂种的纯度和种子产量，要注意乙烯利去雄的效果，必须在蕾期及时摘除母本株上的雄花；种瓜坐瓜后，及时打顶，防止上部出现雄花，避免出现假杂种。

另外，乙烯利为酸性，遇碱不稳定，不能与碱性农药（如波尔多液）和碱性水混用，要随配随用。

第二节　西瓜

西瓜（*Citrullus vulgaris* Schrad.），别名水瓜、寒瓜、月明瓜，为葫芦科一年生蔓性草本植物，是夏季主要果蔬，以成熟果实供食。西瓜起源于非洲南部的卡拉哈里沙漠，埃及早在五六千年前就已开始种植，以后由陆路从西亚经波斯、西域，翻越帕米尔高原，沿丝绸之路传入新疆。

中国栽培西瓜的历史悠久，品种资源十分丰富。西瓜主要分果用和籽用两大类，目前栽培多为果用西瓜，根据对气候条件的适应性不同分为五个生态类型：华北生态型、东亚生态型、新疆生态型、美国生态型和俄罗斯生态型。目前生产上应用的基本是杂种

一代，根据品种熟性分为早熟、中熟和晚熟品种。

一、西瓜的生物学特性

（一）植物学特征

1. 根

西瓜根系分布广而深，可以吸收利用较大范围土壤中的营养和水分，是耐旱作物。在直播情况下，主根入土深达 1 米以上，在主根近土表 20 ~40 厘米处形成 4 ~5 条一级根，与主根呈40°角生长，在半径约 1.5 米范围内水平生长，其后再形成二级、三级根，构成主要根群，分布在 20 ~40 厘米的耕作层内。在茎节上形成不定根。西瓜根系的分布与品种特点、土壤质地、栽培技术等有密切关系。

2. 茎

西瓜的茎包括下胚轴和子叶节以上的瓜蔓，为草质、蔓性，前期呈直立状，而后匍匐在地面生长。下胚轴的横断面呈圆形或椭圆形，子叶着生的方向较宽，具有 6 束维管束。蔓的横断面近圆形，具有棱角，有 10 束雏管束。茎上有节，节上着生叶片，叶腋间着生苞片、雄花或雌花、卷须和根原始体。根原始体接触土面时发生不定根。

瓜蔓前期节间甚短，秧苗直立，第四、第五节以后节间逐渐伸长，至坐果节的节间 18 ~25 厘米；分枝能力强，可以形成 4 ~5 级侧枝，构成一个庞大的营养体体系。西瓜的分枝特性，是当植株进入伸蔓期，在主蔓上第二、第三、第四、第五节间发生 3 ~5 个侧枝，侧枝的长势因着生节位而异，长势强的能接近主蔓，在整枝时可留作基本蔓，这是第一次分枝高峰期。当主、侧蔓第二、第三雌花开放前后，在雌花节前后各形成 3 ~4 个子蔓或孙蔓，这是第二次分枝高峰期。其后因坐果，植株的生长中心转移到果实的生长上，侧枝形成数目减少，长势减弱。直至果实成熟后，植株生长得到恢复，在基部的不定芽及长势较强的侧枝上重新发生新枝，可以利用这类新枝二次坐果。

3. 叶

子叶椭圆形，大小因种子而异。真叶为单叶，互生，由叶柄、叶身组成。多数品种有较深的缺刻，成掌状裂叶。根据西瓜叶裂片大小和缺刻深浅，可分为狭裂片型和圆裂片型，又依其程度不同分若干类型。少数品种缺刻不明显，即所谓全缘叶或板叶型西瓜。

叶片的形状与大小与着生的节位有关。第一片真叶呈矩形，无缺刻，而后随叶位的升高裂片增加，缺刻加深。第四、第五片以上真叶具有品种特征。

4. 花

西瓜的花为单性花，有雌花、雄花，雌雄同株，有些品种，部分雌花的小蕊发育成雄蕊而成雌型两性花。花单生，着生在叶腋间。雄花的发生早于雌花，雄花在主蔓第三节叶腋间开始发生，而雌花着生的节位因品种而异，早熟品种主蔓第五至第七节出现第一雌花，中熟品种在主蔓第七至第九节出现第一雌花，晚熟品种在第十至第十一节以上出现第一雌花。雄花萼片 5 片，花瓣 5 枚，黄色，基部联合，花药 3 个，呈扭曲状。雌花柱头宽约 4 ~5 毫米，先端 3 裂，雌花柱头和雄花的花药均具蜜腺，靠昆虫传粉，是典型的虫媒花植物。

5. 果实

西瓜果实由子房发育而成。瓠果由果皮（中果皮）、内果皮和带种子的胎座三部分组成。果皮紧实，由子房壁发育而成，细胞排列紧密，具有比较复杂的结构。最外面为角质层和排列紧密的表皮细胞，下面是8～10层细胞的叶绿素带或无色细胞，其内是由几层厚壁木质化的石细胞组成的机械组织（外果皮），其厚度及其细胞间的木质化程度，决定不同品种间果皮的硬度及其耐贮运的程度。往里是中果皮，即习惯上所称的果皮，由肉质薄壁细胞组成，较紧实，通常无色，含糖量低，一般不可食用。中果皮厚度与品种及栽培条件有关，它与贮运性能密切相关。食用部分为内果皮和带种子的胎座，主要由大型薄壁细胞组成，细胞间隙大，其间充满汁液。果实的外形差异很大，大的重量可达10～12千克，小的1千克左右。

6. 种子

西瓜种子扁平，卵圆或长卵圆形，种皮色泽有红、褐、橙、黑、白等色，表面平滑或具裂纹、麻点。种子大小因品种而异，大粒种千粒重100克以上，中粒种千粒重约50克，小粒种千粒重仅20克左右。

（二）生长发育

西瓜全生育期约100天，其生育过程可以分为发芽期、幼苗期、伸蔓期和结果期。

1. 发芽期

种子萌动至两片子叶平展。此时苗端还形成2～3个稚叶。此期在25～30℃条件下，需经10天左右。

2. 幼苗期

由第一片真叶露心至团棵期。此期在20～25℃温度下，通常需20天左右，而在15～20℃温度下约需30天。其中又可分为二叶期和团棵期。二叶期是第一片真叶露心至2片真叶开展。此时下胚轴和子叶生长渐止，植株生长缓慢，主茎短缩，苗端具4～5个稚叶、2～3个叶原基。团棵期是指2片真叶展开至具有5～6叶阶段，苗端具8～9个稚叶、2～3个叶原基。此期主要是叶片和茎的增长。

3. 伸蔓期

幼苗团棵至坐果节雌花开放。此期在20～25℃温度下，约经20～25天。节间伸长，植株由直立生长转为匍匐生长。这标志着植株旺盛生长，植株干重增长加快。伸蔓期是茎叶生长的主要时期，由此建立强大的营养体。该期的生长中心是生长点，主、侧蔓间尚未有营养的相互转移。

4. 结果期

坐果节位雌花开放至果实成熟，直至全田采收完毕。主蔓第二、第三雌花开放至坐果，在26℃温度下约需4～5天。此时是由营养生长过渡到生殖生长的转折期，茎叶的增长量和生长速度仍较旺盛，果实的生长刚刚开始，随着果实的膨大，茎叶的生长逐渐减弱，果实为全株的生长中心。果实生长期一般为30～40天，如让其第二次结果，可以延续至秋季。

（三）生长发育对环境条件的要求

1. 温度

西瓜生长的适宜温度为18～32℃，耐高温，当40℃时仍能维持一定的同化效能，

但不耐低温，当气温降至15℃时生长缓慢，10℃时停止生长，5℃时地上部受寒害。根系生长的适温为25～30℃，伸长的最低温度为10℃，而根毛发生的最低温度为13～14℃。

营养生长可以适应较低的温度，而坐果及果实的生长则需较高温度。茎叶生长的温度低限为10℃，果实生长低限为15℃。在低温下形成的果实呈扁圆、畸形、厚皮、空心，影响品质。昼夜温差大有利于糖分积累，茎叶生长健壮，果实的含糖量提高。

2. 光照

西瓜是需光最强的作物之一。光合作用的光饱和点为8万勒克斯，补偿点为4 000勒克斯。试验结果表明，增加日照时间和光照度，能促进侧枝生长，而对主蔓生长影响较小；在较高温度和连续日照下，总叶面积增加，主要是增加叶数，而不是叶形的增大；日照时间对开花和受精也会产生影响。较短的日照时数，较弱的光照度，不仅影响西瓜的营养生长，而且影响子房的大小和授粉、受精过程。而光照条件对雌、雄花的比例关系影响不大。

3. 水分

西瓜拥有既深又广的根系，可以吸收利用较大范围的土壤水分，根系的吸收能力强。西瓜枝叶茂盛，生长迅速，产量高，瓜中含有大量水分，如水分不足，就会影响营养体的生长和果实的膨大。西瓜生长的适宜土壤含水量60%～80%最为适宜。西瓜根系不耐涝，瓜田受淹后根部腐烂，会造成全田植株死亡，因此要选择地势较高的田块种植，并加强清沟排水工作。

4. 土壤营养条件

西瓜最适宜土层深厚、排水良好、肥沃的砂壤土。砂土通气好，土壤温度较高，有利于根系的生长。西瓜对土壤的适应性广，砂土、黏土、酸性红黄壤、沿海盐碱地均可栽培，新垦地病害少，杂草少，可以得到较好的收成。西瓜对轮作要求十分严格，水旱轮作需3～4年，旱地轮作6～7年。如连茬或轮作周期短，枯萎病发生严重，造成死藤，减产严重，甚至绝收。

西瓜对土壤营养条件要求：①需肥量较大。②增加磷钾肥，避免偏施氮肥，以免引起徒长或降低果实品质。③根据不同生育时期和植株生长状态施肥，基肥以磷肥及农家肥为主，苗期以氮肥轻施，伸蔓期适当控制氮肥，坐果以后以速效氮、钾肥为主。

二、种株的开花结实习性

（一）开花授粉习性

西瓜花着生叶腋间，为单生花，雌雄同株异花。一般先分化出雄花，后生出雌花。从6～13节开始，每节着生一朵或若干朵雄花；早熟品种第5～7节着生第一朵雌花，晚熟品种则在第10节以后才发生雌花。以后每隔7～9节（主蔓及侧蔓均如此）着生一朵雌花，雌花与雄花的比例约为1∶10～20。雌花在开花前子房已相当发达，为虫媒花。雌雄花一般在清晨5时前后开放，雄花开放3～5分钟后散出花粉，授粉效果以6～10时最佳，授粉后3小时花粉管伸入花柱，23小时完成受精过程，以后子房迅速膨大形成果实。

（二）花器构造

西瓜花冠5裂，为黄色，雄花花冠大而色深，雌花花冠小而色淡。雄花有3个雄蕊，近分生，有药室。雌蕊位于花冠基部，柱头3裂，子房下位，侧膜胎座，3心皮，多胚珠。

（三）结实习性

西瓜果实从开花到果实成熟，早熟品种需24～27天，中熟品种需32天左右，晚熟品种需40天左右。果实由果皮、瓤肉（胎座）、种子三部分组成。果形一般为圆形或椭圆形。果皮有深绿、浅绿、黑、白等颜色，上有条带或斑纹。瓜瓤成熟后有红、黄、白等色。种子呈扁平的卵圆形或椭圆形，有白色、浅黄色、褐色、黑色及红色。单瓜结籽数不等，一般为300粒左右。千粒重相差较大，小粒品种20克左右，大粒品种140克左右。

三、种子繁育制度

西瓜的种子繁育制度与黄瓜的相同。即按二级留种制生产种子。方法是：用原种播种育苗，适时定植在隔离区即原种一代生产田中，第2雌花开放前拔除杂株劣株，摘除第1雌花或根瓜。此后任凭昆虫自由传粉，第3雌花坐瓜后整枝摘心，摘除非留种瓜和雌花，同时按品种标准性状严格选择优良植株。种瓜成熟后，由各优株上混合收获的原种一代种子，来年用于生产原种二代的种子，由其余植株上混合收获的原种一代的种子，来年用于生产生产种种子。以后各年可按此种方法生产原种二代、三代、四代等原种级种子及各年的生产种种子。大约在原种第四代前后又会出现新的混杂退化问题，此时可用库存的原种开始新一轮的种子生产。生产程序如图3－2。

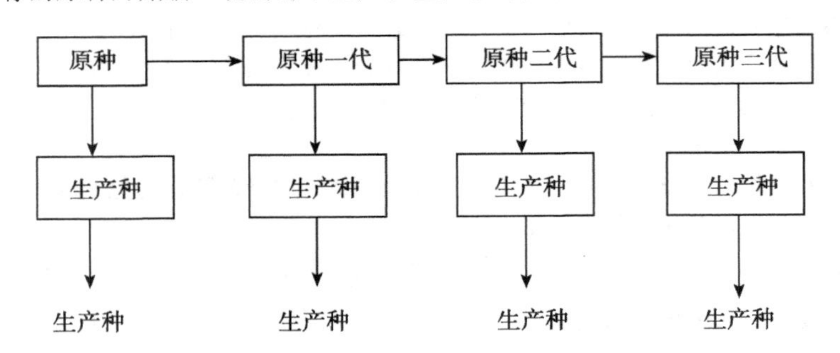

图3－2　西瓜二级留种繁育制度示意图

四、常规品种种子的生产

（一）常规品种原种的生产

西瓜为异花授粉作物，品种间容易天然杂交，从而引起品种混杂退化。提纯复壮工作一般采用“自交混繁法”两年两圃生产原种。

1. 选择优株自交

在种子田或生长良好的大田，根据品种的特征特性，选择具有本品种典型性状的优良单株。大约在主茎蔓15节前后的雌花（第二、第三雌花）开花时进行套袋授粉自交，并挂牌标记。瓜熟时逐个验瓜，运至室内考种，鉴定其含糖量、肉色、肉质、皮厚以及种子大小、颜色等是否符合本品种特性，只要一项不符合，即行淘汰。当选的单瓜分别编号、采种、贮藏，下年种成单瓜系。

2. 自交单瓜系圃

当选的自交单瓜种子，按编号分种单瓜系圃，进行分系比较。每个单瓜系种一畦，单瓜系间留一定距离，便于观察记载和田间检验。在生长发育过程中，不断去杂去劣，拔除杂株杂瓜。瓜熟后，当选系混系收瓜，扒瓤发酵，淘净种子，晒干留种。

3. 原种圃

上年收获的混系种子种于原种圃。原种圃与自交单瓜系圃一样，均要隔离500米以上。原种圃要采用优良栽培技术，做好去杂工作，充分成熟后，采收留种，下年可供繁殖大田生产用种。

（二）生产种的生产

西瓜的良种生产除注意采种田的隔离和田间的去杂去劣外，在栽培管理上应注意以下几个环节：

1. 培育壮苗

繁种西瓜采取育苗和大田直播均可。育苗可节省种子用量，集中管理，可育成质量较好，较整齐的秧苗。育苗可用营养土块、纸钵、塑料营养钵等，育苗方法和黄瓜相似。

2. 定植

西瓜应选土层深厚的砂壤土，不可重茬。当10厘米地温稳定在15℃以上时便可定植。大型果品种每亩600～800株，小型果品种每亩800～1 000株，甚至更多些。早春多采用暗水定植。

3. 采种田管理

瓜蔓伸长后，应及时中耕，深度10～15厘米，中后期应定时除草。采种田要重施基肥，每亩施入优质农家肥5 000千克，饼肥100千克。果实膨大期追肥氮磷钾三元复合肥50千克。坐瓜前要注意整枝打蔓，坐瓜后要及时压蔓，防止翻秧。整枝方式可采用单蔓整枝也可采用双蔓整枝，每株留1个瓜，以第二或第三雌花为好。采种田应注意加强人工辅助授粉，开花期可利用人工放养蜜蜂帮助授粉以提高种子的产量和质量。膨瓜期一定要特别注意水分的管理，保证土壤水分充足。种瓜采收前一周停止浇水。

4. 种瓜的采收

种瓜达到生理成熟时（开花后35～50天）方可采收。采收后，在通风阴凉处后熟3～5天再开瓜取种。方法是剖开西瓜，将种子连同瓜瓤一块装入木桶或大缸（勿用铁制或带油的容器），发酵一夜，冲洗干净后，及时晾晒，干燥后贮藏。采种也可以将种瓤装入编织袋中，扎紧袋口，用脚踩使瓤汁流出，然后用清水淘洗种子，淘洗干净后晾晒。

五、杂种一代种子的生产

目前杂交种西瓜分有籽西瓜和无籽西瓜，其生产程序有所不同，分别介绍如下。

1. 有籽西瓜杂交种生产技术

西瓜杂交种子的亲本繁殖方法与常规品种原种的繁殖方法基本相同，但要求隔离距离在1 000米以上，并要认真去杂去劣，使亲本种子具有较高的纯度，这样才能保证杂种优势的发挥。西瓜杂交种子生产有空间隔离制种法及人工去雄杂交制种法。

（1）空间隔离制种法

要求隔离距离1 000米以上，父、母本行比可按1：4～5种植。开花授粉期间，必须把母本的雄花在开放前全部去掉，最好每天进行一次，务必做到干净、彻底。为了提高坐果率，除放养蜜蜂授粉外，还可结合人工辅助授粉。

（2）人工去雄杂交制种法

在没有空间隔离条件时，必须采用人工去雄杂交制种法。一般将父、母本分别集中栽培，即将父本种在母本田的一端，两者比例1：10～15。从始花期起，就要在人工授粉前一天下午去掉母本系统中的所有雄花和雄花蕾，并将雌花蕾进行扎花处理。同时对父本系统中第二天即将开放的雄花蕾进行扎花处理。在第二天早晨5时左右，把即将开放的父本雄花摘下放入纸盒等容器内，等母本开花时进行人工授粉。一朵父本雄花可给2～3朵母本雌花授粉，授粉后做好标记。西瓜成熟后采收时，只收有标记的杂交瓜，留作采种之用。

2. 无籽西瓜杂交种生产技术

无籽西瓜又叫三倍体西瓜，是由四倍体西瓜与二倍体西瓜杂交而成。由于其自身不能结籽或所结种子不育，所以必须年年制种。隔离区要求在1 000米以上。制种程序是：

（1）母本选择。母本是四倍体西瓜，其果实内结籽量平均仅为普通二倍体西瓜的1/4，因此母本要尽量选择采种量高的品种。

（2）增加密度。四倍体西瓜茎粗、节间短、分枝性弱，坐果稳不易徒长，因此可适当增加定植密度，来提高种子产量，一般每亩定植800株。如果采用育苗移栽，父、母本按1：2～4相间种植。

（3）严格去雄。开花前务必将母本的雄花完全彻底地摘除，然后采用人工辅助授粉或虫媒传粉使父母本之间完成杂交。

（4）精心管理。施肥量应比普通西瓜制种田有所增加，尤其是磷、钾肥，如过磷酸钙、草木灰、饼肥等应增30%～50%。

（5）采瓜留种。无籽西瓜的种胚发育不充实，种瓜必须充分成熟才能采摘。采摘时，应选择生长健壮、无病虫害植株上的瓜留种。未充分成熟的瓜采摘后，应放在阴凉干燥处后熟7～10天方可破瓜取籽。取籽方法与常规品种相同。

第三节　甜瓜

甜瓜（*C. melo* L.）别名香瓜、瓜果、哈密瓜等，为葫芦科一年生蔓性草本植物。

甜瓜的起源中心是中部非洲的热带地区，经尼罗河流域、古埃及传入中东、近东、中亚（包括中国的新疆）和印度等地。在中亚演化出厚皮甜瓜类型，在印度演化出薄皮甜瓜。据考证，中国甜瓜栽培已有3 000多年的历史，在长期的生产实践中选育出了很多具有特色的地方品种，如新疆哈密瓜、甘肃的白兰瓜、山东的银瓜、江南的梨瓜等。

甜瓜是世界各国广泛栽培的瓜类作物，位居世界10大水果第10位，尤以亚洲栽培面积最大。据联合国粮农组织（FAO）统计，甜瓜栽培面积最大、发展最快的是中国，其次为俄罗斯、伊朗、西班牙、美国、罗马尼亚、墨西哥、伊拉克、埃及、摩洛哥、日本等。值得注意的是，近年来随着全球经济的发展和人民生活水平的不断提高，人们对质优味佳的餐后高档水果甜瓜特别是厚皮甜瓜的需求越来越多，从而推动了甜瓜产业的发展。

一、甜瓜的生物学特性

（一）植物学特征

1. 根

甜瓜的根系由主根、各级侧根和根毛组成，比较发达，在瓜类作物中，仅次于南瓜和西瓜。甜瓜的主根可深入土中1米，侧根长2～3米，绝大部分侧根和根毛主要集中分布在30厘米以内的耕作层。另外，甜瓜的茎蔓匍匐在地面上生长时，还会长出不定根，也可以吸收水分和养料，并可固定枝蔓。

2. 茎

甜瓜茎草本蔓生，茎蔓节间有不分杈的卷须，可攀缘生长。茎蔓横切面为圆形，有棱，茎蔓表面具有短刚毛，一般薄皮甜瓜茎蔓细弱，厚皮甜瓜茎蔓粗壮。每一叶腋内着生侧芽、卷须、雄花或雌花。分枝性强，子蔓、孙蔓发达。

3. 叶

甜瓜的叶着生在茎蔓的节上，每节1叶，互生。甜瓜叶为单叶，叶柄短，上被短刚毛。叶形大多为近圆形或肾形，少数为心脏形、掌形。叶片不分裂或有浅裂，这是甜瓜与西瓜叶片明显不同之处，甜瓜叶片更近似于黄瓜。甜瓜叶片的正反面均长有茸毛，叶背面叶脉上长有短刚毛，叶缘呈锯齿状、波纹状或全缘状，叶脉为掌状网脉。

4. 花

甜瓜雌雄同株，虫媒花，雄花是单性花，雌花大多为具雄蕊和雌蕊的两性花，也称为结实花。也有少数品种在低节位的雌花为单雌花，到高节位后恢复为两性花。另外还有极少数品种雌花为单雌花。甜瓜结实花常单生在叶腋内，雄花常数朵簇生，同一叶腋的雄花次第开放。结实花着生习性一般以子蔓或孙蔓上为主，孙蔓及上部子蔓第一节着生结实花，气温合适时一般在上午10时前开花，如气温偏低则开花时间延迟。

5. 果实

甜瓜的果实为瓠果，由受精后的子房发育而成。果实可分为果皮和种腔两部分，果皮由外果皮和中内果皮构成。外果皮有不同程度的木质化，随着果实的生长和膨大，木质化的表皮细胞会撕裂形成网纹。甜瓜的中、内果皮无明显界限，均由富含水分和可溶性糖的大型薄壁细胞组成，为甜瓜的主要可食部分。种腔的形状有圆形、三角形、星形等，三心皮一室，内充满瓤子。甜瓜果实的大小、形状、果皮颜色差异很大，是鉴定品种的主要依据。通常薄皮甜瓜个小，单瓜重在 1 千克以下。

果实形状有扁圆、圆、卵形、纺锤形、椭圆形等。果皮颜色有绿、白、黄绿、黄、橙等。外果皮上还有各种花纹、条纹、条带等，丰富多彩。甜瓜的果柄较短，早熟类型甜瓜果柄常熟后脱落。果实成熟后常挥发出香气。

6. 种子

甜瓜果实一果多胚，通常一个瓜中有 300 ~ 500 粒种子。种子形状为扁平窄卵圆形，大多为黄白色。种皮较西瓜薄，表面光滑或稍有弯曲。甜瓜种子大小差别较大，薄皮甜瓜种子小，千粒重 5 ~ 20 克；厚皮甜瓜种子大，千粒重可达 30 ~ 60 克。在干燥低温密闭条件下，能保持发芽力 10 年以上，一般情况下寿命为 5 ~ 6 年。

（二）生长发育

甜瓜一生大致可划分为以下几个时期：

1. 发芽期

播种至子叶展平真叶露心，约需 10 天。发芽适温范围是 25 ~ 30℃，最适温度 30℃，15℃以下不能发芽。

2. 幼苗期

子叶展平真叶露心到第 5 片真叶出现，约需 25 天。此期以叶的生长为主，第 1 真叶、第 2 真叶、第 3 真叶为每 7 天抽生 1 张，后随着叶片制造营养增加，出叶速度加快，第 4 真叶、第 5 真叶为每 5 天抽生 1 张，此时茎呈短缩状，植株直立。这一阶段是幼苗花芽分化、苗体形成的关键时期。

3. 伸蔓孕蕾期

第 5 真叶出现到第 1 雌花开放，约 20 ~ 25 天，生长量迅速增加。根系迅速向垂直和水平方向扩展，吸收量不断增加；侧蔓不断发生，节间伸长，植株由直立转向爬地生长；叶片不断增加，叶面积迅速扩大，植株营养生长进入旺盛阶段。

4. 结果期

第 1 雌花开放到果实成熟，早熟品种约需 20 ~ 35 天，中熟品种 40 ~ 50 天，晚熟品种 60 天以上。这一时期是以果实生长为主的时期。根据生长特点的不同，又可分为坐果期、膨瓜期和成熟期。

（1）坐果期。从雌花开放到果实“退毛”，约需 7 天，是植株由营养生长为主开始向生殖生长为主的过渡时期，果实“退毛”表明果实生长已经坐稳。

（2）膨瓜期。从果实“退毛”至“定个”（果实膨大至最大，果面特征明显），约需 10 ~ 20 天，是果实生长最旺盛时期，果实纵径、横径生长加速，果实大小已达成熟果的 95% 左右，皮色由绿渐变淡绿白，肉质较硬，可溶性固形物含量 5.7% 左右，此期内的果实生长是细胞的膨大，管理上需及时补充肥水，以促进果实膨大。

（3）成熟期。从果实“定个”至充分成熟止，薄皮甜瓜只需 10 天，厚皮甜瓜需要 20 ~ 40 天及以上。此期果实增长甚微，主要是果肉内的大量物质转化，皮色由淡绿白开始转向黄至淡黄色、黄色直至金黄色；果肉渐变软并散发出其固有香气；可溶性固形物含量快速增加至应有的含量，如伊丽莎白为 14%；种子充实、种皮变黄。

（三）生长发育对环境条件的要求

1. 温度

甜瓜喜温暖，生长发育的适宜温度为日温 25～35℃，夜温 16～20℃，长期 13℃以下、40℃以上会使生长发育不良。适宜根系生长土温为 22～30℃，40℃以上、14℃以下根毛停止生长，8℃以下根系受冻害；花粉发芽率最高的温度为 25～30℃，低于 20℃花粉管伸长受阻，受精不良，易引起畸形果；果实发育温度 30～35℃。甜瓜要求有较大的昼夜温差，茎叶生长期为 10～13℃，果实发育期为 12～15℃，温差大，果实品质好。整个生长期中，早熟型品种、中熟型品种、晚熟型品种需要高于 15℃的有效积温，分别为 1 500～1 750℃、1 800～2 800℃、2 900℃以上。

2. 光照

甜瓜性喜充足而强烈的光照，光饱和点 5.56 万勒克斯，光补偿点 0.4 万勒克斯，每天要求 10～12 小时以上的日照。光照不足使同化产物减少，生育不良，开花坐果延迟，果实产量降低，品质低劣。

3. 水分

甜瓜开花前对较高空气湿度的适应力较强，坐果后对高湿的适应力迅速减弱。甜瓜要求空气相对湿度为 50%～60%，只要土壤水分充足，还能忍耐更低的空气湿度；湿度长期高于 70% 容易诱发各种病害，甚至死亡，尤其高温高湿危害更为严重。甜瓜对土壤湿度的要求是开花前维持土壤最大持水量的 60%～70%；果实膨大期为 80%；果实停止膨大后至成熟期为 55%～60%。

4. 土壤养分

甜瓜根系强壮，吸收力强，耐瘠耐旱，对土壤种类要求不严，最适种植在排水良好、土层深厚疏松、土壤有机质含量 2.8% 左右，较肥沃的壤土或砂质壤土上。甜瓜最适的土壤酸碱度为 pH 值 6～6.8，但适应范围较广，耐盐碱。

甜瓜对氮、磷、钾三要素的吸收比例约为 30：15：55。甜瓜特别需要钾，配合氮磷肥施用钾肥，可使甜瓜作物增产 7%～18%，含糖量增加 0.1%～1.7%，减少田间枯萎病发病率 8.1%～17.3%。氮肥施用过多，易引起植株徒长，坐果困难。

二、种株的开花结实习性

（一）花芽分化

甜瓜第一真叶出现时苗端开始花芽分化，幼苗期结束时茎端约分化 20 叶节，至伸蔓期继续花芽分化。甜瓜最初花原基具两性，当花原基长 0.6～0.7 毫米之后才能进行雄性、雌性或两性花的分化。在昼温 30℃、夜温 18～20℃、日照 12 小时的条件下花芽分化早，雌花或两性花节位低，质量高。温度高、长日照，结实花节位提高，质量下降。

（二）花器构造与授粉习性

甜瓜雄花为单性，在主蔓第一节即可发生，单生或簇生。雌花在绝大多数品种中是雌型两性花，又称结实花。两性花的中央是柱头，周围着生 3～5 个雄蕊，花瓣为黄色、五裂且基本合生。正常情况下甜瓜自花授粉率在 60% 以上，因此杂交制种结实花必须去雄，这样才能保证杂交种子的纯度。

雌雄花均以开花当日授粉受精能力为最强。花朵一般在清晨开放，10时以后几乎不开放。雄花开放2小时后，花粉活力开始下降，温度越高花粉失活的速度越快，人工杂交授粉宜在6~9时进行。

（三）结实习性

甜瓜雌花发生率为孙蔓>子蔓>主蔓。一般，早熟品种或早熟类型，如薄皮甜瓜和厚皮甜瓜中的光皮早熟品种的雌花多着生在主蔓或子蔓上；而晚熟品种和晚熟类型，如厚皮甜瓜中的夏甜瓜、冬甜瓜的雌花多着生在子蔓或孙蔓上。即早熟品种多在主蔓和子蔓上结瓜；而晚熟品种多在子蔓和孙蔓上结瓜。一个种瓜中有300~500粒种子。种子形状为扁平窄卵圆形，大多为黄白色，种子大小因品种而异，寿命一般5~6年。

三、繁育制度

甜瓜种子产量高，播种量小，可按二级留种制生产种子。方法是适时在隔离区即原种一代生产田中播种原种种子，当第2层雌花开放前拔除杂株劣株，摘除第1雌花或根瓜。此后任凭昆虫自由传粉，第3层雌花开花后整枝摘心，同时摘除非留种瓜和雌花，此时按品种标准性状严格选择优良植株。种瓜成熟后，由各优株上混合收获的原种一代种子，翌年用于生产原种二代的种子，由其余植株上混合收获的原种一代的种子，翌年用于生产生产种种子。以后各年可按此种方法生产原种二代、三代、四代等原种级种子及各年的生产种种子。大约在原种第四代前后又会出现新的混杂退化问题，此时可用库存的原种开始新一轮的种子生产。生产程序如图3-3。

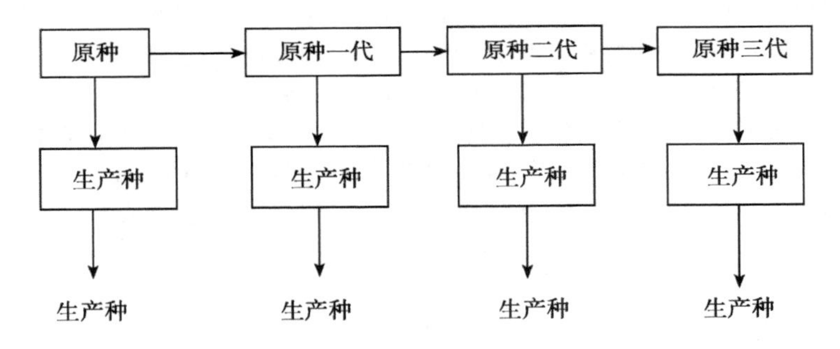

图3-3　甜瓜二级留种繁育制度示意图

四、常规品种种子的生产

（一）原种种子的生产

甜瓜为异花授粉作物，品种间容易天然杂交，从而引起品种混杂退化。提纯复壮工作一般采用“自交混繁法”两年两圃生产原种。

1. 选择优株自交

在种子田或生长良好的大田，根据品种的特征特性，选择具有本品种典型性状的优

良单株。在开花期选择子蔓上的雌花蕾进行套袋授粉自交，并挂牌标记。瓜熟时逐个验瓜，运至室内考种，鉴定其含糖量、肉色、肉质、皮厚以及种子大小、颜色等是否符合本品种特性，只要一项不符合，即行淘汰。当选的单瓜分别编号、采种、贮藏，下年种成单瓜系。

2. 自交单瓜系圃

当选的自交单瓜种子，按编号分种于单瓜系圃中，进行分系比较。每个单瓜系种一畦，单瓜系间留一定距离，便于观察记载和田间检验。在生长发育过程中，不断去杂去劣，拔除杂株杂瓜。瓜熟后，当选系混系收瓜，扒瓤发酵，淘洗干净，晒干留种。

3. 原种圃

上年收获的混系种子种于原种圃。原种圃与自交单瓜系圃一样，均要隔离500米以上。原种圃要采用优良栽培技术，做好去杂工作，充分成熟后，采收留种，下年可供繁殖大田生产用种。

（二）生产种种子的生产

甜瓜常规品种生产种的生产一般用高一级别的原种通过扩大繁殖来获得，其栽培技术要点如下：

1. 选地、施肥

甜瓜的制种田，应选择向阳坡，以砂壤土为最佳，保证8～9年的轮作。每亩施农家肥8 000千克，钾肥30千克，磷酸二氨20千克。

2. 整地做畦

薄皮甜瓜制种田应采用地膜覆盖，大垄种植二行的种植方式。也可采用高畦，畦宽1.1米，栽种二行。垄作，每播种两垄空一垄，这样有利于田间作业。厚皮甜瓜制种田垄或畦较薄皮甜瓜的宽30%～50%。

3. 播种、育苗

种子播前用1%的高锰酸钾浸泡10～15分钟，捞出清洗后，再用30～35℃温水浸种6～8小时，然后催芽。华北地区早春多采用拱棚或阳畦进行育苗，多在3月底或4月上旬进行播种并采用护根育苗措施。4月底或5月上旬定植，日历苗龄30天左右。

4. 合理密植

合理密植是提高种子产量的关键技术之一。薄皮甜瓜每亩定植1 500～2 000株；厚皮甜瓜每亩定植1 200～1 500株。

5. 田间管理

植株定植缓苗后，3～4片叶摘心，促进子蔓抽生。当子蔓长到4～5叶时摘尖，加速结实花的形成，同时要注意中耕除草。整枝要及时，为使整枝伤口尽快愈合，避免病菌从伤口侵入，整枝应选在晴天、高温时进行。隔离区内采用放蜂授粉或人工辅助授粉措施，提高坐果率，进而提高种子产量。果实膨大期，必须浇施膨大水肥。另外，生长期应注意防治白粉病、病毒病、杀灭蚜虫。

6. 种子的采收

依照品种的特点要做到适时采收。种瓜一般比菜用瓜晚收3～5天，目的是使种子充实饱满。开瓜后将瓜瓤连同种子一起放入塑料袋、塑料桶或缸中，发酵2～3天并不时搅拌，使种子与瓜瓤充分分离，捞出用清水漂洗（不能用金属容器发酵种子、以免影响种子颜色）。将洗净的种子放在纱网或篷布上晒干，晒干后的种子含水量应在8%以下。

五、杂种一代种子的生产

杂种一代亲本的繁殖同常规品种原种的生产。

杂种一代种子的生产除要整地做畦、中耕除草、整枝摘蔓、浇水施肥、防治病虫害之外，还要注意以下技术环节：

1. 确定父母本合适的播种期

父本一般提前5~7天播种。采用营养钵育苗，父母本按1∶5的比例播种。母本可采用育苗，也适于直播。播种适期应以秧苗出土后，当地晚霜期已过为准。直播最好先浸种催芽再播种，每穴播种1~2粒；若干籽直播，则每穴需种子3~4粒，覆土1~2厘米。华北地区一般3月底或4月初开始育苗，直播一般在4月中下旬进行。

2. 合理密植

为了提高种子产量，必须对制种田进行合理密植。根据品种特性，薄皮甜瓜每亩定植1 500~2 000株；厚皮甜瓜每亩定植1 200~1 500株。如果采用人工去雄授粉杂交的方式生产杂交种，父母本的比例为1∶9~10即可；如果采用人工去雄隔离区内放蜂授粉杂交的方式生产杂交种，父母本的比例以1∶3~4为宜。

3. 母本系统要及时去雄

甜瓜大多属两性花，须提前一天对母本系统施行人工去雄处理。即先剥去雌花的花瓣，用镊子摘尽雄蕊，去雄后立即套袋隔离，可用小纸帽或医用胶囊并做好标记。当然，母本系统中的雄花蕾也要一同摘除。花期每天都要进行这样的处理。

4. 授粉

授粉时间在开花后的1~2小时内进行最宜，晴天早上6∶00~9∶00，阴天可延迟至10∶00。授粉前认真检查雌花内的雄蕊是否剥除干净，须去雄干净方可授粉。授粉要全面，将子房柱头上的3裂均匀地涂满花粉。原则上1朵雄花授2~3朵雌花。授粉后立即套上隔离帽，并挂上标记环（每3天左右更换一种标记环），或挂上注明日期的小标签，供采收时参考。

5. 授粉后的田间管理

授粉后要适时疏果，将多余的或不正常的幼果及无授粉标记的自然授粉果及时摘除。授粉结束后抹去植株生长点，不再整枝，以维持植株长势，果实发育期可用0.4%尿素+0.3%磷酸二氢钾叶面喷肥2~3次。

6. 种子的采收

依品种特性及授粉标记，采收充分成熟的种瓜。病果、烂果和标记不清的果实坚决不采。采收回来的种瓜应放在通风干燥的室内后熟。

淘种时去除形状、皮色、瓤色及种子颜色、大小不符合要求的果实。淘出的种子不用金属器具盛放，须专人负责，严防机械混杂。取出的种子用清水洗净，分批剖瓜淘洗的种子要分开晾晒，及时晒干。晾晒场所需通风，摊成薄层、经常翻动，防止堆积变质。

第四节　西葫芦

西葫芦（*C. pepo* L.），别名美洲南瓜。是葫芦科南瓜属中叶片少带白斑、果柄五棱形的栽培种，1年生草本植物。

西葫芦原产于北美洲南部，故称美洲南瓜，现世界各地均有种植，以欧美最为普遍。19世纪传入我国，由于受生态条件的选择和劳动人民长期驯化的结果，西葫芦在我国已形成较多的类型和品种。目前，西葫芦在我国的东北、西北、华北各省、自治区均有种植，其保护地栽培面积在瓜类蔬菜中仅次于黄瓜，已成为我国北方地区保护地栽培的主要蔬菜种类之一。

西葫芦从株型上看可分为矮生型、半蔓生型和蔓生型三种类型。矮生型品种多为早熟品种，株高0.3～0.5米，主要有一窝猴、花叶西葫芦、早青一代、阿太一号等；半蔓生类型蔓长0.5～1.0米，如昌邑西葫芦；蔓生类型蔓长1～4米，多属中晚熟品种，如长蔓西葫芦、扯秧西葫芦等。

一、西葫芦的生物学特性

（一）植物学特征

1. 根

西葫芦根系强大，易于从土壤深层吸收水分和养分，因而比较耐干旱、耐瘠薄。西葫芦根系生长迅速，从种子发芽长出直根开始，以每日生长2.5厘米的速度扎入土中，最深可达2米以上。根系分枝性强，随植株生长可分生出许多一次、二次和三次侧根，形成强大的根群。侧根呈水平状态分布，1天可伸长5厘米，分布直径可达90～100厘米。根群主要分布在10～40厘米的耕作层土壤中。

2. 茎

西葫芦的茎为绿色，矮生或蔓生，具不明显的6棱，茎上有白色刺毛。第一节至第四节节间较短，能直立。第四节以后，节间伸长，直立性差，爬地生长。每节有腋芽、卷须、雄花或雌花。茎具有分枝性，叶腋可产生侧枝，但具有明显的顶端优势，即主蔓生长旺盛，而侧蔓生长势弱。在温暖湿润的条件下，茎节都易产生不定根。

茎分矮生、半蔓生和蔓生3种。矮生品种节间短，蔓矮缩，长50厘米左右，早熟、耐寒，但抗热性差，在各地普遍栽培；半蔓生品种蔓长0.5～1.0米，中熟，较少栽培；蔓生类型节间较长，蔓长1～4米，晚熟，耐寒性弱，但抗热性强，在北方地区广有栽培。

3. 叶

西葫芦的叶片分子叶和真叶两种。幼苗出土后，先展开的两片对生、长椭圆形的是子叶。子叶逐渐增大，长5～6厘米，宽2～3厘米，其面积虽较小，但在幼苗生长发育的初始阶段具有重要作用。子叶展开后，再长出的叶片为真叶，真叶互生，硕大，掌状深裂，裂刻的深浅因品种不同而有差异。叶面具硕刺，较粗糙，部分品种叶正面有“白斑”；叶柄细长，中空，无托叶。叶片的形状、茸毛及斑点的有无是南瓜种间分类依据之一。

4. 花

西葫芦为雌雄同株异花植株，花单生，黄色，着生于叶腋处。植株一般先开雄花，后开雌花，之后雌雄互现。

5. 果实

西葫芦果实由子房和花托发育而成。子房由3个心皮组成，心皮边缘内卷，形成了3个隆脊，每个隆脊代表2个相接的心皮边缘，继续生长至子房中心时，边缘又向外翻卷形成胎座，胎座上产生胚珠，属侧膜胎座。西葫芦果实为瓠果，子房下位，其形状、大小和颜色等性状因品种不同而异，但以长筒形和圆筒形较多。

6. 种子

种子扁平，灰白色或黄褐色，周缘与种皮颜色相同。种子的大小、形状、颜色、有无周缘部及种脐珠柄痕形状等，都是区别南瓜属不同种的重要标志。种子千粒重150～200克，种子寿命2～5年。

（二）生长发育

西葫芦的生长发育周期可分为发芽期、幼苗期、抽蔓期和结瓜期4个时期，每个时期的长短因品种和栽培环境不同而有差异。

1. 发芽期

从种子萌动至子叶展开、第一片真叶显露为发芽期，所需时间一般为7～8天。在发芽期，幼根生长较快，播后三天，根可长达3厘米，第四天则可产生许多侧根，幼苗期结束时已具有较发达的根系。

2. 幼苗期

从第一片真叶显露到第四片、第五片真叶展开为幼苗期，一般历时25～30天。此期结束时，根系发达，株高10～15厘米，茎粗0.6～0.8厘米。幼苗期也是营养生长和生殖生长同时进行，但以营养生长为主的关键时期。幼苗质量的好坏，会影响雌花分化的早晚和质量的高低，并且影响此后植株的生长和种子的产量与质量。

3. 抽蔓期

从幼苗期结束到第一雌花开放、根瓜坐住为抽蔓期，历时20～25天。这一时期茎节数增多，节间伸长，叶片数迅速增多，叶的生长明显加快，叶面积增大。雄花和雌花先后开放，幼瓜开始生长，当根瓜长10厘米、粗3厘米左右时此期结束。有的品种此期出现侧枝。抽蔓期以营养生长为生，并逐渐向以生殖生长为主的阶段过渡。植株以茎节生长、根系伸展为主，开花坐瓜刚刚开始。

4. 结瓜期

根瓜坐住到采收结束，约40～120天。茎叶生长与开花结果同时进行，为生长高峰期。植株每节的叶片、卷须、雌花和雌花陆续形成，雌花增多，主蔓叶片的面积达到最大值，主蔓生长的速度最快。

（三）生长发育对环境条件的要求

1. 温度

西葫芦原产于美洲热带地区，属喜温蔬菜，但对温度的适应性较强，较耐低温、不

同的类型和品种对温度的适应性有所不同，如矮生类型较耐低温，但抗热性差；而蔓生类型抗热性较强。同一品种不同生长期对温度的要求也有差异。

西葫芦种子发芽的最适宜温度为25～30℃，20℃以下发芽率降低，且发芽不正常。根系伸长最低温度为6℃，根毛发生最低温度为12℃，最高温度为38℃。苗期温度与幼苗的质量和花芽分化都有密切关系。在白天光照条件下，为了促进光合作用，温度以23～25℃为宜。夜温13～15℃能促进光合产物的运转。地温以18～20℃为宜。西葫芦在抽蔓期、开花结果期需要较高的温度。植株生长温度不能低于12℃，开花结果期的最低温度应在15℃以上。低于15℃，受精不良，而10℃以下则停止生长。30℃以上花器不能正常生长，还极易感染病毒病。果实发育最适温度为22～25℃。果实生长对温度的适应性较强，受精后果实在8～10℃的夜温下能正常生长。西葫芦生长发育还要求10℃左右的昼夜温差。

2. 光照

西葫芦属短日照蔬菜，但开花结果对日照长短适应性强，可周年生产。长日照有利于雄花发育，而雌花发生较少。在短日照条件下，雌花节位降低，数目增加。如果在苗期给予8～10小时的短日照处理，则有利于雌花分化和发育。

西葫芦茎蔓和果实生长都需要较强的光用，光补偿点为1 500勒克斯，光饱和点为45 000勒克斯，既要求强光，也较耐阴，适于保护地栽培。结果期间光照充足，光合产物多，向果实运转的同化产物充裕，果实生长快，发育良好，品质高。光照不足时，光合效率低，植株营养状态不佳，影响结果和果实发育。

3. 水分

西葫芦根系发达，吸水能力强，故较耐旱。但西葫芦生长量大，叶片数多、叶面积大、蒸腾旺盛，消耗的水分也多，所以，制种栽培必须保证水分供应。

4. 土壤营养

西葫芦根系强大，吸水吸肥能力强，对土壤的要求不严格，砂土、壤土、黏土均可栽培，甚至在瘠薄的土壤上也能生长，并获得一定的产量。但以通透性好，保水、保肥性能好的壤土为最佳。西葫芦对土壤酸碱度的要求，以微酸性为好，最适宜pH值为5.5～6.8。据测定，西葫芦每收获1 000千克果实，需吸收氮3.92千克、磷2.13千克、钾7.29千克，氮、磷、钾三要素的吸收比例约为1.84：1：3.5。西葫芦吸收的氨、磷、钾一半以上用于果实发育。

二、种株的开花结实习性

（一）花芽分化

从幼苗初期开始，茎端生长点的叶原基和花原基就已陆续分化。幼苗期结束雄花早于雌花显现。雌花着生节位的高低因品种不同而异，并且具有很强的可塑性。低温（15～20℃）及短日照（8～10小时）的环境条件有利于雌花分化。

（二）花器构造

西葫芦雌雄同株异花，花单生，黄色，着生于叶腋。雄花呈喇叭状，裂片大，萼片小而紧缩，萼片的裂片与5个花冠的裂片互生，3枚雄蕊不相连，花丝分离，但花药相连，形成蠕虫状旋管，花柄细长。雌花萼筒短，萼片渐尖形，花柄短粗、5棱，果蒂处稍扩张，雌蕊含有3个心皮，形成含有3个子室的子房，子房下位。短粗花柱顶端有3个2裂的乳突状柱头，通常有3个退化的雄蕊，花被筒与花柱基部之间有一环状蜜腺。

（三）授粉习性与果实发育

西葫芦的花在凌晨4时以后花冠开始松动，4时至4时30分完全开放，13～14时花完全闭合。昆虫自然传粉最盛的时间为6时30分至8时。西葫芦雌花在开花前日已具有一定的受精能力；授粉受精能力和结果率最高的时间为开花当天。花朵完全开放4～5小时后，授粉受精能力急剧下降，故在人工杂交制种授粉时必须及时。西葫芦雌花授粉后15分钟花粉开始萌发，花粉管在花柱内迅速伸长，每小时可达7～8毫米。授粉后3～5小时花粉管伸入子房内部，8～10小时达到子房末端，24～60小时到达胚珠，完成受精，胚和种子开始发育。由雌花授粉至种瓜采收需30～40天。采收后，应放阴凉处后熟15～20天，这样可提高种子质量。

三、繁育制度

西葫芦种子的生产可按二级留种制生产种子。方法是：用原种播种育苗，适时定植在隔离区即原种一代生产田中，第2雌花开放前拔除杂株劣株，摘除第1雌花或根瓜。此后任凭昆虫自由传粉，第3雌花坐瓜后整枝摘心，摘除非留种瓜和雌花，同时按品种标准性状严格选择优良植株。种瓜成熟后，由各优株上混合收获的原种一代种子，翌年用于生产原种二代的种子，由其余植株上混合收获的原种一代的种子，翌年用于生产生产种种子。以后各年可按此种方法生产原种二代、三代、四代等原种级种子及各年的生产种种子。大约在原种第四代前后又会出现新的混杂退化问题，此时可用库存的原种开始新一轮的种子生产。生产程序如图3－4。

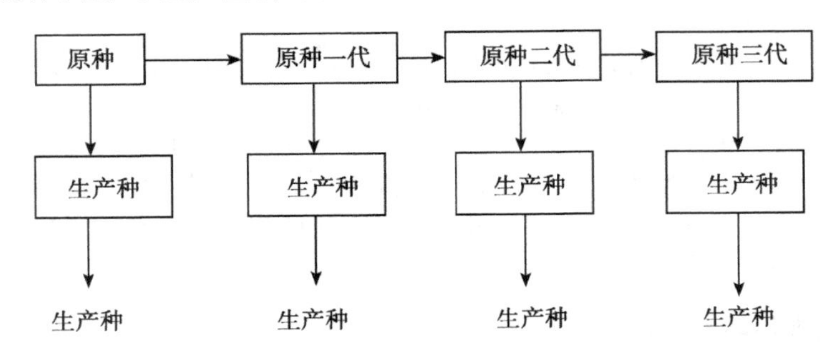

图3－4　西葫芦二级留种繁育制度示意图

四、常规品种种子的生产

（一）原种种子的生产

用选优提纯的方法生产西葫芦原种，其方法、程序与黄瓜相同，简述如下：

1. 单株选择

选择优良植株多在种子田或纯度高的生产田中进行。选择时期、标准和方法如下：

（1）初花期选择。

第1雌花开放后，主要对植株的叶形、叶色、第1雌花节位、开放期、雌花节的连续性等，选择符合本品种的标准性状的优良植株约百株。各入选株一律用第2或第3雌花人工混合授粉留种。扎花、授粉方法与黄瓜相同，授粉前摘除根瓜。

（2）种瓜商品成熟期选择。

主要针对果实皮色、网纹、果棱、果形、果实生长速度等，在前次所选植株内选择符合本品种标准性状的优良植株40～50株。入选株作系统观察，落选株按菜用栽培处理。

（3）种瓜生理成熟期选择。

授粉后40～50天种瓜生理成熟，此时主要针对抗病性、抗衰性、瓜蔓长短、结瓜数（或雌花数）等，选择优株约20株。各入选株分别单独收获种瓜，后熟10天后分别掏籽，供下年株系比较使用。

2. 株系比较

将上年各入选植株的种子播种育苗，适时定植在株系圃中的观察区和留种区。

（1）留种区。

每株系定植15株左右，第1雌花开放后拔除杂株劣株，用第2或第3雌花授以本系统混合花粉留种。为防止株系之间杂交，授粉前后需扎花隔离，种瓜坐稳后摘除其余雌花和嫩瓜，确保种瓜发育成熟。

（2）观察区。

每株系栽一小区，不同株系顺序排列，每5个株系设一对照，重复3次（株系过多时可不设置重复）。在生长发育过程中，除按单株选择时的诸多性状考查各株系的整体表现外，还应考查各株系的早期、中期和总产量，最后选出性状表现完全符合本品种标准性状、株间高度整齐一致、产量特别是早期产量极显著高于对照的优良株系若干。入选的优良株系从留种区的相应留种畦内收获种子。

3. 混系繁殖

将上述收获的种子播种育苗，适时定植在隔离区中，花期自由授粉，用第2或第3雌花所结果留种，即为本品种的原种种子。选优提纯生产的原种，需经室内检验和田间播种检验，若达到国家规定的标准，可按二级留种制模式生产原种一代、二代等原种级种子和生产种种子。

（二）生产种种子的生产

1. 培育壮苗

（1）适期播种。

西葫芦生产种多用露地采种方式生产，露地安全定植期之前30～35天，就是当地的育苗适期。晋中地区一般是4月初在阳畦中播种育苗，5月初晚霜过后定植。

（2）育苗方式。

西葫芦根系生长快，木栓化早，为保护根系需采用营养钵进行护根育苗，营养钵直径为10厘米。播种前浇足底水，播后覆土1～2厘米。为出苗迅速、整齐，播前需浸种8～10小时，在27～30℃条件下催芽36小时，当大部分种子"露白"后播种。

（3）苗期管理。

播种后不通风，使苗床保持25℃左右，经4～5天苗可出齐。齐苗后注意通风降温，以免徒长。一般白天保持在20～25℃，夜间保持在12～13℃。定植前6～7天降温炼苗，可逐渐将夜温降低至10℃以下，甚至更低，使幼苗逐步适应露地环境。定植时达到如下壮苗标准：苗龄30～35天，苗高20厘米，茎粗0.5厘米，五叶一心，叶色浓绿叶肉较厚，现花蕾，营养土块外布满须根。

2. 定植及田间管理

（1）整地施肥。

前茬结束后及时深耕、冬灌，春季土壤化冻后亩施5 000千克农家肥、过磷酸钙20～25千克作底肥，前耕细耙后做畦，畦宽1.2米。

（2）适期定植。

昼温稳定在11℃以上，夜间最低气温不低于0℃时，是西葫芦的安全定植期，晋中地区4月底即可露地定植，株行距45厘米×60厘米。

（3）田间管理。

为加速缓苗，防止沤根死苗，定植应在晴天上午进行，定植后应有4～5天连续晴天，定植水不可过大，最好顺定植沟灌水，顺水栽苗，栽后覆干土，即暗水定植。缓苗后浇稀粪水1次，之后严格控制浇水，进行蹲苗，连续中耕4～5次，深度15厘米左右，保墒提温，促进根系发育。第1雌花开放时结束蹲苗，亩施氮磷复合肥20～25千克，然后灌水，2～3天后大多数植株的第1雌花或根瓜必然脱落，未脱落的人工摘除，确保第2或第3雌花坐瓜留种。种瓜坐稳后，在其前端保留3～4片叶摘心，并将其余雌花、嫩瓜摘除。若出现侧枝也应及时摘除，使养分集中供给种瓜生长发育。在第2～3雌花开放期内，若田间蜜蜂等媒介昆虫数量不足时，则应人工辅助授粉，以提高坐瓜率和单瓜结籽数。种株生长中期视长势情况施少量氮肥，以免早衰。一棵种株若留两个种瓜，第二个种瓜必须在清园拔蔓前40～50天坐瓜，否则种子不能充分成熟。

3. 空间隔离

西葫芦是异花授粉植物，为防止天然杂交确保种子纯度，不同品种间的隔离距离必须在2 000米以上。

4. 种瓜收获

授粉坐果后40～50天种子成熟。成熟后要及时采收，后熟7～8天剖瓜掏籽，清洗晾晒后入库。

五、杂种一代种子的生产

西葫芦的花器结构、开花授粉习性均与黄瓜的相似，因而一代杂种种子的生产方法与其也基本相同，主要有人工杂交制种、人工去雄天然杂交制种和化学去雄天然杂交制种。

（一）人工杂交制种

将杂种一代的父母本按1∶8～10的株数比播种育苗。分别连片定植在制种田中。第1雌花开放时将双亲系统中的杂株劣株拔除干净，然后摘除母本系统中的第1雌花和根瓜。用父本系统新鲜的混合花粉，给母本植株上刚刚开放的第2或第3雌花授粉。为确保种子纯度，采粉前的父本雄花和授粉前后的母本雌花，都必须扎花隔离。种瓜坐稳后将母本株上的所有非杂交果实及雌花全部摘除干净，确保种瓜正常生长，充分成熟。父母本系统可另设隔离区采收原种。

（二）人工去雄天然杂交制种

将杂种一代品种的父母本按1∶3的行数比定植于制种隔离区中，母本系统第1雌花开放时，将系内各株上所有的雄花、雄蕾及第1雌花或根瓜摘除干净，确保第2～3雌花开放期内无一朵雄花开放。此后任凭媒介昆虫自由授粉，同时进行人工辅助授粉。第2或第3雌花节瓜后，将植株上的其余嫩瓜及雌花摘除，以利种瓜健壮生长。

（三）化学去雄天然授粉杂交制种

在母本育苗床内，当第二真叶刚刚展开时，用200～300毫克/千克浓度的乙烯利溶液喷洒幼苗叶片，每隔4～5天喷洒一次，共喷3～4次即可。后将父母本按1∶3的行比定植在制种隔离区中，开花后任凭媒介昆虫自由授粉，坐瓜后选用第2或第3雌花所结果实留种，其余全部及时摘除干净。用乙烯利处理后，母本系统中也会偶有雄花开放，为确保杂交种纯度，母本系统第2～3雌花开放前后，也应经常检查，及时摘除偶尔出现的雄花蕾，使开花授粉期内母本系统中没有一朵雄花开放。为提高种子产量，花期也要进行必要的人工辅助授粉。

无论采用哪种方式进行杂交种子的生产，都必须注意以下技术环节的操作：

1. 育苗

父、母本分别播种于育苗床，通常父本应比母本早播7～10天。一般播种期在当地晚霜前30～35天。

2. 定植

在晚霜过后，幼苗具4～5片真叶时，按照品种适宜的行、株距定植。父母本比例为1∶3～1∶4，即栽3行或4行母本后，栽1行父本。

3. 田间管理

定植缓苗后，适当控水蹲苗，中耕2～3次，以促进根系生长，防止幼苗徒长。杂交果实膨大后，加强肥水管理，结合浇水，追肥2～3次，每次每亩施复合肥15千克。

4. 父本植株的检查与管理

父本植株在定植时和开花以前应严格检查，发现杂株劣株要及早拔除；父本植株上的雌花也应摘除，否则会影响雄花开花的数量和质量。把第二天即将开放的雄花用细线或钢丝夹扎住，供第二天授粉之用。有时为了省工，父本雄花也可不扎花隔离，但必须在开花当日花冠尚未开放前尽早摘下，否则有被蜜蜂等昆虫污染花粉的可能，摘下的雄花可直接用于授粉。

5. 母本植株的检查和管理

母本植株在授粉开始前应严格检查，彻底清除杂株。在授粉前1天，将母本植株的雄花尽早彻底摘除，并将雌花蕾套袋。这是一项很重要的工作，特别是对保持一代杂种种子的纯度尤为重要。当母本田的雄花去除后，制种田内仅有父本花粉，可以免除母本发生非目的性杂交或自交。另外，母本株第一朵雌花发育较弱，不宜用于制种，应尽早摘除。

6. 授粉

西葫芦一般清晨5时左右开花，花粉充分散出。由于花粉不耐高温，当气温高于24～25℃时，花粉很快死亡。因此，授粉要求在上午10时前结束。

授粉时，从父本株上取来雄花，除去花瓣，露出雄蕊，然后选当天开花的母本雌花，将雄蕊在雌蕊柱头上轻轻涂抹，使之授粉充分均匀。授粉后将雌花冠再次扎好，同时在雌花柄上挂牌标记。1朵雄花能给3～4朵雌花授粉。有条件的地方，可在周围隔离2 000米以上的特定采种地利用蜜蜂传粉，作为人工授粉的补充措施，这样可大大提高坐瓜率和种子产量。

7. 种子的采收

授粉后40～50天果实着色成熟，果实的形状、大小、颜色因品种而异。采收时一定要注意所采果实是否具有本品种特征，切不可采收杂株劣果。另外，还要特别注意杂交标记，标记不清的不可采收。采收后，将种瓜放置在通风干燥的地方后熟10～15天再掏籽。采种剖瓜时注意不要切透瓜瓤，以免切碎种子。将种子用清水漂去瘪籽，充分洗净，晒干后入库。

第五节　中国南瓜

中国南瓜（*Cucurbita moschata* Duch.），又名南瓜、倭瓜、饭瓜和番瓜等，为葫芦科南瓜属一年生蔓性植物。原产于中美洲，16世纪传入欧洲，以后传入亚洲。主要分布于中国、印度、马来西亚和日本等地，欧美甚少。按果实形状分为两个变种：

1. 圆南瓜（var. *melonaeformis*），果实圆形或扁圆形，表皮多具纵沟或瘤状突起，浓绿色，具黄色斑纹。主要品种有大磨盘、柿饭南瓜、蜜枣南瓜、早番南瓜、东升、一品、仙姑等。

2. 长南瓜（var. toonas），果实长形，头部较大，果实绿色，具黄色花纹。主要品种有牛腿南瓜、黄狼南瓜、十姊妹南瓜、雁脖南瓜等。

一、中国南瓜的生物学特性

（一）植物学特征

1. 根

中国南瓜的根系发达。种子发芽后长出的直根入土可深达2米左右。一级侧根有20余条，一般长50厘米左右，最长的可达140厘米，并可分生出三级、四级侧根，形成强大的根群。其主要根群分布在10～40厘米的耕作层中。中国南瓜的根系在干旱和贫瘠的土壤中也能正常生长。

2. 茎

中国南瓜的茎多蔓生，也有少数的矮生丛生茎，分主枝及一级、二级侧枝。蔓生型的一般蔓长3~5米，最长的可达10余米。茎中空，具有不明显的棱。在匍匐茎节上易产生不定根，起固定枝蔓和辅助吸收水肥的作用。由于其分枝性较强，栽培及制种过程中必须进行及时的植株调整。

3. 叶

中国南瓜的叶互生，叶片肥大，深绿色或鲜绿色。叶柄细长而中空，无托叶。叶片有五角，掌状。叶面有柔毛，粗糙。沿着叶脉有白斑，白斑的多少、大小及叶色浓淡因品种而异。叶腋处着生雌花、雄花、侧枝及卷须。

4. 花

中国南瓜的花型较大，雌花、雄花同株异花，异花授粉，虫媒花。雌花大于雄花，鲜黄色或黄色，钟状。雌花子房下位，柱头三裂，花梗较粗，从子房的形态可以判断以后的瓜形。雄花比雌花数量多，出现早于雌花并先开放。雄花有雄蕊5枚，合生成柱状，花粉粒大，花梗细长。花冠五裂，花瓣合生，呈喇叭状或漏斗状。中国南瓜的果实是由花托和子房发育而成的。南瓜花在夜间开始开放，早晨4~5时盛开，午后萎蔫。短日照和较大昼夜温差有利于雌花形成，并可降低着生的节位，有利于早熟。主茎基部侧蔓雌花着生节位高，主茎上部侧蔓雌花着生节位低。

5. 果实

中国南瓜果实形状有扁圆、圆筒、梨形、瓢形、纺锤形、碟形等。瓜皮颜色也因品种而异，底色多为绿色、灰色或粉白色，间有浅灰色、橘红色的斑纹或条纹。中国南瓜的果面平滑或有明显棱线，或有瘤棱、纵沟。果肉多为黄色、白色或浅绿色。果实分外果皮、内果皮、胎座3部分。一般为三心室，6行种子着生于胎座之上。也有的为四心室，着生8行种子。肉厚一般为3~5厘米，有的厚达9厘米以上。肉质致密。瓜梗硬，木质化，断面呈5棱形，上有浅棱沟，与瓜连接处显著膨大，呈五角形底座。

6. 种子

中国南瓜种瓜成熟后，籽粒饱满，籽皮硬化，种子形状扁平，边缘肥厚。种子多为灰白色、淡黄色、淡褐色或黄褐色。千粒重125~300克。种子寿命5~6年。

（二）生长发育

中国南瓜的生育周期包括发芽期、幼苗期、抽蔓期及开花结瓜期。

1. 发芽期

从种子萌动至子叶开展，第一真叶显露为发芽期。播种前要浸种催芽，一般用50~55℃温水浸种15分钟，并不断搅拌待水温降低至室温后，再浸种4~6个小时，在28~30℃的条件下催芽36~48个小时。在正常条件下，从播种至子叶展开需4~5天。从子叶展开至第一片真叶显露需2~3天。

2. 幼苗期

自第一真叶开始抽出至具有5片真叶，还未抽出卷须为幼苗期。这一时期植株直立生长，在20~25℃的条件下，生长期为25~30天。如果温度低于20℃时，生长缓慢，生长期为40天以上。早熟品种可出现雄花蕾，有的也可显现出雌花和侧枝。

3. 抽蔓期

从第五片真叶展开至第一雌花开放，一般需10～15天。此期茎叶生长加快，从直立生长变为匍匐生长，卷须抽出，雄花陆续开放，为营养生长旺盛的时期。此期茎节上的腋芽迅速生长，抽发为侧蔓。同时，花芽亦迅速分化。此期要根据品种特性，注意调整营养生长与生殖生长的关系，注意压蔓，促进不定根的发育，以适应茎叶旺盛生长和结瓜的需要，为开花结瓜期打下良好基础。

4. 开花结瓜期

从第一雌花开放至最后一个果实成熟为开花结瓜期。茎叶生长与开花结瓜同时进行。从雌花开放到种瓜生理成熟需50～70天。早熟品种在主蔓第五至第十叶节出现第一朵雌花，晚熟品种推迟至第二十四叶节左右。在第一朵雌花出现后，每隔数节或连续几节都能出现雌花。不论品种熟性早晚，第一雌花结的瓜小，种子亦少，早熟品种尤为明显。

（三）生长发育对环境条件的要求

1. 温度

中国南瓜可耐较高的温度，对低温的忍耐能力不如西葫芦。种子在13℃以上开始发芽，以25～30℃为发芽最适温。10℃以下或40℃以上时不能发芽。根系伸长的最低温度为6～8℃，根毛生长的最适温度为28～32℃。生长的适宜温度为18～32℃，开花结瓜的温度不能低于15℃。温度高于35℃时，花器官不能正常发育。果实发育最适宜温度为25～27℃。夏季高温期生长易受阻，结果停止。

2. 光照

中国南瓜属短日照作物。雌花出现的迟早与幼苗期温度的高低和日照长短关系密切。在低温与短日照条件下，可降低第一雌花节位而提早结瓜。如对夏播的南瓜，在育苗期进行不同的遮光处理，缩短光照时间，每天仅给8个小时的光照，处理15天的前期产量比不处理的高60.2%，总产量高53%；处理30天的比不处理的分别高116.9%和110.8%。中国南瓜对于光照强度要求比较严格，在充足的光照下生长健壮，弱光下生长瘦弱，易于徒长，并引起化瓜。在高温季节，阳光强烈，易造成严重萎焉。所以，高温季节栽培南瓜时，应适当套种高秆作物，以利于减轻直射阳光对南瓜造成的不良影响。由于南瓜叶片肥大，互相遮盖严重，田间消光系数高，影响光合效率，所以田间管理时须进行必要的植株调整。

3. 水分

中国南瓜有强大的根系，具有很强的耐旱能力。但由于南瓜根系主要分布在耕作层内，蓄积水分有限，同时南瓜茎叶繁茂，叶片大，蒸腾作用强，每形成1克干物质需要蒸腾掉748～834克水，所以中国南瓜田土壤含水量在55%～65%为宜。土壤和空气湿度低时，会造成萎蔫现象。土壤和空气湿度过低持续时间较长时，亦易形成畸形瓜。所以要及时灌溉，南瓜植株才能正常生长和结瓜，取得高产。但湿度太大时，南瓜易于徒长。雌花开放时，若遇阴雨天气，容易造成落花落果。

4. 土壤和营养

中国南瓜根系吸肥吸水能力强，在其他蔬菜难于栽培的干旱、贫瘠土地也可种植。

但土壤肥沃，营养丰富，有利于雌花的形成，雌花与雄花的比例增大。其适宜的土壤pH值为6.5~7.5。在南瓜生长前期氮肥过多，容易引起茎叶徒长，头瓜不易坐稳而脱落，过晚施用氮肥则影响果实的膨大。南瓜苗期对营养元素的需求较少，甩蔓以后其营养吸收量明显增加，在头瓜坐稳之后，是需肥量最大的时期，营养充足可促进其茎叶生长，有利于获得高产。中国南瓜对氮磷钾三要素的需求量比西葫芦高1倍，是吸肥量最多的蔬菜作物之一，在其整个生育期内对营养元素的吸收以钾和氮为多，钙居中，镁和磷较少。每生产1 000千克南瓜需吸收氮（N）3.92千克，磷（P_2O_5）2.13千克，钾（KO_2）7.29千克。施用厩肥和堆肥对南瓜生长发育有利，可有效提高种子质量和果实品质。

二、种株开花授粉结实习性

（一）花器构造

中国南瓜花单生，花冠大，鲜黄色，呈筒状或钟状。一般雄花比雌花多，早开放。雄花花梗细长，有雄蕊5枚，合生成柱状，花粉粒大，借助昆虫传粉。雌花花梗粗壮，子房下位，从子房的形态可以判断以后的果实的形状。花萼着生于子房之上，花瓣合生，呈喇叭状或漏斗状。南瓜果实由花托和子房发育而成。果实分外果皮、内果皮、胎座3部分。

（二）开花授粉习性

中国南瓜的主蔓和侧蔓都能开花结果，一般以主蔓结果为主。早熟品种在主蔓有5~10片叶时出现第一朵雌花。中熟品种主蔓长到10~18片叶才出现第一朵雌花，晚熟品种甚至推迟到有24片叶左右才出现雌花。第一朵雌花后每隔数节或连续几节都会出现雌花。无论早熟品种还是晚熟品种，第一朵雌花结的果都比以后结的果个小，种子也少，早熟品种更为明显。

中国南瓜花在夜间1时开始开放，凌晨4~5时盛开。盛开的雄花花粉最多，授粉后结果率也最高。有试验结果表明，开花当天4时授粉，结果率为73.6%，5时为64.8%，6时为65.8%，7时为44.7%，8时为36.8%，9时为26.3%，10时为26.3%，11时为15.8%，12时为10.5%。因此，授粉应在8时以前进行。10时以后授粉，结果率很低。

中国南瓜在自然授粉的情况下，异株授粉结果率为65%，自交的为35%，利用异株花粉结果的植株占多数。从人工授粉和自然授粉的效果看，人工授粉结果率为72.6%，而自然授粉的结果率仅为25.9%。人工授粉能极为显著的提高中国南瓜的结果率。

另外，南瓜种之间远缘杂交时，有的杂交结果率很高。尤其是以印度南瓜为母本，中国南瓜为父本，结果率为39%，单果平均种子数达126.7粒。中国南瓜为母本，印度南瓜为父本，结果率为41.8%，单果平均种子数为7.7粒。南瓜种间杂交，为育种工作开辟了一条新的途径，而对留种田的隔离问题也带来了较大麻烦。

（三）果实发育与种子

中国南瓜果实一般为三心室，6行种子着生于胎座，也有四心室的，8行种子着生于胎座。从雌花开放到种瓜生理成熟需50～70天。种瓜成熟后，种粒饱满，种皮硬化。种子由种皮、胚乳和胚3部分组成，种子外形扁平，种皮因种和品种而不同，有灰白色、乳白色、淡黄色、黄褐色、棕色等。千粒重因品种而异，一般125～300克。种子寿命5～6年。

三、繁育制度

中国南瓜种子的生产可按二级留种制生产种子。方法是：用原种播种育苗，适时定植在隔离区即原种一代生产田中，第2雌花开放前拔除杂株劣株，摘除第1雌花或根瓜。此后任凭昆虫自由传粉，第3雌花坐瓜后整枝摘心，摘除非留种瓜和雌花，同时按品种标准性状严格选择优良植株。种瓜成熟后，由各优株上混合收获的原种一代种子，翌年用于生产原种二代的种子，由其余植株上混合收获的原种一代的种子，翌年用于生产生产种种子。以后各年可按此种方法生产原种二代、三代、四代等原种级种子及各年的生产种种子。大约在原种第四代前后又会出现新的混杂退化问题，此时可用库存的原种开始新一轮的种子生产。生产程序如图3－5。

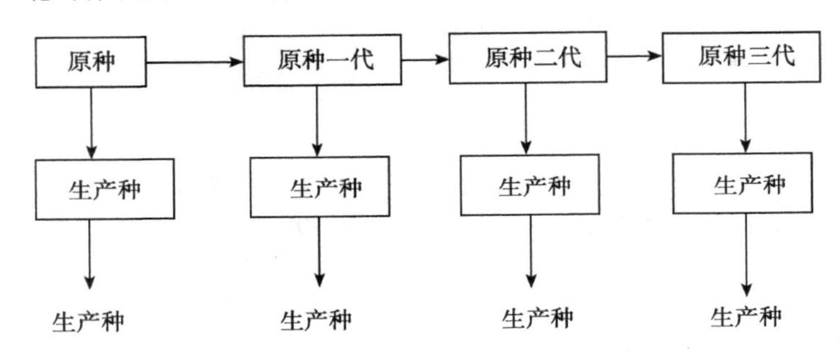

图3－5　中国南瓜二级留种繁育制度示意图

四、常规品种种子的生产

（一）原种种子的生产

用选优提纯的方法生产中国南瓜原种，其方法、程序与西葫芦的相似，简述如下：

1. 单株选择

选择优良植株多在种子田或纯度高的生产田中进行。选择时期、标准和方法如下：

（1）初花期选择。第1雌花开放后，主要对植株的叶形、叶色、第1雌花节位、开放期、雌花节的连续性等，选择符合本品种的标准性状的优良植株约百株。各入选株一律用第2或第3雌花人工混合授粉留种。扎花、授粉方法与西葫芦的相同，授粉前摘除根瓜。

（2）种瓜商品成熟（即生理成熟）期前期选择。主要针对果实皮色、花纹、果形、果实生长速度等，在前次所选植株内选择符合本品种标准性状的优良植株40～50株。入选株作系统观察，落选株按菜用栽培处理。

（3）种瓜商品成熟后选择。授粉后40～50天种瓜生理成熟，此时主要针对抗病性、抗衰性、瓜蔓长短、结瓜数（或雌花数）等，选择优株约20株。各入选株分别单独收获种瓜，后熟10天后分别掏籽，供下年株系比较使用。

2. 株系比较

将上年各入选植株的种子播种育苗，适时定植在株系圃中的观察区和留种区。

（1）留种区。每株系定植15株左右，第1雌花开放后拔除杂株劣株，用第2或第3雌花授以本系统混合花粉留种。为防止株系之间杂交，授粉前后需扎花隔离，种瓜坐稳后摘除其余雌花和嫩瓜，确保种瓜发育成熟。

（2）观察区。每株系栽一小区，不同株系顺序排列，每5个株系设一对照，重复3次（株系过多时可不设置重复）。在生长发育过程中，除按单株选择时的诸多性状考查各株系的整体表现外，还应考查各株系的早期、中期和总产量，最后选出性状表现完全符合本品种标准性状、株间高度整齐一致、产量特别是早期产量极显著高于对照的优良株系若干。入选的优良株系从留种区的相应留种畦内收获种子。

3. 混系繁殖

将上述收获的种子播种育苗，适时定植在隔离区中，花期自由授粉，用第2或第3雌花所结果留种，即为本品种的原种种子。

选优提纯生产的原种，需经室内检验和田间播种检验，若达到国家规定的标准，可按二级留种制模式生产原种一代、二代等原种级种子和生产种种子。

（二）生产种种子的生产

1. 培育壮苗

（1）适期播种。中国南瓜生产种多用露地采种方式生产，露地安全定植期之前28～32天，就是当地的育苗适期。晋中地区一般是4月初在阳畦中播种育苗，5月初晚霜过后定植。

（2）育苗方式。中国南瓜根系生长快，木栓化早，为保护根系需采用营养钵进行护根育苗，营养钵直径为10厘米。播种前浇足底水，播后覆土2～3厘米。为出苗迅速、整齐，播前需浸种6～8小时，在28～30℃条件下催芽36～48小时，当大部分种子“露白”后播种。

（3）苗期管理。播种后不通风，使苗床保持25℃左右，经3～4天苗可出齐。齐苗后注意通风降温，以免徒长。一般白天保持在22～27℃，夜间保持在13～15℃。定植前6～7天降温炼苗，可逐渐将夜温降低至10℃以下，使幼苗逐步适应露地环境。定植时达到如下壮苗标准：苗龄28～32天，苗高20厘米，茎粗0.6厘米，五叶一心，叶色浓绿叶肉较厚，营养土块外布满须根。

2. 定植及田间管理

（1）整地施肥。前茬结束后及时深耕、冬灌，春季土壤化冻后亩施5 000千克农家肥、过磷酸钙20～25千克、硫酸钾35千克作底肥，前耕细耙后做畦，畦宽1.5～2米。

（2）适期定植。昼温稳定在13℃以上，夜间最低气温不低于5℃时，是中国南瓜的安全定植期，晋中地区5月上旬即可露地定植，株行距60厘米×160厘米。

（3）田间管理。为加速缓苗，防止沤根死苗，定植应在晴天上午进行，定植后应有4～5天连续晴天，定植水不可过大，最好顺定植沟灌水，顺水栽苗，栽后覆干土，即暗水定植。缓苗后浇稀粪水1次，之后严格控制浇水，进行蹲苗，连续中耕3～4次，深度15厘米左右，保墒提温，促进根系发育。第1雌花开放时结束蹲苗，亩施氮磷复合肥20～25千克，然后灌水，2～3天后大多数植株的第1雌花或根瓜必然脱落，未脱落的人工摘除，确保第2或第3雌花坐瓜留种。种瓜坐稳后，在其前端保留6～8片叶摘心，并将其余雌花、嫩瓜摘除。若出现侧枝也应及时摘除，使养分集中供给种瓜生长发育。在第2～3雌花开放期内，若田间蜜蜂等媒介昆虫数量不足时，则应人工辅助授粉，以提高坐瓜率和单瓜结籽数。种株生长中期视长势情况施少量氮肥，以免早衰。一棵种株若留两个种瓜，第二个种瓜必须在清园拔蔓前60天左右坐瓜，否则种子不能充分成熟。

3. 空间隔离

中国南瓜是异花授粉植物，为防止天然杂交确保种子纯度，不同品种间的隔离距离必须在2 000米以上。

4. 种瓜的收获

授粉坐果后50～70天种子成熟。成熟后要及时采收，后熟10～15天剖瓜掏籽，清洗晾晒后入库。

五、杂种一代种子的生产

中国南瓜的花器结构、开花授粉习性均与西葫芦的相似，因而杂种一代种子的生产方法也基本相同，主要有人工杂交制种、人工去雄天然杂交制种和化学去雄天然杂交制种。

（一）人工杂交制种

将杂种一代的父母本按1∶8～10的株数比播种育苗。分别连片定植在制种田种。第1雌花开放时将双亲系统中的杂株劣株拔除干净，然后摘除母本系统中的第1雌花和根瓜。用父本系统新鲜的混合花粉，给母本植株上刚刚开放的第2或第3雌花授粉。为确保种子纯度，采粉前的父本雄花和授粉前后的母本雌花，都必须扎花隔离。种瓜坐稳后将母本株上的所有非杂交果实及雌花全部摘除干净，确保种瓜正常生长，充分成熟。父母本系统可另设隔离区采收原种。

（二）人工去雄天然杂交制种

将杂种一代品种的父母本按1∶3的行数比定植于制种隔离区中，母本系统第1雌花开放时，将系内各株上所有的雄花、雄蕾及第1雌花或根瓜摘除干净，确保第2～3雌花开放期内无一朵雄花开放。此后任凭媒介昆虫自由授粉，同时进行人工辅助授粉。第2或第3雌花节瓜后，将植株上的其余嫩瓜及雌花摘除，以利种瓜健壮生长。

（三）化学去雄天然授粉杂交制种

在母本育苗床内，当第二真叶刚刚展开时，用300～400毫克/千克浓度的乙烯利溶液喷洒幼苗叶片，每隔3～4天喷洒一次，共喷4～5次即可。后将父母本按1∶3的行比定植在制种隔离区中，开花后任凭媒介昆虫自由授粉，坐瓜后选用第2或第3雌花所结果实留种，其余全部及时摘除干净。用乙烯利处理后，母本系统中也会偶有雄花开

放，为确保杂交种纯度，母本系统第2~3雌花开放前后，也应经常检查，及时摘除偶尔出现的雄花蕾，使开花授粉期内母本系统中没有一朵雄花开放。为提高种子产量，花期也要进行必要的人工辅助授粉。

无论采用哪种方式进行杂交种子的生产，都必须注意以下技术环节的操作：

1. 育苗

父、母本分别播种于育苗床，通常父本应比母本早播7~10天。一般播种期在当地晚霜前30~35天。

2. 定植

在晚霜过后，幼苗具4~5片真叶时，按照品种适宜的行、株距定植。父母本比例为1∶3~1∶4，即栽3行或4行母本后，栽1行父本。

3. 田间管理

定植缓苗后，适当控水蹲苗，中耕2~3次，以促进根系生长，防止幼苗徒长。杂交果实膨大后，加强肥水管理，结合浇水，追肥2~3次，每次每亩施复合肥20千克。

4. 父本植株的检查与管理

父本植株在定植时和开花以前应严格检查，发现杂株劣株要及早拔除；父本植株上的雌花也应摘除，否则会影响雄花开花的数量和质量。把第二天即将开放的雄花用细线或钢丝夹扎住，供第二天授粉之用。有时为了省工，父本雄花也可不扎花隔离，但必须在开花当日花冠尚未开放前尽早摘下，否则有被蜜蜂等昆虫污染花粉的可能，摘下的雄花可直接用于授粉。

5. 母本植株的检查和管理

母本植株在授粉开始前应严格检查，彻底清除杂株。在授粉前1天，将母本植株的雄花尽早彻底摘除，并将雌花蕾套袋。这是一项很重要的工作，特别是对保持一代杂种种子的纯度尤为重要。当母本田的雄花去除后，制种田内仅有父本花粉，可以免除母本发生非目的性杂交或自交。另外，母本株第一朵雌花发育较弱，不宜用于制种，应尽早摘除。

6. 授粉

中国南瓜一般清晨4~5时就已盛开，花粉充分散出。由于花粉不耐高温，当气温高于24~25℃时，花粉很快死亡。因此，授粉要求在上午9时前结束。

授粉时，从父本株上取来雄花，除去花瓣，露出雄蕊，然后选当天开花的母本雌花，将雄蕊在雌蕊柱头上轻轻涂抹，使之授粉充分均匀。授粉后将雌花冠再次扎好，同时在雌花柄上挂牌标记。1朵雄花能给3~4朵雌花授粉。有条件的地方，可在周围隔离2 000米以上的特定采种地利用蜜蜂传粉，作为人工授粉的补充措施，这样可大大提高坐瓜率和种子产量。

7. 采种

授粉后50~70天果实着色成熟，果实的形状、大小、颜色因品种而异。采收时一定要注意所采果实是否具有本品种特征，切不可采收杂株劣果。另外，还要特别注意杂交标记，标记不清的不可采收。采收后，将种瓜放置在通风干燥的地方后熟10~15天再掏籽。采种剖瓜时注意不要切透瓜瓤，以免切碎种子。将种子用清水漂去瘪籽，充分洗净，晒干后入库。

第六节　冬瓜

冬瓜（*Benincasa hispida* Cogn.），又名枕瓜、东瓜、白瓜、水芝等，为葫芦科冬瓜属一年生攀缘性植物。冬瓜原产于我国南方和印度、泰国等热带地区。至今，冬瓜种植仍以中国、东南亚和印度等地为主。我国冬瓜栽培历史较长，全国各地均有栽培，但以广东、广西、湖南和长江流域栽培较多，并具有丰富的品种资源和高产栽培经验。近年来，我国北方地区采用地膜覆盖或保护设施进行栽培，使冬瓜栽培方式和栽培技术更加多种多样。

中国冬瓜种质资源丰富，除各地栽培的优良地方品种外，近年来还选育了一些新品种和杂交种。根据果皮蜡粉的有无将其分为白皮（或粉皮）与青皮类型；根据生育期的长短分为早熟、中熟和晚熟品种。冬瓜适应性强，栽培普遍，产量高，耐贮藏，是中国夏秋主要蔬菜之一。

一、冬瓜的生物学特性

（一）植物学特征

1. 根

冬瓜为深根性植物，主根深入土层可达 1.2 ~ 1.5 米，侧根大多分布在 15 ~ 25 厘米的耕作层中，根群由主根和多次分级侧根构成，吸收水肥能力强，能利用土壤深层的水分和养分。根群的分布受土壤物理性状、耕作层的深浅、土壤水肥含量、栽培管理措施及品种特性等因素的影响。冬瓜根系具有趋水、趋肥、趋氧的特点，土质疏松肥沃、含水量较高时，有利于根系发育，根群密集；在干旱、瘠薄板结的硬土中，则根系发生和分布少。大型冬瓜品种的根群比小型冬瓜品种分布深而广，吸收水肥能力强。采用育苗移植栽培，定植时主根被切断，会影响其入土深度。因此，冬瓜栽培要选择土质疏松、耕层深厚的地块，定植前施足底肥、深耕细耙，定植后合理浇水，为根群扩展创造适宜的条件。

2. 茎

冬瓜茎蔓性，攀缘能力强。茎的长度因品种特性、生长期长短和水肥条件的不同而有很大差异。条件适宜时，茎可无限生长。一般栽培冬瓜都要采用整枝摘心技术，人为控制其生长开花结果，茎的长度控制在 3 ~ 5 米。冬瓜茎五棱形，绿色，中空，表面有刺毛，粗 0.8 ~ 1.2 厘米。茎上有节，最初几节，每节着生一叶和一个腋芽。第 6 ~ 7 节开始，节间变长，开始抽蔓，节上除着生叶和腋芽外，还可着生一条卷须。以后各茎节上，则同时着生叶、腋芽、卷须和一朵雄花或雌花。每条卷须都有分叉，可以缠绕茎蔓附近的树干或支架，攀缘生长。茎节上的每个腋芽都可生长形成侧蔓，侧蔓的茎节和主蔓一样，也可着生叶、腋芽、卷须和花，如放任生长，其生长速度也很快。为使养分合理分配，保证主蔓结瓜良好，管理上应注意整枝。一般大果型品种应摘除所有侧蔓，仅留一条主蔓生长；小果型品种，一般在主蔓基部选留 2 ~ 3 条强壮侧枝，以增加单株结

果数，而将其他侧枝全部摘除。冬瓜的茎节上容易产生不定根，栽培上可利用这一特性，采取培土或压蔓等方法，促进不定根的发生，扩大根系吸收面积，增强吸收能力，以保持茎叶的旺盛生长和促进果实膨大。

3. 叶

冬瓜的叶为单叶、互生，叶缘齿状，叶脉明显，呈网状，叶色绿或深绿。初生基叶为阔卵形或近似肾脏形。棱角不明显，叶基为心脏形。随着植株的生长，叶片边缘裂刻加深，由浅裂变为深裂，叶形变为七裂掌状。叶宽一般为 30 ~ 35 厘米，长 24 ~ 28 厘米。叶柄长 14 ~ 18 厘米，粗 0.5 ~ 0.7 厘米。叶面、叶背和叶柄均被满茸毛，有减少水分蒸腾的作用。叶片的分化和叶面积大小，与温度和光照条件有关。生长健壮的植株，在光照良好、温度为 25 ~ 30℃的条件下，1 天就可分化出一片小叶，3 天就可发育成一片功能叶，具有旺盛的光和能力。叶片的寿命及光合能力的强弱受肥水条件、光照强度、温度、土壤质地和病虫为害程度等因素的影响。功能叶一般为青绿色，质地柔软有反光性。当肥水不足、土壤干旱、温度过高、光照过强或病虫害较重时，叶片易于衰老，叶色灰暗、无光泽，质地脆而硬，提早枯萎或脱落。因此，栽培管理上应精耕细作，合理密植，整枝摘心，适时浇水追肥，及时防治病虫害，使叶片衰老延缓，保持其旺盛的光合能力。

4. 花

冬瓜为单性花，大部分品种雌雄异花同株，也有少数品种为雌雄同花，如北京地方品种一串铃冬瓜。雌花和雄花各有五枚萼片和花瓣，萼片绿色，花瓣黄色。雌、雄花的结构有明显差异。雄花花柄长而细，有雄蕊五枚，其中有两对合并，一枚单生。花药顶生，呈“山”字形，有退化雌蕊。雌花花柄短而粗，雌蕊位于花冠基部中心处，柱头先端呈瓣状，三裂；子房下位，呈扁圆形、圆形、椭圆形或柱形等，子房的形状与该品种成熟果实的形状相同，子房长满茸毛，果实成熟过程中逐渐脱落。

冬瓜主要靠昆虫传粉。花期两天，一般多在头天晚上 10：00 左右开始开放，翌日早晨 7：00 前后盛开，如遇阴雨天，温度低或空气湿度较高时，则可延迟到上午10：00 以后开放。雄花在开放前一天，花粉已具有发芽能力，可以完成授粉受精作用。但授粉受精能力以盛开期的花朵最强，在进行人工授粉或杂交时应掌握好这一最佳时期。

5. 果实

冬瓜果实为瓠果，内有三个心室，三个胎座。胎座肉质化，为食用部分。肉质外皮为果皮，由子房壁发育而成，皮层细胞组织紧密，外层有角质层，有的品种果实表皮下有一层含叶绿素的细胞组织。叶绿素含量的多少，决定着果皮的颜色呈浓绿色、淡绿色或黄绿色等。有些品种的果皮外可分泌出一层白色结晶状蜡粉层，形成了冬瓜粉皮种与青皮种两大类型。果实的形状和大小因品种不同而有很大差异。形状有圆形、扁圆形、短圆柱形和长圆柱形等。大果型品种如青皮冬瓜单瓜重可达 40 ~ 50 千克，小果型品种如一串铃仅有 1 ~ 2 千克。从开花到果实生理成熟，一般需 40 ~ 50 天。

6. 种子

冬瓜的种子随着果实的发育而发育成熟。从开花到种子成熟一般需 40 天以上。时间短，种子发育不充实，发芽率低，即使能够发芽成苗，幼苗生长也较纤弱。种子由种皮、幼胚及子叶等组成，无胚乳。种皮厚而坚硬，是造成水分和氧气难以透过、浸种时间长、发芽困难的原因。

冬瓜种子外皮黄白色，有时有裂纹。种子的形状卵圆形或长卵圆形，扁平，一端稍尖。尖端有两个小突起，小者为种脐，较大者为珠孔。种子边缘有一环形脊带者称为“双边种子”，边缘光滑、无脊带者称为“单边种子”；双边种子比单边种子稍轻。种子千粒重50～100克，发芽年限为3～5年，但以1～2年的种子为好。

（二）生长发育

冬瓜的生长发育过程大体上要经过发芽期、幼苗期、抽蔓期、开花结果期等几个阶段。

1. 发芽期

从种子开始萌动到幼苗真叶显露为发芽期，时间一般为15天左右。发芽期的特点是，种子发芽所需要的养分，完全靠分解种子本身所贮藏的蛋白质、脂肪、碳水化合物等来提供。因此，采取措施促进种子尽快发芽和幼苗出土是此期管理的任务。冬瓜种子由于种皮较厚，组织结构较松，造成在浸种过程中，种子不易下沉吸水。即使吸水，种皮透水透气性也差，吸水非常缓慢。因此，冬瓜种具有发芽率低、发芽势（整齐度）差、发芽缓慢等特点。生产上，种子在播种前必须采取浸种、催芽等措施，以促进种子发芽和出苗。

2. 幼苗期

幼苗期是指从幼苗真叶显露到植株长出4～5片叶，开始抽蔓时的一段时间，一般需40～45天。种子发芽后，胚根很快深入土中，并在下胚轴左右两侧分生出许多侧根。当子叶完全展开时，幼苗已具有20～30条吸收根，并开始分生出三级侧根。临近幼苗期结束时，根系已经相当开展，主根深入土中达30厘米，侧根伸展范围达50厘米以上。根系生长快是幼苗期的显著特点，而生产上这段时间基本上是在苗床上度过的，因此，保持苗床土质疏松、水肥充足对促进幼苗根系发育将是非常有利的。幼苗期茎和叶的生长量很小，叶面积仅为其总生长量的15%，而茎的生长量则仅为全生育期的2%左右。进入幼苗期后，植株开始进行花芽分化，植株由只进行营养生长过渡到营养生长与生殖生长并进的时期，但营养生长仍占绝对优势。花芽分化的时间和花性别的形成因品种和环境条件而有很大不同。早熟冬瓜品种花芽分化较早，中、晚熟品种则较迟。低温、短日照条件下，有利于雌花的形成，但对幼苗茎、叶的生长却不利。生产上，白天应注意改善光照条件，保持适宜的温度；夜间则应适当降低温度，减少养分消耗，促进雌花分化。

3. 抽蔓期

从植株开始抽蔓到现蕾为抽蔓期。抽蔓期的长短因品种而异。大型晚熟冬瓜品种，一般在10节以后才开始现蕾，其抽蔓期较长，为10～20天；小型早熟品种现蕾节位很低，抽蔓期很短，甚至没有明显的抽蔓期。幼苗期，茎节较短，叶数少，叶面积也小，植株可以直立生长。进入抽蔓期，植株节间逐渐变长，新叶分化速度明显加快，叶数增加，叶面积迅速扩大，叶重量也迅速增加，茎节上抽生腋芽和卷须，植株由直立生长变为匍匐或攀缘生长。

4. 开花结果期

开花结果期是指从植株现蕾到果实成熟采收为止的一段时间。开花结果期的长短因品种和采收标准的不同而有很大差异，一般为40～60天。这期间，植株营养生长与生殖生长同时进行。根据其生育特点，开花结果期又可分为3个阶段：

（1）果实发育初期。从植株现蕾到坐果为果实发育初期。植株现蕾后，花蕾继续发育后开放，经授粉受精作用子房内部的生长激素迅速增加，细胞分裂速度加快，子房体积膨大、重量增加，果柄开始弯曲下垂，此时即意味着子房坐果。进入果实发育初期，植株同化积累的养分向果实中运输的量逐渐加大，但根、茎、叶的生长仍很旺盛，与果实争夺养分的矛盾突出。因此，管理上应适当蹲苗，适当控制浇水和追肥，防止茎叶徒长，及时摘除侧枝等，以促进果实发育和防止落花落果。

（2）果实发育中期。从植株坐果到果实大小基本形成时的一段时间为果实发育中期。此期根、茎、叶的生长速度明显减缓，植株体内同化积累的养分大量向果实中运输，使果实体积和重量迅速增加。以车头冬瓜品种为例，在花谢后5～20天，是果实体积增大、增重和果肉增厚最快的时期，据测定其果实横径每天可增长0.6～3厘米。果实发育中期，植株对土壤水分和养分的吸收量迅速增加，生产上应注意及时浇水和追肥，防止茎蔓早衰。

（3）果实发育后期。从果实大小基本长成到种子成熟为果实发育后期。此期茎、叶生长停止并逐渐衰败，果实大小基本具有了本品种应有的特征，体积逐渐稳定，早熟品种此时即可采收嫩瓜上市。果实继续发育则转入生理成熟阶段，果肉进一步加厚，胎座细胞组织充分扩大，种子逐渐变硬、充实和成熟。果实外观发生变化，果皮上的茸毛随着果实成熟逐渐脱落减少。粉皮冬瓜品种的果皮细胞开始分泌白色结晶，先从果蒂顶部发白，逐渐延伸到基部，并渐渐加厚，形成蜡粉层。

（三）生长发育对环境条件的要求

1. 温度

冬瓜是喜温蔬菜，耐热性强，忌冷凉环境条件。整个生育期必须安排在无霜期内，所需要的积温为3 100～3 500℃。冬瓜生长发育的适宜温度为25～30℃，可以忍耐40℃以上的高温。不同时期对环境温度要求不同。种子发芽期所要求的温度比黄瓜高，在30～35℃范围内发芽迅速，且发芽率高；低于25℃时，发芽时间长且发芽不整齐。幼苗期适宜温度为20～25℃，15℃左右幼苗生长缓慢，温度长期低于10℃，则幼苗叶色黄绿，根系产生生理障碍，植株吸收和同化能力下降，逐渐枯萎死亡；温度长期高于30℃时，则茎秆细弱，上胚轴伸展过长，叶片质地薄，表现为徒长，幼苗抗性减弱，易于感病。幼苗期对低温忍耐能力较强，早春经过低温锻炼的幼苗，可忍耐短时间3～5℃的低温；时间过长，则会发生冷害。营养生长旺期和开花结果期的适宜温度范围为25～30℃。在此温度范围内，叶片的光合能力强，光合产物积累最多，果实发育最快。营养生长旺期和开花结果期对低温敏感，其临界温度为15℃，时间较长时，容易发生冷害，造成植株枯萎死亡，或开花、授粉不良，影响坐果。成株期耐高温能力强，在塑料薄膜覆盖栽培时，空气湿度较高，可短时安全度过50℃的高温胁迫；但高温时间过长，则易于引起植株早衰，抗病性减弱等。

2. 光照

冬瓜属短日照植物，但大多数品种经过长期的栽培驯化，适应性较强，对日照长度要求不严。幼苗期在温度稍低和短日照条件下可以促进雌雄花发育，进而提早开花。低温、短日照时间过长，虽然可以促进花的发育，但对培育健壮幼苗不利，植株茎叶长势弱，难以获得高产。冬瓜的正常生产栽培需要每天有 10～12 小时的充足光照。茎叶生长旺盛期和开花结果期，在25℃左右温度时，光照时间在 12～14 小时为宜。光照强度弱，光照时间短，特别是遇连续阴雨天气，易造成叶色黄绿，叶肉薄，茎蔓纤弱，果实发育缓慢，容易感染病害等。但温度过高、光照过强，果实容易发生日灼病，植株容易产生生理障碍，同时会影响产量。

3. 水分

冬瓜根系发达，吸收土壤水分能力强，属耐旱性较强的蔬菜作物，但由于茎叶繁茂，叶面积大，水分蒸腾量大，再加上果实也大，发育速度快，因此地上部水分消耗多，需要及时补充大量水分。冬瓜要求适宜的土壤相对湿度为 60%～80%。不同的生育时期，对土壤含水量要求也不一样、发芽期适宜的土壤相对湿度为 80%，幼苗期为 60%～70%。发芽期和幼苗期对水分需要量并不大。随着植株的生长发育，冬瓜的需水量逐渐增加，到开花结果期，叶蔓生长量达到最大，植株对水分的需要量达到高峰。此时，应根据天气情况、雨水多少、土壤墒情等合理浇水。果实发育后期，浇水量应逐渐减少，特别是采收前一周左右，应停止浇水，目的在于促进果实成熟。

4. 土壤和营养

冬瓜对土壤的适应性很广，在砂土、壤士和黏土中均能生长，但以土质疏松肥沃、保水透气性良好的砂壤土上生长发育最为理想。适宜的土壤 pH 值为 5.5～7.5。

冬瓜生长期长、生产量大，对肥料的需求量也多。据研究，每生产 5 000千克冬瓜，需从土壤中吸收氮 15～18 千克，磷 12～13 千克，钾 12～15 千克。幼苗期对肥料的吸收量少，抽蔓期也不多，而开花结果期特别是果实发育前期和中期吸收量最多，果实发育后期又减少。由于冬瓜根系吸收能力强，能很好地利用和吸收土壤养分，应注意施用长效农家肥，对改善土壤结构、提高产量和品质的效果好。氮肥施用过多，尤其是生长的中后期偏施氮肥，容易造成茎叶疯长和落花化瓜等，而且易于发生病害。增施磷、钾肥则可延缓植株衰老，并能降低雌花节位，促进养分向果实中运输，提高产量等。

二、种株的开花结实习性

（一）花芽分化

冬瓜一般在幼苗期开始花芽分化。分化的迟早因品种和环境条件而异。早熟品种花芽分化较早，晚熟品种则较迟。主蔓上，首先分化和发育雄花，若干节以后才分化发育雌花。雌雄花发生的迟早与顺序，在不同品种之间有很大差异。如小型冬瓜品种一串铃从第 3～5 节便开始连续发生两性花，大型冬瓜品种广东青皮一般第 10 叶节左右开始发生雄花，发生若干节雄花后才能出现雌花，以后每隔 5～7 叶节发生一个雌花。也有连续发生两节雌花的，这样的品种第一雌花多发生在第 15～19 叶节。第二雌花在第 20～24 叶节，第三雌花在第 24～28 叶节，第四雌花在第 28～31 叶节，第五雌花在第 31～

36叶节；主蔓40叶节以前一般可发生4~8个雌花。侧蔓上雌花发生较早，可出现在第1~2叶节，以后也是每隔5~7叶节发生一个雌花或连续两个雌花。

（二）开花授粉习性

冬瓜主要靠昆虫传粉。雄花在开放前一天，花粉已具有发芽能力，可以完成授粉受精作用，但授粉受精能力以盛开期的花朵最强。

（三）果实发育与种子寿命

冬瓜从开花到果实生理成熟，一般需40~50天。种子随着果实的发育而发育成熟。时间短，种子发育不充实，发芽率低，即使能够发芽成苗，幼苗生长也较纤弱。种子由种皮、幼胚及子叶等组成，无胚乳。种子的形状卵圆形或长卵圆形，扁平，一端稍尖。种子千粒重50~100克，发芽年限为3~5年。

三、繁育制度

冬瓜种子的生产可按二级留种制生产种子。方法是：用原种播种育苗，适时定植在隔离区即原种一代生产田中，第2雌花开放前拔除杂株劣株，摘除第1雌花或根瓜。此后任凭昆虫自由传粉，第3雌花坐瓜后整枝摘心，摘除非留种瓜和雌花，同时按品种标准性状严格选择优良植株。种瓜成熟后，由各优株上混合收获的原种一代种子，翌年用于生产原种二代的种子，由其余植株上混合收获的原种一代的种子，翌年用于生产生产种种子。以后各年可按此种方法生产原种二代、三代、四代等原种级种子及各年的生产种种子。大约在原种第四代前后又会出现新的混杂退化问题，此时可用库存的原种开始新一轮的种子生产。生产程序如图3-6。

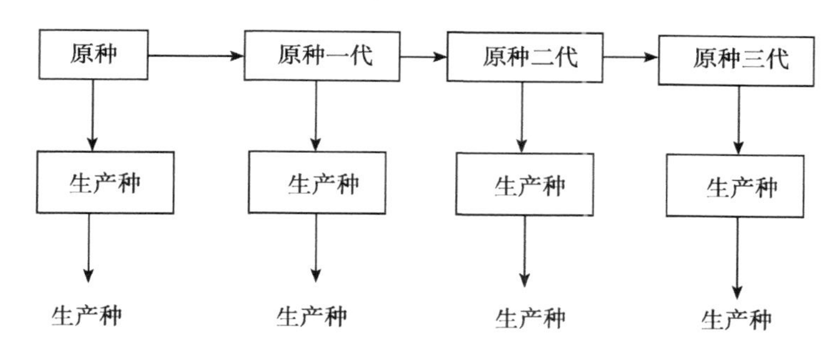

图3-6　冬瓜二级留种繁育制度示意图

四、常规品种种子的生产

（一）原种种子的生产

目前大部分栽培用种是常规品种。常规品种制种简单，成本低，但种子的生产潜力不大。北方地区生产上使用的冬瓜种子多是在商品菜田里采收的。这种采种方法未经人工授粉保纯，没有复壮措施，故品种退化现象严重。为提高冬瓜常规品种的种性，必须严格遵照制种程序进行制种才行，其技术要点如下。

1. 制种田地块选择

冬瓜是异花授粉作物，靠昆虫传粉。为保持品种纯正，防止杂交，无论是原种制种田还是生产种采种田都要有一定的空间隔离距离，即与其他冬瓜品种的种植应该有1 000米以上的隔离距离。

此外，采种田应选择高燥，易浇能排，不积水不易涝，地力肥沃的砂壤土或壤土地块。这样的地块利于冬瓜生长发育，提早开花结实，也有利于提高种子产量和质量。

2. 培育壮苗

（1）育苗地选择。

春季提早育苗，外界气候寒冷，而冬瓜又十分不耐寒。因而，创造适宜的温度环境是育苗成败的关键。为此，育苗场地必须选择高燥、背风、向阳、易于保温的地块。当然，土壤应肥沃、疏松、易灌、能排方可。

（2）育苗设施。

春季冬瓜育苗的设施主要有改良阳畦、小拱棚、温床、日光温室等。

（3）播种时间。

露地栽培的定植期必须在当地晚霜过后，在山西省晚霜期约在4月中下旬至5月初结束。利用阳畦育苗，由于温度条件好，40天苗龄即可长到四叶一心，所以在3月下旬播种，4月底至5月初定植。利用小拱棚育苗，温度条件稍差，可于3月底4月初播种育苗，5月上旬定植。也可于5月上旬催芽直播。

（4）育苗床准备与播种。

育苗床施足腐熟的有机肥料，一般每平方米施有机肥120千克，浅翻、耙细、整平。浇足底水，划10厘米×10厘米格后播种，覆土1.5～2厘米。之后扣膜，夜间加盖草苫子保温，尽量提高床土温度。

（5）苗期温度管理。

①发芽期。苗床白天应保持30～35℃，夜间不低于15℃。维持较高的温度以促进发芽和幼苗出土。

②出苗后。这一阶段应逐渐降低苗床温度，白天25～30℃，夜间不低于13℃。此期应防止温度过高造成幼苗徒长，特别应注意的是防止夜温过高。

③二叶一心至四叶一心期。此期应继续降低苗床温度锻炼幼苗，增强秧苗的抗逆力。白天应保持22～26℃，夜间10～15℃。

④定植前5～6天。此时应撤去育苗床全部保温覆盖物，白天和晚上使秧苗完全处于露地条件下，以锻炼和提高秧苗适应露地气候条件的能力。

（6）苗期湿度管理。

冬瓜早春育苗时，苗床湿度应掌握宁干勿湿的原则。播前只要浇足底水，土壤不过分干燥，就不需要浇水。浇水过多，不仅会降低地温，影响根系发育，而且会诱发幼苗猝倒病和立枯病的发生。定植前5～7天，对苗床浇一次大水，待水渗了，用长刀在苗的株行间切入土深10厘米，使苗在土块中间。这样起苗定植时，利于秧苗带土坨定植。

（7）壮苗标准。

定植前，冬瓜幼苗壮苗的标准是四叶一心，40天左右的日历苗龄，叶色青绿，叶

片肥厚，下胚轴短粗，根系发达，无病虫害。

3. 适期定植

适宜的定植期是晚霜已过，定植时地温应稳定在15℃以上，华北地区一般在4月下旬至5月上旬。定植后注意防霜，防止冻害。

4. 定期选优汰劣

在整个生育期至少要进行四次人工选择，以汰除不符合本品种特性的混杂植株。

播种前选种　选用饱满、肥大、形状整齐的种子，淘汰不良的种子。

苗期选择　剔除病虫危害、徒长、僵化的弱苗，选用健壮、符合本品种特性的壮苗，供定植用。

营养生长期选择　应选择健壮、无病虫害、分枝少、节间短、雌花多、着生部位适宜、符合本品种特性的植株作为种株。

果实成熟期选择　应选择果形好、果色符合本品种特性、产量高、无病虫害的果实作为种瓜，汰除形态变异的果实。

5. 田间管理

（1）中耕松土、蹲苗促根。

冬瓜根系适宜的生育地温为25℃，定植时地温尽管在15℃以上，但仍达不到适温要求。长期的低地温，导致根系生长发育迟缓，缓苗慢，甚至发生沤根现象。因此，定植后，待土壤稍干，应立刻中耕松土，以提高地温，保持墒度。第一次中耕后，适当晚浇水，蹲苗以促进根系发育。

（2）水肥管理。

冬瓜叶面积很大，蒸腾作用旺盛，生育期需水量大。为此，应根据环境条件和不同的生育期合理地进行浇水。定植缓苗后应进行蹲苗，尽量不浇水，到秧苗叶片茸毛变硬，叶色由黄绿转为浓绿、叶质变硬时，即可结束蹲苗。蹲苗期一般为14～20天。缓苗后，根系已恢复生长，此时应适当浇水，促使茎、叶生长，扩大叶面积，这一时期宜浇小水，否则植株疯长，营养生长过旺而延迟生殖生长，导致落花落果。冬瓜开花期不宜多浇水，以免营养生长过旺引起化瓜或落花，或者造成雌花节位上移。当雌花受精，子房膨大，果实长到1千克左右时，果柄下垂时，应及时浇水，促进果实生长发育。收获前7天停止浇水，以利冬瓜贮藏。

冬瓜生长期长，需要较多的肥料。除了施入充足的基肥外，还应多次追肥。定植蹲苗后可追第一次肥，每亩施人粪尿500千克或复合肥20千克。在植株旁开穴施用，施后及时浇水，以促进茎蔓生长。坐果后直到结果中期应大量追肥，追肥量占总追肥量的60%～70%。每10～15天追一次，每次每亩施复合肥15～20千克。每次追肥后应及时浇水。

（3）植株调整。

冬瓜植株生长旺盛，任其生长，则影响开花结果。因此，应及时进行植株调整，协调营养生长和生殖生长间的关系，改善光照条件，提高同化效能，促进开花结果。主要包括盘条、支架绑蔓、摘心打杈和疏花定瓜等。早熟品种每株可选用第2朵至第4朵雌花结果，每株结瓜2～3个。中晚熟品种选用第2朵至第4朵雌花结果，待幼果长至

0.25～0.6千克时，选择形状周正、发育良好、茸毛密、有光泽、符合本品种特性的一个瓜留种，其余的都摘除，生产上称为“定瓜”，其余的雌花也应及早摘除。

6. 收瓜采种

采收种瓜应比一般食用商品瓜晚采7～10天，以保证种子充分成熟。早熟品种从开花到采收约需35～45天；中晚熟品种约需60～80天。采收后，将种瓜在干燥通风遮阴处放置10～15天后熟。之后将后熟的种瓜用刀剖开，洗出种子，晾干贮藏。

（二）生产种种子的生产

冬瓜常规品种生产用种的生产与其原种生产技术相同。

五、杂种一代种子的生产

多年的实践证明，利用两个品种自交系杂交生产的冬瓜杂交一代种具有生活力强、植株健壮、抗逆性强、雌花多、产量高、耐贮藏、品质好等特点，因此生产上种植冬瓜杂交一代种的面积迅速扩大。大量繁育杂种一代冬瓜种子成为亟待解决的突出问题。冬瓜一代杂种种子的生产关键要注意以下几点：

1. 制种地选择

冬瓜杂交制种较费工，产种量低于常规制种，种子价格较高。因此，应选择良好的生产田块，选地要求与常规制种田相同。

2. 播种

杂交制种时，要保证冬瓜植株生长发育良好，以期获得最大的种子产量。因此，应安排生长发育期在最适宜的季节里。为降低成本一般采用阳畦育苗或露地直播进行制种。阳畦育苗，华北地区一般3月下旬至4月上旬育苗；露地直播，一般在5月中下旬进行。

父母本在播种时应充分考虑到花期相遇的问题。如父本开花较早，而母本开花较晚时，父本应稍晚几天播种。

人工杂交制种，父母本植株比例为1：3或1：4。

3. 授粉

授粉前应选好制种单株，淘汰掉变异、不符合本品种特性的植株。母本选主蔓第2～4个发育良好的雌花授粉，其余雌花在开花前全部摘除。

授粉前将翌日要开放的母本雌花和父本雄花的花冠用夹子或铁皮夹起来，严防昆虫爬入进行传粉。

在开花当日早晨6～9时，摘下隔离的雄花，除去花冠，用花药在母本的柱头上轻轻涂抹。然后用铁皮夹紧雌花的花冠，防止昆虫传粉杂交。顺便摘除母本中没有进行隔离且已开放的雌花。一般一朵雄花授一朵雌花，亦可授3～4朵雌花。

授粉后挂牌标记，待成熟后选发育良好的瓜菜种。

其他技术环节同常规品种原种种子生产。

第四章 茄科蔬菜良种繁育

第一节 番茄

番茄（*Lycopersicon esculentum* Mill.），又称西红柿、洋柿子、柿子等。为茄科番茄属，以成熟多汁浆果为产品的一年生草本植物。它原产于南美洲的秘鲁、厄瓜多尔、玻利维亚等安第斯山脉地区。17 世纪初传入我国。虽然它在我国大面积栽培仅有 100 年历史，但因其适应性强、产量高、质量好、用途广，栽培面积不断扩大，栽培方式日益多样化，现已成为全国各地的主要蔬菜。

番茄按生长习性可分为有限生长类型和无限生长类型，这两种类型均有常规品种和杂交一代品种，但以后者为主。普通番茄为自花授粉植物，但有一定比例的异交率，通常异交率为0.5% ~5%。因此，在番茄种子生产中，为了防止串花，保证品种纯度，不同品种的制种田之间、制种田与商品生产田之间需采用空间隔离、机械隔离和时间隔离的方式进行隔离。常规品种种子生产和杂交一代亲本繁殖多采用空间隔离和时间隔离。杂交一代种子生产多采用人工杂交的方法，也有的利用雄性不育两用系，其主要隔离方式是空间隔离和机械隔离。

一、番茄的生物学特性

（一）植物学特征

1. 根

番茄根系发达，根群横向分布直径可达 1.8 ~2.5 米，主根可深入土层 1.5 米以下，但主要分布在30 厘米以上的耕层内。根系再生能力强，主根或侧根被切断后，可很快长出新的侧根，故适于育苗移植。

2. 茎

番茄茎具有半直立性，基部有一定程度的木质化。幼苗期，节间较短，地上部生长量较小，植株可直立。除少数品种茎较粗、较矮且韧硬、能直立生长，不需支架外，大部分品种植株呈匍匐生长状态，栽培过程中需要支架、整枝和绑蔓等。茎的分枝能力强，每个叶腋处均能形成侧枝。茎节处易于产生不定根，可利用这一特性进行扦插繁殖。茎和叶上密生短茸毛，并能分泌具有特殊气味的汁液，具有驱虫或避虫作用。

3. 叶

番茄叶互生，为具有缺刻与叶裂的单叶。叶片的形状可分为花叶型、薯叶型和皱缩叶型，这一特点因品种而异。

4. 花

番茄花为完全花，总状花序或聚伞状花序，一般由 5 ~ 10 朵花组成，多者 20 ~ 30 朵组成。每朵花由花柄、萼片、花瓣、雄蕊和雌蕊组成，花瓣黄色，自花授粉，天然异交率小于 4%。花序由茎生长点分化形成，早熟品种第一花序着生在第 6 ~ 7 节，中熟品种第一花序着生在 8 ~ 10 节，晚熟品种第一花序着生在 11 ~ 13 节，之后每隔2 ~ 4 片叶再着生一个花序。

5. 果实

番茄果实为多汁浆果，由果皮、隔壁、胎座及种子等组成。果实形状有圆球形、扁圆形、椭圆形、长圆形及洋梨形等，成熟时颜色呈红色、粉红色、橙色、黄色或绿色等。小果型品种为 2 ~ 3 心室，大果型品种为 4 ~ 6 心室或更多。

6. 种子

种子比果实成熟早，一般在开花授粉后 35 天，种子即具有发芽能力。由于种子着生在种子腔内，周围被果胶质包裹着，这些物质可抑制种子在果实内发芽。开花授粉后 50 天左右，当果实完全成熟时，种子发育饱满，发芽力最强。番茄种子扁平，卵圆形，表面被银灰色茸毛，千粒重 3 克左右，使用年限 2 ~ 3 年，保存条件较好时可达 5 ~ 6 年。

（二）生长发育

番茄的生长发育周期可分为发芽期、幼苗期、开花坐果期和结果期，制种栽培过程中应根据各时期的生长发育特点采取相应的栽培管理措施，以获得优质、丰产的种子。

1. 发芽期

从种子发芽到第一片真叶出现为发芽期。在正常的温湿度条件下，从播种到第一片真叶出现，大致需 10 ~ 14 天。番茄种子发芽及出苗的好坏，主要取决于水分、温度、通气条件及覆土厚度等。番茄种子从发芽到子叶展开所需养分由种子本身供应，因此选用均匀一致、大而饱满的种子进行播种可获得相对整齐一致的幼苗。

子叶出土前，先是胚根生长，然后胚轴伸长伸直，将子叶顶出土面，并借助种皮与地面的摩擦以及子叶的伸长，将种皮顶落，子叶展开，这段时间约需 5 ~ 8 天。子叶出土后约经 2 ~ 3 天即可完全展开并变绿，幼苗从此由异养转向自养，再经过 2 ~ 3 天，幼苗第一片真叶开始露心，番茄生长发育即由发芽期进入幼苗期。

2. 幼苗期

由第一片真叶出现至显现花蕾为幼苗期。适宜条件下约需 35 ~ 60 天。番茄幼苗期经历两个不同的阶段，即 1 ~ 2 片真叶期，为花芽分化前的基本营养生长阶段。播种 25 ~ 30 天后，幼苗 2 ~ 3 片真叶时，花芽开始分化，进入幼苗期的第二阶段，即花芽分化及发育阶段。幼苗期栽培管理的首要任务是：创造良好条件，防止幼苗徒长和老化，确保幼苗健壮地生长及花芽的正常分化和发育，为种子的丰产丰收奠定基础。

3. 开花坐果期

番茄从花蕾出现到第一个果实形成为开花坐果期，大约需 15 ~ 30 天。开花坐果期的植株除继续进行花芽叶芽的分化及发育外，株高逐渐增加，叶片不断长大，营养生长旺盛。与此同时，花蕾出现并不断发育、开花后形成幼果。这一阶段是番茄从以营养生

长为主过渡到生殖生长和营养生长并重的转折时期，直接关系到果实的形成及早期产量。此阶段营养生长和生殖生长的矛盾比较突出，解决好二者间的平衡关系是栽培管理的主要任务。既要促进植株的营养生长，茎秆粗壮，根深叶茂；同时又要避免植株徒长，防止落花落果。

4. 结果期

番茄从第一花序结果到果实采收结束（拉秧）都属于结果期。这一时期较长，一般春番茄 70 ~ 80 天，冬春茬番茄 80 ~ 100 天，而日光温室栽培的番茄可长达 5 ~ 6 个月。这一时期果秧同时生长，营养生长和生殖生长的矛盾始终存在。栽培技术适当，二者矛盾比较缓和，产量分布均匀，总产量较高；相反，整枝、打杈及肥水管理不当就会使矛盾突出，出现疯秧、落花落果等现象，因此这一时期应加强田间管理，既要及时进行植株调整，又要适时浇水施肥中耕除草。

（三）生长发育所需要的环境条件

番茄的生长发育、产品器官的形成及种子的发育，一方面取决于品种自身遗传特性，另一方面受外界环境条件的影响。番茄具有喜温、喜光、耐肥及半干旱的生物学特性。在春秋温暖、光照较强而少雨的气候条件下，如肥水管理适宜，营养生长和生殖生长旺盛，种子产量就高；而在多雨炎热的气候条件下，容易引起植株徒长，生长衰弱，病虫害严重，种子产量则较低。

1. 温度

番茄是喜温性蔬菜，植株生长最适宜昼温为 20 ~ 25℃，夜温 18℃；10℃以下或 40℃以上生长停止。番茄长时间处于 5℃以下体温易受寒害；−1 ~ 2℃时受冻死亡；温度上升至 30℃时，光合作用减弱，35℃以上或 15℃以下时，授粉受精不良，容易落花落果。在适宜的温度范围内，昼夜温差以 5 ~ 10℃为宜，种子发芽最低温度为 12℃，最高 40℃，发芽的适温为 25 ~ 30℃。幼苗期白天以 20 ~ 25℃、夜间以 10 ~ 15℃为宜，在一定的条件下进行锻炼，可以使幼苗耐较长时间 6 ~ 7℃的温度，甚至可以忍耐短期的 0 ~ −3℃的低温。开花期对温度的要求最为严格，白天适温 20 ~ 30℃，夜间 15 ~ 20℃，过高（35℃以上）或过低（15℃以下）都不利于花器的正常发育及开花。结果期白天适温 25 ~ 28℃，夜间 16 ~ 20℃。昼夜温差失调，对番茄的生长和果实发育极为不利。番茄根系生长最适土温为 20 ~ 22℃。在 5℃条件下，根系吸收养分及水分受阻，9 ~ 10℃时根毛生长停止。

2. 光照

番茄是喜光蔬菜，光饱和点为 70 000 勒克斯，光补偿点为 2 000 勒克斯，正常生长需 30 000 ~ 35 000 勒克斯，光照长期低于 25 000 勒克斯，植株生长较差，果实发育缓慢。番茄为短日照作物，在短日照环境下，第一花序着生节位低。但对日照长短要求不严格，因此，可周年进行生产。番茄制种以春季产量最高。

3. 水分

番茄属半耐旱作物。枝叶繁茂，蒸腾作用强，消耗水分较多，若水分严重不足，会影响植株生长和果实发育。番茄根系比较发达，吸水力较强。因此，番茄生长发育过程中，既需要较多的水分，又不必经常灌溉。结果期需水量较大，如供水不足，则会导致产量降低；水分忽多忽少，易引起裂果。土壤湿度保持在最大持水量的60% ~80%，空气相对湿度保持在40% ~50%为宜。空气湿度过高，病害严重。

4. 土壤

番茄根系发达，吸收能力强，土壤条件要求不严格，但为了获得优质高产，以肥沃的土壤为好。若在有机肥充足的情况下，透气良好的砂壤土也能获得高产。在过分黏重、排水不良，或者养分流失较大的砂性壤土上番茄生长较差。土壤酸碱度以pH值6~7为宜。

5. 肥料

番茄生长期长，产量高，对肥料要求较高，必须施足底肥，同时要做好氮、磷、钾肥的合理搭配。生产10 000千克番茄，需纯氮10千克，磷5千克，钾33千克。氮素可促进枝叶生长，增强光合作用。磷能促进幼苗根系发育，提高开花结实，提高果实品质。因此，增施磷肥不仅能提高抗病力，增加产量，对果实的色泽、风味也有促进作用。钾能增加植株本身抗性，促进果实发育，提高种子产量。

此外，硼、锌、钼、锰、铜等微量元素，也是番茄植株、果实和种子生长发育过程中所必需的。

二、种株的开花结实习性

（一）花芽分化

番茄幼苗2~3片真叶时，开始花芽分化。一般2~3天分化一个花芽。对一个花芽来说，要经过一系列的形态建成的过程，首先是萼片及花瓣原基的分化，雄蕊的出现，然后是花粉的形成与心皮、胚珠的形成，最后是子房的膨大。

不同花序的花芽分化有前有后。通常从植株基部第一花序开始分化，当第一花序花芽分化即将结束时，下一花序已开始了初生花的分化。但第二花序的第一朵花的分化，可以在第一花序的最后一个花芽分化以前。花芽分化早的，减数分裂期亦早，开花期亦早。

番茄的花芽分化除因品种而不同外，也受环境条件及栽培管理的影响。温度对花芽分化的时期、开花的数量与质量、果实的数量与质量均有明显的效应。在15℃以下低温度下，花芽分化早些，且每一花序着生的花数较多，畸形果也较多。充足的阳光，对茄果类的花芽分化与结实都有利。番茄比茄子及辣椒对光照要求更高。较强的光照，可促进花芽分化，降低第一花序的着生节位，增加坐果率。如果光照较弱，花芽分化较迟，容易落花，坐果率降低。番茄花芽分化也受土壤肥力及水分的影响。一般土壤肥沃而通气性能好，花芽分化较早，第一花序着生节位较低，茎叶生长及开花结果旺盛。此外，增施磷、钾肥也会明显地促进花芽分化。

（二）花器构造

番茄花为完全花，由雄蕊、雌蕊、花瓣、萼片和花梗组成。最外层为分离的绿色花萼，萼片5~6枚，谢花后不脱离。内层为黄色花冠，其基部联合成喇叭形，先端分裂成5~6枚。雄蕊5~6枚，花丝短，花药长且互相连接，形成圆锥状药筒，成熟后从药筒内壁各花药中心线两侧纵裂散粉。雌蕊1枚，子房上位，多个心室，内生胚珠数百

粒，中轴胎座。花柱被密闭在药筒中，初时较短，在开花过程中逐渐伸长，伸出药筒时柱头已粘满花粉。这种结构从而使番茄成为较严格的自花授粉作物。但也有个别花朵的花柱很长，授粉之前就突出了花筒，称为“长柱头”，其异交率高，不宜用来留种或杂交。有的花朵有花柱数枚呈复合状，称“带化花”，所结果实畸形，亦不宜用来留种或杂交。

（三）开花与授粉

番茄的花序多为聚伞花序，有些小型番茄如樱桃番茄则为总状花序或复总状花序，每花序有小花6～10朵，多的可达20～30朵。

番茄花芽分化后，萼片包被花瓣的时期称花蕾期。随后花蕾逐渐发育，花冠迅速伸长，花冠顶端与花萼顶端大致齐平时，花萼顶端彼此分离，向外展开，逐渐露出淡绿微黄的花冠，称为“露冠”。在花冠继续伸长时顶端分离，不断向外展开，待花瓣展开至30°角时，雌蕊已成熟，具有受精结籽的能力。花瓣展开至90°角时，花瓣转黄色，花药筒基部转黄，上部黄绿色，此时称为“开花”。花瓣继续展开，角度达到180°时，花瓣变成深黄色，即进入盛花期。此时花药开裂，柱头分泌黏液，是授粉最佳时期。此后花瓣逐渐向后反卷、凋萎、谢落。

番茄开花过程所需要的时间因环境条件而不同。通常在气温22～25℃时，从花冠“露头”到花瓣展开30°角需32～38个小时；从花“开放”到“盛开”需30～45个小时；从“盛开”到“凋萎”需36～46个小时。因此，每朵花的花期为4～5天。高温干旱时花的寿命短，适温潮湿时花的寿命长。番茄的花粉在15℃以下和35℃以上一般不发芽。开花和授粉受精的适宜温度范围为白天20～30℃，夜晚14～22℃，空气相对湿度90%以上。如昼温高于35℃，夜温低于14℃或高于22℃，则授粉受精困难，导致落花落果。每天开花以上午4～8时最多，下午2时以后就很少开花。晴天开花多，阴天开花少，雨天不开花，雨后集中开花。番茄花序开花顺序是基部小花先开，依次向花序梢部开放，两花序开放的时间间隔为7天左右。通常第一花序的花尚未开完，第二花序基部的花朵已开始开放。

（四）受精结籽与果实发育

番茄的花粉于花药开裂时成熟，授粉能力强，开药前，人工剥取的花粉无授粉能力。在室温（20～25℃）和干旱的条件下，花粉的生活力可保持4～5天。雌蕊在花药开裂前两天已具备有受精能力，其受精能力可持续4～8天，但以花朵盛开时受精结籽能力最强。所以，采用蕾期去雄，花朵盛开期授粉杂交制种是可行的。花粉萌发最适温度是23～26℃。当温度低于15℃或高于35℃时，花粉萌发不良，在40℃温度下处理1小时便失去发芽力。番茄授粉后一般需50个小时完成受精过程。

番茄受精后子房发育成果实，大多数品种从开花到果实生理成熟需40～60天。但随日平均温度而变化，20℃以下日平均温度需50～60天；20～25℃时，需40～50天。如晋南地区春番茄，在清明后开花，要经过55～60天，果实和种子才成熟；在5月下旬至6月上旬开的花，经过45～50天，就可以红熟了；而到6月下旬开花的，此时气温高，开花后40天左右果实就可以达到完熟。番茄果实形状、大小、颜色因品种不同而异。每一果实内的种子数与果重成正比例。种子肾形，扁平，表面有银灰色茸毛。普通番茄种子千粒重为2.5～4克。

三、繁育制度

番茄良种繁育主要采用二级良种繁育制度，如图4－1。二级良种繁育制度的原种，主要由育种单位提供。当原种种子量不足时，也可由育种家或者富有经验的专业人员从种子生产田中按照原品种的标准性状选择优株优果，种子收获后混合作为原种一代使用。其过程是在番茄的主要生长发育时期，先去杂去劣，然后按品种标准严格选择优良单株，并在优良单株上选择优良果实。种子成熟后，将各优良果实的种子采种后混合作为原种一代种子，翌年用作原种生产原种二代种子。从其余植株上混合收获的种子用于翌年生产种生产。通常按照上述程序进行2～3年，当原种后代种子田出现混杂退化现象时，再用库存原种或从种子田按原种生产规则生产的原种开始新一轮种子生产。

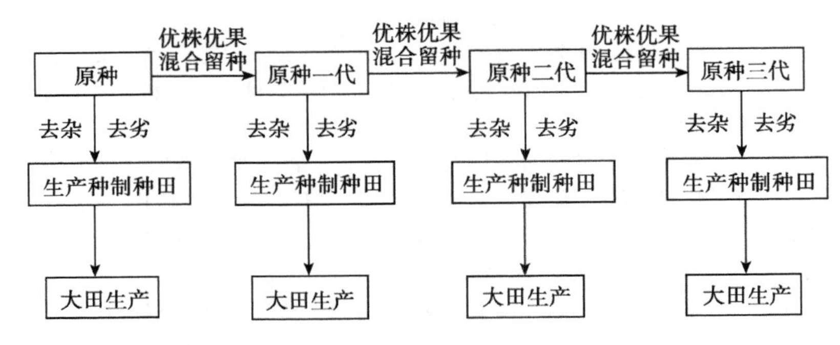

图4－1　番茄二级良种繁育制度程序

四、常规品种种子生产

（一）原种种子的生产

番茄原种是繁殖良种的基础材料，生产用种种子质量主要取决于原种种子的质量和相应的原种生产技术操作规程。因此，要生产出主要特征特性符合原品种的典型性状，株间整齐一致，纯度要求达到99.9%以上，其生长势、抗逆性、熟性、丰产性及优质性等方面的表现应不低于原品种的原种，必须具备以下条件：一是要有熟悉原品种的专业人员；二是要有良好的隔离条件；三是要按照番茄原种生产技术操作规程进行生产；四是掌握番茄原种生产的栽培技术。此外，所生产的原种种子的播种品质要符合原种种子质量要求。

1. 原种繁育的隔离条件

番茄属于自花授粉作物，一般情况下自花授粉率在95%以上，但仍有0.5%～5%的天然杂交率。因此，要生产出纯度极高的原种种子，必须保证花期具备有效的隔离条件。番茄原种繁育可采用150米以上的空间隔离，但最好用25～40目的纱网进行棚室机械隔离，这样就可有效地防止蜜蜂、虫蛾等昆虫引起的生物学混杂。

2. 原种的提纯复壮

生产中使用的原种如果已经混杂退化，品种选育者或有关部门又无原种可以提供时，则可采用选优提纯复壮的方法来生产原种，其生产程序是：单株选择、株系比较和混系繁殖。如果再次发生混杂退化可按原种生产规程继续重复这个过程，如图4－2。

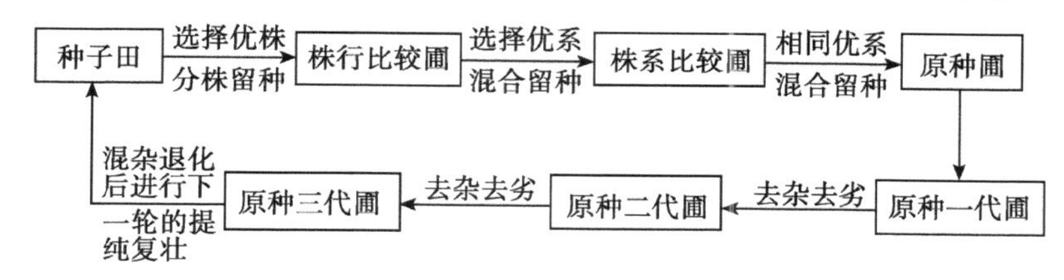

图4－2 番茄原种提纯复壮生产程序

（1）单株选择。

单株选择是原种生产的基础，必须严格把关。要从已混杂退化的群体中，将表现型尚未退化的植株（即具有原品种特征特性、抗病性、抗逆性的植株）挑选出来，并在优良单株上选择优良单果，单株混合留种。

①选择地点。选择符合本品种标准性状的植株，最好在原种种子田中进行。无原种田时可在良种种子生产田或纯度高的生产田中选择。若在生产田中选择，其种植面积不得少于2亩。

②选择时期和标准。在供选择的田块，通过对被选群体生长发育全过程的系统观察，在番茄性状表现的典型时期——始收期、盛果期和采收末期分3次进行选择。选择必须按照原品种标准性状进行。

始收期选择：主要针对叶型、叶色、株型、花序着生节位、花序间叶片数、花序类型、第一层果实和果肩颜色、果脐大小以及第一花序的花数、果数、始熟期等性状，选择符合原品种标准性状的单株300株或更多，并挂牌予以标记，供随后选择淘汰其他性状不符合原品种标准性状的植株。

盛果期选择：主要针对第二、第三层果（早熟品种）或第三、第四、第五层果（中晚熟品种）的坐果数、坐果率、单果重、果实形状、大小、整齐度、抗裂性、果肉厚薄、心室数、可溶性固形物含量等性状进行选择，在始收期入选的植株中选择符合原品种标准性状的植株50～100株。入选植株用第二层果或第三层果分株留种、编号。

采收末期选择：主要根据植株长势、抗病性、高温下坐果能力等，在盛果期所选植株中进一步选择优良植株15～20株。这些最终入选的植株，就是表现型符合原品种标准性状的植株，按单株留种，供下一年株行比较使用。

（2）株行比较。

株行比较的目的是鉴定入选植株后代遗传的稳定，从中选择出具有原品种典型性状、抗病性、抗逆性、丰产性和一致性的优良株行若干，淘汰部分表现较差的株行。

①田间设计。将入选单株的种子，分株系（一个单株的后代）播种育苗，适时栽植在株行比较圃中，每处理不设重复，四周设保护行。无限生长类型品种单秆整枝，高

封顶品种留双秆一次整枝，矮封顶品种不整枝。每隔5个小区设1个对照，对照品种需用本品种的原种，如无原种，可用本品种的生产种或选优提纯前的原种。

②选择标准。在性状表现的典型时期，除按单株选择时的项目、标准对各个株行进行观察比较外，还应着重鉴别各株行的典型性和一致性。淘汰性状表现与本品种标准性状有明显差异的株行，或株间整齐度差5%的株行。如发现1株杂株或1株病毒病株，则需淘汰该株行；如发现有特殊优良的单株，可另做选种材料处理。凡株行小区产量低于对照平均产量的予以淘汰。

③留种方法。当选株行去杂去劣后，分株行混合留种，供下一年株系比较使用。

（3）株系比较。

株系比较的目的是进一步鉴定各入选优良株行的遗传稳定性，在相同的栽培和管理条件下，对其主要性状进行鉴定，从中精选出具有原品种典型性状、抗病性、抗逆性、丰产性和一致性的优良株系后代，供原种圃繁殖使用。

①田间设计。在株系圃中分小区栽植各入选株系及对照的幼苗，无限生长类型品种行距66厘米，株距33厘米，有限生长类型品种行距44厘米，株距30厘米；不同株系随机排列，每5个株系设一对照，重复3次，四周设保护行。整枝方式参照株行比较试验进行。株系圃还要求土壤肥力均匀，管理措施一致，小区株数相同且不少于60株，以提高鉴定选择的可靠性。

②鉴定、选择与留种。按单株选择时的项目、标准和方法，对各株系进行观察比较，同时鉴定各株系的纯度、前期产量和中后期产量。最后通过对观测资料的综合分析，决选出完全符合品种标准性状、无一杂株、产量显著优于对照的株系若干。性状无差异的株系混合留种，即为本品种的原种种子，供下年繁殖原种一代使用。

（4）原种繁殖。

将上述生产的原种播种育苗，适时栽植在四周100～300米范围内无番茄种植的隔离区（即原种圃）中，精细管理，去杂去劣后用第二层、第三层果混合留种，即为本品种的原种种子。为确保原种质量，生产出的种子需经田间种植检验和室内检验，当各项指标完全符合国家规定的标准后，方可做原种使用。番茄种子寿命长，原种可一年大量生产，精细贮藏，分年使用。

3. 原种生产的栽培技术

原种繁育田的栽培管理技术是原种生产的主要环节。应选择地势高燥，排灌方便，土壤理化性状良好的地块。适度施入氮肥，增施磷、钾肥，各项管理措施力求一致，以提高田间选择效果。为了节约生产成本，番茄原种的繁育常采用春夏露地栽培。当然为了防止发生生物学混杂，番茄原种的繁育最好在尼龙纱网大棚或日光温室中进行。它们在栽培技术要点上基本一致。

（1）原种生产田的选择。

番茄原种种子生产田应选择在温度、光照、水分、肥力、土壤基质、隔离等条件好，无霜期长，生产田当地具有充足的劳动力资源和一定的技术保证。目前，我国番茄种子生产基地主要集中在山西、河北的北部，辽宁的西南部，甘肃的西部，陕西的东部等地区，这里的夏季气候凉爽，适于番茄种子生产和制种。因此番茄原种种子生产也最

好选择在这些地方。

（2）原种生产的栽培技术。

①培育壮苗。春夏露地栽培番茄的壮苗指标是：茎粗壮，节间紧密，叶大而厚，色泽深绿，根系发达，须根多而色白，8～9片叶，现大花蕾，无病虫，无损伤。这种秧苗生活力强，抗病、抗逆性好，定植后缓苗快，开花结果早，种子籽粒饱满，千粒重高。要获得这样的健壮秧苗，须做好以下几方面工作。

苗床的选择：

应选择背风向阳、水源方便、排水良好及未种过茄科蔬菜的地块做育苗床。各地气候差异较大，采用的育苗设施也不尽相同。常用的育苗设施有阳畦、酿热温床、大棚或日光温室、电热温床等。

阳畦位置应坐北向南，北高南低，东西走向，一般畦宽1.5米，长7～9米。阳畦的温度主要受阳光制约，温度往往偏低，适宜在当地地温稳定在12℃以上时作育苗母床，或分苗床。

酿热温床的外表与阳畦一样，其区别在于冷床床底没有酿热材料，而温床有酿热材料发酵供热。其做法是：将晒干的新鲜马粪、牛粪、鸡粪、羊粪、棉籽皮、碎麦草、稻草等有机物质混合均匀，加入适量的水，也可加适量的人粪尿，使有机物质充分吸水，当材料拌匀后填入床内。填1层用脚踩一遍，床填好后，盖严玻璃或塑料薄膜，约7天后床温可达70℃左右，然后温度迅速下降到50℃，此时温度比较稳定。当温度下降到40℃时，即在酿热物上填10厘米的园土，之后再上填10厘米厚的培养土，即可使用。

用大棚或日光温室育苗，需要在棚（室）内做成宽1～1.5米，长度不等的床畦，整平后上填10厘米厚的培养土或排摆装有培养土的营养钵，即可播种育苗。为了提高大棚和日光温室的保温效果，也可在棚（室）内的床畦上搭拱棚，加盖塑料薄膜，增强保温效果。

电热温床是在现有的阳畦、大棚或温室的苗床中，利用专用电热线提高苗床土壤温度，土壤中的热量以辐射形式向空气中散热，从而使苗床气温也升高的一种育苗方式。电热温床的床温容易控制，能培育出根系发达、茎秆粗壮的秧苗，已成为茄科蔬菜的主要育苗方式。电热温床的构造和原苗床基本相似，只是在苗床底部按一定要求铺设电热线，然后铺培养土。电热温床每平方米所需功率，主要取决于育苗期间的气温、番茄对温度的需求以及苗床保温性能等因素。一般在塑料薄膜覆盖的苗床上，每平方米功率采用60～90瓦即可满足需要，寒冷的地区，应采用较大的功率。

营养土的配制与消毒：

培养土要求肥沃、疏松、干净，即要求含有丰富的有机质，营养成分完全，具有氮、磷、钾、钙等主要元素及必要的微量元素；理化性状良好，兼具蓄肥、保水、透气3种性能；微酸性或中性，pH值以6.5～7为宜；不带病菌和虫卵，清洁卫生，没有污染。

营养土可就地取材，选用园土、腐熟的厩肥、堆肥等配制而成。园土最好选用葱蒜类地表层土壤。有机肥可选用鸡粪、猪粪、兔粪等优良肥料。不管选用何种有机肥，必须提早堆沤、充分腐熟。田园土和腐熟的有机肥必须分别打碎过筛备用。

种子处理与浸种催芽：

番茄种子处理的作用在于能增强种子幼胚及新生苗的抗逆性，减少病害感染，使种子播后出苗整齐、迅速。常用的种子处理方法包括温汤浸种、低温和变温处理以及药剂处理等。温汤浸种是将种子放入55℃水中浸泡15分钟，以杀死一些附着于种皮的病原菌。然后使水温降至30℃左右，再浸泡6～8个小时后进行催芽。催芽是把浸种后的种子保持在适宜的温度下，促使种子发芽的过程。番茄种子催芽的适温是25～30℃，在此温度下，3天即可发芽。催芽时，必须保持湿度和通风。催芽的方法很多，通常的做法是：把浸种洗净的种子稍经晾干后，装进潮湿布袋中，放入60瓦灯泡加温的小缸内或用湿毛巾包好，置于温暖处，保持25～30℃。番茄发芽最低温度为10～12℃，35℃以上仅少数发芽。为保证发芽均匀，每天要淘洗种子1次，待50%～60%种子露白时，可停止催芽。如芽过长，播种时易折断。有条件的地方可在恒温箱或催芽室内催芽，既安全，又快捷。

播种：

露地番茄种子生产对播期要求不严格。我国各地气候差异较大，播期各异。可根据当地番茄菜用田的播期适当推迟7～10天。

播种时尽量选择晴天进行；浇足底水，避免幼苗期苗床过干；覆土均匀，薄厚适中，便于出苗并且不戴帽出土；播后密封苗床，操作要快，迅速提高床温，避免催了芽的种子遭遇冷害，同时也利于夜间保温。

苗床管理：

苗床管理是培育壮苗的重要环节。调节好苗床温度、湿度、光照和营养，满足幼苗生长发育的需要是管理的基本原则。

覆土是苗床保墒和降低空气湿度的主要措施。在幼苗顶土时，覆一层营养土，以增加土表压力，防止子叶“戴帽”出土而影响了光合作用。同时，也可防止床土因失水过多而开裂。覆土应选晴天中午进行，厚度以0.4～0.6厘米为宜。

从播种到子叶出土，管理的目标是减少种子养分的消耗，促进幼苗迅速出土。提高苗床温度是此期间的重点，白天以保持25～30℃，夜间20℃左右为宜。管理措施一是让苗床白天充分接受阳光，提高床温；二是在夜间适当早盖草帘，白天适当晚揭草帘，搞好苗床保温；三是用电热温床育苗，可昼夜通电保温。

从子叶出土到破心，幼苗胚轴伸长速度加快，如果床温高，加之床内湿度大，极易发生胚轴徒长，形成“高脚苗”。同时，此期又是子叶展开、肥大的关键时期，若床温过低，则影响子叶肥大，降低了叶片光合作用，导致幼苗生长不良。为了解决上述矛盾，可采用加大昼夜温差的办法来防止胚轴徒长，番茄白天温度以20～25℃，夜间12～15℃为宜。

从破心到3～4叶期，秧苗总生长量很小，约占成苗生长量的5%。此时正值叶原基大量分化的时期，也是番茄花芽分化的重要时期，所以管理上既要保证根、茎、叶正常生长，又要促进叶原基大量发生和花芽分化。具体措施是：适当提高温度，白天温度控制在20～25℃，夜间在15～18℃范围内，要注意通风，但通风量不宜过大。并注意增加光照时间和光照强度。当秧苗封行时，应及时进行分苗。分苗时，要加大通风，降

低床温，并控制水分，锻炼秧苗。经常变换通风口的位置，使全床的温、湿度条件尽量保持一致。随着温度回升，苗子长大，晴天中午逐步揭去塑料薄膜等覆盖物，进行大通风。

分苗及分苗床管理：

分苗的目的是适当调整秧苗的营养面积和生长空间，改善其光照和营养条件。同时，在分苗过程中，秧苗的主根被切断，可促进侧根的发生；也可通过分苗进行选优，使秧苗生长整齐。

番茄分苗有纸筒分苗、塑料筒分苗和开沟分苗等方式。

纸筒容易制作，应用较广泛，定植时伤根少，缓苗快。其制作方法是：先裁取长约39厘米，宽14厘米的旧报纸条。将裁好的报纸条卷在“圆筒制钵筒”（铁皮或其他材料做成，高10厘米，口径10～12厘米，两头开口）上，报纸一头伸出制钵筒约4厘米，将其伸出部分折叠后，从制钵筒另一头装满培养土，排放在分苗床内，抽出制钵器即成。排放时，应注意使纸筒排成蜂窝状的六角形，前后左右均要排紧，以免透风失水，排好分苗床后浇大水，待水渗完后栽苗，每筒分苗一株。

塑料筒存放方便，可多年重复利用。它是用0.065～0.08毫米厚的普通塑料膜制成的。制作时，先将塑料薄膜裁成33厘米宽的条子，长度不限。再取长1.5米、5厘米见方的木条一根，木条用白布包裹，将木条架在空中。然后把裁好的塑料条子沿纵向卷在木条上，两边缘相重叠约1厘米，在塑料薄膜上面铺1张旧报纸，用300瓦电熨斗将塑料薄膜边缘热合在一起。当粘合好后纵向取出塑料筒，每隔8厘米用剪刀剪开，即形成高8厘米、直径8厘米的塑料薄膜筒。

用纸筒、塑料薄膜筒分苗前，均需给苗床灌大水。再用手指在纸筒或塑料薄膜筒中央戳一个深约3厘米的孔，每孔放入番茄秧苗1棵，或用右手中指和大拇指挟住秧苗，秧苗根应与中指尖并齐，用中指将秧苗压入纸筒或塑料薄膜筒中央，再取干燥疏松的培养土，填入孔中。必须注意填满填实，谨防吊根。

开沟分苗节省时间、成本低，是最为便捷的分苗方式。又可为暗水分苗和明水分苗两种。暗水分苗时，先在分苗床填好的培养土中按7～9厘米的行距开小沟，沟中浇水，随水按7～9厘米株距摆苗，水渗下后覆土封沟。再开下一个沟，这种方法灌水量小，土壤升温快，缓苗快，但相对较费工，多在早春气温低的地区采用。明水分苗是在分苗床按7～9厘米行株距栽苗，全床栽完后浇水。浇水时，不可大水漫灌，小水溜灌即可。这种方法较为简便，多在春季气温较高的地区应用。

分苗床管理应重点把握好温湿度的调控，具体操作如下：分苗后到缓苗前，一般不通风，保持高湿条件，使床温保持在28～30℃。分苗后的最初2～3天，晴天中午要用遮阳网遮阴，以防秧苗萎蔫。5～7天后，开沟分苗的苗床应选晴天浇1次“缓苗水”。缓苗后到定植前，要及时通风，使床温白天保持在20～25℃，夜间保持在10～14℃。床内过湿时，可撒干细土降湿。定植前半个月左右，逐步进行降温锻炼，即先早揭晚盖草帘，然后去掉薄膜或玻璃，以适应露地气候条件。另外，分苗床温湿度管理，最好掌握“三高三低”的原则，即白天高（25～28℃），夜间低（15～17℃）；分苗后高（27～30℃），定植前低（20～25℃）；晴天高（25～28℃），阴天低（20～25℃）。阴雨天气，争取多见光，减少床内湿度，不使秧苗黄化细弱。

②施足基肥，整地做畦。

冬前每亩制种田施农家肥5 000千克，过磷酸钙50千克，草木灰100千克或硫酸钾15千克做基肥。深翻后晒田，冻前浇冻水，消灭病虫。开春解冻后，及早浅翻细耙，以便保墒情，提地温。定植前10天左右做垄或做畦。华北地区多采用平畦和半高垄栽培。平畦一般畦长7～10米，宽1.2～1.3米，每畦栽2行；半高垄一般垄底宽60～70厘米，高10～15厘米，垄面做成半圆形，垄长7～10米。

③适时定植，合理密植。

露地番茄须在当地晚霜过后，10厘米地温稳定在10℃以上时定植。华北地区多在4月下旬至5月上旬定植，使秧苗在高温来临前达到成龄抗性阶段，以抵抗条斑病毒病的危害。定植时可采用明水定植，也可采用暗水定植。定植深度以地面与子叶相平为宜。徒长苗可卧放在定植穴内，将其基部数节埋入土中，以促进不定根的发生，并可防止定植后的风害。

栽植密度应根据品种、整枝方式、土壤肥力等因素决定。一般早熟品种比晚熟品种密些。自封顶早熟品种适宜行距40～50厘米，株距25厘米；自封顶中熟品种行距50厘米，株距26～33厘米；无限生长类型中晚熟品种行距60～70厘米，株距33～40厘米。此外，单秆整枝较双秆整枝密一些，土壤肥力差的较肥力充足的田块密一些。

④定植后的田间管理。

浇水、中耕与蹲苗：

定植后适时浇缓苗水。浇得过早，影响低温升高，导致秧苗滞长；浇得过晚，土壤干燥，影响根系发育，易发生病毒病。浇过缓苗水后，应及时合墒中耕，以提高地温，促使番茄发生不定根。中耕时，行间深锄，植株周围浅锄，防止伤根。

蹲苗时间的长短应根据品种的特性、秧苗的长势、土质、地下水位的高低、当时当地的气候情况及其他栽培环节灵活掌握。矮架自封顶品种，植株长势弱，果实形成早，结果集中，应少蹲苗或不蹲苗，以防植株早衰。无限生长类型品种，长势强，蹲苗期可适当长些。带大蕾定植的秧苗，应少蹲苗；在开花期天旱地干时，应轻浇“催花水”；病毒病严重的地块及干旱年份，不应过分强调蹲苗。一般第一层果有核桃大小时，应停止蹲苗。结束蹲苗后，浅锄地皮、除草，并及时浇“催果水”。“催果水”浇得过早，果实还未进入迅速膨大期，茎叶生长快，消耗养分，第一层花序坐果差；浇得过迟，土壤缺水，不仅影响茎叶的正常生长，而且不能及时满足果实迅速膨大的需要，第一层果长不大，使产量降低。此后浇水应掌握地皮“见干见湿”的原则，灌水要均匀，避免时而大水漫灌，时而过度干旱。

追肥：

番茄生长期长，结果数多，需肥量大，耐肥力强。在重施基肥的基础上，要适时适量地分次追肥，如提苗肥、催果肥、盛果肥和根外追肥等。

缓苗后结合第一次浇水追施提苗肥。通常每亩施尿素5千克或人粪尿500千克，以促进发棵壮秧，防止秧苗早衰。在第一层果开始膨大，第二层果刚坐住时追施催果肥，结合浇水溜施人粪尿1 000千克或复合肥8～10千克。在第一层果实开始采收前后，第

二层、第三层果开始迅速膨大时追施盛果肥，此时需肥量最大，每亩应随水施人粪尿1 000～1 500千克，以促进中层果实膨大，防止植株衰老，提高中后期产量。番茄生长的中后期应注意多施钾肥。中晚熟品种生育期长，留果层次多，每次施肥应相隔半个月左右。当外界气温高时，尽量避免用未腐熟的人粪尿做追肥，以防地温增高，引起病害。

植株调整：

番茄植株调整包括搭架、绑蔓、整枝、打杈、摘心和疏花疏果等。

番茄除少数直立品种外均需搭架。当植株高 25 厘米左右时，要及时搭架、绑蔓，使植株竖立整齐，向空间发展，以充分利用光能。小架番茄多采用单杆支架或圆锥架（三角架或四角架），大架番茄多采用人字架。为使支架牢固，最好增加横杆。一般蹲苗结束、浇水后插杆搭架并及时绑蔓。绑蔓时松紧要适度，为茎的生长留有余地。

单秆整枝是常规品种原种种子生产的主要整枝方式。这种整枝方式是在番茄整个生长期每株只留 1 个主干，其余侧芽全部去除。密植栽培及早熟栽培多用此法。此外，对植株矮小、生长势弱、营养面积小的品种也可采用一秆半整枝，即每株除留主干外，在第一花序下留第一侧枝，侧枝结 1～2 穗果后摘除顶芽。

番茄腋芽萌发力强，生长发育期要通过不断打杈来减少对营养的消耗。打杈要掌握好的适期，叶量少的早熟品种，打杈过早会抑制根系的发育。第一侧枝一般长到 6～7 厘米时掰掉，以后的侧枝及早打掉。避免下雨前、下雨时或露水未干时整枝，以防止染病。

通常选留 2～3 层花序采种。因此，从第四层花序以上的花蕾应及时摘除，并在第四层上留 2～3 片叶子摘心，使养分集中留种果。每个花序留种果数因品种而异，早熟品种留 3～4 果，中晚熟品种留 4～5 果。番茄叶片变黄、老化，光合作用逐渐降低，应及时摘除老叶、黄叶。

制种田严禁使用乙烯利等生长调节物质，否则，会大大影响种子产量和质量。

⑤完熟期的采收。

番茄的成熟过程，先后经过绿熟、变色、成熟、完熟 4 个时期。早熟品种在授粉后 40～50 天开始着色成熟，中晚熟品种 50～60 天完熟。番茄绿熟果中的种子，虽有完全正常的发芽力，但种子活力、千粒重、贮藏性等尚差。因此，必须在种果完熟后采收。

⑥果实的酸化与清洗。

完全红熟的果实，采收后不需后熟即可进行掏籽。其方法是用刀横割果实或用手掰开果实，挤出种子，或用番茄脱离机脱离出种子。取出的种子，其周围均有部分果肉和胶胨状黏液，难以分离，需置于容器中进行酸化发酵。发酵工具可用木器、陶器、搪瓷或玻璃容器等，但不得用铁器，否则会使种子颜色变差。

酸化发酵时，可将挤出的种子及其附带的部分果肉和胶胨状黏液一起放置于干净的发酵容器中，严防水分进入容器中，并用塑料薄膜等防水布包盖严实，防止雨水淋湿，否则会使种子颜色变褐、变黑，甚至在发酵容器中就有部分种子发芽。此外，发酵时，容器不要装得过满，距容器上沿应有 15～30 厘米的距离，否则，会使发酵液溢出而造成种子流失。

发酵时间的长短与种子的色泽、发芽率均有密切关系。发酵时间过短，则胶胨状黏液不易与种子分离，洗出的种子稍带有粉红色；发酵时间过长，则种皮变黑，发芽率降低。发酵时间与发酵温度相关。通常在25～30℃下，发酵24～36个小时即可进行种子清洗。发酵的程度以浆液表面有白色菌膜覆盖、上面又无带色的菌落为宜。如表面没有白色菌落，则没有发酵好。但如白色菌膜上出现钉红色、绿色或黑色菌落时，则浆液受细菌感染，多是发酵时间过长所致。发酵结束后，即可用木棒在发酵容器中搅动，使种子下沉与果胶分离，去掉容器上部污物，捞出种子，用水冲洗混杂在里边的果皮、果肉等杂物，漂出浮在水面的秕籽，随时观察有无种子萌动发芽现象，并注意清除。然后将沉在容器底部的好种子装入纱布袋中，挤出水分或放入离心机中甩干。发酵适度的种子应呈乳黄色，种子上有明显的茸毛，稍加揉搓种子便分开。经清洗的种子应立即进行干燥处理。

番茄原种在纱网大棚或日光温室内制种，其技术要点可参照上述技术进行。此外，番茄常规品种生产种的生产以及杂交种亲本的培育与田间管理等也可参照上述技术进行。

（二）常规品种生产种的生产

番茄常规品种生产种的生产，在栽培技术上与原种的生产一致，也要进行种子生产田的选择，壮苗的培育、定植及定植后的田间管理、种子收获等，均可借鉴番茄原种的生产技术，在此不再赘述。

五、杂种一代种子的生产

番茄杂种一代品种，在早熟性、抗逆性、一致性、丰产性和品质方面都有非常明显的优势。随着国内番茄杂交种子的推广，杂种一代种子的生产有了很大的发展。国内已形成一批重要的番茄杂交制种基地，如山西忻州地区番茄制种基地、陕西临潼县番茄制种基地、辽宁番茄制种基地和甘肃酒泉制种基地等。

番茄杂交制种必须根据番茄的生长、开花习性，选择适宜的基地和亲本，并按照技术要求进行认真细致的操作和管理，以提高杂交种子的产量和质量。

（一）杂种一代种子生产的途径和方式

番茄一代杂种种子生产的主要途径有人工杂交制种、不去雄人工授粉制种和利用雄性不育两用系生产一代杂种种子等3条途径，其中人工杂交制种的程序相对简单、所选配的优良组合多、生产的种子纯度较高，是目前番茄杂一代种子生产的最基本途径。

番茄杂一代种子生产的方式较多，主要是采用春夏露地栽培制种，当然也有利用中小拱棚和塑料大棚甚至日光温室采用纱网隔离进行栽培制种的。露地栽培制种不需特殊设施，成本较低，可大面积进行，是目前最基本的制种方式。中小拱棚栽培制种和大棚栽培制种能显著提高种子的质量和产量，但制种成本相对较高，适合经济实力雄厚的制种单位。现以露地栽培制种方式，对3种杂交制种途径加以阐述。

1. 人工杂交制种技术

（1）培育亲本。

杂交亲本育苗可参照露地番茄种子生产技术进行。此外，应注意以下几点：

第一，育苗营养土要干净。在配制育苗营养土时，要注意床土和有机肥中不可有其他番茄种子混入，以免造成品种混杂。

第二，加工亲本种子与非加工亲本种子的浸种时间不同。经过种衣加工的亲本种子，种皮较薄，易于出苗，因此，浸种时间应短，一般用25～30℃温水浸种5～8小时即可。未经加工的种子，浸种过程中应注意搓洗1～2次，搓掉种皮茸毛后催芽，一般浸种时间10～12小时。

第三，调节好父母本始花期。番茄早熟、极早熟杂种一代品种中，有许多是以低封顶类型为母本，以中封顶或高封顶类型为父本的组合，父本始花期显著迟于母本。制种时需通过播期调整来调节双亲的始花期，使父本较母本早开花6～7天，确保杂交工作一开始，父本系统就能提供充足的花粉。通常当父母本始花期相同时，父本应较母本早播种6～7天；若父本始花期较母本始花期晚5～7天，父本应提早15～20天播种。母本应按当地正常播期播种，以便制种所需要的花序能在气候条件最适合于授粉杂交的时候开花。

第四，实行稀播，节约亲本用种量。亲本种子比较珍贵，必须保证苗齐苗壮，播种床面积应大些，这样出苗后可不用间苗。一般每栽植一亩地应有3平方米的播种床面积，有条件的可播至5平方米。播种时，一定要注意做好标记或画图，防止父母本混淆。

第五，国内许多早熟番茄组合的母本是矮秧黄苗类型，其营养生长较弱，发育迟缓。因此，苗床管理中应以促为主，促控结合，培育壮苗。

（2）整地、施足底肥。

及时施底肥，翻耕、暴晒，以改善制种田的耕性。翻耕前，每亩施入腐熟农家肥5 000千克，尤其以鸡粪为佳。因为鸡粪含磷量较高，做底肥可增加番茄种子产量，提高种子质量。此外，每亩还需施入过磷酸钙50千克，复合肥25千克，以满足植株在发育过程中对磷、钾肥的需要。

（3）做垄。

番茄制种多采用高垄或半高垄栽培，土壤疏松，早春容易提高土温，便于排灌。母本系统垄畦应较父本垄畦宽些，通常父本畦宽1米，母本畦宽1.1～1.2米，以便于授粉操作。垄面要做成半圆形。垄畦做好后，应在定植前1周，挖开定植沟暴晒，提高较深层的地温。

（4）适当密植。

晚霜过后，当地10厘米土层地温稳定在10℃时即可定植。为了保证制种数量和充足的花粉供应，必须定植足够株数的父系亲本。若双亲之一为矮秧黄化亲本，则每亩定植3 000～4 000株，用3秆整枝或双秆整枝方式较为合适。如果密度增至6 000～7 000株，则用单秆整枝，也能获得较高的产量。父母本定植行比例为1∶3～4，即栽植3～4畦母本，1畦父本。栽植母本的畦梁要宽，母本定植时应稍靠畦中间，留有较宽的作业道，以利于授粉操作。此外，母本定植稍密一些，使父母本定植的株数比例为1∶5～8。一般选晴天上午定植。定植的深度以营养钵与地面平齐为准。可根据气候情况确定灌溉定植水。气候温暖，采用定植后灌大水；气温较低，可采用点水定植，以利于缓苗。

（5）控水保花。

定植15天左右，第一花序开花时切忌浇水。定植缓苗后，合墒中耕2~3次，促进根系发育，进行蹲苗。早熟矮秧番茄，营养生长较弱，蹲苗时间宜短；否则，秧苗易早衰减产。

（6）植株调整。

杂交亲本栽培过程中应及时整枝打杈，调节和控制根、茎、叶与果实的生长发育，使营养物质得到合理应用。由于秧苗地上部生长与地下部生长具有相关性，因此，早熟矮秧品种第一次打杈应晚些，促使根系发育快，长得茂密。一般第一个杈长到10厘米左右时打掉，以后见杈就打掉，以免消耗营养。对于矮秧早熟番茄，保留营养枝（留第一花序下的第二侧枝，侧枝上留2~3片叶摘心）或辅养枝（保留第二花序下的第一侧枝，侧枝上留2片叶摘心），能及早达到最适叶面积指数，促进地下部和地上部生长发育，提高根系活力，增强植株的光合强度，增加果实和种子产量。

杂交制种多采用2~3秆整枝方式，其做法是除保留主轴外，在第一花序下保留第一或第一、第二侧枝，使其与主轴并行发展，形成双秆或3秆，而将其余侧枝全部除去。为便于杂交操作，通常搭成“人”字架，同时，架材要插到植株外侧，可防止操作时踩伤根系，也有利于架内通风，减少病害发生。

（7）肥水管理。

浇透定植水后需蹲苗，待第一穗果核桃大小时，进行浇水和追肥。结束蹲苗前，如果肥水过多，温度过高，尤其是加盖地膜的番茄，易发生徒长，使营养生长与生殖生长失去平衡。浇第一次水后，可根据土壤肥力、墒情、天气情况，一般每隔5~7天浇水1次；每坐1层果追1次肥。制种栽培需要大量磷、钾肥，因其与种子成熟和种子质量有关。氮肥过多，易造成营养生长过旺而影响开花，也易落花，果实则过于肥大而种子发育不佳，发芽不良。制种后期，早期杂交果已陆续膨大，正值植株生育旺期，应视土地肥力状况在制种结束前1周或制种结束后立即进行追肥，随水每亩施复合肥15千克。

番茄病虫害较多，应特别注意防治。一般每7~10天喷药1次，结合喷药，进行叶面喷肥，如磷酸二氢钾、叶面宝等，以增强植株的营养与抗性，保持一定的空气湿度，避免因高温、干燥引起柱头变褐，授粉能力差。在授粉期间，喷药起码应在授粉后30分钟进行，或尽量在上午授粉，傍晚喷药，以提高坐果率。

（8）人工去雄，授粉杂交。

①备好杂交器具。番茄杂交制种通常需要具备医用牙科镊子、授粉器、干燥器、100目网筛、小玻璃瓶、干燥剂、小桶、棉球、冰箱和70%酒精等。

②选择适宜杂交的花序和花朵。一般在主秆上第二个至第四个花序中选花朵杂交。第一花序开花坐果早，种子千粒重高，但坐果率低、畸形果多、单果结籽少。为节省工时，最好不用它进行杂交。侧枝上从第一个至第三个花序中选花杂交。更高节位的花序，因开花晚、坐果率低、种子质量差而不宜用做杂交。花序上花朵着生的位置对其坐果率也有影响。通常第一朵至第三朵花坐果率最高，第四朵以上的花朵坐果率差，坐果后，其果内种子数量少，质量差。因此，杂交制种时多用花序基部1~4朵花，樱桃番

茄可选1～6朵花杂交，而将多余的小花、弱花及顶花摘除。

③去雄。去雄之前必须摘除植株上已开和开过的花朵以及畸形花和小花。人工杂交成功与否，关键是掌握去雄时间。去雄的最佳时期为蕾期，一般选择次日将要开放的花朵去雄为宜。去雄最迟应在花粉成熟24小时进行，这时花冠已露出，雄蕊已变成黄绿色，花瓣伸长至花瓣渐开或展开呈30°角。去雄时期过早，易损伤花器，受精不良，降低坐果率和种子数；去雄过晚，易自交产生假杂种。每天上午8时至下午6时均可去雄，但以早上为好，因为早晨湿度大，花粉不易散出，有利于提高去雄质量。去雄有徒手去雄和机械去雄两种方法。徒手去雄是在每个花朵呈喇叭状，达到渐开阶段，用左手拇指和食指持花柄，右手拇指和食指的指甲夹住母本花朵的花瓣和雄蕊药筒一角，向上拧提，即可将花瓣连同花药筒一次拧掉。由于手指活动自如，熟练后，不但去雄速度快，而且不易伤损雌蕊。机械去雄是用左手拇指和食指平持花蕾，右手持尖头镊子，小心从花药筒基部伸入，将花药和花瓣一起剥掉，注意不要碰伤或折断柱头。去雄时应将花药全部摘掉，不许留下半个花粉囊，否则易产生自交果。由于番茄花小，花茎和花柱易折，所以去雄技术应熟练，不可用力持夹或转动花蕾，也不可用镊子碰伤雌蕊。

不同品种花蕾大小、去雄难易不同。通常1个熟练的操作人员每天可去雄1 000～1 500朵花。

④拔除父本杂株。采集花粉杂交前要认真、细致地对供杂交的父本逐株进行检查，彻底拔除父本田里的杂株，宁可错拔也不可以漏拔。否则，混杂1株则可能大大降低杂种纯度，甚至导致制种失败。

⑤采集父本花粉。应挑选已全部开放且花梗较粗的正常花朵，花药颜色呈黄色，花瓣展开达180°角，纯净、充足而生活力强的花粉。一般采集的时间在上午10时以后，遇阴天可在中午进行。采集花粉通常有采粉器采粉和摘花采粉两种。采粉器采粉是用特制的“番茄花粉采集器”直接从盛开的花中采集，不必将花朵摘下，采粉量大，适宜大面积制种时采用。采粉器形状如手电筒，前端有微型电机、弹片及集粉匙组成，后部安装供电电池。采粉时将弹片插入花已盛开的药筒中，接通电源后弹片颤动，将花粉振落在集粉匙内，当集粉匙内装满花粉时，将其转入盛装花粉的器皿中，以备授粉用。摘花采粉时把花朵摘下，带回室内摊开，经过干燥处理，使花药开裂，花粉散出，通过过筛后收集花粉。花药干燥有自然干燥、生石灰干燥、灯泡干燥和烘箱干燥等4种方法。自然干燥法时将所有的花药散放在硫酸纸上，然后铺在筛子中。由于筛子上下透气，利于干燥，在自然条件下阴干2～3小时。不要使强光直接照射花粉，否则，易使其丧失生活力。这种方法简单易行，不需特殊工具。但是，这种方法只适用于日照较好的无风天气。生石灰干燥法是用有严密盖子的容器（桶、钵、瓮），下部放上2/3的生石灰，上面密闭。可于傍晚放入，第二天早晨花药干燥就可过筛。灯泡干燥法是把花药铺在一层硫酸纸上，再把纸放在筛子中，在花药的上方挂1只灯泡（100～200瓦），灯泡距花药15～20厘米，这样利用灯泡散发的热量将花药烘干。烘箱干燥法是将花药放入温度调至32℃的恒温烘箱中，经过1个晚上处理即可使花药干燥。

花药干燥后，一般用筛子筛取花粉。筛子的筛眼以100～150目为宜。收集的花粉，可装入瓶中置于4～5℃的冰箱中保存，即可随时取用。番茄花粉在这样的条件下可贮存约4周。如果没有冰箱，应贮放在低温干燥处。否则，制种时正是温度较高的季节，花粉寿命短，3～4天即失去生活力，不能使用。

⑥适时授粉、标记。一般花朵去雄后2～3天开始授粉。授粉应选择晴朗无风天气的上午8～11时最适合，下午3时以后授粉，也可获得最高的结籽率。上午授粉过早，植株上有露水，易使花粉吸水膨胀，影响发芽；若上午授粉过晚，又易遇中午高温，不利于花粉发芽。授粉时，选母本花瓣为鲜黄色，雌蕊柱头为黄绿色的花朵，将柱头轻轻插入授粉器的授粉口中，轻微晃动授粉器，使柱头上蘸满花粉，即完成授粉。如无授粉器，可用铅笔的橡皮头或海绵做成的授粉刷，蘸取少量花粉，轻轻地、均匀地涂在已去雄的母本花朵柱头上。对于去雄后随即授粉的花朵，为了提高坐果率和单果结籽量，在授粉后的第二天或第三天再重复授粉1次。授粉后遇雨，须重新授粉。

为了标记去雄后授粉的花朵，授粉后去掉1片萼片，重复授粉时去掉相邻的另1片或1次摘去两片，采收时检查每一个采收的果实是否缺少两片萼片，凡与此标记不符的果实须摘下，不用做留种，凡落地的果实一律不按杂交果采收。萼片一定要从基部用镊子揪断，否则不易与自然干枯的萼片区分。也可对杂交过的花朵拴上红毛线等做标志，以便于采收时识别。

授粉全部结束后，将随后出现的侧枝、花蕾或花朵全部摘掉。一个组合授粉结束后，双手及所用的杂交器具须用70%酒精溶液消毒，杀死残存的花粉，待手和器具晾干后，再配制另一个杂交组合。

⑦采收。杂交果实达到完熟状态后要及时采收，避免种果在田间发霉腐烂影响种子质量。采收宜分期、分批进行，避免不同组合间发生机械混杂。

2. 不去雄人工授粉杂交制种技术

不去雄人工授粉，由于省去了人工去雄，节省杂交工时，大大降低了制种成本，在番茄杂一代的推广普及中具有重要的意义。目前，利用不去雄人工授粉制种，主要有苗期标记性状不去雄人工授粉和化学杀雄人工授粉两种方式。

选育具有苗期标记性状的番茄组合，可不去雄，只进行人工授粉，而在苗期识别并淘汰一代杂种中自花授粉的假杂种。目前，国内外利用的苗期标记性状主要有绿茎、薯叶和黄苗等隐性性状。利用这种方法制种，必须掌握母本系统花朵的开药规律，应在自花授粉前适时授粉，以降低假杂种的比例，提高杂种的利用价值。

用50～100毫克/升青鲜素在开花前1周喷洒母本花蕾，能使花药皱缩且不能开裂散粉，从而达到去雄的目的。也可用0.3% DCIB（α，β－二氯异丁酸钠）水溶液喷洒母本植株，经1～2天即可出现雄性不育，27天后育性恢复。因此，处理后20天以内可进行不去雄人工授粉。其人工授粉技术参照人工杂交制种技术进行。

3. 利用雄性不育两用系生产杂种一代种子技术

目前，发现和利用的番茄雄性不育系是由单隐性核基因决定的，这种不育基因只能育成雄性不育两用系，简称“两用系”。所谓“两用系”是指在一个稳定的遗传系统中，有一半植株是不育的，具有雄性不育系的功能；另一半植株是可育的，用它给不育株授粉，其后代仍有一半是不育株，一半是可育株，即它有保持雄性不育系的功能。在这样一个稳定的遗传系统中同时具备两种功能，故称其雄性不育两用系。利用具有薯叶、绿茎、黄化

等苗期隐性标记性状的两用系作母本，以另一个纯系作父本，生产一代杂种，可以节约人工去雄的工时，显著降低种子生产成本。其制种主要技术要点是：①将两用系播种于母床，分苗时根据苗期标记性状，淘汰两用系中的可育株，只将两用系中的不育株分栽于分苗床；②将父本和两用系的不育株按1∶5～8定植于制种田；③在适宜杂交授粉期，不去雄只授粉；④杂交果实完熟后，从两用系中的不育株上采收的种子即为杂交一代种子；⑤父本的繁殖可在隔离区按常规品种的繁殖技术进行；⑥雄性不育两用系的繁殖需另设隔离区，用两用系中的可育株花粉给两用系中的不育株授粉，并进行标记。从标记的不育株上采收的种子，一部分供应次年生产一代杂交的母本，一部分留作次年繁殖两用系用种；⑦其他制种技术参照番茄人工去雄杂交制种技术进行。

第二节 辣椒

辣椒（*Capsicum frutescens* L.）又称番椒、海椒、秦椒、辣子、辣茄。属茄科辣椒属，是具辣味或甜味的1年生或多年生草本浆果植物。它起源于中美洲和南美洲的热带和亚热带地区，1493年传入欧洲，1583～1598年传入日本，17世纪许多辣椒品种传入东南亚。我国有辣椒栽培的历史可追溯到16世纪末、17世纪初，至今有400多年的栽培历史。中国各地普遍栽培，类型和品种较多，成为我国人民食用的重要蔬菜之一。

辣椒从食用方式可分为干制辣椒和鲜食辣椒两大类；从果实形状上可分为樱桃椒、圆锥椒、簇生椒、长辣椒和灯笼椒五种；从味道上可分为甜椒、半甜椒和辛辣椒三种。目前，我国的辣椒品种有常规品种也有杂种一代品种。干食辣椒多为常规品种，杂交种极少；鲜食辣椒多数为杂种一代品种，少数是常规品种。辣椒是常异交作物，一般异交率可达20.6%～45.5%，最高可达70%以上。在辣椒良种繁育过程中，为了防止串花，保证品种纯度，不同品种的制种田之间，制种田与商品生产田之间通常要进行隔离。

一、辣椒的生物学特性

（一）植物学特征

1. 根

辣椒属浅根性作物，根系分为主根和侧根，主根不发达，侧根较番茄少且再生能力弱。根群多分布在30厘米的土层内。在栽培管理过程中应该保护好主根和侧根，育苗时多采用营养钵护根育苗。根系在土壤中的分布状态，除其本身的特点外，还受土壤条件的影响。其根具有趋水性和趋肥性。

2. 茎

辣椒的茎直立，木质化程度较高。根据品种类型的不同，其株高30～150厘米。茎分枝方式受环境条件及品种特性的影响。昼夜温差大、夜温低、营养状况好、生长发育缓慢时，以三杈分枝为主，反之则多二杈分枝。甜椒类分枝少，长椒、小椒类分枝多。植株分为无限分枝和有限分枝两种类型。

3. 叶

辣椒播种出苗后胚轴上着生两片子叶，而后生长点分生出真叶。辣椒的真叶为单叶，互生、全缘，卵圆形或披针形，先端渐尖，叶面光滑，微具光泽。少数品种叶面密生茸毛。真叶叶片大小、色泽与青果的色泽、大小有相关性。通常甜椒较辣椒叶片稍宽。

4. 花

辣椒为雌雄同花作物，花较小，甜椒花大于辣椒花，生长在温和条件下的花比在炎热条件下生长的花大。花冠白色、绿白色或紫白色，花萼基部连成萼筒呈钟形。辣椒花多为单生，少数双生，有些品种簇生，属常异花授粉作物，虫媒花，异交率较茄子、番茄高。辣椒花是由花冠、花萼、雄蕊、雌蕊和花梗五部分组成。花冠一般有 6 片花瓣，基部合生；花萼也有 6 片。雄蕊由花药和花丝组成，雄蕊 6 枚，花丝淡黄色或紫色，花药一般为紫色，纵裂式散粉。雌蕊由子房和柱头组成，子房绿色，柱头一般为紫色或黄色，上有黏液。

辣椒花着生在分枝上，主茎上第一个分杈点处的花及结的果称为门椒；第二个分杈上的花即第二层花及结的果称为对椒；第三层花为四门斗，以后又分出 8 个分杈，所开的花为八面风（第四层花），再上的花通常称为满天星。

5. 果实、种子

辣椒果实为浆果，食用部分为果皮，果皮与胎座之间是一个空腔，由隔膜连着胎座。辣椒果实一般为两心室或三心室。胎座有的较大呈圆锥形，种子分布在胎座上，有的种子也着生在隔膜上。辣椒果实形状较多，有扁圆形、圆球形、灯笼形、圆三棱形、线形、长圆锥形、短圆锥形、羊角形、牛角形、指形等。果肉厚 0.1 ~ 0.8 厘米。种子短肾形、扁平，表面微皱，淡黄色，稍有光泽，千粒重 4.5 ~ 8.0 克，发芽力一般可保持 2 ~ 3 年。

（二）生长发育

辣椒的生育周期包括发芽期、幼苗期、开花结果期。

1. 发芽期

从种子萌动到子叶展开、真叶显露。在温湿度适宜、通气良好的条件下，从播种到真叶显现约需 10 ~ 12 天。

2. 幼苗期

从第一片真叶显露到第一花现蕾。幼苗期的长短因育苗环境和品种熟性的不同而有很大差别。一般早熟品种在适宜条件下育苗幼苗期约为 30 ~ 40 天，而华北地区早春用普通阳畦育苗则需 50 ~ 60 天，中晚熟品种这一时期又相对长出 15 ~ 25 天。

幼苗期虽然生长量不太大，但是生长速度很快，壮苗标准为：苗高 14 ~ 20 厘米，茎粗 0.3 ~ 0.4 厘米，叶片数 10 ~ 13 枚，根系发达，单株根系鲜重 1.5 ~ 2.2 克，生长点孕育多枚叶芽和花芽，第一花蕾显现。

3. 开花结果期

从第一朵花开花坐果到采收完毕。结果期长短因品种属性和栽培方式而异，短的 50 天左右、长的达 150 天以上。这一时期植株不断分枝，不断开花结果，继门椒之后，对椒、四门斗椒、八面风椒、满天星椒陆续形成，先后被采收。此期是辣椒产量形成的主要阶段，应加强肥水管理和病虫防治，延缓衰老，延长结果期，提高产量。

正常的辣椒果实是从受精以后开始发育的。受精后10天左右是细胞分裂期，子房各部位的细胞数增加。其后是细胞的伸长期，这时可看到子房明显增大。果实膨大首先是果实的长度伸长，其后是果实的变粗。辣椒果实的发育过程分为未熟期、绿熟期、红熟期、完熟期4个时期。一般开花受精至果实膨大达绿熟期约需25~30天，鲜食辣椒即可采收上市，再过25天左右，果实转色变红、黄、橙、紫等成熟，此时果实内的种子已发育成熟。

（三）生长发育对环境条件的需求

辣椒的生长发育、产品器官的形成及种子的发育，一方面由品种自身的遗传特性所决定，另一方面受外界环境的影响。辣椒对环境条件的要求较苛刻，喜温暖，忌高温暴晒，怕寒冷，怕水涝，畏干旱，喜肥又怕肥。

1. 温度

辣椒属喜温，不耐霜冻、不耐热的蔬菜植物。辣椒种子发芽最适温度为25~28℃，在此温度下约4天出芽；高于36℃或低于15℃，种子不易发芽；而低于10℃种子不发芽。幼苗期适宜温度白天为25~30℃，夜间为15~20℃，地温17~22℃。应在幼苗定植前进行低温锻炼，使其能在低温下（0℃以上）不受冷害。随着幼苗生长，对温度的适应性逐渐增强。开花结果初期适宜的温度为白天20~26℃，夜间16~22℃。白天温度低于15℃，夜间温度低于10℃时，将影响正常开花结果，导致落花落果，造成结实率降低；当白天温度高于38℃，夜间高于32℃时，几乎不能结实。植株进入盛果期后，适宜温度为25~28℃。20℃以下果实膨大受到抑制，35℃以上的高温和15℃以下的低温均不利于果实的生长发育。然而。适当降低夜间温度有利于结果。

辣椒植株根系生长的适宜温度为17~24℃，21℃时根系生长势最强。土温过高，且当强光直晒地面时，对根系的发育不利，严重的日晒能使暴露的根系褐变死亡，且易诱发病毒病。一般来说，小果型品种具有较强的耐热性。

2. 光照

辣椒对光照强度的要求中等。光饱和点约为3万勒克斯，补偿点约为1 500勒克斯。过强的光照对辣椒生长发育不利，特别是在高温、干旱、强光条件下，根系发育不良，易发生病毒病。过强的光照还易引发果实日烧病。根据这一特点，辣椒密植的效果好，更适于在保护地内栽培。但如果光照过弱（低于补偿点），则植株生长衰弱，导致落花落果和果实畸形。辣椒对光照时间要求不严格，只要温度适宜，光照时间长短对辣椒生长发育影响不大，但以每日10~12个小时的日照时间最佳。采用有色薄膜覆盖栽培时，应注意不同光质对辣椒生长发育的影响。黄光对辣椒生长发育有良好的影响，能促进果实重量的增加，缩短果实发育的时间。绿光不利于幼苗的生长和花芽的分化。此外，不同品种对光质的反应有较大差异。

3. 水分

辣椒根系不发达，其植株本身需水量大，故需经常浇水才能获得丰产。如供水不及时而导致土壤干旱或水分不足，则易影响辣椒植株的生长发育，尤其在开花坐果期和盛果期极易引起落花落果，并影响果实膨大，果面多皱缩、少光泽，果形弯曲，且易发生病毒病。土壤中的水分除直接供植株吸收外，还影响到土壤中空气的含量，进而影响到根的呼吸和根部微生物的活动。土壤中的水分含量过大时，植株容易萎蔫，甚至成片死亡。辣椒在不同的生育阶段中，对土壤水分的要求存在着明显的差异。在种子发芽及幼苗时期，要求土壤的含水量以湿润为宜。进入开花期后，田间土壤中的含水量应保持在75%以上，空气相对湿度以60%～80%为宜。此外，辣椒对空气湿度要求也较严格，适宜较干燥的空气和较潮湿的土壤。但空气过于干燥，对授粉受精和坐果不利；反之，在空气相对湿度过高时，田间病虫害发生严重。

4. 土壤

辣椒对土壤的要求不十分严格，但以土层深厚肥沃、富含有机质且通透性良好的壤土或砂壤土为佳。砂土透气性好，早春温度回升快，有利于幼苗前期的生长发育，但保肥保水能力差，植株容易早衰；较为黏重的土壤，虽前期幼苗生长缓慢，但其保肥保水能力强，植株后期生长快，产量较高。过于砂质的土壤缺乏营养；过于黏重的土壤透气性差，均不适宜栽培辣椒。辣椒适于中性或微酸性的土壤，以pH值6.5～7为宜。

5. 营养

辣椒对土壤营养条件要求较高。氮素有助于叶绿素的形成和光合作用的提高。氮肥充足时，植株生长健壮，叶片大，果大，产量高。而氮素不足或过多都会影响营养体的生长及营养分配，容易引起植株徒长，导致落花落果。

充足的磷肥能促进植株的生长发育和根系的伸长，有利于提早花芽分化，促进开花及果实膨大，增强抗病力，并能使茎秆粗壮，提高果实脂肪含量，从而提高产品质量。

钾肥是植株体内代谢反应过程中所需酶的活化剂，对辣椒体内氮的代谢、核酸的合成有重要作用。当土壤中的钾肥含量不足时，叶片自下而上逐渐脱落，落花、落果、果实小而且畸形。充足的钾肥，能提高植株的抗寒、抗旱、抗倒伏、耐盐碱、抗病虫等能力。

钙是以果胶酸钙的形式成为细胞壁的组成部分，也是代谢过程中一些酶的活化剂，能够解除植株体内代谢过程中积累过多的有机酸的毒害作用。同时，钙参与光合作用，制造有机养分，促进植株生长发育。当土壤缺钙时，嫩叶变细，不开展，色泽异常，叶片早脱落，植株矮化，提早开花，果实畸形，顶部腐烂（蒂腐病）。

镁是叶绿素组成的重要元素，也是植株体内代谢过程中酶的活化剂。镁可促进对磷的吸收和运输，也有助于体内糖的形成。镁还具有减少病毒侵染的作用。植株缺镁时，首先表现为老叶边缘和叶脉间失绿，产生条斑花叶病状；继而发展成黄萎病斑型凋萎，植株幼叶变小，边缘向上卷曲，嫩叶变细弱，易感病害。

此外，硼、锌、钼、锰、铜等微量元素，也是辣椒植株生长发育过程中所必需的。

辣椒不同生长时期对各种元素的需求不同。幼苗期，由于生长量小，要求肥料的绝对量不大。花芽分化期，需求氮、磷、钾三要素肥料。恋秋栽培的辣椒，越夏后需较多的氮肥，以利于秋季新生枝叶的抽生。一般大果型、青椒类型比小果型、线辣椒类型所需氮肥较多。所以，在整个生长时期都不能缺少氮、磷、钾、钙、镁及一些必需的微量元素肥料。

二、种株的开花结实习性

辣椒花芽分化初期即进入生殖生长。从花芽分化初期到种子完熟是一个连续的过程，为了叙述方便，将其按花芽分化、开花与坐果、果实与种子发育 3 个方面分述如下。

（一）花芽分化

辣椒植株在株高 3 ~4 厘米，茎粗 0.15 ~0.2 厘米时，已分化 4 ~20 片真叶（早熟品种 4 ~8 片叶，中熟品种 8 ~11 片叶，晚熟品种 11 ~20 片叶），开始进行花芽分化。此时，茎生长点由圆锥状突起逐渐变为肥厚扁平，周缘外扩，接着依次进行萼片、花瓣、雄蕊、雌蕊的分化，雄蕊进一步形成花粉母细胞，雌蕊在心皮里继续分化，形成胚珠、子房室和胎座，从而形成完整的花器，并进一步发育充实。辣椒的子房多由 2 ~3 个心室组成，心室数目的多少是根据愈合的心皮数决定的。

辣椒的花芽分化属于典型的营养支配型，生长发育旺盛的植株，花芽分化好。影响花芽分化有内因和外因两个方面的原因。外因包括温度、光照、土壤水分、肥料等因素，此外，床土的质量和播种密度等也对其有直接的影响。花芽分化的适宜温度是 24℃。温度过高时根系徒长，花数虽多，开花期也早，但着花节位上升，花的质量差，落花、落果增加。温度过低，根系发育受到抑制，地上部发育不良，花数少。高夜温对花芽形成、花器发育和开花均有不利的影响，会造成花的质量差且易落花。光照强度对花芽分化的影响较温度小。但若光照过弱，光合作用降低，花的质量下降，而且易产生落花现象。土壤水分充足，辣椒茎叶发育协调，花芽分化质量高。同时，培养土中氮、磷丰富，能促进植株发育和花器发育正常，减少落花现象。内因是植株体内的营养物质。当幼苗期植株体内积累的各种营养物质少，碳、氮比（C/N）小时，则体内的植物激素含量高，成花素少，开花较晚。当碳、氮比增大，植株体内碳水化合物增加，植物激素含量降低，成花素增加，可促进开花结实。总之，外界环境条件及植株本身所含的营养物质状况对花芽分化和发育都有很大影响。如果植株体内营养物质积累得少，光照不足，温度过高或过低，早期所开的花就小，多产生畸形花，影响早期果实和种子的产量。

（二）花器构造与开花授粉习性

辣椒植株为两分枝或三分枝型。以第一朵花为中心，呈同心圆，逐渐增加开花数。辣椒的花多为单生，也有 2 ~3 朵共生，甚至 4 ~10 朵簇生，着生于主茎或分枝的顶端。花是由花托、花萼、花冠、雄蕊和雌蕊构成的完全花。花托连接在枝秆上，呈绿色、黄色或紫色。花萼绿色，钟形，基部合生，先端 5 裂或 6 裂，裂片长椭圆形。花冠由 5 ~7 片花瓣组成，等长，呈披针形，上部渐尖，基部结合成筒状，基部与雄蕊花丝相连，花冠多白色，也有紫色或淡黄色，开花后 2 ~3 天慢慢变褐枯死。雄蕊 5 ~7 枚，由花丝、花药组成，花丝白色，附着在花冠筒上，并将雌蕊的花柱包围，围生于雌蕊花柱的外面，基部长有蜜腺，分泌花蜜以诱昆虫。花药为椭圆形，蓝紫色或灰白色，着生于花丝的顶端，成熟后由上而下纵向逐渐开裂。花药纵裂后，花粉散落出来，通过昆虫携带到雌蕊柱头上进行授粉和受精。雌蕊位于花的中央，由子房、柱头、花柱 3 部分组成。

辣椒子房下位，花柱下连着子房，上接柱头，花粉落到柱头上后子房膨大，发育成果实。辣椒花柱的长短与品种和环境有关，花柱长于花丝时，常进行异花授粉。花柱与花丝等高或低于花丝时，易进行自花授粉。

辣椒的开花习性因品种的不同而异，也与环境条件有关。一般当主茎长出8~10（或更多）叶时，开始着生第一朵花（或花序），早熟品种第一朵花一般着生在7~10节，中熟品种12~13节，晚熟品种为14~17节。花单生者，每一分杈处着生1朵花，结1个果，果梗多数下垂，也有少数品种向上着生或侧生；花簇生者，分杈处着生数朵花，但不是每节都能分杈，都有一簇花，通常在数节后再生一簇花，花簇下的腋芽再发育成分枝。

花蕾发育成熟后即可开花。开花时间的迟早受花蕾本身质量与外界环境条件的影响。花蕾发育良好，开花早；反之，开花迟。一般晴天强日照条件下开花早，阴天或弱光下开花迟。在夏季多数情况下，早晨6时花冠迅速伸长，先端首先从瓣缝处开裂，花瓣继续向其各自的外层扩大展开的角度，直到上午8时左右达到同一水平面时完成开花过程。

开花2~4小时后，花药开始散粉。昆虫在辣椒蜜腺分泌物的引诱下，将花粉传到花的柱头上，吸水膨胀，花粉粒的细胞质活化，内壁从萌发孔突出形成花粉管，由柱头间隙进入花柱内，穿过传递组织而伸长，花粉粒萌发和花粉管伸长的适宜温度为20~25℃，低于20℃或高于30℃均不好。开花当天花粉粒萌发、伸长的能力最强，前一天萌发、伸长的能力也较高。试验表明，花粉在25~30℃时萌发率为70%，10~15℃为2.3%，35~36℃为3.3%，而在20~22℃、空气相对湿度为50%~55%时，花粉的活力可维持8~9天。

花粉从落到柱头上授粉开始，逐渐完成受精过程，一般在授粉后8小时开始受精，14小时受精率达70%，24小时完成全部受精。

雌蕊受精能力是以开花的当天为最高，受精结实率可高达100%。开花前1天的受精能力不充分，受精结实率为50%~60%；而每果所结种子数也有差异，开花当日受精的最高结籽数为134粒，开花前1天受精的最高结籽数仅为109.4粒。

辣椒以白天20~25℃，夜间15~16℃，空气相对湿度在50%~75%时坐果率最高，温、湿度过高或过低均不利于坐果。此外，花的质量对坐果率影响极大，质量好的长花柱花（柱头高于花药）坐果率高；中花柱花（柱头与花药等高）次之；质量不高的短花柱花（柱头低于花药）坐果率最低。植株营养状况也对坐果率有影响。一般辣椒生长前期营养状况好，坐果率高于后期，尤其是1~3层花坐果率高，结籽率高，第一层结籽率占全株的8.54%，第二层占23.37%，第三层占19.11%。

（三）果实与种子发育

果实由果柄、果皮、胎座和种子4部分组成。从花芽分化到果实成熟需74~86天时间，果柄是由花柄发育而成的，果柄与果实形状有一定的关系。一般说，果柄细长的果实也细长，果柄粗短的果实也粗短。果皮（又称果肉）由子房壁发育而成，又可分为果肩、果身及果顶3部分。对辣椒而言，果皮是辣椒的重要部分，无论鲜食还是干制，绝大部分是果皮。果实中心部位是胎座，胎座与隔膜相连，胎座上着生种子。

辣椒受精后，细胞开始分裂，数目不断增加，细胞迅速伸长。果实呈现明显的形态变化。果实的膨大首先增长其后增粗，开花经过 30～40 天，果实达到最大值，完成形态发育，呈现品种的特征特性。辣椒果实的膨大呈“S”状生长曲线，即开始、后期膨大速度慢，中期膨大速度快。果种大小与种子数呈正相关关系。如果授粉、受精充分，形成的种子数多，果实就大；如果受精不良，形成的种子数少或没有种子，就成为不完全肥大的果实或坚硬的小果。此外，果实的膨大速度，还受植株坐果数的多少和营养状况影响。坐果数越多，果实越小；相反，果实越大。植株个体营养状况良好，果实膨大速度加快；营养不良，果实发育受到显著的抑制。

辣椒经过授粉受精后，一个精子与卵细胞结合，形成胚；另一个精子与极核融合，进一步发育成胚乳，这一过程成为双受精。胚囊内双受精完成的第二天，珠被外侧的原表皮细胞分裂成大小相等的细胞，随着果实的膨大发育，这些细胞加速伸长，并进行侧壁增厚增肥，大约在受精后 30 天达最大，成为定型的种皮。胚珠的珠孔遗留痕迹成为种子发芽时幼根伸出的发芽孔。珠柄与胎座中的营养送给种子，供其发育所需，其后的脱离痕迹即为种脐。故辣椒种子由种皮、子叶、内胚乳和胚等部分组成。胚由胚芽、胚轴、胚根构成。辣椒种子扁状，微皱，似肾形、卵圆形或圆形。种子的大小、千粒重等因品种的不同而有差异，一般千粒重为 5～7 克，种子寿命 5～7 年，最佳发芽年限为 2～3 年。

三、繁育制度

辣椒良种繁育主要采用二级良种繁育制度，如图 4－3 所示。二级良种繁育制度的原种，主要由育种单位提供。当原种种子量不足时，也可由育种家或者富有经验的专业人员从种子生产田中按照原品种的标准性状选择优株优果，种子收获后混合作为原种一代使用。其过程是在辣椒的主要生长发育时期，先去杂去劣，然后按品种标准严格选择优良单株，并在优良单株上选择优良果实。种子成熟后，将各优良果实的种子脱粒后混合作为原种一代种子，翌年用作原种生产原种二代种子。从其余植株上混合收获的种子用于翌年生产种生产。通常按照上述程序进行 2～3 年，当原种后代种子田出现混杂退化现象时，再用库存原种或从种子田按原种生产规则生产的原种开始新一轮种子生产。

四、常规品种种子生产

（一）原种种子的生产

1. 原种繁育的隔离条件

原种繁育要求严格，技术水平要求高，除了要求具备一定条件和技术水平的单位才能胜任外，还需要负责原种繁育的人员熟练掌握原种繁育基本理论与繁育技术。

辣椒属常异交作物，其异交率因品种而异，一般异交率 20%～45%，有的品种可高达 70%。为了防止生物学混杂，原种的繁育必须采取严格的隔离措施。因而辣椒原种繁育多采用大棚或日光温室尼龙纱网隔离设施，而不宜采用空间隔离的方法。

2. 原种的提纯复壮

生产中使用的原种如果已经混杂退化，品种选育者或有关部门又无原种可以提供

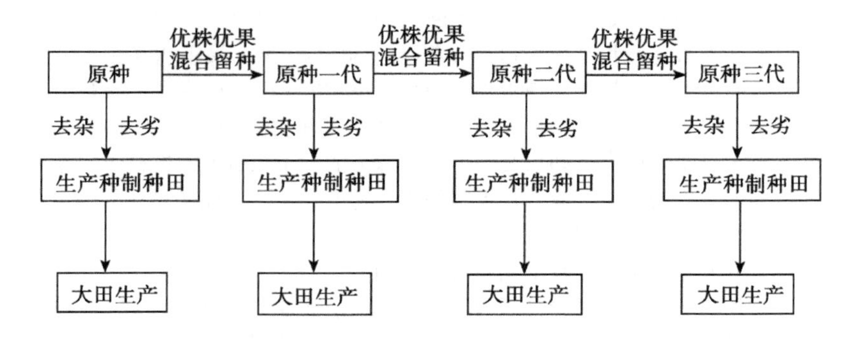

图 4-3 辣椒二级良种繁育制度程序

时，则可采用选优提纯复壮的方法来生产原种，其生产程序是：单株选择、株系比较和混系繁殖。如果再次发生混杂退化可按原种生产规程继续重复这个过程，如图 4-4 所示。

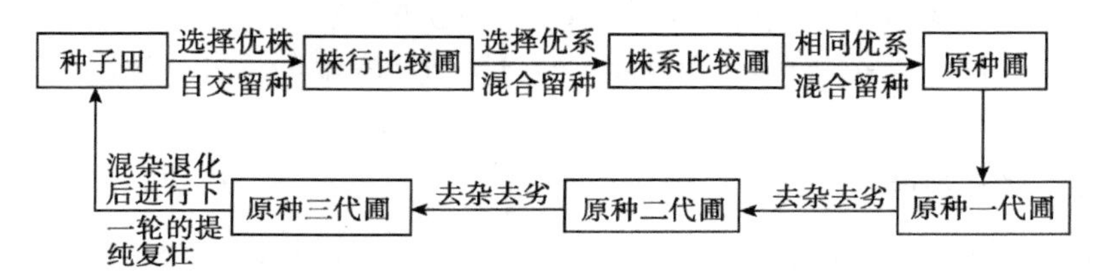

图 4-4 辣椒原种提纯复壮生产程序

（1）单株选择。

选择表现型符合本品种标准性状的植株，是单株选择的唯一目标。能否正确选择是原种提纯复壮成败的关键，这就要求原种生产者必须对该品种的特征特性了然于胸，否则往往事倍功半。单株选择应在原种种子田进行，如果没有原种田也可在纯度较高的生产种种子田中进行。供作原种单株选择的田块最好安排在尼龙纱网大棚或尼龙纱网日光温室中，如果条件有限，需在留种花蕾开放之前，给各个入选单株扣防虫网隔离。单株选择一般分为 3 个时期进行，各时期的选择标准如下：

①初花期选择。在门花开放时，着重对植物学性状如株型、株高、叶型、叶色、门椒着生节位和种株开张度等综合性状进行选择，一般选择符合供选品种标准性状的植株 100～150 株。入选单株利用第三层果留种，为了保证自交的可靠性，如单株选择不是在网室内进行，应当摘除入选株已结的果和已开的花，然后采取必要的隔离措施，自交后留种。

②对椒果实商品成熟期选择。对椒果实商品成熟后，主要针对果实的商品性，如果形、果色、果实大小、果肉厚度、胎座大小、种子多少、辣味浓淡、维生素等营养物质含量的高低等性状进行选择，在初花期入选的植株内选择符合本品种标准性状的植株 30～50 株。落选株可除去隔离设施。

③种果红熟期选择。种果生理成熟后，对在对椒商品成熟期入选植株，按本品种标准性状进行一次复查，按早熟性、丰产性和抗病性等，选择优良单株 10～15 株，然后淘汰不符合本品种标准性状单株。种果成熟后，将入选单株编号，分别留种。

（2）株行比较。

将单株选择入选的单株种子，按株行播种育苗并分别栽植于株行比较圃，鉴定各入选单株后代的群体表现，选出符合本品种标准性状、行内株间整齐一致的株行。为避免留种对性状鉴定的影响，株行比较圃同时设置观察区和留种区，前者只用作性状的鉴定选择，后者只用作优良株系的留种。

①观察区。该区只做观察鉴定用，可定植于露地，株行间不设隔离。每个入选单株种植群体不得少于 50 株，并要求土壤肥力均匀，栽植时不设重复，顺序排列，田间管理措施一致。在观察区内仍按单株选择时期、标准和方法，在性状表现的典型时期，对各株行的整体表现进行观察、比较和鉴定，并着重于对各株行的植株、叶、花和果实性状以及丰产性、优质性、抗逆性和熟性等的综合性状加以观察。此外，还要在门椒商品成熟期和盛果期逐行检查各株行的纯度。根据田间观察和纯度鉴定结果进行选择和淘汰。当同一个株行内杂株率大于 5% 或性状表现不符合本品种标准性状时，即应淘汰此株行。

②留种区。该区每个株行栽植 10～20 株，不同株行间要进行必要的隔离，如果在尼龙网大棚进行采种则行间不需要再隔离。种果生理成熟后，以观察区入选株行为依据，在采种区中选留相应的株行混合留种。

（3）株系比较。

将株行圃入选的株行种子，育苗后分别种植在株系比较圃内。株系圃分别设置观察鉴定区和采种区。

①观察区。每株系栽植一小区，不同株系随机排列，每 5 个株系设 1 个对照（本品种提纯复壮前的原种或生产种），重复 3 次，四周设保护行。田间观察鉴定的时期、项目、标准和方法与株行比较圃的相同。同一个株系比较圃内的杂株率超过 0.5% 时应予全系淘汰，从而决选出性状完全符本品种标准性状，且纯度达 100% 的优良株系若干。

②留种区。该区每个株系栽植 20～30 株，不同株系间要进行必要的隔离，如果在尼龙网大棚进行采种则系间不需要再隔离。种果生理成熟后，以观察区的鉴定结果为依据，在留种区选留相应株系混合采种。为了丰富品种的遗传基础，性状表现相同的株系可以混合收获种子，这就是本品种的原原种种子。

（4）原种的繁殖。

将株系比较圃中决选出的原原种播种育苗，适时定植于原种繁殖圃中。于开花期、门椒商品成熟期至盛果期、种果采收期，分别进行田间观察鉴定和植株纯度调查，严格拔除杂株。采用正确的农业技术措施，生产合格的原种种子。

对优选提纯生产的原种，需进行田间播种检查和室内检查，当质量指标全面达到原种质量标准后，方可作为原种使用。

3. 原种生产的栽培技术

目前，我国辣椒生产基地主要集中在山西、甘肃、辽宁、内蒙古、陕西和海南等省、自治区，而这些地区同时也是辣椒原种的重要生产地区。辣椒原种生产不仅要求环境条件适合辣椒生长（包括温度、光照、水分、肥力、土壤质地、隔离条件、无霜期长短等），还需要充足的劳动力、良好的耕作条件和技术力量。辣椒原种生产一般选择地势高燥，排灌方便，土壤理化性状良好的地块。同时具备必要的隔离设施。5 年以上没有种过茄科、瓜类等作物的细质砂壤土，pH 值在 7 左右，富含有机质，耕性好；制种田与商品椒生产田间的间隔距离不得少于 500 米；适度施入氮肥，增施磷、钾肥，各项管理措施力求有利于种株的生长发育，以期提高原种的种子产量和质量。

（1）线辣椒原种种子的生产。

线辣椒包括干制辣椒和酱用辣椒，其种子生产以露地栽培为主，辅以必要的隔离设施。其栽培技术与商品线辣椒基本相同，要点如下：

①培育壮苗。

苗床的制作：

线辣椒主要采用平畦拱棚薄膜覆盖育苗，应选择背风向阳、水源方便、排水良好及未种过茄科蔬菜的地块做育苗床，一般畦宽 1.5 米，长 7 ~ 9 米。填培养土前，要把床土翻起，经太阳暴晒后打碎、整平、踏实，还可在床底撒少许敌百虫，以防治地下害虫。苗床培养土填铺厚度约 10 厘米，每平方米苗床需培养土 100 ~ 150 千克。床土厚度要一致，表面要平整。营养土由前茬是葱蒜类或豆类的园田土和腐熟的厩肥配制而成，土肥比一般为 6∶4。

种子处理与浸种催芽：

线辣椒在播种前常用温汤浸种。将种子放入 55℃ 水中浸泡 15 分钟，以杀死一些附着于种皮的病原菌。然后使水温降至室温，再浸泡 8 ~ 12 个小时后进行催芽。催芽是把浸种后的种子保持在适宜的温度下，促使种子发芽的过程。番茄种子催芽的适温是25 ~ 30℃，在此温度下，3 ~ 5 天即可发芽。催芽时，必须保持湿度和通风。催芽的方法很多，通常的做法是：把浸种洗净的种子稍经晾干后，装进潮湿布袋中，放入恒温发芽箱中保持 25 ~ 28℃。为保证发芽均匀，每天要用清水淘洗种子 1 次，待 50% ~ 60% 种子露白时，可停止催芽。

播种：线辣椒播期因茬口和地区不同而不同。以定植前 60 ~ 65 天播种为宜。华北地区无霜期短，为了争取采种果完熟，籽粒饱满，应在 5 月上中旬定植，可在 3 月上中旬播种。

苗床管理：播种至出苗期，日夜保持温度 25 ~ 30℃。出苗后，白天 25 ~ 30℃，夜间 15℃。定植前 1 周左右，撤膜炼苗，以适应外界环境条件变化。苗床播种前灌足底水，通过撒培养土保墒，育苗期间可不浇水。如果苗床过分干旱，也可酌情灌小水。否则，苗床湿度过大，后期气温升高，极易徒长或造成倒苗。

线辣椒育苗通常不分苗。苗出齐后，应及时进行第一次间苗，将丛生苗及双苗间成单苗。结合间苗，进行一次覆土，防止床面裂缝，减少水分蒸发，促进根系生长。当幼苗长到 3 ~ 4 片真叶时，进行第二次间苗；6 片真叶时进行第三次间苗，保证每棵幼苗有 4 ~ 5 厘米见方的生长空间。这样，每平方米苗床可育苗 400 ~ 600 株，每栽植 1 亩地约需 3 ~ 4 个 10 平方米的苗床。

种子发芽出土期，一般不进行通风。出苗后，应注意通风排湿。通风的原则是从小到大，循序渐进，一般从上午11时、床温达20℃以上时开始通风，严禁高温时突然通风，下午3时盖膜。在晴天中午，如通风不及时，容易造成烧苗。当外界最低气温在15℃以上后，日夜揭开薄膜，加大昼夜温差，培育壮苗。

线辣椒壮苗的标准是茎粗、节间短；叶片大而肥厚，叶色深绿；根系发达，侧根多，颜色白；花芽分化及开花早，花器大；无病虫害。

②整地施肥。线辣椒忌重茬，而且要与其他非茄科作物实行3～5年以上的轮作。由于线辣椒根系弱，吸收能力差，以选择土质疏松、排灌方便、土壤肥沃的砂壤土为好。翻耕前每亩施入有机肥5 000～7 000千克，过磷酸钙50千克。深翻后耙耱平整，然后做平畦或做半高垄。平畦宽1～1.2米，长10～12米；半高垄高12～15厘米，宽50～60厘米。

③适时定植，合理密植。当气温稳定在15℃以上时，即可定植。华北大多数地区可在4月下旬至5月上中旬定植。

线辣椒品种一般株型紧凑，适于密植。定植密度过低，叶面积不能遮住地面，导致土温过高，对线辣椒根系生长不利，并容易爆发病毒病，从而降低线辣椒种子产量。线辣椒种子田合理的定植密度为行距50～55厘米，穴距25厘米，每穴2株，每亩栽8 000～10 000株。

④定植后的田间管理。线辣椒喜温、喜水、喜肥。但高温易得病、水涝易死秧、肥多易烧根。因此，定植后结果前应主要抓好促根、促秧；结果初期至盛果期要抓好促秧、攻果；进入高温季节应着重保根、保秧，促进果实发育，增加种子产量。

由此，线辣椒定植后，为了促进缓苗要及时浇缓苗水；为促进根系的生长，要适时合墒中耕以提高地温和保持土壤良好的通气条件。在种株开花前要适当蹲苗，平衡营养生长和生殖生长之间的关系，防止徒长。坐果后，及时浇水施肥，每亩施入尿素25～30千克，过磷酸钙15千克；当种株大量结果时，每隔一次浇水施一次肥，保证种果和种子的充分发育。伏天气温较高，宜在早晚灌水；刮风下雨前不灌水，防止植株倒伏。待大部分果实红熟后，应停止灌水施肥，防止植株贪青，促进叶片、植株营养迅速向果实、种子转运，提高红果率，增加种子产量。

⑤种子的采收。为提高种子质量，线辣椒原种种子的采收应分次进行。以中前期采收的红熟果作为采种果，后期果实可作为商品果出售。采种果采收后可在40℃下烘干或利用太阳晒干或热风阴干后，用脱粒机脱粒分选种子，也可用人工棍棒敲打脱粒。

（2）鲜食辣椒原种种子的生产。

鲜食辣椒（包括甜椒、牛角椒和羊角椒）种子生产与菜用辣椒露地栽培基本相同，但前者以获取第二层、第三层红熟果实中的种子为目的，后者以连续收获新鲜青椒为目的，因而栽培技术也略有差异。

①培育壮苗。鲜食辣椒种子生产，其苗龄应控制在85～100天，一般早熟品种85～90天，中晚熟品种90～100天；生理苗龄为12～14片真叶，大部分秧苗已现花蕾。华北地区通常在1月下旬至2月上中旬播种育苗。种子处理、催芽、播种以及播种后的苗床管理参照线辣椒原种种子生产技术进行，与之不同的是育苗中期鲜食辣椒要进行分苗

处理，以扩大营养面积。分苗是在幼苗长到3～4片真叶时进行。分苗的方法常有纸筒分苗、塑料薄膜筒分苗和开沟分苗，其技术要点大体与番茄分苗操作相同。

②整地做畦。鲜食辣椒根系入土较浅，必须选择土层深厚、透气性好、排灌方便的地块种植。且忌连作，要求与茄科作物有3～5年轮作间隔为好。春耕前要施足基肥，每亩制种田施入腐熟厩肥5 000～7 000千克，过磷酸钙50千克，旋耕两遍，使粪土充分掺和均匀。鲜食辣椒多采取半高垄栽培，垄基部宽60厘米，高10～15厘米，畦距1米，两畦之间的沟底宽40厘米。另一种半高垄做畦方法是：垄基部宽80厘米，高10～15厘米，畦距1.2米，两畦之间宽40厘米。以上两种做畦方法均以南北畦为好，这样可以减少日灼的发生。

③适时定植，合理密植。在晚霜期过后，气温稳定在15℃时应尽早定植。华北各地通常在4月下旬至5月上中旬定植。适时及早定植，可使辣椒植株在高温干旱季节来到之前充分生长发育，为开花坐果打下良好基础。具体定植密度，因品种稍有差异，中早熟品种行距60厘米，穴距20～25厘米，每穴双苗，每亩栽4 500～5 500穴；中晚熟品种行距80厘米，穴距26～30厘米，每穴双苗，每亩栽4 000穴左右。

④定植后的田间管理。定植结束立即灌水，但水量不宜过大，以免降低地温，影响缓苗。定植1周左右，再浇一次缓苗水，有条件的地方最好将人粪尿随水施入，加快缓苗。之后合墒中耕，以提高地温和改善土壤的通气状况。开花前适当蹲苗，促进花芽分化和提高开花质量，防止秧苗徒长。门椒开花结果后及时摘除，因为鲜食辣椒的采种以第二层、第三层果实所结的种子种子质量最好，长势强的品种或植株还可选用第四层果实留种。因此，开花结果期的水肥管理与菜用栽培有所不同。对椒坐果后，结合灌水，施一次复合肥，每亩施磷酸二铵15千克，促进生殖生长，保证第二层果的发育。此后隔水施肥，即浇一次清水，再浇1次肥水，每次每亩随水施尿素10～15千克，过磷酸钙10千克。结果盛期，每隔10天左右叶面喷施一次0.1%的磷酸二氢钾可以明显减轻病毒病，增加果实产量，促进种子发育。鲜食辣椒主秆上能产生许多侧枝，这些侧枝结果晚，长势弱，结果后易倒伏，宜早摘除，以节省养分。同时，需及早疏去门果和满天星及其以上的花，使养分集中采种果，可有效提高采种果的种子质量。

⑤果实采收与掏种。不同类型不同熟性辣椒品种，从开花到生理成熟所需天数不同。通常小果型、早熟品种需50～55天，大型果、中晚熟品种需60～70天。鲜食品种种果采收，要红熟一批，采收1批，一般以每隔2～3天采收一次为好。已完熟的果实长期不采收，则种果易受烈日晒伤腐烂。果实取种，可用手掰开果实或用果刀自萼片周围割一圆圈，将果柄向下轻微推动再向上一提，把种子与胎座一起取出。取出的种子应清除胎座、果肉等杂质，并立即晾晒。种子应在通风阴凉处晾干，切忌将种子直接放在水泥晒场或金属容器里暴晒，以免影响发芽率。人工取籽，种子可以不用水冲洗，直接晾干，种子颜色鲜黄，发芽率高；若用机械取籽，种子与果肉、果皮、胎座等混在一起，需经清水淘洗，这样种子色泽变淡，种子商品外观差。

（二）生产种种子的生产

辣椒常规品种生产种的生产，在栽培技术上与原种的生产一致，也要进行种子生产田的选择，壮苗的培育、定植及定植后的田间管理、种子收获等，均可借鉴辣椒原种的

生产技术，在此不再赘述。

五、杂种一代种子的生产

辣椒杂种一代优势极强，增产十分显著。要获得高产、优质的杂种一代种子，除在制种田块选择方面参照常规辣椒种子生产的做法外，还应在制种途径和制种方式等问题上加以注意。

目前，辣椒杂种一代种子的生产主要利用人工杂交（人工去雄人工授粉）或利用雄性不育系两种途径来进行制种。人工杂交制种虽然费工费时，生产成本较高，但安全可靠；利用“三系配套”或“两用系”进行辣椒杂交种子生产，常常因为各种技术原因导致强优势制种的组合少，生产上难以作为杂交制种的主要途径。从制种方式上看，辣椒杂种一代种子生产可采用露地制种和塑料大棚制种。露地制种虽然单量较低，但制种成本也较低，可大面积采用；用塑料大棚制种虽然可使产量成倍提高，生产成本也相对较高，只可小面积生产使用。

辣椒杂交亲本原种的生产同常规品种原种的生产，在此只对杂交种子的生产加以阐述。

（一）辣椒人工杂交制种技术

1. 杂交亲本的培育

（1）适期播种。播种时期的安排，以植株在开花授粉时期处于最适环境条件为依据。辣椒开花授粉的最适温度为20～24℃，适宜相对湿度50%～75%。华北地区一般在1月底、2月上中旬播种。但针对具体的杂交组合还要充分考虑父母本的熟性问题，确保父母本花期相遇，保证父本杂交花粉的充足。在父母本熟性相同时，父本可比母本早播10～15天；父本熟性较母本晚10～15天时，父本要比母本早播20～30天；父本熟性较母本早10～15天时，父母本可同期播种。

（2）苗床准备、浸种催芽、播种、苗床温湿度管理、分苗等同常规品种种子生产相应的技术。

（3）整地施肥。制种田要施足基肥，并注意氮、磷、钾合理配合。每亩施腐熟有机肥5 000千克，饼粕100千克，磷酸二铵30千克，硫酸钾20千克，深耕30厘米，使肥料和土壤充分混匀，以提高土壤保肥、蓄水、通气能力。

制种田通常采用半高垄做畦，垄宽70～80厘米，栽植2行，株距30厘米，行距50厘米；沟宽40厘米，用于灌溉、排涝及人工杂交操作道。

（4）定植。辣椒喜温不耐寒，定植时期一般在当地晚霜期过后，气温回升且比较稳定后定植，华北大部分地区在4月底至5月上中旬定植。定植应选择晴天土壤较干时进行，定植后马上浇足定植水。母本以单株、父本以每穴2株定植为宜。父本定植在母本的一侧并加以标记，以免取错花粉。在保证父本花粉量充足的前提下，尽量减少父本的定植面积，适宜的父母本株数比为1∶2～3，面积比为1∶4左右。

（5）种株的水肥管理。在杂交前要尽可能促使母本植株发育健壮，最好在授粉前或辣椒封垄前追施一次化肥，授粉结束后重施果肥。开花前期要小水勤浇，使开花集中，提高开花数。在果实膨大期和种子发育期，要保持地面经常湿润，以提高种子的质量和产量。此时，若遇高温干旱，应及时灌溉降温，但要防止制种田积水。一般在母本植株坐5个果后要进行根外追肥，可在早晨授粉前喷0.3%磷酸二氢钾。父本于开花中期后要适当控水，延长开花期。

2. 人工去雄

（1）去杂去劣。

对亲本系统进行去杂去劣是辣椒杂交授粉开始前的首要工作，是保证杂交种子质量的关键所在。如尖椒亲本中发现短小的朝天椒变异或植株茎秆上生长茸毛等都属自然变异现象，要及时彻底将这些杂株拔除。去杂去劣工作必须由经验丰富的育种人员和管理人员亲自操作。

（2）母本整枝与选蕾去雄。

在杂交授粉开始前，必须对母本进行整枝。即摘除门椒以下所有分枝和植株内部瘦弱、发育不良的枝条，同时将植株上所有已经开放的花和已经结了的果实全部摘除。杂交授粉的最佳花蕾是第二层至第四层花蕾，应选择发育充实、柱头粗壮、花苞发白、第二天即将开放的花蕾。辣椒花在开放而又没有散粉时授粉，其坐果率高，单果种子数多；花蕾越小，授粉后单果种子数也相对较少；此外，中、短柱头花蕾的结果率较低，可以去掉。大规模制种时，去雄花蕾最好选择在6～12个小时后开花的花蕾。辣椒去雄最常用的工具是尖嘴镊子，去雄时必须注意将花药全部摘除，不允许遗留花药。辣椒花柄较脆，去雄时要注意花蕾的着生方向，手握花蕾时不能转动，否则，容易折断花蕾。使用镊子时，不能碰撞子房。去雄时，先用左手拇指与食指轻轻夹持花的基部，用右手捏紧镊子使其尖端从药筒的基部伸入，之后轻轻松开，然后再将花药依次摘除干净。

（3）采集花粉与授粉。

辣椒的花朵在上午9时左右大量散粉，应尽量在8时之前从父本植株上摘取即将开放的花蕾。采集花粉常用的方法是将花蕾放在光滑的白纸上，然后放在遮光干燥的地方干燥，花药纵裂即散出花粉，再用毛笔或排笔轻轻拨动花药，使花粉散落充分后收集即可。有条件的大规模制种基地也可在开花当日用电动采粉器进行父本花粉采集。采集的花粉应放置在低温、干燥、避光的地方保存。当天采集的花粉最好在当日或次日用完，因为辣椒花粉最强的生活力仅可维持1～2天。

（4）授粉。

授粉是辣椒杂交制种的关键，它决定种子的产量和质量。授粉工作通常在母本种株去雄后的第二天上午8～10时进行，这时正值花朵盛开期，其授粉受精能力最强。但在辣椒杂交实践中，也有当天去雄后立即授粉的。

授粉可用带橡皮头的铅笔、毛笔或用蜂棒等蘸取花粉，轻轻涂抹在母本雌蕊的柱头上，力求涂抹充分和均匀。每天授粉结束后，将未用完的花粉倒回花粉瓶，放在干燥器中，并将干燥器置于4℃冰箱中保存。

（5）标记。

做标记的原则是容易区分、经久耐用、方便、便宜和容易制作。目前生产中用得较多的方法有保险丝、有色线、废纺织袋丝、印油、去萼片和去叶等方法。做标记时，一定要注意边去雄授粉、边做标记，以免重复操作。

3. 采收与掏种

标记已杂交的辣椒果实完全红熟后，而没有完全红熟的果实经充分后熟后即可剖果取种，取出的种子不用水洗即可晾晒，含水量降低至8%时入库贮藏。

（二）利用雄性不育系生产杂种一代种子

利用雄性不育系生产杂种一代种子，可以免去人工去雄所需的大量劳力，而且避免了因去雄不及时、不彻底所造成的假杂种。目前，在辣椒杂种一代制种中应用的雄性不育系有两类：一类是核质互作型雄性不育系（制种时要求“三系配套”），另一类是核型雄性不育两用系。它们在不育系繁殖及杂交种生产技术方面各有不同。

1. 利用核质互作型雄性不育系生产杂种一代种子

辣椒利用核质互作型雄性不育系制种，需要“三系配套”，即在繁育雄性不育系、雄性不育保持系和雄性不育恢复系的同时进行杂交一代种子的生产。

雄性不育保持系和雄性不育恢复系的繁殖保存与常规品种种子生产技术相同，可专门设置留种田进行扩繁，也可在繁育雄性不育系和生产杂交种时分别留种。

繁育雄性不育系时，以雄性不育系为母本，以雄性不育保持系作父本，将其种植在隔离区内，雄性不育系和雄性不育保持系可按3～4：1的间行比例栽植。花期任其自然杂交并辅助人工授粉，这样从不育株上收获的种子即为新繁育的雄性不育系种子，可育株上收获的种子即为保持系的种子。雄性不育系种子除用于生产一代杂种种子外，还要用于下一代的自身繁育，所以可1年繁育，供3～5年使用。

利用雄性不育系生产杂种一代种子时，以雄性不育系为母本，以雄性不育恢复系为父本，按3～4：1的间行比例栽植。不需要对母本去雄，花期任其自由授粉并辅以人工授粉，这样待果实红熟后从雄性不育系植株上收获的种子即为杂种一代种子。值得注意的是，雄性不育系的不育性表现有时会受到环境条件的影响，即在不育系植株中偶尔也会出现少量可育的植株或部分可育的花朵，制种前或制种过程中一旦发现应及时拔除。雄性不育恢复系的种子可直接在杂种田的父本系统上采收。

2. 利用核型雄性不育两用系生产杂种一代种子

在杂种一代制种过程中，核型雄性不育两用系既用于本身的保存繁殖，也要作为母本用于生产杂种一代种子。

雄性不育两用系繁殖时，通过雄性不育两用系植株中可育株花粉人工授粉于雄性不育两用系的不育株柱头上，从雄性不育两用系不育株上采收的种子即为新繁育的雄性不育两用系种子。其后代群体中不育株和可育株的比例仍为1：1。雄性不育两用系中的可育株在完成授粉任务后，可提早拔掉或作为商品辣椒生产出售。

利用核型雄性不育两用系生产辣椒杂种一代种子时，将作为母本的雄性不育两用系和作为父本的恢复系按6～8：1定植于大田，雄性不育两用系种植株距为父本的一半。在雄性不育两用系初花期，对其进行育性鉴别，保留不育株，拔掉可育株，然后任其自然杂交，并辅以人工授粉，这样从不育株上采收的种子即为一代杂种种子。

在实际制种过程中，由于雄性不育两用系群体较大，在对其进行育性鉴别时，株间在初花期方面有早有迟。因此，拔除雄性不育两用系中可育株的工作，在母本初花期就必须每天进行。每天早晨8～9时，在花蕾开放授粉前，需认真检查拔除雄性不育两用系中可育株，拔除得越及时、越彻底，其假杂种率越低。为了减少重复劳动，加速拔除雄性不育两用系中的可育株，可在该项工作开始后，对不育株进行插杆或绑彩带予以标记，以后仅对未标记的植株进行鉴别即可。父本可在另一块制种田生产，其技术同常规品种原种生产。

第三节　茄子

茄子（*Solanum melongena* L.）是茄科茄属以浆果为产品的1年生草本植物，在热带为多年生。起源于亚洲东南部热带地区，古印度为最早的驯化地，至今印度仍有茄子的野生种和近缘种。中国栽培茄子历史悠久，品种类型繁多，一般被认为是茄子的第二起源地。茄子在我国各地均有栽培，尤以东北地区、黄河、长江中下游地区以及南方各地更为普遍。茄子以嫩果供食用，既可炒食、红烧、清蒸、凉拌，又可加工成酱茄、脆茄或茄干。

茄子具有较高的营养价值和药用价值。鲜果中含有较多的蛋白质、维生素、粗纤维和矿物质（钙、铁）等，其中蛋白质、维生素 B_2 和钙的含量都高于番茄。

我国从20世纪70年代以来，开展茄子杂种优势利用的研究，选育出一些长势强、分枝多、坐果率高的优良杂交种，一般增产30%左右，特别是早期产量增加明显，杂种一代抗性增强，商品果实整齐一致。由于茄子雄性不育系及化学杀雄剂的利用尚处于研究阶段，因此目前茄子杂种优势的利用主要采用人工杂交配制自交系间的一代杂种。

一、茄子的生物学特性

（一）植物学特征

1. 根

茄子的根系发达，主要由主根和侧根构成。主根粗壮，在不受损害的情况下，能深入土壤达1.3～1.7米。主根垂直伸长，从主根上分生侧根，其上再分生二级、三级侧根，侧根横向伸展可达1.0～1.3米，主要根群分布在地表下30厘米以内的耕层内。茄子根系木质化较早，再生能力较差，不易产生不定根，故不宜多次移栽，在育苗时多采用护根育苗。

2. 茎

茄子的茎在幼苗时期为草质，随着植株发育逐渐木质化，成为粗壮直立的木质茎。按分枝性及开张度，茄子的植株形态可分为直立性与横蔓性两大类。直立性的茄子茎枝粗壮，分枝角度较小，向上伸展，株高可达1米以上，多为晚熟大圆茄品种，北方地区这样的品种较多。横蔓性的茄子茎枝细弱，分枝较多，横展生长，株高0.7米左右，开展度可达0.7～1米，大多数为早、中熟品种。茄子的分枝很有规则，当主茎长到一定的节数时，顶芽分化为花芽，花芽下的两个侧芽生成第一次分枝；在第一次分枝生长2～3叶后，其顶端又形成花芽和一对分枝，如此往上一而二、二而四、四而八地延续分枝，这种分枝方式被称为“假二杈分枝”。

3. 叶

茄子的叶为互生单叶，具长叶柄，叶片肥大。叶形呈长椭圆形、倒卵圆形或圆形，叶缘呈大型波状，叶长15～40厘米，深绿色或紫绿色。叶面较粗糙，有茸毛，叶脉及叶柄有刺毛，叶的中肋及叶柄的颜色与茎色相同。

4. 花

茄子的花为雌雄同株的两性花，呈紫色或淡紫色，也有白色的，一般为单生，也有2～4朵簇生的。茄子花由花萼、花冠、雄蕊、雌蕊四大部分组成。

5. 果实

茄子的果实为浆果。果肉主要由果皮、胎座和心髓等构成。茄子胎座特别发达，为幼嫩的海绵组织，用来贮藏养分和水分，是供人们食用的主要部分。茄子果实的形状有圆球形，扁圆形，倒卵圆形和长条形等。果皮的颜色有红紫色、紫色、深紫色、白色、绿色、青色等。果肉的颜色有白色、绿色和黄白色。

6. 种子

茄子的种子由种皮、胚乳、胚芽、胚根、子叶等部分构成。茄子的种子发育比果实发育迟，果实商品成熟采收时，种皮十分柔软，种胚发育不全，只有达到老熟时，种皮才逐渐硬化，胚乳和胚才能发育完全。茄子开花后40天左右种子具有发芽力，这时种子略带黄色，千粒重平均3克左右；开花后50～55天的种子种皮颜色变深，80%的种子具有发芽能力；开花后60天，种子千粒重变化不大，胚已发育完全。茄子的种子较小，扁圆形或卵圆形，表面光滑，黄色而有光泽。种子的千粒重为3.16～5.30克，每个果实内含500～1 000粒。

（二）生长发育

茄子生长发育周期可分为发芽期、幼苗期和开花结果期。

1. 发芽期

从种子吸水萌动到第一片真叶显露为发芽期。一般情况下茄子发芽期约为15～20天。茄子种子具有嫌光性，在见光情况下发芽慢，在暗处发芽快。播种后5～6天破土出苗。9天后，子叶大致呈水平展开，顶芽突出似芝麻粒，俗称“露心期”。随子叶展开，幼苗开始进行光合作用，并从根部吸收无机养分，从而开始进行独立的营养生长过程，至此发芽期结束。

2. 幼苗期

从第1片真叶显露到门茄现蕾为幼苗期，约需50～60天。在这一阶段，幼苗同时进行着营养生长和生殖生长，而真十字期（四片展开的真叶相交成十字形）是营养生长与生殖生长的临界形态交点。在真十字期以前，幼苗以营养生长为生，主要是进行茎的伸长和叶的生长，并且生长量较小（约为苗期生长量的5%）。真十字期以后，随着真叶的相继展开，光合作用加强，根部吸收养分的能力提高，因此，生长量大增（约为苗期生长量的95%）。

3. 开花结果期

门茄现蕾后，即进入开花结果期。从门茄现蕾开始至门茄瞪眼，植株处在由营养生长向生殖生长过渡，营养生长仍处于优势地位；门茄瞪眼以后，果实迅速生长，此时茎叶生长和开花结果同时进行，植株已进入以果实生长为主的时期。因此，门茄瞪眼期以后，要注意加强肥水管理，以促进门茄膨大、茎叶生长以及上部花果的形成。

在对茄和四门斗结果时期，整个植株处于生长旺盛期，坐果率的高低，果实发育的好坏等对种子的产量、质量都有很大影响，所以这个时期是田间管理的关键，必须采取一系列措施，保证足够的叶面积，促进果实的发育，保持植株生长的旺盛，防止植株早衰。一般来说茄子从开花到商品成熟需 21～26 天，从商品成熟到生理成熟约 30 天。

（三）生长发育所需的环境条件

1. 温度

茄子是喜温性蔬菜，其生长发育的适温为 25～30℃。17℃以下，则生育缓慢，花芽分化延迟，花粉管的伸长也大受影响，引起落花。10℃以下会引起新陈代谢失调，5℃以下则开始遭受冷害。当温度高于 35℃时，花器发育不良，果实生长缓慢，品质变差。

种子发芽的适温为 25～30℃。苗期生长最适温度为 22～30℃，最高温度为 33℃，最低温度为 15℃。花芽分化的适宜温度，白天 20～25℃，夜间 15～20℃。茄子耐热性比番茄强，但超过 35℃时，花器发育不良，特别是高夜温条件下，更为不利。结果期白天温度可控制在 20～30℃，适温为 25℃左右。

2. 光照

茄子对光照强度和光照时间的要求较高，日照越长，生长越旺盛。茄子的光饱和点为 40 000勒克斯，补偿点为 2 000勒克斯。光照强度对花芽分化和开花均有明显的影响，光照强度越弱，花芽分化与开花期越晚，长花柱花减少，中、短花柱花增多。在弱光条件下，光合作用降低，植株细弱，产量下降，而且果实着色不好；光照强，光照时间长时，则花芽分化提早，光合产物的积累也多，落花率降低，有利于提高产量。

3. 水分

茄子对土壤水分的要求较为严格，要求土壤相对含水量以 70%～80% 为宜。但生长前期需水量小，开花期需水量大，到对茄采收前后需水量达到高峰。但茄子又忌湿怕涝。当土壤水分充足时，开花多，结实也多。缺水时，植株生长不良，花的素质差，多现短花柱花，引起落花落果，果实小而无光泽。土壤也不能过湿，因湿度过大又容易导致病害发生。

4. 土壤

茄子根系分布深而广，适于在保水性好的肥沃壤土中栽培，而砂壤土又优于黏壤土。地下水位高的黏土易伤根，保水欠佳的砂土生育不良。适宜的土壤 pH 值为 6.8～7.3。

5. 营养

肥力影响茄子的花芽分化及开花结实。在肥沃的土壤里育苗，花芽分化提前，开花期及始收期也提前，多次追肥可使茄子的结果期延长。茄子对养分的吸收以钾最多，氮次之，磷最少。对氮、磷、钾吸收的比例为 4：1：8。此外，茄子对土壤中钙和镁的含量也有特定的需求。

二、种株的开花结实习性

1. 花芽分化

茄子幼苗从3~4片真叶、幼茎粗2毫米左右时开始花芽分化。首先是第一朵花的分化，然后为第二朵、第三朵花的分化。当生长点隆起，顶端趋向平坦，然后由这个圆锥突起形成花芽。生长点这样的形态变化，被认为是花芽分化的最初标志。一般1个花原基分化出数个花芽，多数情况下只有1个花芽发育，其他花芽都退化。

在适宜温度范围内，温度稍低，花芽发育会稍有延迟，但长花柱花多；反之，在高温下，花芽分化期提前，但中花柱花及短花柱花比率增加，尤其在高夜温影响下更加显著。一定的昼夜温差，较强的光照，充足的养分，秧苗旺盛的生长就能促进花芽分化。光照时间的长短，也会影响花芽分化，每天12小时以上的光照比8小时以下的花芽分化早。

2. 花器构造

茄子为雌雄同株两性花植物。花呈紫色或淡紫色，也有白色的，一般为单生，个别有2~4朵簇生。花由花萼、花冠、雄蕊、雌蕊四大部分组成，为完全花。花萼由5~8个萼片组成，其颜色与茎色相同。萼片内着生蓝紫色或淡紫色的花瓣，花瓣基部合生连成筒状，称为花冠。雄蕊5~8枚，着生在花冠的基部内侧，由花丝和花药组成。花丝短、花药长，彼此相连排列一圈成筒状，但药筒不如番茄的紧密。花药内有左右两个花粉囊，散粉方式为孔裂式。子房上位，由5~8个心室组成，内有胚珠数百至数千粒，中央胎座。花柱居于药筒中央，其长短不一，因花朵而异，有长花柱花、中花柱花和短花柱花3种类型。前两种能正常授粉受精，称为健全花；而后一种因不能正常授粉受精，为不健全花。

3. 开花授粉习性

茄子开花时雄蕊已成熟，花药筒顶端开裂，散出花粉。多为自花授粉，但也有一定自然杂交率。相邻种植的两个品种株间杂交率为3%，1株周围种上其他品种的茄子，其杂交率是6.6%，有50米以上隔离距离的一般就不会发生自然杂交现象。

发育成熟的花蕾，从清晨4~5时起陆续开放，到6~7时大量开放，12时以后一般品种甚少开花。一朵花可开2~3天，并在开花后2天保持受精能力。

花粉和雌蕊寿命较长，自然状态下花粉从开花前1天到开花后3天，雌蕊从开花前2天到开花后2~3天，均具有受精结籽能力，但都以开花当天受精结实率最高。花粉在开花前1天就已成熟，经2~3天，花粉从花药内完全散出。茄子的花粉发芽后花粉管伸长所要求的最适宜温度为28~30℃，低于18℃或高于35℃受精困难。

茄子分枝、开花、结果习性很有规律。一般的早熟品种在主茎生长6~8片叶后，中、晚熟品种在长出8~9片叶后，即着生第一朵雌花，所结果实称为门茄。在第一朵花下面的主茎的叶腋所生出的侧枝特别强健，和主茎差不多，因而分杈形成"Y"字形。主茎与侧枝在第一朵花上方各着生2~3片叶以后，又分杈开花各结1个果实，叫对茄。其后，又以同样的方式开花结果，称为四母茄或四门斗。以后又分出8个枝条，所结果实称为八面风。再往上面的几层分杈与开花结果就不一定规则了，通称为满天星。

4. 果实发育

茄子果实在发育过程中，经历现蕾期、露瓣期、开花期、凋瓣期、瞪眼期、商品成熟期和生理成熟期等7个时期。从开花到瞪眼需8～12天，从瞪眼到商品成熟需13～14天，从商品成熟到生理成熟约30天。茄子一般是果肉先发育，种子后发育。到果实发育的后期，种子才迅速的生长及成熟。留种用的果实，采收后放置几天，使种子充分成熟，能显著提高其质量。茄子的果实在开花后需要50～60天才能充分成熟。一般在开花后40天收获，并后熟20天；或者在开花后50天收获，后熟5～10天。茄子种子千粒重4～7克，每亩种子产量7.5～15千克。

三、繁育制度

为了使良种在繁育过程中，既能保持种性，为生产上提供高纯度的种子，又能通过扩繁，减低种子生产成本，茄子种子繁育上常采用二级良种繁育制度（图4－5）。

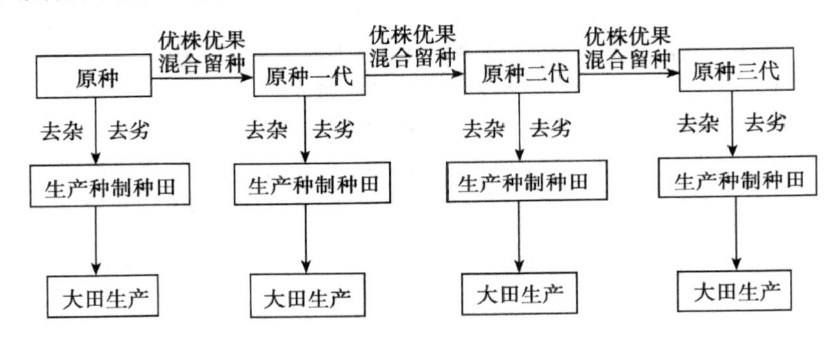

图4－5　茄子二级良种繁育制度程序

茄子二级良种繁育制度的原种田用种，主要是由育种单位提供的原种。在原种不足时，可由育种家或者有专业技术的人员从高纯度的种子生产田中按照原品种的标准性状选择单果，脱粒后混合作为原种一代用。这样就要求在茄子的主要生育阶段，先去杂去劣，然后按品种标准严格选择优良单株，并在优良单株上选择优良果实。种子成熟后，将各优果的种子脱粒后混合作为原种一代种子，来年用于原种种子生产。从其余植株上混合收获的种子用于翌年生产种生产。通常按照上述程序进行2～3年，当原种后代出现混杂退化时，再用库存原种或从种子田按原种生产规则开始新一轮原种种子生产。

四、常规品种种子生产

（一）原种种子的生产

1. 原种繁育的隔离条件

原种繁育要求严格，技术水平要求高，除了要求具备一定条件和技术水平的单位才能胜任外，还需要负责原种繁育的人员熟练掌握原种繁育基本理论与繁育技术。

茄子属自花授粉作物，一般天然杂交率在5%以下，但个别品种可高达7%～8%。

为了防止生物学混杂，导致原种种性退化，原种的繁育必须采取严格的隔离措施。一是空间隔离，要求隔离距离为300～500米；二是采用大棚或日光温室尼龙纱网隔离设施，一年繁种，多年使用；三是利用硫酸纸袋进行套袋隔离，坐果后及时摘掉纸袋，以免影响果实着色，这种方法适合于小规模的原种生产。

2. 原种的提纯复壮

生产中使用的原种如果已经混杂退化，品种选育者或有关部门又无原种可以提供时，则可采用选优提纯复壮的方法来生产原种，其生产程序是：单株选择、株系比较和混系繁殖。如果再次发生混杂退化可按原种生产规程继续重复这个过程，如图4－6所示。

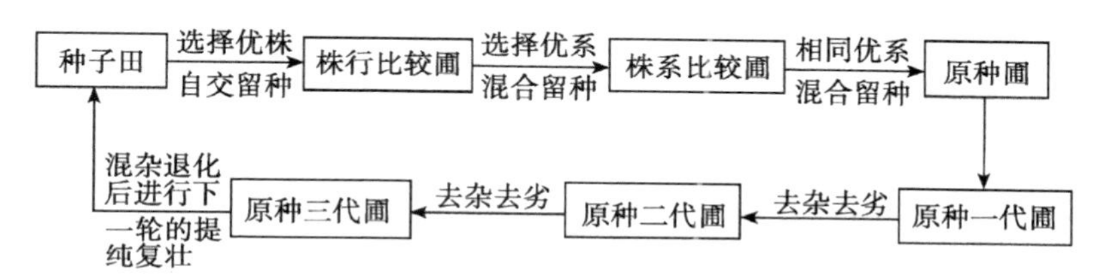

图4－6 茄子原种提纯复壮生产程序

（1）单株选择。单株选择是原种提纯复状的基础，必须严格把关。单株选择应在原种圃或纯度高的种子田中进行，种植面积不小于1亩。单株选择的时期和标准如下：

门茄开花期选择　注意针对植株的形态特征，如门茄花着生的节位、茎叶颜色、叶片形状、植株高度、开张度、分枝规律等，严格选择符合本品种标准性状的植株约150～200株。凡入选株应当进行单株扣纱网或用其他隔离措施隔离，以便自交留种。

对茄商品成熟期选择　主要针对早熟性、丰产性、果实的商品性状（包括果实大小、形状、颜色、果面光洁度、果脐大小等）进行选择，同时还要注意花序着生节位、花序间叶片数、果实生长发育速度、抗病性等，在第一次入选的植株内严格选择符合本品种标准性状的植株约50～60株，落选株按菜用栽培管理。

对茄生理成熟期选择　留种的对茄生理成熟前，在第二次入选的植株中，针对四门斗和八面风的结果数、坐果率、平均单果重、果肉质地和颜色、果内种子多寡等性状，同时进一步淘汰抗病性较差的单株，最后选择优株20～25株。种果老熟后，将入选株编号，分别留种。

（2）株行比较。

①田间设计：将入选的优良单株种子按田间设计要求，在相同的栽培和管理条件下分小区种植，每一个株行栽培两行约40株，株行距参照种子生产田进行。不同株行间顺序排列，不设重复，四周设保护行。每隔5个小区设1个对照，对照品种需用本品种的原种，如无原种，可用本品种的生产种或选优提纯前的种子。主要针对其主要性状进行鉴定，从中选出具有原品种典型性状、抗病性、抗逆性、丰产性和一致性的优良株行若干，进而进行株系比较。

②选择标准：在性状表现的典型时期，除按单株选择时的项目、标准对各个株行进

行观察比较外，还应着重鉴别各株行的典型性和一致性。淘汰性状表现与本品种标准性状有明显差异的株行，或株间整齐度差的株行。凡株行纯度低于95%，小区产量低于对照平均产量的一律淘汰。

③留种方法：在门茄坐果前后，将株行圃内所有植株的对茄花蕾适时用硫酸纸袋进行套袋隔离，确保自交留种。选择结束后，先对当选株行去杂去劣，然后分株行混合留种，供翌年株系比较使用。

（3）株系比较。为了克服留种对性状鉴定的不利影响，特设观察区和留种区，利用观察区比较鉴定，利用留种区留种。

①田间设计：观察区平畦或高垄栽培，行距66厘米，株距60厘米。不同株系随机排列，每5个株系设1个对照，重复3次，四周设保护行。株系圃还要求土壤肥力均匀，管理措施一致，小区株数相同且不少于60株，以提高鉴定选择的可靠性。

②选择标准：在生长发育的过程中，仍按单株选择时的项目、标准和方法，对各株系进行观察比较，同时鉴定各株系的纯度、前期产量和中后期产量、抗病性、抗衰性。最后通过对观测资料的综合分析，决选出完全符合品种标准性状的，无一杂株的，产量显著优于对照的株系若干。

③留种方法：留种区内每株系只栽一畦，25~30株，株行距与观察区相同。在门茄坐果前后，将株系圃留种区内所有植株的对茄花蕾适时用硫酸纸袋进行套袋隔离，确保自交。待对茄坐果后整枝摘心，对茄生理成熟后按观察区的决选结论，从相应的留种畦内采收种果，性状完全相同的株系可以合并，混合留种，这就是本品种的原原种种子。

（4）原种繁殖。

将上年决选的原原种种子播种育苗，适时定植在原种圃中，在优良的农业技术条件下，繁育出优质的种子就是本品种的原种种子。为避免发生生物学混杂，原种圃周围300~500米范围内不得栽种其他任何茄子品种；为保证原种质量，种株生长发育过程中必须严格去杂去劣，只用对茄留种，种果坐稳后整枝摘心，务必使种果在种株上老熟。茄子种子寿命较长，原种可一年大量繁殖，低温干燥贮藏，分年使用。按照原种生产操作规程，还可在原种的基础上，生产原种一代、原种二代、原种三代等。

通过对原种的大量繁殖，并在繁殖过程中严格遵照上述技术要点就可以获得生产用种。同时杂交制种过程中，亲本的繁育也与之相同。

3. 原种生产的栽培技术

茄子原种种子生产的栽培技术，同样也适合常规品种生产种的生产，当然也适合杂交制种过程中亲本的生产。

（1）播种育苗。

①播期的确定。茄子春季露地栽培制种其适宜的定植苗龄为80~90天，株高不超过20厘米，茎粗0.8厘米，具有8~10片真叶，现大蕾。根据当地的终霜期，按日历苗龄往前推，计算播种期。华北地区一般在1月底2月初播种。育苗设施可采用电热温床、阳畦，也可采用温室或大棚育苗。

②苗床土的配制与消毒。育苗的床土通常用6份的3~4年内没种过茄科作物的园田土和4份腐熟的有机肥配制，每立方米床土加入磷酸二氢钾1~2千克或氯化钾0.5~

1 千克。为预防苗期猝倒病和立枯病，按每平方米苗床使用五氯硝基苯和代森锰锌各 5 克，或多菌灵 8～10 克与细土 13 千克混匀，将 1/3 撒施做药土，2/3 做播后盖种。一般播种床土厚度 10 厘米，分苗床土厚 15 厘米。

③浸种催芽。

浸种：将种子在 55℃的热水中浸泡，充分搅拌，待水温降至常温时再泡 24 个小时，彻底清洗后将种子捞出稍晾，用手摸以润爽、不黏为度。

催芽：将浸好的种子用湿布包好，平放在发芽箱中，白天保持 30℃，夜间 20～25℃，每天翻动 3～4 次，并保持湿布湿润，3～4 天后种子露白即可播种。

④播种。播种当天将床土浇足底水，水渗入后撒一层细土或药土，而后均匀撒播种子。一般 5 平方米播 50～75 克种子，可供 1 亩地栽种。播后覆盖细土或药土 1 厘米厚，上盖 1 层地膜以提温保墒。

⑤播种后及苗期管理。从播种到齐苗阶段的管理主要是增温保湿。出苗期间地温不得低于 17℃，最适地温 20～25℃，最适气温 25～30℃。茄子育苗在寒冷季节，为保温草苫要适当晚揭早盖。用电热温床育苗的应昼夜通电。当子叶拱土时，及时揭掉地膜，断电，并覆细土，保持土壤湿度，防止“戴帽”出土。

从齐苗到分苗（2～3 片真叶）阶段应适当降低床温，防止秧苗徒长。白天最适气温 20～25℃，夜间 15℃。分苗时，按 8～10 厘米的株行距栽苗，随分随盖薄膜和草苫，以防止日晒萎蔫。

从分苗到缓苗阶段主要是增温管理。如分苗后天气晴好，应连续 3 天回苫，上午 10 时至下午 3 时盖上草苫，避免日晒萎蔫。床内温度应保持 25～28℃，这段时间一般不通风。

缓苗后到定植这段时间气温逐渐回升，应逐渐通风，畦内温度应控制在 20～25℃，如苗床太干，当 4～5 片叶时可浇 1 次小水并适时中耕。定植前 7～10 天应浇 1 次大水，通风至最大量，以利于炼苗，直至将薄膜全部揭开，待浇水后 3～4 天苗床干湿适度时，进行切苗、囤苗。晚霜过后定植。

（2）整地、施肥、做畦。

茄子繁种地块要选择富含有机质、土层深厚、保水保肥力强、排水良好的砂壤土，且 3～4 年内没种过茄果类蔬菜。为提高种子产量和质量，在冬翻前，应重施有机肥并配施磷、钾肥。一般每亩施腐熟的鸡粪 4 000千克，并掺入 50 千克磷酸二铵和 30 千克氯化钾。化冻后，适时耙耘，保墒提温。晚霜结束前 7～10 天做畦，可以是平畦也可以是高垄。平畦一般宽 1 米左右，长 8～10 米，每畦定植 2 行。高垄地宽 50 厘米，沟宽 30～40 厘米，每垄定植一行。

（3）适时定植，合理密植。

定植日期要根据气候、秧苗的发育情况以及有无保护设施等条件而定。通常在 10 厘米地温稳定在 13℃以上时进行，晚霜过后即可定植。繁种茄子的种植密度一般比商品生产的要小，根据各品种的特征特性，每亩种植 2 300～2 800株。行距 75～100 厘米，株距 50～60 厘米。

（4）田间管理。

①追肥、浇水与中耕除草。定植后立即浇水，并及时中耕，以提高地温，促进发

根。如土壤干旱，可浇1次缓苗水，但水量不宜过大。随后及时中耕1～2次，并进行培土、蹲苗。茄子蹲苗期不宜过长，一般门茄“瞪眼”时结束蹲苗。追1次“催果肥”，浇1次“催果水”。催果肥最好追施大粪干或饼肥，每亩施75～100千克，并掺入适量过磷酸钙；也可施用尿素8～13千克，或硫酸铵15～20千克，与过磷酸钙一起施用。结合这次追肥，露地栽培的要进行培土，以防止后期倒伏。对茄和四门斗迅速膨大时，对肥水的要求达到高峰，应视天气情况和植株长势每隔4～6天浇水1次，水量要适当，切忌大水漫灌。一般隔1次水追1次速效肥，每亩施腐熟人粪尿1 000千克，或氮、磷复合肥15千克，并配合打药叶面增施磷、钾肥。雨季要注意排水防涝，防止沤根、烂果。加强后期管理，防止早衰。

②整枝打杈。茄子原种生产的留果节位以对茄为主，偶有延至四门斗的。整枝方法一般在门茄以后，按对茄、四门斗的规律留下枝条，其余侧枝长到2厘米时摘除，四门斗以上留2～3个叶片摘心。生长后期，适时摘除老叶、黄叶、病叶，以利于通风透光，减少病虫害。

（5）采种。

茄子种子生产一般大果型品种留种果2～3个，中小型品种留种果3～5个。待留种果实颜色变成老黄色，且果皮发硬（一般授粉后50～60天）时即可采收。采收后存放7～10天后熟，使种子饱满并与果肉分离后再采种。

采种量少时，果实可装入网袋或编织袋中，用木锤敲，把果实敲裂，使每个心室内的种子都与果肉分开，然后把果实放入水中，漂出种子。采种量大时，可用经改造的玉米脱粒机打碎果实，用水冲洗，倒出浮在水面上的果皮、果肉和秕籽，沉在水底的即为饱满种子。将种子洗净，晒干后（种子含水量达7%时）装入纸袋或布袋贮藏，并附上标签，注明品种名称和采种年月。切忌将种子在水泥地面上直接暴晒，以免灼伤种胚，影响发芽率。一般1个果实能采收500～1 000粒种子，重2～6克。

（二）常规品种生产种的生产

常规品种种子生产，在隔离距离上不像原种要求那么严格。种子生产田需间隔50～100米。繁种时选用的原种要纯，田间要淘汰不符合本品种特征特性的杂株、劣株以及病株。其他技术要点同原种的生产。

杂种一代的亲本种子的繁殖与常规品种种子生产技术相同。

五、杂种一代种子的生产

茄子杂种优势明显，一般杂种较常规品种增产30%左右，特别是对早期产量的影响更为显著，而且能增强抗病性，减少农药的使用量。目前，我国推广的茄子品种绝大多数为杂种一代。茄子花器较大，去雄授粉操作方便，同时其单果结籽量大，因此人工杂交制种成为茄子杂一代种子生产的主要途径。茄子杂种种子的生产要求严格，其技术环节包括：栽培技术、人工去雄授粉杂交技术以及采种技术等。

1. 栽培技术

（1）制种田的选择。

茄子杂交种子的生产一般应在气候条件适宜和劳动力充足的地区进行。制种田应选

择在远离城市、光照充足、空气湿度低、有水浇条件、土壤肥沃、2~3年内未种过茄果类作物的砂壤土地块，与其他茄子品种隔离100米以上。

（2）适时播种，培育壮苗。

华北地区多在露地栽培条件下进行茄子杂交制种，应根据当地气候条件确定双亲适宜的播种期，以保证双亲花期相遇。茄子授粉受精适宜温度为25~30℃，空气相对湿度为50%~70%，应将母本花期处于授粉受精最适宜的温度范围内，由此来推断母本的适宜播种期。父本的播种期应根据父母本的熟性、开花习性确定，如父本较母本早熟，父母本可同时播种；如父母本熟性相近，父本应比母本早播种3~5天；如父本较母本晚熟，则父本应比母本早播5~10天。父母本种植比例为1：4~5。华北地区一般在1月底、2月上中旬利用温床播种育苗。

苗床选择在坐北朝南、背风向阳、浇水方便、春季温度回升快的地块。苗床土选择2~3年未种过茄果类、瓜类蔬菜的园田土，前茬最好是种植豆类或葱蒜类的土壤。床土的配制是用6份园田土与4份充分腐熟的厩肥搅拌均匀，经过筛后使用。为防止苗期猝倒病和立枯病可用50%多菌灵粉剂对床土进行消毒。

壮苗的培育及育苗期间的温湿度管理可参照原种种子生产相关技术。

（3）适时定植。

一般苗龄为80~90天、3~4片真叶时进行1次分苗，具8~10片真叶、气温稳定、通过终霜期后定植。华北地区在4月底~5月上中旬定植。定植前半个月将有机肥和磷、钾复合肥翻入土内，耙匀后起垄，垄距50厘米。选择无风、暖和的晴天定植。母本田株距45厘米，每亩栽苗2 800株左右。父本靠母本一头或一侧集中定植，株距40厘米。

（4）定植后的田间管理。

露地茄子制种应采用地膜覆盖栽培，以促使植株早发根、早发棵，植株健壮，提高种株结果能力，促使种果成熟，使种子饱满度高。

施足基肥，每亩施腐熟有机肥5 000千克，饼肥100千克，磷、钾肥各100千克。

轻施苗肥，在定植后至开花前应追2次肥，浓度不要太高，否则会造成植株徒长，引起落花、落果，加重病害。最好用稀释5~10倍的猪粪水或氮磷钾复合肥，不用氮肥催苗。

稳施花肥，从第一朵花开放至第一批果迅速膨大为茄子大量开花期，也是杂交制种的人工去雄授粉期，为防止植株落花落果，如果不严重缺肥，一般不用追肥。

重施果肥，当门茄长至商品成熟度时，每株茄子基本上都挂了2~3层果，这时果实膨大需要供给大量养分，要大追肥，重追肥，一般每隔7~10天追1次肥，以稀猪粪水和复合肥为好，果实转黄即可停止施肥。

保证植株充分的水分供应是提高种子发芽力的关键，特别是生长后期，因处在高温干旱季节，更应注意灌水。灌水后应及时追肥、中耕除草。

为了使茄子植株在短期内多结果，尽快结束制种，一般去掉种株的门茄花蕾及以下所有侧枝，促使对茄、四门斗尽早开花，并在四门斗花蕾出现后留2~3片叶摘心。在门茄开花前对父母本纯度进行严格检查，田间去杂，拔除不符合亲本特性的杂株和变异株。授粉结束后搭架，以防止后期种株倒伏而致种果腐烂。其他做法参照原种种子生产部分相关技术。

2. 人工杂交授粉技术

茄子花大，每株只给对茄子和四门斗授粉，一般可结 3 ~ 5 个果。不同部位的果实种子含量不同，下部和最上部果实含种量少，种子轻，对茄和四门斗果实种子含量最多，且籽粒饱满。

（1）选择最佳制种时期。一般应早期摘除门茄，从对茄开始制种。如果能育大苗，促进早期发育，在 6 月末至 7 月初四门斗能开始开花，用其制种效果更好。制种期一般不应推迟至 7 月中旬。

（2）准备杂交器具。主要是去雄所用的尖嘴镊子，花粉采集的器具以及杂交时所用的授粉工具如带橡皮头的铅笔和标签等，具体参照番茄部分的相关内容。

（3）选择适宜杂交的花朵。最适宜授粉部位是第二层至第三层花，每株宜授粉 4 ~ 6 朵花，坐果 3 ~ 5 个。

（4）父本田管理。父本田仅提供花粉，制种结束后立即拔除。杂交工作开始前，必须认真、彻底地检查父本，发现杂株、疑问株全部拔除。拔除高度、叶型、叶色等不同的杂株，这项工作十分重要。

（5）花粉采集。茄子开花习性是当花蕾长足后，花冠逐渐开裂，花粉散出。授粉前 1 天采集父本花粉，可在上午 8 时左右花朵刚开放时，用电动采粉器收集花粉，此时花朵刚开放，花粉多，且发芽力高。也可在上午摘下当天开放的花朵，取出花药散放在铺有厚纸的筛子上，放在背阴处晾干，约需 4 小时。然后用 320 目花粉筛筛取花粉，或将晾干的花药装入碗等容器中，盖上纸，放入干燥器中或放入 3 ~ 5℃ 的冰箱中保存备用。常温干燥下花粉活力可保持 2 ~ 3 天，在 3 ~ 5℃ 冰箱内可保存 30 天左右。

（6）选蕾去雄。去雄花蕾节位：选用第二层、第三层花蕾去雄。因为茄子这两个节位的营养条件好，花蕾发育饱满，长柱花比例高，杂交后坐果率高，杂交种产量高、质量好。同时第二层、第三层花蕾开放早，坐果后果实生长发育快，雨季到来时已生理成熟，避免了高温、高湿和绵疫病流行所造成的损失。

去雄时机与方法：选用发育成熟的花蕾去雄。开花前 1 天的花蕾最适宜去雄。此花蕾的形态特征是：萼片先端已经开裂，淡紫色的花瓣露出少许，瓣端与萼片顶端齐平或稍稍超出，但彼此未分离。瓣尖稍分离的过大花蕾可能已开药授粉，应及时摘除。花蕾过小，雌蕊发育尚未充分成熟，去雄授粉坐果率低，单果结籽量也少，制种产量低，也应摘除。茄子花蕾较大，去雄较番茄容易，应选择母本植株上花冠充分膨大、花色转紫，第二天能开放的花蕾（含苞待放的花蕾），用镊子轻轻拨开花冠，将黄色的花药彻底去净（注意不要损伤柱头和子房）。去雄时应选长花柱花蕾，发现短柱花要摘除。去雄后用有色毛线系于花柄上做标记。一般从对茄开始去雄，去雄最好在下午进行。

（7）适时授粉。对前一天下午去雄、第二天上午开放的花朵授粉。每天最适宜的授粉时间为上午 8 ~ 10 时或下午 3 ~ 5 时。授粉时用带橡皮头的铅笔或授粉棒蘸取花粉，轻而均匀地涂到柱头上即可。如果花粉多，也可当天去雄，当天授粉。为确保去雄花蕾授粉无差错和种果采收无差错，每个花蕾授粉结束后应随即去掉 2 个萼片，做好标记。

如授粉后遇雨，第二天需重复授粉。每株授粉 4 ~ 6 朵花（即对茄花和四门斗），确保 3 ~ 5 个种果。以开花当天授粉坐果率和结实率最高。开花前 1 天和开花后 1 天的次之，再提前或错后效果都很差。

（8）其他管理措施。每次授粉时，如果发现母本田内有未做标记的花朵开放或果实生长要及时摘除，以免影响杂交种纯度。授粉结束后，应及时追肥、浇水，促进果实生长。每株坐果 5 ~ 6 个后，种果上方保留 2 ~ 3 片叶摘心，摘除植株上部开放的花朵及自交果；摘除多余杈枝，打掉下部老叶黄叶，以保证杂交种的纯度和果实的生长发育。

3. 种子的采收

茄子的果实为浆果，胎座发达，为肥嫩的海绵组织。种子在海绵组织内发育较慢，一般情况下，杂交授粉后 50 ~ 60 天果实才能充分老熟变黄。当种果果皮呈现黄褐色时即可采收。在采收开始前全面检查母本田，认真清除杂株。采收时，一定要按授粉时的标记采收种果，没有标记的决不能采收留种。有病斑或腐烂的种果要分开采收，或直接淘汰掉或将种子处理后才能使用。

种果采收后放在通风、干燥、遮阴的地方后熟 7 ~ 10 天，使养分进一步向种子转移，以提高种子饱满度和发芽率。种果变软后取籽。如发现烂果，要用刀片把果实腐烂部分切掉后，再取种。取种时可用脚底揉搓果实，也可用棍棒敲击捣烂果肉或用搅拌机搅碎种果，目的是使种子与果肉分离。把搓软或搅碎的果实用水清洗，去掉水面上的果皮、果肉后，就可获得水下层的种子。

淘洗出来的种子放在窗纱或凉席上晾干。不要放在水泥地、铁皮上直接晾晒，因为烈日暴晒会灼伤种子。晒种时每 1 ~ 2 个小时翻动 1 次，分 2 ~ 3 次晒干为好。每次晒半天。防止在取籽、晒籽过程中发生机械混杂。一般每亩可产杂交种 40 ~ 50 千克。

第五章　伞形花科蔬菜良种繁育

第一节　胡萝卜

胡萝卜（*Daucus carota* var. *sativa* DC.）又叫红萝卜、黄萝卜、番萝卜、丁香萝卜、胡芦菔金、赤珊瑚、黄根、药性萝卜、金笋、红根等。是伞形花科二年生蔬菜作物，以肥大的肉质根供食用。

胡萝卜原产亚洲西部，中亚西亚地区，阿富汗为紫色胡萝卜最早演化中心。胡萝卜栽培历史在2 000年以上。10 世纪从伊朗传入欧洲大陆，驯化发展成短圆锥橘黄色欧洲生态型胡萝卜。15 世纪英国已有栽培，16 世纪传入美国。我国于元代初（约 13 世纪末）经伊朗传入。据《本草纲目》记载："元时始自胡地来，气味微似萝卜，故名。"在我国长期栽培后，发展成为长根生态型胡萝卜。16 世纪由我国传入日本。

胡萝卜在我国南北方都有栽培。在广大北方地区，特别是高寒地区，由于其栽培方法简单、病虫害少、适应性强、耐贮藏而大量栽培，是冬季主要的冬贮蔬菜之一。在根菜类中，产量、面积仅次于萝卜，居第 2 位。胡萝卜可生食、熟食，又可蜜渍腌渍加工，还是加工果汁、果茶，又是提炼胡萝卜素的原料，用途十分广泛。

我国胡萝卜品种资源丰富，目前生产上使用的品种多数为常规品种。但随着胡萝卜雄性不育性的发现，拓展了胡萝卜杂交制种的途径，近年来生产上使用杂交种的数量呈逐年增多的趋势。

一、胡萝卜的生物学特性

（一）植物学特征

1. 根

胡萝卜为深根性植物，根系分布深度可达 2 ~ 2.5 米，宽度达 1 ~ 1.5 米，其根分为肉质根和吸收根。肉质根分为根头、根颈和真根 3 部分，其特点是根头、根颈两部分所占肉质根比例很小，真根占肉质根的绝大部分。肉质根的次生韧皮部肥厚发达，是主要供食部分；根的心柱是次生木质部，含养分较少，且质地粗硬。在品种选育上，肉质根的韧皮部肥厚，心柱细小，是品质优良的标准之一。肉质根的长短和粗细因品种而异。肉质根的皮色与肉色以橘红、橘黄为多，也有的是浅紫色、红褐色、黄色或白色。胡萝卜肉质根表面上相对 4 个方向生有 4 纵列须根，须根的多少、粗细以及根眼的大小、深浅是评价肉质根外观品质的相关指标。

2. 茎

在营养生长期间，胡萝卜的茎为短缩茎，着生在肉质根的顶端。短缩茎上着生叶片。通过阶段发育后，胡萝卜进入生殖生长阶段，由短缩茎抽生出粗壮繁茂的花茎，主茎可高达1.5米以上，茎基部直径达2厘米以上。花茎的分枝能力很强，主茎各节几乎都能抽生一级侧枝，一级侧枝上又抽生二级侧枝，二级侧枝上又抽生三级侧枝。

3. 叶

在营养生长阶段，叶丛着生于短缩茎之上，生长后期可达15~22片。叶柄细长，叶面积较小，叶面密生茸毛，为全裂、3回羽状复叶，叶裂片呈狭披针形，叶色深绿。叶片大小因品种而异，早熟品种小于晚熟品种，一般叶片长40~60厘米，宽15~25厘米。在生殖生长阶段，花薹上着生茎生叶，呈轮生状，无托叶。

4. 花

胡萝卜为复伞形花序，花序着生于花枝的顶端。每一伞形花序有100~160朵小花，花多为雌雄两性白色花，异花授粉，以昆虫作媒介。开花顺序是主茎上的花序先于侧枝上的花序开放，而后逐级而开。每一花序的花是由外围向中心逐渐开放，每一花序花期约5天，全株花期持续1个月左右。

5. 果实和种子

胡萝卜为双悬果，成熟时分裂为2个独立的半果实，栽培生产上即以此果实作为种子。每个半果实呈长椭圆形，扁平，长约3毫米，宽1.5毫米，厚0.4~1毫米。两半果相对的一面较平，背面呈弧形，并有4~5条小棱，着生刺毛。果皮革质，含有挥发油，有一种特殊香气，不利于吸水。种子很小，胚常发育不良，出土力差，发芽率低，一般只有70%左右。千粒重1.1~1.5克。

（二）生长发育

胡萝卜为典型的二年生蔬菜，第一年为营养生长时期，形成产品器官——肉质直根，北方地区秋后收获，进行越冬贮藏；通过春化后，翌年春季栽植种根，而后抽薹开花结实，完成生殖生长。

1. 营养生长期

胡萝卜的营养生长期可分为发芽期、幼苗期、莲座期和肉质根生长盛期四个时期，历时90~120天。

（1）发芽期。由播种到子叶展开，真叶露心，在适宜条件下需10~15天。胡萝卜种子不仅发芽慢，而且发芽率很低、发芽不整齐，相对其他根菜种子发芽困难，对发芽条件要求较高。在良好的发芽条件下，发芽率70%左右，条件不适宜时发芽率有时会降至20%左右。因此，创造土壤细碎、疏松、透气和温湿度适宜的环境是保证苗齐、苗全的必要条件。

（2）幼苗期。由真叶露心到5~6片叶，需25天左右。这个时期根系吸收能力和叶片光合能力都不强，幼苗生长比较缓慢，5~7天才长出1片新叶，生长的适宜温度为23~25℃。苗期对环境条件反应较敏感，应注意保持土壤湿润，切勿忽湿忽干，同时盛夏季节还要及时浅耕除草。

（3）莲座期。从5~6片叶到全部叶片展开，是叶片生长的旺盛期。此时同化产物增多，肉质根开始缓慢生长，所以也将此期称为肉质根生长前期，约需30天。这个时期以叶面积扩大为主，但要注意地上部与地下部的生长平衡，肥水供给不宜过大，避免

叶丛徒长。

（4）肉质根生长盛期。从肉质根的生长量开始超过叶丛的生长量到收获，需50～60天，占整个营养生长期的2/5左右。这个时期主要是要保持最大的叶面积，同时供给充足的肥水，以提高光合作用的能力，形成更多的光合产物向肉质根运输贮藏。该时期要加强水肥管理，增施钾肥，创造良好的温湿条件，促进肉质根的发育和肥大。

2. 生殖生长期

胡萝卜肉质根收获后，经过冬季的低温贮藏，通过春化作用，到了第二年春季定植后，在长日照条件下抽薹、开花与结实，完成整个生育周期。从种株定植到种子成熟需要100～120天。

（三）生长发育对环境条件的要求

1. 温度

胡萝卜为半耐寒性蔬菜，对温度的要求与萝卜相似，但耐寒性与耐热性比萝卜稍强，可比萝卜提早播种和推后收获。种子在4～6℃时可萌动，但发芽缓慢；8℃时需25天发芽；在发芽适温20～25℃条件下5天左右即可发芽。幼苗期能耐短时间－5～－3℃的低温和27～30℃的高温干燥气候。白天18～23℃，夜温13～18℃对肉质根肥大有利。胡萝卜开花结实期的适温为25℃左右。生长期间18℃左右的地温较适宜。

2. 光照

胡萝卜属长日照作物，生长期间要求中等光照强度。光照不足，叶片瘦小，叶柄细长，下部老叶提前枯黄，植株生长势减弱，光合产物减少，影响肉质根的膨大。光照充足，叶片肥大，叶柄短而粗，植株生长势较强，肉质根膨大快速。

3. 水分

胡萝卜根系发达，能利用土壤深层的水分，叶面积小，生长期间比较耐旱。但要根据植株的需水特点来进行田间浇灌。由于种子吸水困难，发芽期要求土壤湿润；幼苗期土壤含水量过高容易造成地上部和地下部营养生长失衡，叶丛徒长；后期应保持土壤湿润，以利于肉质根肥大，减少侧根数量，提高肉质品质。全生育期适宜的土壤湿度为最大持水量的60%～80%。

4. 土壤

胡萝卜要求土层深厚、肥沃，排水良好的砂质土壤。土壤黏重、排水不良、土层浅而坚硬的地块容易引发杈根、裂根和烂根等现象。胡萝卜对土壤的酸碱度适应性较强，pH值5～8的范围都能生长。

5. 营养

胡萝卜需要氮、钾肥较多，磷肥次之。氮不宜过多，否则会使叶丛徒长，肉质根变细变小，产量降低，品质下降。钾能促进同化产物的转运，促进肉质的肥大，增施钾肥丰产效果显著。有资料表明：每生产1 000千克胡萝卜产品，其要从土壤中吸收氮3.2千克，磷1.3千克，钾5千克，氮、磷、钾的比例为2.5：1：4。

二、种株的开花结实习性

（一）花器结构

1. 正常花的结构

胡萝卜是雌雄同花、异花授粉作物，复伞形花序。一个复伞花序由数十个到百余个小花伞组成；一个小花伞又由数朵到数十朵小花组成。这些小花由锯齿状裂片组成的小总苞包着。每朵小花有5片花萼，5片花瓣，5枚雄蕊，1枚雌蕊，雌蕊有2个花柱；子房下位，由两个心室相邻构成，每室各有1个胚珠，在花柱的下方着生膨大而又发达的蜜腺花柱基。雄蕊的花药呈黄色或黄褐色。花瓣的颜色和肉质根表皮颜色有相关性，一般红色或紫色胡萝卜的花瓣呈粉红色，其他的均呈白色。果实为双悬果，果皮和种皮结合紧密难分离。

2. 雄性不育花的结构

胡萝卜雄性不育可分为褐药型和瓣化型两种。目前，在杂种优势中利用较多的是瓣化型雄性不育系。

（1）褐药型。雄蕊的花药瘦小、干瘪，呈褐色。花药内无花粉，或有败育花粉，或花粉量很少。花丝不伸长，但雌蕊发育正常。

（2）瓣化型。雄蕊的花丝、花药变态成花瓣，花呈重瓣状。依据花瓣的颜色，又可分成白色瓣化型花、绿色瓣化型花和粉褐色瓣化型花。依据花瓣的形状，又可分成尖瓣型和圆瓣型两种。

雄性不育花的其他结构发育正常，如瓣化型花的雌蕊不但发育正常，而且花柱基十分发达，每天开花时分泌大量花蜜，招引蜜蜂和其他昆虫采蜜传粉。

（二）开花授粉习性

胡萝卜从种根定植到抽薹开花大约需要50天。华北地区露地采种，一般在3月下旬定植，5月中旬左右抽薹开花，5月底到6月上中旬进入盛花期。同一株胡萝卜的开花顺序是先主枝，约10天后一级侧枝开放，再过10天后是二级侧枝开花，尔后是三级侧枝开花；同一花序的开花顺序是先外围后中心。一般上午8时左右花序外围的小花先开，至10时左右花盛开，中午气温高时则很少开花，下午4～6时又有一部分内围的小花开放。胡萝卜是典型的雄蕊先熟植物，每朵小花的开放首先是花瓣展开，5枚雄蕊中的3枚花丝伸长，然后另两枚的花丝再伸长，花丝与花药呈“丁”字形，之后花药开裂，大量散粉。开花5天左右，花粉失去授粉能力，柱头迅速伸长并分为2个，此时柱头才具有接受花粉完成受精的能力，柱头接受花粉能力可保持7～8天。虽然胡萝卜是雄蕊先熟性植物，虫媒异花授粉，同花不自交，但对于一个植株来说，株内自交率仍然高达15%左右。每一个小伞的花期约1周，每一植株花期可延续40～50天，每一个品种的花期约为50～60天。

瓣化型雄性不育花的开花习性为花瓣先向外伸展张开，经过2～3天后雄蕊变态成的花瓣再向外伸开，呈现出重瓣花开放的特点，再过4～5天雌蕊的两个花柱才分开具有接受花粉的能力，接受花粉的能力可保持10天左右，比正常花长4～5天。小花开放的同时，花柱基蜜腺分泌花蜜，引诱昆虫授粉。受精后子房逐渐膨大，花柱萎蔫慢慢脱

落，但是花柱基仍不消退，可在种子上存留 1 个月左右。其他同正常花。

三、采种方式与繁育制度

（一）采种方式

胡萝卜是绿体春化型植物，其采种方法可以分为成株采种法（或称为老株采种法、大株采种法）和半成株采种法（或称为小株采种法）。

1. 成株采种

华北地区一般在 7 月上中旬播种，11 月初收获种根，经严格筛选后，将入选种株窖藏越冬，翌年春土壤化冻后定植在隔离区中采种。该方法因营养生长期完整，种根的性状可以充分表达，株选的结果更加准确可靠，因此生产的种子质量高；但成本也相对较高，因此多用于用种量较少的原种或杂交亲本种子的生产。

2. 半成株采种

一般较成株采种迟播 15～20 天或更长时间，11 月初收获未充分肥大的肉质根，窖藏过冬后定植在隔离区采种。此法的优点是占地时间短，生产成本低。缺点是不能进行严格的株选，种子质量相对较差，故多用于用种量较大的生产种种子的生产。

（二）繁育制度

为防止品种混杂退化并提高生产种产量，胡萝卜常用“成株—半成株”二级繁育制度来进行种子生产。即采用成株采种繁殖原种一代、二代等原种级种子，同时又用原种级种子按半成株采种方式繁殖生产用种（如图 5－1 所示）。

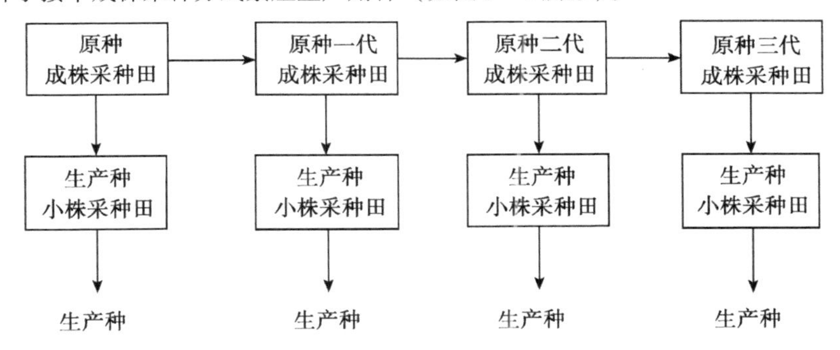

图 5－1　胡萝卜二级留种繁育制度示意图

四、常规品种种子的生产

（一）原种种子的生产

1. 原种生产的隔离条件

原种繁育要求严格，技术水平要求高，除了要求具备一定条件和技术水平的单位才能胜任外，还需要负责原种繁育的人员熟练掌握原种繁育基本理论与繁育技术。

胡萝卜属异花授粉作物，一般天然杂交率在 90% 以上。为了防止生物学混杂，导致原种种性退化，原种的繁育必须采取严格的隔离措施。一是空间隔离，要求隔离距离为2 000米；二是采用大棚或日光温室尼龙纱网隔离设施，一年繁种，多年使用。

2. 原种的提纯复壮

生产中使用的原种如果已经混杂退化，品种选育者或有关部门又无原种可以提供时，则可采用母系选择法选优提纯复壮原种，其生产程序是：单株选择、株系比较和混系繁殖。即先根据品种的典型特征选择种株，窖藏越冬后定植于隔离区内抽薹开花，花期不同株间相互授粉，分株收获种子。秋季将每一个种株上收获的种子播种一个小区，进行株系比较，在性状的表现期进行选择，选择小区内性状相对一致，个体表现符合本品种典型特征的株系若干，淘汰其他株系。冬前收获时，在入选的株系内进一步选择符合本品种性状的种根，第二年春季将不同株系收获的种根分别定植在不同的隔离区内收获种子，秋季进行株系比较。株系选择的时期和标准与单株选择的相同，性状符合本品种特征的入选株系的种根混合收获，下一年春季定植于制种田即可获得原原种种子。如果再次发生混杂退化可按原种生产规程继续重复这个过程，如图5－2所示。

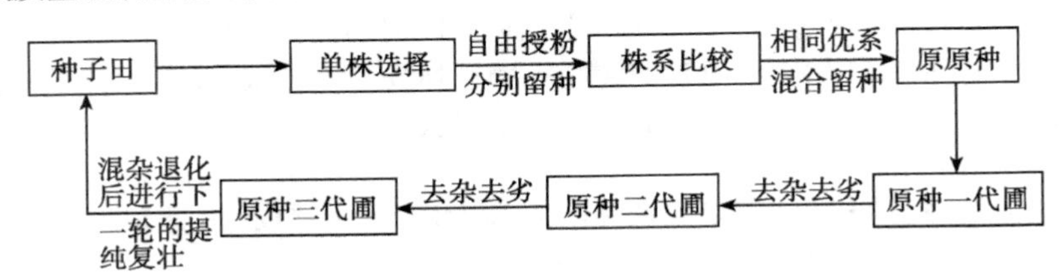

图5－2 胡萝卜原种提纯复壮生产程序

(1) 单株选择。

单株选择是原种提纯复壮的基础，必须严格把关。单株选择应在原种圃或纯度高的种子田中进行，种植面积不小于1亩。单株选择主要是在肉质根收获时进行，选择的标准如下：

首先，针对叶片颜色、叶片形状、叶面刺毛、叶簇形态、开张度、叶量等，选择符合本品种标准性状的健壮无病植株。

然后，在初选株中再针对肉质根皮色、性状、大小、入土部分的长短、侧根的粗细多少、尾根粗细、表面光洁度、“顶盖”大小、根肩颜色等，选择符合本品种标准性状的无机械损伤的植株。此次入选的植株在150株左右，切去叶片后窖藏越冬。

定植前，淘汰感病腐烂的植株，其余种根用打孔器从肉质根中部横向打孔，深达根之中心部，取出根内组织观察，淘汰糠心、黑心及根组织变色的植株。最终入选的种根在50株左右。

留种方法：将最终入选的优良种株定植在隔离区中，开花期间自由相互授粉，种子成熟后分株收获留种并编号。

(2) 株系比较。

①田间设计：秋季将入选的优良单株种子按田间设计要求，在相同的栽培和管理条件下分小区种植，每一株系播种一个小区，每个小区最后留苗200～300株，不同株系间顺序排列，不设重复，四周设保护行。每隔5个小区设1个对照，对照品种需用本品

种的原种，如无原种，可用本品种的生产种或选优提纯前的种子。

②选择标准：在性状表现的典型时期，除按单株选择时的项目、标准对各个株行进行观察比较外，还应着重鉴别各株行的典型性和一致性。淘汰性状表现与本品种标准性状有明显差异的株系，或株间整齐度差的株系。凡小区产量低于对照平均产量的一律淘汰。入选株系去杂去劣后将性状表现相同的株系混合窖藏越冬，翌年春季定植在隔离区内采种，这就是本品种的原原种种子。

（3）原种繁殖。

将上述原原种种子适时秋播，在优良的农业技术条件下，培育母株，收获时进行性状鉴定，如果性状符合本品种的标准性状，且纯度达到国家规定标准，则可去杂去劣后窖藏越冬，繁育出优质的种子就是本品种的原种种子。为避免发生生物学混杂，原种圃周围2 000米范围内不得栽种其他任何胡萝卜品种；为保证原种质量，种株生长发育过程中必须严格去杂去劣，翌春定植在隔离区内采种，这就是本品种的原种种子。按照原种生产操作规程，还可在原种的基础上，生产原种一代、原种二代、原种三代等。

3. 原种生产的栽培技术

为保证种子质量，生产上多用成株采种法来生产原种。其农业生产技术要点如下：

（1）培育种根。

①确定播种期。根据胡萝卜叶丛生长期适应性强、肉质根肥大要求凉爽气候的特点，在安排播种期时，应尽量使苗期处在炎热的夏季或初秋，使肉质根肥大期尽量处在凉爽的秋季。以晋中地区为例，宜在7月中旬播种。过早播种，则种株生长期过长，易老化，抗病力降低，贮藏和定植后种根易腐烂或死亡；播种过晚，则本品种的性状不能充分表达，不利于选择淘汰种根。

②整地、施肥、做畦。胡萝卜生长要求土层深厚、土质疏松、排水良好的沙质壤土或壤土。整地对于胡萝卜的产量和质量影响较大。因为胡萝卜肉质根入土较深，所以整地时要进行深翻，避免耕翻太浅或耕层土硬实，使主根弯曲，甚至产生叉根。

前茬作物收获后及时清洁田园，每亩施入腐熟的有机肥5 000千克，草木灰100千克，磷酸二铵30～40千克后深翻25～30厘米。为了使胡萝卜播种后出苗整齐，除了深翻使土壤疏松外，还要将表层土块打碎、耙平，之后再做畦。做畦方式因品种、地区及土壤状况而异。土层深厚、疏松、高燥并少雨的地区可做平畦；而土层较薄、多湿地块及多雨的地区，宜做高畦或垄。平畦、高畦一般畦面宽1～1.2米；垄一般垄肩宽20厘米，垄高12～15厘米，垄间距50厘米。为便于田间管理，畦长或垄长一般10～15米。

③种子处理与播种。种子处理：胡萝卜种子实际上是果皮较厚且上面又有刺毛的果实。通气性、透水性差，发芽较困难。为了保证胡萝卜出苗整齐和全苗，在播种前要对种子进行筛选，除去秕子、小种子，并做发芽实验，以便确定合适的播种量；另外，还要搓去种子上的刺毛来促进吸水。为了加快出全苗，还可在播种前对胡萝卜种子进行浸种催芽处理。其方法是将搓毛后的种子在40℃的温水中浸种2～3个小时，捞出后沥去多余的水分，用纱布包好，置于20～25℃条件下催芽，2～3天后种子露白即可播种。

播种方法：胡萝卜可条播也可撒播。条播按18～20厘米行距开2厘米深的小沟，将种子与适量的细沙混匀后播于沟内，之后覆细土1.5～2厘米，轻轻镇压后浇水。条播，每亩用种量0.7～0.8千克。垄作均采取条播，每垄2行。平畦或高畦可以撒播，每亩用种量1～1.5千克。撒种后覆土1.5～2厘米厚，稍镇压、浇水。因为胡萝卜的播种期正处于高温季节，为保持土壤湿润利于出苗，有条件的制种单位可在出苗前用稻草或遮阳网覆盖畦面。

④田间管理。

除草间苗：因为气温高，土壤湿润，杂草生长很快，故应及时拔除，以免发生草欺苗现象。定苗前应进行2次间苗。第一次间苗在幼苗2～3片叶时进行，疏去过密苗和弱苗，同时要对垄面或畦面进行适当的中耕松土；第二次在幼苗4～5片叶时进行，留苗株距6～8厘米。当幼苗6～7片叶时定苗，小型品种株距12厘米，每亩留苗2.2万～2.5万株；大型品种株距15～18厘米，每亩留苗1.8万～2.0万株。

水肥管理：如无遮阳处理，播种后至出齐苗期间应连续浇2～3次小水保持土壤湿润。齐苗后，幼苗需水量不大，不宜浇水过多，一般每周浇1次水。保持土壤见干见湿，以利于幼苗发根，同时防止徒长。苗期正值雨季，大雨后应及时排水防涝。在定苗后浇1次水，浇水后趁土壤湿润进行深中耕蹲苗，至7～8片叶、肉质根开始肥大时结束蹲苗。肉质根肥大期至收获前半个月，应及时浇水，每3～5天浇1次水，保持土壤湿润。浇水要适度，不能忽干忽湿。

胡萝卜幼苗期需肥量不大，可在第二次间苗后每亩随水追施尿素10千克提苗肥；结束蹲苗后肉质根开始膨大，需肥量增加，随水每亩施复合肥20千克；肉质根生长旺盛期追肥应适当控制氮肥用量，增加磷、钾肥的用量。

种根培土：在叶丛封垄（行）前进行最后一次中耕，并将细土培至根头部，以防止根部膨大后露出地面，皮色变绿影响品质。

⑤收获。胡萝卜从播种到收获的天数依品种而异，早熟种80～90天，中晚熟种100～140天。当肉质根充分肥大，表现出本品种的特征即可收获贮藏。晋中地区采种胡萝卜一般在土壤初冻前收获，即10月中下旬底到11月上旬为收获适期。收获过晚，种株受冻害，影响贮藏和第二年种株的成活率。在冬季不太寒冷的地区，可在田间露地越冬，翌年春抽薹开花。

（2）种株选择和贮藏越冬。

①种株选择。在收获时，选留叶片少、根头小且无绿头、肉质根表面光滑、色泽鲜艳、须根少、不裂根、不分叉、大小、形状符合本品种特征的优株，在距根头3厘米处剪去叶子后集中妥善保管，待天气转冷后入窖贮藏越冬。入窖时要剔除病伤、虫咬的肉质根，收获、搬动过程中都要防止碰撞受伤，受伤的肉质根在贮藏中容易变黑腐烂。

②贮藏越冬。胡萝卜的肉质根在贮藏过程中容易萌芽和糠心。贮藏过程中重点要调控好温湿度。胡萝卜贮藏的适宜温度为1～3℃，低于－1℃便遭受冻害。适宜的空气相对湿度为80%～85%，过低容易因失水而糠心，过高容易霉变腐烂。胡萝卜种株的越冬主要采用以下两种贮藏方法：

沟藏法：选择地势干燥、避风地块，挖宽1.2米、深1.5～1.7米东西走向的沟，挖出的土块放在沟的南侧，以遮挡阳光。在温度0～5℃时将种根入沟，分层码放，每层之间稍加湿土隔开，一般码放4～6层，最上面1层覆土稍厚些。以后随天气渐冷在

沟顶加盖草苫等覆盖保温或分次加厚覆土，整个冬季覆3次土即可，总厚度为0.5米就可以安全越冬。

窖藏法：把胡萝卜装筐，在贮藏窖中码成方形或圆形垛，前期窖温高，可码成空心垛，垛高1～1.5米。为了避免种株糠心，在窖内也可用湿土或细沙层积贮藏。窖内应保持1～3℃的温度和85%左右的空气相对湿度。

（3）种株定植及田间管理。

①种株定植。翌年3月中旬，气温回升后将种根定植于采种田。出沟或窖后定植前再对种根进行一次选择，主要针对耐贮性等相关指标进行选择。入选种根这时可在距根尖1/3处切去根尖，选择木质部小并和韧皮部颜色相对一致的种根，然后在切口上涂抹紫药水防腐。在采种田（与其他胡萝卜品种采种田有2 000米空间隔离距离或有防虫网的棚室）定植时，长根者要斜插入土中，短根者要直立栽入土中。胡萝卜种株栽植密度应随种株的整枝方式而定。如只留1个主茎采种，以行距30～35厘米、株距20～25厘米为宜；1个主茎3个侧枝的整枝方式，以行距40厘米，株距30厘米为宜；摘心后留5个侧枝的采种方法，以行距50厘米、株距40厘米为宜。定植深度以根头部与土面相平或略深2厘米即可，然后覆土将顶部埋严，并在根头部加盖一些马粪以防止受冻。

②水肥管理。采种田每亩施入腐熟厩肥4 000千克，过磷酸钙50千克。早春地温低，一般定植后不浇水，待长出绿叶后再浇水，地面见干后及时中耕松土提高地温，以促进新根发生。当气温逐渐升高、种株抽薹后，要保持土壤见干见湿，一般每7～10天浇1次水，同时结合中耕及时除草。在种株开花初期结合浇水追肥1次，每亩施尿素10～15千克。开花后适当多浇水，以保持土壤湿润，一般每5～7天浇1次水。种子灌浆初期进行第二次追肥，每亩施复合肥15千克左右，以利于种子饱满。

③整枝。胡萝卜主侧枝开花参差不齐，种子成熟不一致，并且易产生无胚或胚发育不良的种子。为获得高产、优质的种子，在定植后抽薹开花前，调整植株的生长发育，进行整枝打杈。胡萝卜采种株整枝方式有3种：一是仅留主茎，摘除全部侧枝；二是主茎摘心，留5个侧枝，其余侧枝摘除；三是每株留1个主花序，5～6个侧枝，摘除其余侧枝。试验表明，仅留主茎采种，种子质量高，但产量较低，而且种株用量大，适用于生产原原种和原种。繁育生产用种宜采用后两种整枝方式，不仅种子质量较好，而且产量高，成本较低。

整枝一般分2次进行。第一次是在主茎高40～50厘米时，侧枝大量长出，需及时摘去多余侧枝，仅留下主茎和3～4个侧枝。对仅留5个侧枝的整枝方法则是在主蔓高20～25厘米时摘心，当侧枝大量发生后，留下基部粗壮的5个侧枝，摘除其余侧枝。第二次整枝是在第一次整枝后20天左右进行，此时已经开花，对第一次整枝后长的侧枝要进行修剪。对较大侧枝用剪刀剪，而刚萌出的幼芽可用手轻轻抹去。修剪时，务必将需要摘除侧枝的茎节全部去掉，否则在残留的茎节上又会萌发侧芽。

④授粉。如果采用棚室制种，因为利用防虫网进行隔离，昆虫无法自行进入，因此在花期要通过放蜂来进行授粉；如果条件限制，没有蜜蜂，则开花时要辅以人工授粉，每天上午10时左右和下午4～6时用鸡毛掸子轻拂每个盛开的花序，这样即可起到传粉作用。人工授粉时间是个关键，如时间过早，花未盛开，花粉少，同时早晨露水大，不

易授粉；时间过晚，花粉已大量外散脱落，附着的花粉少，影响授粉效果。

⑤支架防倒伏。胡萝卜种株株高达 50～60 厘米时，需设立支架，以防止风刮倒伏。方法是沿着种株行每隔 1～1.2 米插一竹竿，之后再用横杆将竖杠连在一起，将种株松松夹住。

（4）及时采种。

胡萝卜从种根定植到收获种子需 120～150 天，从开花到种子成熟需 30 天以上。华北地区 3 月上中旬栽植的要到 7 月上中旬才能收获种子。仅留主茎整枝的种子成熟一致，可一次采收，其他方式整枝的种子可分次采收。

当伞状花序变黄，花梗向内弯曲，即可用剪子在花序下端 10 厘米处剪取花伞。收获的花伞应放在通风处晾干，或在太阳下晾晒 1 天。晾干后脱粒、去杂，再晾晒 1～2 天，使种子含水量降到 14% 左右即可贮藏。注意不能晒得太干，否则脱粒时易使小果柄和种子一起脱落，去杂困难。在良好的贮藏条件下，种子发芽率可保持 3～4 年，但生产上最好用当年或上一年的新种子。胡萝卜种子千粒重为 1.4～1.6 克。一般每亩可收纯净种子 50 千克左右。

（二）生产种种子生产

生产种种子的生产多采用半成株采种法。其栽培技术要点如下：

1. 播种期

半成株采种法，胡萝卜的播种期较成株采种法晚 20～30 天，晋中地区一般在 8 月上中旬播种。由于肉质根进入生长旺盛期时天气已渐冷，植株生长变得缓慢，至 11 月冻前采收时，肉质根最大直径在 1 厘米左右。

2. 整地、施基肥

选择前茬是早熟甘蓝、黄瓜、番茄和洋葱、大蒜等地块或大田小麦茬地块。要求土层深厚、疏松透气、能排能灌的砂壤土或壤土。亩施入腐熟有机肥 4 000千克后深翻，经细耙整平后做畦或做垄。

3. 播种

播种前种子处理及播种方法可参照原种种子生产的相关技术，但应注意播种密度稍大一些。一般亩用种量在 1.3～1.8 千克。

4. 田间管理

播种后至出苗前，应保持土壤湿润，湿度在 65%～80%。为保证出全苗、齐苗，可用柴草遮阴，小水勤浇的方法保持土壤较高的含水量。

出苗后至定苗前，要进行间苗、中耕和除草等管理工作。1～2 片真叶时第一次间苗，株距 3 厘米。尔后在行间浅锄，除草保墒，促进幼苗生长。第二次间苗在 3～4 片真叶时，4～5 片真叶时定苗，中小型品种株距 6～8 厘米，大型品种株距 10～12 厘米，并进行第二次中耕。

水肥管理：胡萝卜发芽期要浇 2～3 水。幼苗期前促后控，定苗后肉质根生长进入旺盛期应及时浇水，经常保持土壤湿润，采收前 15 天停止浇水。胡萝卜追肥多用速效肥料，如尿素、硫酸钾等，共施 2～3 次。在定苗期追肥一次，15～20 天后再追肥一次，每次亩施尿素 10 千克，并适当配合施用硫酸钾 8 千克。

5. 收获窖藏越冬

在11月冻前将半成株的胡萝卜采收，天气进一步变冷后入窖贮藏越冬，技术要点同原种种子生产的相关内容。

6. 春季定植与田间管理

春季土壤化冻后，地温稳定在8℃以上时即可定植，晋中地区在3月中旬左右定植比较合适。通常沟栽或穴栽，株距25厘米，行距30厘米。入土深度以根顶部与地面齐平或高出地面1厘米左右为宜，肉质根较长时可倾斜栽植。栽后踩实根际土壤，墒情好的可等到天气转暖后浇水，墒情差的定植5~7天后浇水。此水不宜过大，浇后合墒中耕松土，保墒提温，以促进侧根发育。开花前亩施氮磷复合肥20千克，盛花期再追肥一次，整个开花期内不可干旱缺水。因种根较小，生长势弱，生长中无须整枝打杈。为防止倒伏，花期应及时插杆设架或拉绳夹扶种株。

7. 严格隔离

胡萝卜半成株采种，在春季定植时一定要考虑到花期隔离的问题。因为胡萝卜是异花授粉植物，借助蜜蜂或蝇类昆虫传粉，有时也可借助风力传播花粉，所以为了避免生物学混杂，露地栽培制种时要求空间隔离距离1 500~2 000米。如果是采用网罩隔离，那么花期必须通过放蜂传播花粉或进行人工辅助授粉，否则种子产量将大幅降低。胡萝卜不与芹菜、芫荽等其他伞形科蔬菜杂交，它们之间不用隔离。

8. 种子采收

7月上中旬种子陆续成熟。采收可在大多数花序由绿变黄时连秧收割，捆成小捆竖立在通风处后熟7~8天，然后脱粒、清选，晾晒数天后入库。半成株采种一般亩产种子可达80~100千克。

五、杂种一代种子的生产

近年来的育种实践证明，胡萝卜具有明显的杂交优势。杂种一代不仅地上部健壮、株高、叶片肥大，而且根重、根长、根粗、产量高、品质好。因此，胡萝卜的杂交育种越来越受到关注。以前由于胡萝卜杂交制种的成本太高（花器小，人工去雄困难，劳动生产率低下），限制了人们对其杂交优势的利用。然而，近年来通过科研工作者的努力研究发现了胡萝卜品种中存在雄性不育株、雄性不育保持株，并在此基础上选育出了雄性不育系、雄性不育保持系。利用雄性不育系生产杂交种就大大降低了胡萝卜杂交制种的成本，并成为目前胡萝卜杂交优势利用的首要途径。

利用雄性不育系进行胡萝卜杂交种的生产，每年至少要设置两个制种区，一个是杂交种生产田，另一个是雄性不育系和雄性不育保持系生产田。但多数情况下为确保种子质量，杂交父本要单独设立采种田。

1. 杂交亲本的繁育

原种级的杂交亲本种子的生产与常规品种原种的生产技术相同，绝大多数都采用成株采种法，很少采用半成株采种法。雄性不育系的生产是不育系与保持系按3：1的比例进行定植，花期严格隔离，通过放蜂授粉或人工辅助授粉，在不育株上收获不育系，在可育株上收获保持系。杂交父本的生产在隔离区内按常规品种原种的生产来进行。

2. 杂种一代的繁育

杂种一代的生产多用半成株采种法，当然也可用成株采种法。在第一年的秋季培养种株，一般母本数量是父本的4～6倍，冻前收获后按亲本性状标准选优去劣，天冷后父母本分开窖藏越冬，翌年春季适时定植，定植比例为1∶4～6。花期母本进行整枝打杈，目的是提高杂交种的质量；而父本则不需要整枝打杈，目的是尽量延长其花期，保证母本充分授粉。授粉后及时拔掉父本，增强田间通风透光性。水肥管理等同常规生产种的生产。为防止倒伏，进行必要的插杆设架处理。种子成熟后采收。

第二节　芹菜

芹菜（*Apium graveolens* L.），别名芹、旱芹、药芹菜、野芫荽等，是伞形花科二年生草本植物，以肥嫩的叶柄供食用。

芹菜起源于瑞典东部、阿尔及利亚、埃及、埃塞俄比亚的湿润地带直到小亚细亚、高加索、巴基斯坦、喜马拉雅山脉地区的沼泽地带。2 000年前，古希腊人开始栽培，初为药用，后做辛香蔬菜。17世纪末至18世纪，意大利、法国和英国将芹菜进一步改良，驯化成肥大的叶柄类型，并进行软化栽培。

我国的芹菜是从高加索传入的，栽培始于汉代，至今已有2 000多年的历史。目前芹菜是我国生产量、消费量较大的蔬菜之一。在南方，春、秋、冬季均可露地栽培，是冬季主要绿色蔬菜之一。在华北地区，春、夏、秋可露地栽培，冬季可在保护地内越冬，基本上能做到四季生产，全年供应，是冬季主要的绿色蔬菜。

目前我国普遍栽培的芹菜根据叶柄的形态，可分为中国芹菜和西芹2种类型。中国芹菜又名本芹。叶柄细长，机体组织发达，高100厘米左右。它在我国栽培历史悠久，种植范围广，经过长期不断地栽培驯化，各地形成了很多适合当地条件的优良品种。中国芹菜依叶柄颜色不同，又可分为青芹和白芹两种。青芹植株较高大，叶片大、绿色，叶柄较粗，横径1.5厘米左右，产量高，不易软化栽培；白芹植株较矮小，叶细小、淡绿色，叶柄较细，横径1.2厘米左右，黄白色或白色，香味浓，品质好，易软化栽培。

西芹又名洋芹、欧洲芹菜，是近代从国外引进的品种，属欧洲类型。植株高60～80厘米。叶柄肥厚，宽2.4～3.3厘米，多为实心，味淡，脆嫩，纤维少。不如中国芹菜耐热。单株重1～2千克。西芹也有青柄和黄柄两种类型。

无论是中国芹菜还是西芹，目前所使用的均是常规品种。

一、芹菜的生物学特性

（一）植物学特征

1. 根

芹菜根系在土层中的分布较浅，范围也较小。大部分根分布在25～35厘米土层中，最深可达1米。芹菜为直根系类型，主根肥大，可贮藏养分，主根被切断后，可发生大量侧根，移植易成活。侧根集中分布在15～20厘米的表土层横向生长，横径30厘米左右。

2. 茎

芹菜在营养生长期茎短缩，基部着生叶片，叶序为2/5展开；通过春化作用后，茎端顶芽生长点分化为花芽，短缩茎伸长，抽生出花薹，也称为花茎。花茎上分生出许多侧枝，每一分枝上着生小叶片及花苞。

3. 叶

芹菜叶为二回奇数羽状复叶，由叶柄和小叶组成。每片叶有2～3对小叶，小叶3裂，互生，到顶端小叶变为锯齿状，叶面积较小。叶片深绿色或黄绿色，叶柄发达，一般70～100厘米长，是食用的主要部位。叶柄有实心、空心和半空心3种，颜色有黄绿色、绿色、深绿色等。叶柄上有许多纵向维管束构成的条纹，维管束间充满贮藏营养物质的薄壁细胞。芹菜叶的分化速度较慢，发芽后分生1片叶子需要5～7天，出苗1个半月后其分生速度稍有增加。但到天气冷凉后，即出苗4～5个月后，叶片分生最旺，此时平均每2天分生1片叶。每片叶分化时，先从叶尖分化，顺次至基部分化。因此，芹菜的叶上端易老化而基部一直处于幼嫩状态，这种生长方式称为“向基生长”。

4. 花

芹菜的花为复伞形花序。花小、白色，离瓣由5个萼片、5个花瓣、5个雄蕊及2个结合在一起的雌蕊组成。有蜜腺，为虫媒花，通常为异花授粉，但也能自花授粉结实。

5. 果实

芹菜果实为双悬果。生产上用的种子，实际上是果实。果实成熟时沿中缝裂开形成两个扁球形果，各含1粒种子，合之成复果。复果有3个心皮，果实很小，种子悬于心皮柄上。果皮黑褐色、革质，透水性较差。因此，催芽时应搓洗，并延长浸种时间才能加速出芽。复果千粒重0.47克左右。种子发芽力能保持7～8年，使用年限为2～3年。

（二）生长发育

芹菜的生育周期包括营养生长和生殖生长两大阶段。

1. 营养生长期

营养生长阶段包括发芽期、幼苗期、叶丛生长初期、叶丛生长盛期和休眠期。

（1）发芽期。从芹菜种子萌动到子叶展平，第一片真叶出现，需7～10天，此期为发芽期。由于芹菜种子细小，顶土能力弱，出苗慢，因此育苗时需要严格管理温湿度条件。

（2）幼苗期。从芹菜第一片真叶展开到长出4～5片真叶，为幼苗期。幼苗期结束时株高4～5厘米，需45天左右。芹菜幼苗弱小，同化能力弱，生长缓慢，不良的外界条件极易引起死苗。因此，幼苗期应加强苗床管理。

（3）叶丛生长初期。从4～5片真叶到8～9片真叶为缓慢生长期，需30～40天。此期植株大量分化新叶和发生新根，短缩茎增粗，叶色加深，但植株生长缓慢。到后期叶片逐渐由倾斜转向直立，标志着芹菜由外叶生长期转入心叶肥大期。

（4）叶丛生长盛期。叶丛由8～9叶增至11～12叶，此期形成的产品叶片大部分展开并充分长大。叶柄迅速肥大增长，生长量约占总生长量的70%～80%。需30～60天。

（5）休眠期。采种株在低温条件下越冬，被迫休眠。本芹在适宜的生长条件下，从播种到成熟收获需110～130天，西芹需150～180天，共长成12～15片叶。不同季节、不同茬次、不同栽培方式，营养生长期长短有差异。

通过休眠期的芹菜进入生殖生长期。

2. 生殖生长期

生殖生长阶段包括花芽分化期、抽薹期和开花结果期。

（1）花芽分化期。当芹菜的生长点经受一定时间的低温感应后，叶的分化停止，生长点分化成花芽。一般在5～10℃的低温条件下，经10天以上时间即可通过春化作用。花芽分化后，在高温、长日照条件下即可抽薹开花。

（2）抽薹期。通过花芽分化期的芹菜植株，在气温逐渐升高，日照时间逐渐增长的春季，花薹逐渐抽出，至第一序花开放前为抽薹期。

（3）开花结果期。芹菜种株第一穗花开花至全株采种收获为开花结果期。芹菜种株分枝较多，开花至种子成熟前后相距时间较长，一般需60～80天。

（三）生长发育对环境条件的要求

1. 温度

芹菜是耐寒性蔬菜，在绿叶蔬菜中其耐寒性仅次于菠菜。种子发芽最低温度为4℃，适宜的发芽温度为15～20℃，25℃时发芽困难，30℃以上时几乎不发芽。在4℃时发芽需20天，15～20℃发芽需10天。幼苗期可耐－4～－5℃的低温，成株期可耐－10～－7℃的低温。但其生长发育最适宜的温度为15～20℃，一般10℃左右时生长缓慢，3℃左右就停止生长。高温对芹菜生长不利，22℃以上时生长不良，品质下降，易发生病害，30℃以上则叶片黄化，生长停滞。5℃以上的昼夜温差有利于芹菜的生长发育。

芹菜属于绿体春化型植物，春化作用需要幼苗至少长到3～4片叶后，在10℃以下的温度条件下经历10～15天才能完成。苗龄越大，在低温条件下通过春化作用所需要的时间越短。芹菜在越冬栽培或早春栽培时，育苗后期和定植后，一定要避免低温，防止先期抽薹现象的发生。

2. 光照

芹菜是长日照作物，长日照能促进通过春化作用的植株抽薹。日照时间和光照强度对芹菜营养生长影响较大。长日照条件下，叶柄表现为直立生长；短日照条件下，叶柄表现为开张生长。日照时间过长或过短均对芹菜营养生长不利，其适宜生长的日照时间为8～12小时。芹菜不耐强光，适宜中等强度的光照。光补偿点为2 000勒克斯，饱和点为4.5万勒克斯，适宜光强范围为1万～4万勒克斯。

3. 水分

芹菜属于需水量较大的蔬菜。由于栽植密度大，叶片蒸腾面积大，加上根系浅，吸收能力弱等，所以要求土壤湿度和空气湿度都较高。芹菜在种子发芽期要求土壤保持湿润状态，否则发芽困难或不发芽；在营养生长盛期，植株需水量很大，土壤适宜的相对湿度是80%～90%、绝对湿度45%左右。

4. 土壤

芹菜是浅根系作物，吸肥力较弱，产量又很高，所以要求在富含有机质、保水保肥力强的壤土或黏壤土上栽培。芹菜对土壤酸碱度要求 pH 值为 6.0 ~ 7.6，同时耐碱性较强。

5. 营养

芹菜生长发育过程中必须充分供应氮、磷、钾及微量元素肥料。生长发育初期和后期对氮肥的需求量最大，对氮、磷、钾的吸收比例为 3 : 1 : 4（本芹）和 4.7 : 1 : 1（西芹）。每生产 1 000千克本芹，可从土壤中吸收氮 4 千克、磷 1.4 千克、钾 6 千克。每公顷西芹可从土壤中吸收氮 330 千克、磷 80 千克、钾 70 千克。在整个生长期中，氮肥始终占主要地位，充足的氮肥是使芹菜生长良好、丰产的基础。氮肥缺乏，不仅植株矮小，产量降低，而且品质变劣。

芹菜对微量元素的需求敏感。在土壤干燥，氮、钾肥过多，钙不足或过多的情况下，植株表现为缺硼。缺硼的芹菜叶柄上容易产生褐色裂纹，下部则有劈裂、横裂和株裂等现象，或发生心腐病，生长发育明显受阻。当土壤缺钙，或氮、钾肥过多阻碍了钙的吸收时，芹菜植株因缺钙发生心腐病而使生长发育停滞。

二、种株的开花授粉习性

（一）花芽分化与抽薹

芹菜属绿体春化型植物，花芽分化要求植株达到一定大小并处于低温长日照的环境条件下。芹菜幼苗具有 3 ~ 4 片真叶、茎粗 0.5 厘米左右时，在 10℃以下的温度条件下经历 10 ~ 15 天通过春化阶段，尔后遇到 10 小时以上的长日照，即可抽薹。在华北地区，秋季培育的种株，当年即可完成春化作用，在第二年 3 ~ 4 月份长日照的季节里生长点开始抽生花薹，随着外界气温的升高，抽薹速度加快。主茎顶端先形成花序，随后一级、二级、三级侧枝顶端相继形成花序。

（二）花器构造

芹菜的花序为复伞形花序，几乎无花柄，也没有总苞和小苞。复伞形花序先是由若干个小伞形花序组成，每个小伞形花序又由 10 ~ 30 朵数目不等的小花组成。小伞形花序间结构松散，层次不明显。各层小花序着生的花数目不同，一般是大伞形花序边缘的小花序里小花数多，中心部位的小花序里小花数少。

芹菜种株上每朵小花几乎等大，花瓣整齐，白色。每朵小花由萼片 5 枚、花瓣 5 枚、雄蕊 5 枚和 2 个结合在一起的雌蕊组成。花开时花瓣平展，尖端向内弯曲。雌蕊为子房下位，花柱极短，只有稍微的突起。

（三）开花授粉与结实

芹菜在抽薹形成花序的同时，花蕾迅速发育肥大，主茎顶端花序先开花，顺次是一级、二级、三级侧枝花序开放。就一个小花伞来言，首先是边缘的花蕾先开放，然后以同心圆的方式向中间开放。一个大伞花序花期 7 天左右，其中外围小花序的花期为 7 天，中心部的小花序花期为 3 ~ 4 天。一棵种株的花期 50 ~ 60 天。

芹菜花的雄蕊较雌蕊早熟 2 ~ 3 天，同一朵花很难自交结籽；雌蕊成熟后，柱头接受花粉完成受精作用的能力可维持10天左右。芹菜异花授粉，虫媒花，但同株花间可自交结实。从开花到果实成熟需40天左右。芹菜的果实为双悬果，成熟后自然开裂成两个单果。

三、采种方式与繁育制度

（一）采种方式

芹菜是绿体春化型植物，其采种方法可以分为成株采种法（或称为老根采种法、大株采种法）和小株采种法。

1. 成株采种

以成龄植株作为种株采种叫成株采种，也叫老根采种。华北地区一般在6月中下旬播种，10月中下旬长成成株，11月初收获选留种株假植在阳畦中或窖藏越冬，翌春土壤化冻后定植在隔离区中采种。该方法因营养生长期完整，种株的性状可以充分表达，株选的结果更加准确可靠，因此生产的种子质量高；但成本也相对较高，因此多用于用种量较少的原种的生产。

2. 小株采种

用未成龄的幼小植株作为种株采种叫小株采种。华北地区一般在7月下旬至8月上旬播种，冬前育成5~6片真叶的大苗，越冬后定植在隔离区内抽薹、开花结实、采种。此法的优点是占地时间短，生产成本低。缺点是不能进行严格的株选，种子质量相对较差，故多用于用种量较大的生产种种子的生产。

（二）繁育制度

为防止品种混杂退化并降低生产种成本，芹菜常用“成株—小株”二级繁育制度来进行种子生产。即采用成株采种繁殖原种一代、二代等原种级种子，同时又用原种级种子按小株采种方式繁殖生产用种（如图5-3所示）。

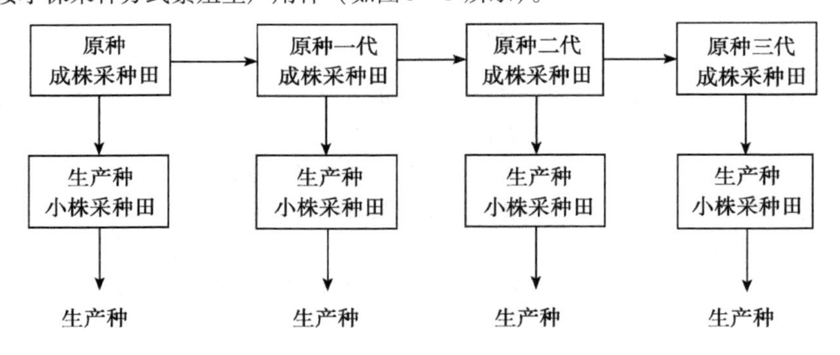

图5-3　芹菜二级留种繁育制度示意图

四、常规品种种子的生产

目前生产上所用的种子，无论是本芹品种还是西芹品种，都是常规品种，没有杂交种。因此，芹菜良种繁育只限于常规品种种子的生产。

（一）原种种子的提纯复壮

芹菜品种发生混杂退化后，多用母系选择法选优提纯复壮，其程序是单株选择、株系比较、混系繁殖。

1. 单株选择

（1）选择地点。选择符合本品种标准性状的优良植株，应在原种级种子田中进行，暂无原种级种子田的，也可在纯度高的秋芹菜生产田中选择。小株采种田不能作为选择地点。

（2）选择时期及标准。营养生长期选择：在营养生长期内进行系统观察，10 月底至 11 月初秋芹菜收获时，逐株鉴定选择。主要针对叶柄（如颜色、空心实心、长度、宽度、厚度、粗度、脆度、背面棱线粗细、腹沟深浅等）、叶片（如颜色深浅、叶数多少、裂叶大小和集中程度等）及株态（如株高、开张度、分蘖多少、腋芽发育状况等），选择本品种标准性状的植株 50～100 株。入选株保留叶柄，切去叶片后假植在阳畦中或窖藏越冬。

抽薹期选择：第二年春天将越冬的入选植株定植到制种田，刚开始抽薹时，拔除抽薹过早的植株。

（3）隔离留种。种株开花前，将种子田周围 2 000 米范围内能抽薹的芹菜全部收获。此后任凭昆虫自由授粉，种子成熟后分株留种。

2. 株系比较

（1）选择目标。将上述入选植株的种子分株系播种育苗，适时定植在株系圃中，每株系栽一小区，不同株系顺序排列。每 10 个株系设一对照（本品种生产种），不设重复，常规管理，以鉴定各株系的群体表现，选择优良株系。

（2）选择时期和标准。10 月底、11 月初种株收获时，仍按单株选择时的标准和方法，比较鉴别各株系的性状表现，株间的一致性程度和产量高低。根据鉴定结果，选择完全符合本品种标准性状、纯度不低于 98%、产量显著高于对照的优良株系若干，形状相同或十分相似的株系，应合并在一起，以丰富品种遗传基础，增强对环境的适应能力。入选优系去杂去劣后假植在阳畦中越冬。

（3）隔离留种。翌春将合并后的混系种株栽植在隔离区中，抽薹开花之后系内自由授粉留种，这就是本品种的原原种种子。

3. 混系繁殖

将上述原原种种子播种育苗，在优良的农业技术条件下繁殖一代，即为原种种子。以后再用原种种子以成株采种方式，生产合格的原种一代、二代、三代；以小株采种方式生产合格的生产种种子。

（二）原种种子生产的农业技术

1. 种株的培育

芹菜原种种子的生产采用成株采种方式，其种株的培育方法与秋芹菜的栽培方法相同。

（1）育苗。

①适期播种。适期播种是获得健壮种株的关键技术之一。播种过早，种株当年容易

抽薹；播种过晚，至采收时种株的性状还没有充分表达，对株选鉴别工作不利。华北地区，一般在6月中下旬至7月上旬播种。

②苗床的制作。由于秋季芹菜栽培育苗期正处于高温雨季，因此育苗畦宜选择在地势高燥、排灌方便、土壤富含有机质的砂壤土的地块，以利于通风和防涝排水。有时为了遮阴的方便，也将育苗床设在高秆作物的北侧或屋后。将腐熟的厩肥3份与田土7份充分混合，过筛后作为育苗营养土备用。育苗床宽1.2～1.5米，长8～10米，之后将营养土铺于床面，厚度8～10厘米。

③浸种催芽。由于芹菜种子种皮较厚，不易吸水膨胀，为获得整齐一致的幼苗，在播前必须进行浸种催芽处理。浸种多采用温汤浸种法，即先将种子放入干净的盆等容器内，再倒入3倍于种子量的55～60℃的温水，边倒边搅拌，直到水温降到室温为止，然后继续浸种12小时。浸种后，用清水将种子搓洗几次，搓开表皮，以利于萌发。捞出后沥干种子表面的水分，用湿布或湿毛巾等将种子包好，放到15～20℃的条件下进行催芽。催芽期间，每天用冷水冲洗种子1次。一般4～5天种子即可露白播种。

④播种。播种时要先在畦内浇足底水，待水渗下后进行条播或将出芽的种子掺入少量潮湿的细沙进行撒播。播种后覆盖0.5～1厘米厚的营养土。为了降低地温，保持土壤湿度，防止日灼幼苗和暴雨冲淋，播种后要立即用遮阴网等在苗床上搭建凉棚进行遮阴、防雨。出苗后，要逐渐撤去遮阴覆盖物。

⑤播种后苗床管理。用湿播法播种的，当种子顶土时，要洒水1次，以利于1～2天后出齐苗。幼苗出齐以后，要经常洒水以保持苗床土壤湿润。雨后要及时排水，遇热雨后及时浇井水降温，防止高温和雨涝造成根系窒息而死苗。当幼苗长到1～2片真叶时，进行第1次间苗，疏除过密苗；3～4片真叶时，进行第2次间苗，按3厘米间距定苗；当幼苗具有2～3片真叶时，结合浇水每亩追施尿素或硫酸铵等速效氮肥10千克。

苗期蚜虫为害严重，同时也易发生斑点病和斑枯病，要及时进行防治。播种40～50天后，当苗高15～20厘米、具有4～6片真叶时即可定植。

（2）定植。

秋芹菜的种植宜选择地势高、易排灌的地块进行。定植前，每亩应施入腐熟有机肥5 000千克，过磷酸钙50千克，深翻浅耙后整地做畦。芹菜栽培以平畦为主，畦宽1.2米左右，畦长8～10米或更长些。

华北地区秋芹菜的适宜定植期为8月中旬左右。定植应在晴天下午4点以后或阴天时进行。起苗时在主根下4厘米处铲断，以促进侧根和须根的发生和扩展。定植株行距均为10～12厘米左右，每穴定植1株。定植深度以埋住根颈、露出心叶为度。定植后立即浇水。起苗时，要对幼苗进行1次选择，淘汰掉病弱杂苗。

（3）田间管理。

秋芹菜从定植到缓苗一般需要15～20天。这一时期应每隔3～4天浇1次小水，以保持土壤湿润，降低地温。每次浇水或降雨后，都要及时中耕除草。缓苗后要控制浇水，适时蹲苗10天左右，防止幼苗地上部徒长，促进根系生长和心叶分化。蹲苗时间的长短应灵活把握，要根据当地的气候、土壤类型、品种特点等进行适当调整。芹菜缓

苗后到旺盛生长期前，需20天左右。此期也应适当控水，并及时中耕松土，促进植株地上部与地下部均衡生长。如果土壤湿度过高，会引起外叶徒长，心叶不发达，且9月上中旬华北地区气温仍然较高，高温高湿条件容易引发芹菜病害。

植株进入旺盛生长期后要保证充足的水分供应，前期一般每3～4天浇1次水，后期每5～6天浇1次水。一般每隔10天左右追施1次速效氮肥，每次可每亩追施腐熟人粪尿500千克或尿素10千克，连续追施2～3次。收获前10天停止浇水施肥，以利于种株贮藏。

收获时，应根据植株地上部的性状表现精选种株。其方法是根据品种特点的要求，选叶片不大，叶数较少，具有本品种色泽，叶柄长而宽大、肥厚、实心不裂（或空心）、表面细致、平滑，腋芽不发育，基部无分蘖，没有抽薹，无病虫害，生长健壮的单株为种株。地上部选完后，将种株连根挖出，进行根选。淘汰掉畸形、有病虫害的老根。种株选完后，切去上部叶柄，只留15～20厘米长的叶柄。摘掉主根上的须根，晾晒2～3天，待种株呈现柔软状态后将其假植于阳畦或入窖贮藏越冬。

2. 种株贮藏越冬

用窖藏法越冬，刚入窖和出窖前由于外界温度较高，需5～6天倒菜1次；12月至翌年2月，由于外界温度低，可10～15天倒菜1次。贮藏期间的适宜温度为1～4℃。温度过低，种株易受冻害；温度过高，种株易受热腐烂。每次倒菜时应仔细检查，及时剔除烂根和烂叶。在阳畦内贮藏时，4～5株栽1穴，穴距10厘米，栽后浇水，冬季盖草帘防寒。

3. 种株春季管理

（1）采种田的选择。

芹菜采种田可选用前茬为白菜、瓜类、甘蓝或豆类等的地块，要求土壤疏松肥沃、排灌方便。前茬栽过芹菜的地块不能再作为芹菜的采种田。芹菜为异花授粉作物，为保证种子质量，采种田与其他芹菜品种的采种田应隔离2 000米以上。

（2）整地做畦。

种株定植前，应对采种田深翻25厘米，结合翻地每亩施入腐熟有机肥5 000千克，过磷酸钙20～25千克，然后做成宽1.2米的平畦。

（3）种株定植。

第二年春季，当土壤解冻后，气温稳定在0℃以上时，将种株按行距50～60厘米，株距30厘米定植到采种田中。每穴定植1株，一般每亩定植3 000～3 500株。定植后立即浇水，但如果土壤墒情好，也可暂不浇水或浇小水，以提高地温促进根系发育。

（4）水肥管理。

一般种株定植到采种田中浇2次水后，就会发出新根，心叶逐渐外露，此时应适当控水，多中耕，进行蹲苗，以促进根系生长。种株抽薹后也应适当控制浇水，让土壤见干见湿。此时若浇水过多，易产生徒长枝。新叶和花薹高15～20厘米时，要进行培土，以防止种株后期倒伏。进入开花期后每隔15～20天浇水1次，并结合浇水每次每亩追施速效性氮肥和磷肥10～15千克。当分枝上有7～8层花序时进行摘心。摘心不能过早，否则植株下部易发生更多的分枝，出现“倒青”现象，对结实不利。后期侧花枝较多时，为防止倒伏，应进行插杆设架。

（5）种子收获。

芹菜开花结实50天后，花伞变成黄褐色时表明种子已经成熟，可以采收。采收时应根据天气情况，适时收获。芹菜种株开花是由基部向稍部陆续开放的，种子的成熟也是有先后的。因此，最好分批进行采收。大面积采种时，当顶部已无白花，中部果实由绿转黄，底部果实已成熟变黄，部分早开花结果的种子已开始脱落时，及时全部采收。采收应在晴天早晨进行，用镰刀将种株割下，捆好，运至通风良好的晒场上晾晒3～4天后，进行脱粒、过筛清选、装袋入库。

（三）生产种生产的农业技术

生产种的生产多采用小株采种法，即在第一年秋季播种育苗，越冬前长成小苗，然后将小苗囤栽于阳畦或小拱棚中或埋藏在窖中越冬，第二年春季把小苗栽植到采种田进行采种。在露地栽培可以越冬的地区，也可秋季在采种田中进行直播或育苗后移栽。小株采种种株损失少，便于管理，繁种成本低，所以大面积繁殖生产用种时多采用此法。

小株采种法与成株采种法相比较，其栽培繁种技术基本相似，所不同的是育苗播种期、定植密度的不同。在华北地区，利用小株采种繁殖生产种，其适宜的育苗播种期为8月的中下旬，11月初长至5～7片真叶后假植贮藏，第二年春季3月上中旬定植到采种田，定植密度较成株采种稍大些，每亩定植3 500～4 000株，株行距25厘米×45厘米，抽薹开花后及时摘除基部分生出来的侧枝，以减少对种株养分的消耗，尽量提高种子质量，7月中旬左右收获种子。

种株培育阶段的种子处理、苗床准备、播种育苗、定植后的水肥管理以及贮藏越冬和春季采种田的田间管理等技术参照成株采种的相关栽培技术。

第三节　茴香

茴香（*Feoniculum vulgare*）原产于地中海沿岸，从形态上可分为小茴香、大茴香和球茎茴香。前两种在我国华北、东北各地均有栽培，而球茎茴香是今年来从西欧引进的一种特菜，种植范围较小。无论是小茴香、大茴香，还是球茎茴香，目前生产上所用的种子均为常规品种。

一、茴香的生物学特性

（一）植物学特征

茴香属直根系蔬菜，根系与芹菜根系相似。主根入土深15～20厘米，侧根水平分布20～25厘米。在北方地区早春播种茴香，当年即可抽薹开花，花茎高达1.5～2.0米、开张度80～90厘米，分枝较多、丛生数茎。茴香为三回羽状丝裂叶，裂片为丝状，叶互生，基部具鞘。茴香的花为复伞形花序，花小呈两性，黄色或黄绿色、紫色。

（二）生长发育

茴香的生育周期包括发芽期、幼苗期、叶丛生长期、抽薹开花期、坐果和果实成熟期。从茴香种子萌动到子叶展平，第一片真叶出现，需7～10天，此期为发芽期。由于

茴香种子顶土能力弱，出苗慢，因此育苗时需要严格管理温湿度条件。从第一片真叶展开到长出4～5片真叶，为幼苗期。幼苗期结束时株高4～5厘米，需35天左右。从4～5片真叶到8～9片真叶为叶丛缓慢生长期，需20天左右。叶丛由8～9叶增至11～12叶，此期形成的产品叶片大部分展开并充分长大，需30～40天。与此同时，茎秆增粗、伸长，并在叶腋处长出侧枝。先是主茎生长点由分化叶芽转变成花芽，之后是侧枝的生长点转变成花芽。就一个小花伞来言，首先是边缘的花蕾先开放，然后以同心圆的方式向中间开放。一个大伞花序花期7天左右，其中外围小花序的花期为7天，中心部的小花序花期为3～4天。一棵种株的花期40～50天。从开花到果实成熟需30～40天。

（三）生长发育对环境条件的要求

1. 温度

茴香属耐寒性蔬菜，对低温的适应性较强。茴香发芽适宜温度为16～23℃，出土适温为10～16℃，白天要求16～23℃，夜间要求9～16℃。茴香要求适宜的月平均温度为16～18℃，最高的月平均温度为21～24℃，最低月平均温度为7℃。它可以忍耐短时间－2℃的低温。

2. 光照

茴香属长日照蔬菜，而且需要较强的光照。因此，种植方式和栽培密度要考虑减少遮阴，最大限度地利用光照。作为菜用栽培的茴香，株行距要小；采种茴香喜通风透光环境，株行距可适当加大些。

3. 水分

茴香根系分布较浅，耗水量多，需水量较大，要求土壤保持较高的湿度，栽培上应注意经常浇水，使田间相对含水量保持在60%～80%。

4. 土壤

茴香能在各种土壤上生长。但为了获得优质高产的种子，茴香制种时还需选择土层深厚、富含有机质、保肥保水的壤土为佳。茴香生长过程中要求较多的氮肥，但也需要一定数量的磷钾肥。

二、种株开花结实习性

茴香要求在4℃左右低温条件下通过春化作用，进而分化花芽，在春季长日照下抽薹、开花，从开花到种子采收需要30～40天，主茎高度及分枝数和植株的生长年限关系密切，一般多年生种株，主茎高达1.5～2米，分枝较多，密集丛生，2～4级分枝20～30个。早春播种的种株，开花时抽生的花枝相对较少，植株高度相对较低，但也在1～1.5米左右。采收种子时，以主茎及1～2侧枝结的果实为主。

茴香每个枝顶生复伞形花序，花小呈两性，异花授粉，虫媒花，黄色或黄绿色、紫色，萼齿不显，花瓣5片，倒卵形，顶端内卷，雄蕊5枚，子房下位2室，雄蕊与花瓣互生。茴香果实为双悬果，长椭圆形，褐黄色。茴香种子较小，千粒重为1.4～2.6克，使用年限2～3年。

三、采种方式与繁育制度

（一）采种方式

茴香采种方法可以分为老根采种法和小株采种法。老根采种法也称为大株采种法，根据植株生长年限又可分为2年、3年、4年及多年老根采种。一般种株年限愈久，主茎愈粗，分枝数越多，种子质量愈好，种子产量愈高。高产者每亩可达150千克以上。这种方法在播种当年不采种，收割3~4次后留做种株，种株在原地露地越冬或将根挖出窖藏或埋藏越冬，翌年春季定植到露地后进行采种，或再收割2~3次后于第三年用老根母株采种。小株采种法即是利用早春播种后长出的小苗，通过春化作用后，夏季抽薹开花结籽而进行种子生产的方法。小株采种法省工省地，但种子质量较差，产量也低，每亩采种30~50千克。

（二）繁育制度

为防止品种混杂退化并降低生产种成本，茴香常用“老根—小株”二级繁育制度来进行种子生产。即采用老根采种繁殖原种一代、二代等原种级种子，同时又用原种级种子按小株采种方式繁殖生产用种（如图5-4所示）。

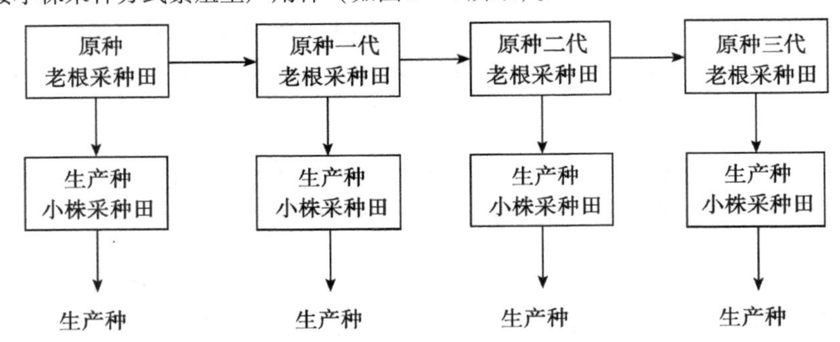

图5-4 茴香二级留种繁育制度示意图

四、种子生产技术

（一）老根采种生产技术

1. 采种田的选择

选择地势较高，土质疏松肥沃，排灌方便的地块做采种田。采种田需深翻，在深翻之前每亩施入充分腐熟的农家肥5 000千克，过磷酸钙30千克。茴香小株采种通常采用长6~10米、宽1~1.1米的平畦。

2. 播种

老根采种一般都是结合春露地菜用栽培进行。华北地区于3~4月份播种。播前先浸种催芽，出芽后按行距5~7厘米条播于已做好的平畦中，播后覆土浇水。

3. 老根的培育

出苗前保持土壤湿润，齐苗后浇水施肥。幼苗长出2~3片真叶后间苗1~2次，最

后按株行距5~7厘米定苗。定苗后浇水、追肥。一般于5月份进行第一次收割，1个月后收割第二次。每次收割后都要及时浇水、追肥，促进植株生长。最多收割3次，尔后开始养根壮株，减少浇水，控制叶片生长，促进根部生长。

露地不能越冬的地区，应在入冬前将根挖出，稍晾后入窖贮藏。华北地区一般于10月下旬入冬前挖根。挖根时，尽量多留根系，并及时入窖贮藏越冬。

露地可以越冬的地区，在11月上旬入冬前浇冻水，入冬后在种株上覆土及稻草等防寒，也可以将种株栽在垄沟两侧，上面覆盖稻草等保护越冬，以后每年采种。

4. 老根的窖藏管理

茴香种根贮藏的适宜温度为5℃。贮藏前应选择地势高的地块挖窖，窖的深度根据当地冬季不同深度土层的温度决定。在华北地区，一般窖的深度以80~100厘米为宜，窖宽一般1~1.2米，长度根据贮藏种根的量来决定。

将种根扎成捆，整齐摆放在窖内，摆放高度为30厘米，上面盖1层薄土，以后随气温下降，逐渐加厚覆土，覆土厚度以种根不受冻为原则。

5. 老根定植

第二年春季，当平均气温稳定在5℃时，将入窖贮藏的老根定植到露地。采种地要选择地势高、排灌方便的肥沃田块并深翻，施足基肥。不同品种的采种田之间要隔离1 000米，以防昆虫传粉，导致品种种性下降。定植时株行距一般为40厘米×50厘米。一年生种根，每穴定植3株；2~5年生的老根，每穴定植1株。定植后浇足定植水。

6. 田间管理

缓苗后再浇1次缓苗水。在种株分杈时期要多中耕、少浇水，以防止倒伏，必要时用支架扶持防倒伏。花期不可缺水，结合浇水每亩追施腐熟人粪尿1 000~1 500千克或尿素等速效性氮肥10千克。开花盛期可喷施0.2%~0.3%磷酸二氢钾溶液以促进种子发育。谢花后注意追施磷、钾肥。种子成熟后要及时分期采收。

种子采收完毕至入冬前仍要加强种株的管理。根据土壤墒情变化及时浇水，并加强中耕除草，使种根积累养分，为下一年的采种打好基础。经过精心养护后，在根颈处逐渐形成瘤状突起，表明种根内已积累了较多的养分。入冬前，再将种根挖出贮藏，下一年继续采种。老根采种法生产的种子籽粒饱满，质量好，产量也高，多用来进行原种种子的生产。

（二）小株采种生产技术

1. 采种田的选择

选择地势较高，土质疏松肥沃，排灌方便的地块做采种田。采种田需深翻，在深翻之前每亩施入充分腐熟的农家肥5 000千克，过磷酸钙30千克。茴香小株采种通常采用长6~10米、宽1~1.1米的平畦。

2. 播种

播种前最好进行浸种、催芽处理。华北地区一般于3月下旬至4月上旬在畦上开沟直接播种，播后覆土1~1.5厘米厚，最后脚踩播种沟镇压保墒。一般直播每亩需种3~4千克。也可于3月初在阳畦内播种育苗，当幼苗长出4~5片真叶时定植到露地，按行距50厘米、株距40厘米挖穴，每穴栽10株。定植后浇足定植水。

3. 田间管理

采取直播方法的，由于茴香幼苗生长缓慢，为了促进其生长，应及时间除过密的秧苗，同时还要适时中耕、松土；在间苗的同时进行苗期选择，拔除病弱苗和杂苗；当小苗长至15厘米高时开始定苗，苗距为20～25厘米。

直播的在出苗后5～7天浇第一水，定苗后每亩追施磷酸二铵20千克，尿素10千克，硫酸钾肥5千克。育苗的在定植缓苗后浇水并追肥。

从抽薹至终花期要勤浇水勤施肥，一般要求每5～7天浇1次水，在此期间每亩再增施磷酸二铵20千克。终花期之后减少或停止浇水以促进种子成熟。

4. 种子成熟和收获

茴香花薹抽出有早有晚，种子成熟期自然也不一致。因此，必须采取随熟随收的办法，才能避免过熟种子自然落地，进而提高种子产量。

小株采种法省工省地，但种子质量较差，产量也低，每亩采种30～50千克，多用来繁殖生产用种。

第四节　芫荽

芫荽（*Coriandrum sativu* L.）又名香菜、胡荽，属伞形科一二年生草本植物。原产地中海沿岸，汉代张骞出使西域时传入中国，现在南北各地普遍栽培。

一、芫荽的生物学特性

（一）植物学特征

1. 根

芫荽属直根系，主根白色粗壮，侧根较多，主要分布在10～25厘米的土层中。

2. 茎

营养生长期茎短缩，生殖生长期抽生花茎，株高20～60厘米，茎圆柱状，中空有纵向条纹，呈白绿色或绿色。

3. 叶

子叶披针形。真叶为2～3回羽状复叶，互生，叶丛半直立状，叶薄、柔嫩、绿色或带淡紫色。植株下部叶的叶柄较长，上部的叶柄渐短。花茎上的叶为3至多回羽状深裂。

4. 花

花茎顶端有分枝，每个分枝顶端着生复伞形花序，每个复伞形花序由5～7个小伞形花序构成，每个小花序有白色两性小花11～20朵。每朵小花花瓣和雄蕊各5枚，雌蕊1枚，柱头两裂，子房下位。

5. 果实

双悬果，黄褐色，呈圆球形，每个单果含种子1粒。以果实为播种材料，千粒重5.5～11.1克，使用年限1～2年。

（二）生长发育

芫荽生长发育周期包括发芽期、幼苗期、丛叶生长期和抽薹开花结实期，大体与茴香的相同。

从种子萌动到子叶展平，第一片真叶出现，需10天左右，此期为发芽期。由于芫荽种子顶土能力弱，出苗慢，因此育苗时需要严格管理温湿度条件。从第一片真叶展开到长出4~5片真叶，为幼苗期。幼苗期结束时株高4~5厘米，需30天左右。从4~5片真叶到11~12片真叶为叶丛生长期，需30~40天左右。幼苗通过春化作用的同时，茎秆增粗、伸长，并在叶腋处长出侧枝。先是主茎生长点由分化叶芽转变成花芽，之后是侧枝的生长点转变成花芽。就一个小花伞来言，首先是边缘的花蕾先开放，然后以同心圆的方式向中间开放。一个小伞花序花期5~7天，一棵种株的花期30天左右。从开花到果实成熟需30~40天。

（三）生长发育对环境条件的要求

芫荽耐寒性比芹菜强，幼苗能耐-10~-8℃低温。种子发芽适温20~25℃，生长最适温度17~20℃，超过20℃生长缓慢。13~14℃以下的低温促进花芽分化。高温长日促进抽薹开花。适温下叶片生长为绿色，低温下叶片及叶柄生长颜色变成紫色。芫荽生长对光照强度要求不严，但光照充足，植株生长健壮，叶色深，香味浓，品质好；光照不足时植株生长细弱、色浅、味淡、叶嫩。芫荽对土壤要求不严格，但不耐旱，生长期间应保持土壤湿润。

二、采种方式

芫荽由于生长发育期较短，耐寒性又比较强，适于四季栽培，因此其采种方式多样。如秋播老株采种、春露地直播采种和埋头采种等。秋播老根采种的种子质量最好，产量最高；春露地直播采种的种子产量最低，质量最差。

三、种子生产技术

（一）秋播老株采种技术

1. 采种田的选择

虽然芫荽对土壤的要求不严格，但为了获得较高的种子产量和质量，最好选择在阴凉、土质疏松、肥沃、富含有机质的砂壤土种植。多选择在春小麦茬田或春夏蔬菜田种植。为防止昆虫传粉，应与其他品种采种田隔离1 000米以上的距离。

2. 整地施肥

夏季深耕土壤后进行晒田，以便杀死病菌和虫卵。播种前整地施肥，每亩施入腐熟有机肥1 500~2 000千克、过磷酸钙10千克、复合肥5千克，之后浅耙使肥土充分结合，做成宽1.2米左右的平畦。

3. 播种期

一般华北地区，秋播芫荽的适宜播种期为8月中下旬至9月上旬。因为如果播种过早或过晚，越冬时幼苗太大或太小，都会使种株的抗寒能力降低，容易造成死苗现象的发生。适宜的播种期是在距当地封冻前3个月左右，当地日平均气温下降到20℃左右时。

4. 播前种子处理

由于芫荽果皮厚而坚硬，种子包裹在果皮内不易吸水而影响了发芽，因此在播种前应先用脚底板搓揉种子，将包在果皮内的2粒种子分开，然后投入到清水中浸种20～24小时后，用湿布包好置于20℃左右的环境下催芽。催芽期间每天检查和翻动种子1～2次，2～3天用清水投洗1次，一般4～6天露白时即可播种。

5. 播种方法

在冬季最低气温高于－10℃的地区，多采用撒播法，每亩用种量为15～20千克，播后覆盖1厘米厚的细土，并用喷壶等浇足水。在冬季较严寒的地区，多采用条播法，按行距15厘米开沟，沟深2～3厘米，播种后覆土浇水。条播覆土比撒播厚，可有效提高种株根系的抗寒能力。

6. 播种后的田间管理

出苗前要保持土壤湿润，防止板结，以促进种子快速整齐出苗为管理目标。7～10天出苗，出苗后应适当控水，进行必要的蹲苗，使根系向土壤深层生长。及时疏除过密苗，拔掉病、弱、杂苗，选留粗壮苗，防止种株徒长。当幼苗长至4～5片真叶时定苗，一般苗距4～5厘米。蹲苗结束后，结合浇水每亩施尿素等速效性氮肥10千克，尔后保持土壤见干见湿。

7. 种株越冬期的管理

在当地土壤封冻前浇1次冻水，以提高种株体内的含水量，增强对严寒的抵抗能力。冬季最低温低于－10℃的地区，应在畦面覆盖细土、马粪、草帘或作物秸秆等进行保温。

8. 种株翌年春的管理

天气回暖，植株返青后，应根据土壤墒情及时浇灌返青水。浇过返青水以后，中耕保墒，适当控制浇水，防止种株徒长倒伏。抽薹开花前，隔行采收并间拔采种行上的弱株、杂株和一部分健壮植株上市出售，最后保持种株行距30厘米，株距20厘米。进入开花期后，结合浇水每亩追施腐熟的人粪尿1 000千克或尿素等速效性氮肥10千克，并叶面喷施0.2%～0.3%磷酸二氢钾溶液1～2次，以促进种子发育。结实期间浇水不可过多，以免种株茎叶生长过旺，延迟种子收获期。

9. 种子采收

华北地区一般进入6月中旬左右，种子进入黄熟期。当种株上部有1/3籽粒变成黄色，大部分果实种皮处于变色阶段，分枝上端部分果实为绿色时即可收割。为防止上部种子爆粒飞溅，可选择在清晨露水未干时收割，随收随运。由于种子收获时正值高温、多雨季节，应注意根据天气情况抢收抢晒，防止雨淋。

（二）春露地直播采种法

春露地直播采种，一般在早春土壤表层4～6厘米化冻后播种。华北地区一般在3月中下旬播种。播前将双悬果搓开，浸种24～48小时，捞出后沥去水分即可播种。播种方法可采用条播或撒播。条播行距15～20厘米，沟深2厘米，每亩用种量10～12千克。播后覆土镇压。畦面可喷除草剂防草。于出苗前灌小水1～2次，10～15天齐苗后

除草。苗高3厘米时结合拔草适当间苗，苗距4厘米。间苗后结合灌水每亩追施硫酸铵8～10千克，或腐熟人粪尿1 000千克。苗高8～9厘米，生长速度加快，需肥水量较大，结合灌水每亩补追施硫酸铵15～20千克或人粪尿1 000千克，保持土壤湿润，再次间苗，使株距扩大到10～12厘米。苗高12～14厘米为营养生长旺盛期也是即将抽薹开花的重要时期，每亩顺水追施硫酸铵20～25千克、磷钾复合肥15千克。这次施肥对于提高种子产量和质量具有重要意义。进入开花期后，结合浇水每亩追施腐熟的人粪尿1 000千克或尿素等速效性氮肥10千克，并叶面喷施0.2%～0.3%磷酸二氢钾溶液1～2次，以促进种子发育。结实期间浇水不可过多，以免种株茎叶生长过旺，延迟种子收获期。华北地区一般进入6月中旬左右，种子进入黄熟期即可收割。为防止上部种子爆粒飞溅，可选择在清晨露水未干时收割，随收随运。由于种子收获时正值高温、多雨季节，应注意根据天气情况抢收抢晒，防止雨淋。

种子采收等其他技术同秋播老株采种法。

（三）埋头采种技术

在入冬土壤封冻前播种，以种子萌动状态在土壤中越冬，翌春出苗，抽薹开花，结籽。埋头采种要提前整地、施肥和做畦，选择适当时机，及时播种。播种采用干籽条播法，开沟深度在3～5厘米。播种后应注意脚踩镇压，使种子与土壤紧密接触。一般为了使种子处于萌动状态越冬，可以播种后连续浇2次水，以增加土壤的含水量。

播种时间应掌握在土壤水分昼融夜冻时期，以日平均气温3～4℃时为宜。如果播种早，冬前种子已经发芽破土，则会因苗小根浅，容易在越冬期间遭受冻害而死苗，如果播种晚，则相当于翌年春季露地直播，起不到“埋头”的作用。

越冬期间，要防止人、畜在田间进行践踏，以免影响翌年种子出苗。早春土壤化冻后，可用竹耙子在畦面上耧耙一遍，以便保墒增温，促进及早出苗。当幼苗长到2～3片真叶时，随水追施速效氮肥一次。

以后的肥水管理及其他管理措施可参照春季露地直播小株采种法进行。

第六章　百合科蔬菜良种繁育

第一节　大葱

大葱（*Allium fistulosum* L.）原产于亚洲西部和我国西北高原，耐寒、耐热、耐旱、适应性强，高产耐贮，适于排开播种、均衡供应。大葱在我国栽培历史悠久，分布广泛，是我国北方地区家庭常年必备的调味蔬菜。

一、大葱的生物学特性

（一）植物学特征

1. 根

大葱的根系为弦线状须根系，发根力强，成株大葱约有须根 50～100 条，长度可达 30～45 厘米。主要根群分布于地下 30 厘米的土层内，水平分布半径 15～30 厘米。大葱不定根发生于茎节，随着茎盘的增大，不断发生新根。一般除在定植后有部分须根死亡外，在整个生育期中很少有死根、换根现象。

2. 茎

大葱的营养茎为变态短缩茎，其上部各节均着生一片叶，茎盘下部着生数条不定根。普通大葱的营养茎具有顶端优势，所以在营养生长期很少分蘖。在顶芽形成花芽抽薹时，也只发生少数分蘖，而且以最邻近顶芽的分孽生长势最强，可以发育成新的植株。

3. 叶

葱叶包括叶身和叶鞘两部分。叶身在幼嫩时并不中空，随着叶身的成长，内部薄壁细胞组织逐渐消失而成为中空的管状叶，表面具有蜡粉，为耐旱叶型。筒状叶鞘层层套合形成假茎，呈同心圆状，经过培土软化，可以促进叶鞘基部分生带的伸长生长，促进新叶叶鞘薄壁组织加厚。大葱的筒状叶鞘具有贮藏养分、水分、保护分生组织和心叶的功能。葱叶互生排列，一般品种有管状叶 5～8 片。

4. 花与种子

大葱一般在春夏季抽生花薹，先端着生圆头状伞形花序，花序外面有总苞，内部着生 150～300 朵小花。种子千粒重为 3～5 克，每株产种子 1 克左右（300～350 粒）。

（二）生长发育

大葱属于 2 年生耐寒性蔬菜，整个生育周期一般可分为营养生长期和生殖生长期两个阶段。根据不同生长时期的特点又可分为几个阶段。

1. 发芽期

大葱从播种到第一片真叶出现称为发芽期。如果发芽条件适宜，种子吸水以后，种胚萌动，胚根从发芽孔伸出，向下扎入土层，子叶伸长，腰部拱出地面，而后子叶尖端长出地表并伸直，再从出叶孔长出第一片真叶，需9～15天。在这期间，大葱主要依靠种胚贮藏的养分生长。栽培上要保持土壤湿润，使幼苗顺利出土。

2. 幼苗期

大葱从第一片真叶出现一直到定植，这一时期被称为幼苗期。在秋播的条件下，大葱的幼苗期很长，可以达200天以上。从第一片真叶出现到越冬，为幼苗生长前期，需40～50天。这一阶段的气温较低，植株生长量小，要防止幼苗过大，感受低温，从而引起翌春先期抽薹，同时，幼苗徒长会降低越冬能力。一般大葱幼苗2叶1心时即可安全越冬。

从越冬到第二年返青为幼苗的休眠期，在此期间，幼苗生长极其微弱，要注意防寒保墒。冬前浇足冻水，畦面覆盖有机肥或草帘，确保幼苗安全越冬。当日平均气温达到7℃以上时，开始返青。大葱从返青到定植属于幼苗生长旺盛期，须及时浇返青水，施提苗肥。日平均气温13℃以上时是培养壮苗的关键时期，要随时间苗、除草，确保幼苗生长茁壮。

3. 葱白形成期

大葱定植后，要经过短时间缓苗才能恢复生长，这一时间约需10天，然后即进入葱白形成期。此时正逢雨季，高温高湿，土壤通气不良，容易导致烂根、黄叶和死苗，应加强中耕。

进入秋季以后，温度降低，气候凉爽，葱白开始旺盛生长。白露前后是大葱最适宜的生长季节，这时叶片寿命长，每株的功能叶增至6～8片，而且叶片依次增大，制造的养分贮存在假茎中，使假茎迅速伸长和增粗。这一时期是水肥管理的关键时期，大葱的最终产量主要是在这一时期形成的。所以应分期培土，追施速效化肥，加强灌水，促进植株的生长，并使叶身的营养物质下运至叶鞘，加速葱白的形成。当日平均气温降到4～5℃或遇到霜冻时，大葱叶身停止生长，叶身和外层叶鞘的养分向内层叶鞘转移，充实假茎，然后大葱进入收获季节。

4. 休眠期

大葱在收获后，在低温条件下被迫进入休眠状态，通过春化阶段，直到第二年萌发新叶、抽薹开花为止。这一时期一般在3个月以上。

5. 开花结籽期

大葱收获后，在贮藏期间感受低温，通过了春化阶段，形成了花芽。第二年春季在较高的外界温度和长日照条件下便可抽薹、开花，并形成种子。

（三）生长发育对环境条件的要求

1. 温度

大葱属于既耐寒又耐热的蔬菜，但在不同的生长时期，对温度的反应不同。种子可在4～5℃的低温下发芽，但13～20℃为发芽的适宜温度。大葱植株生长的适宜温度是18～22℃，低于10℃时生长缓慢，高于25℃时生理机能会失调，植株抗性降低，叶片

发黄，高过35℃时，植株呈半休眠状态，部分外叶枯萎。大葱耐寒能力强，在 -10℃的情况下不受冻。幼苗期和葱白形成期，植株在土壤和积雪的保护下，可安全通过 -30℃的低温。

大葱属于绿体春化型植物，萌动的种子不能感受低温，必须长到2叶1心以上时，植株已经积累了一定的养分，才可感受低温。如果秋季播种过早，植株较大，营养物质积累较多，定植以后会发生先期抽薹现象。越冬前最适宜的幼苗大小，因品种不同而略有差异。以章丘大葱为例，适宜的越冬苗龄为3片真叶，如果长到4片真叶就会发生部分植株的先期抽薹，如果是2片真叶则会发生越冬死苗现象。

2. 水分

大葱根系较弱，无根毛或根毛很少，吸水力差，喜湿，要求较高的土壤湿度。尤其在大葱幼苗期和假茎膨大期，适当浇水是夺取高产的重要措施。大葱的管状叶片表面密布蜡粉，水分蒸腾少，所以也较耐旱。一般要求较低的空气湿度，适宜的空气相对湿度60%~70%，湿度过大，易发生病害。

栽培管理时，要根据大葱不同生育时期的需水规律以及气候特点，进行水分管理。发芽期要求土壤湿润，以利于种子萌芽和出苗。出土后，在幼苗生长前期，为防止幼苗徒长要适当控制浇水，土壤应保持见干见湿状态。越冬前要浇足冻水，返青后浇返青水。缓苗期以中耕保墒为主。植株生长盛期，要增加浇水量和浇水次数。葱白形成期是需水高峰期，要保持土壤湿润，如果水分不足，会导致植株弱小，辛辣味浓。但大葱不耐涝，炎夏多雨季节，应控制浇水，雨后注意排水，以免沤根死苗。收获前要减少浇水量，以提高耐贮性，防止“贪青”。

3. 光照

大葱对光照强度要求适中，光补偿点是1 200勒克斯，光饱和点是25 000勒克斯。光照过强时叶片容易老化，纤维增多，食用品质下降；光照过弱会导致叶绿素合成受阻，光合能力降低，叶身黄化，营养物质积累少，产量也随之降低。

长日照是诱导大葱花芽分化所必不可少的条件之一。大葱植株长到一定大小时，通过春化阶段，再经过长日照，才可抽薹开花。但不同品种对日照长度要求不同，有些品种经春化以后，无论在长日照下还是在短日照下都可正常抽薹开花。

4. 土壤和养分

大葱适于在土层深厚、保水力强、疏松透气、富含有机质的肥沃土壤上生长。沙质土壤过于疏松，培土后容易倒塌，而且保水保肥能力差，所以在沙土上栽培的大葱产量低。黏重土壤不利于发根和葱白生长，故也不能获得高产。

大葱比较喜肥，其中以施用充分腐熟的有机肥效果最好。青葱要求多施氮肥，同时也要注意磷肥的施用。一般每亩大葱需氮13~16千克、磷8~10千克、钾10~13千克。大葱生长适宜的pH值范围为5.7~7.4。

二、种株的开花授粉习性

大葱为顶芽分化花芽，抽生花茎后植株基部可生1~2个侧芽，但侧芽一般很少能抽生花茎，故一株普通大葱一般只有一个花序。花茎中空、圆柱状、顶端着生头状花序，每花序有小花400～600朵，最多可达1 500朵。最初的小花花序被包裹在膜质的总苞内，开花时总苞开裂。小花有细长的花梗，花白色，花被6枚、长约7～8毫米、披针形。两性花、雄蕊6枚，长约为花被长度的1.5～2.0倍，基部合生，贴于花被上，花药矩圆形、黄色；雌蕊1枚，子房倒卵形、3室、花柱细长、先端尖。果实为蒴果，内含种子6枚。种子黑色、盾形、有棱，中央断面呈三角形，种皮内为膜状外胚乳，胚白色、细长、呈弯曲状。在一般贮藏条件下种子寿命为1～2年，使用年限仅1年。

头状花序顶部小花分化早，开花也早，每个花序花期约15～20天。当周围小花开放时，顶部小花已受精，子房正在膨大。所以，为提高种子饱满度，种子应分期采收。蒴果成熟时自然开裂，采种不及时则种子易散落。大葱为异花授粉、但自花授粉结实率较高的蔬菜作物，虫媒花。制种时不同品种间要求隔离距离不小于1 500米。与洋葱也能发生中间杂交，但二者花期一般不遇。

三、采种方式与繁育制度

（一）采种方式

大葱主要有成株采种和半成株采种两种方式。

1. 成株采种

前一年秋季播种育苗，当年春季定植，秋季形成商品大葱，以此作为种株在田间越冬，次年春季抽薹开花，夏季采收种子。其优点是采种要经历大葱的整个生育期，可按品种特征对种株进行严格选择，从而便于严格保持原品种的种性；缺点是种子生产周期长（15～21个月），制种成本较高，生产过程复杂。此种方法适于大葱原种种子的生产。

2. 半成株采种

夏季播种育苗，秋季形成半成龄种株，田间越冬后，在第二年春季抽薹开花，夏初结实采种。其优点是种子生产周期较短（约12个月），管理方便，制种成本较低；缺点是不能对葱的品种特性进行严格的选择，所获得的种子质量不如成株采种优良。此种方法适于大葱生产种种子的生产。

（二）繁育制度

目前，生产上所用的大葱的种子均为常规品种，因此其良种繁育也是围绕常规品种种子的生产进行的。在实践中，多采用原种—生产种二级良种繁育制度。即原原种繁殖原种，用原种通过成株采种的方式生产原种一代、二代、三代等；而后再用原种级的种子以半成株采种的方式生产生产用种。其过程如图6－1所示。

四、常规品种种子的生产

（一）原原种的生产

原种由原原种繁育，原原种由育种单位提供，或由熟悉该品种特征特性的专业技术人员经严格的品种提纯复壮获得。在提纯复壮时，先要进行单株选择，再进行株行比较和株系比较，最后扩大繁殖优良混系的种子，全过程采用成株采种方式。

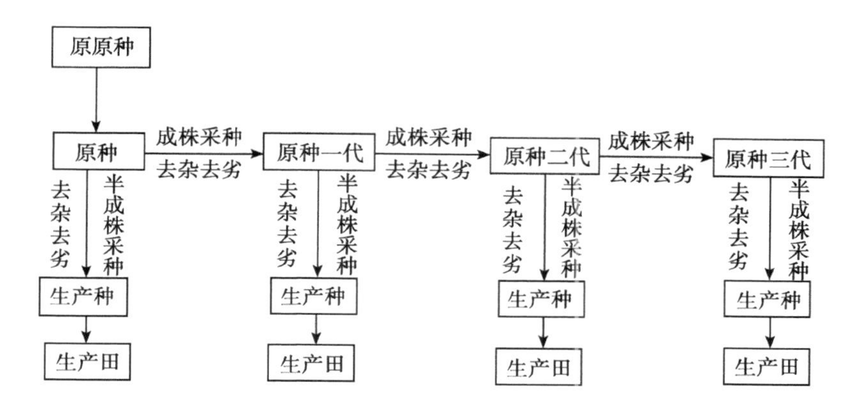

图6－1 大葱原种—生产种二级种子生产程序

1. 单株选择

株选应在原种圃或生产条件优良、品种来源可靠、混杂退化程度较轻的生产田进行。根据大葱生育周期及授粉习性等特点，宜采用母系选择法，选择的次数依据株行内整齐度及种性稳定而定。在每个生育周期的选择时期和指标如下：

生长发育盛期选择：针对叶色、叶形、株型、分蘖性、抗病性（霜霉病、紫斑病、菌核病等）初选具有原品种特征特性的优良单株予以标记。

葱白形成后收获时选择：针对叶片数、叶身和叶鞘的比例，假茎形状、长短粗细、紧实度、外皮色泽及表面纵向皱纹的有无、分蘖性等性状进行复选。

种株栽植前选择：春栽种株前应淘汰不耐贮藏、易发病、干缩失水严重、腐烂或抽薹早的单株，之后将入选单株采用行距60～70厘米、株距6～7厘米的方式沟栽。

春季返青后，于开花前将入选单株采种圃与其他采种田用纱网隔离，各入选单株间自由授粉，分单株采收种子。在采种圃内对抽薹过早或过晚、花薹及花序等特征不符合本品种特性的种株应及早拔除。

2. 株行比较

各入选单株的种子分别播种育苗，定植后进行株行比较。为了淘汰易发生抽薹的株行，播种期应较当地生产田的播期提早15～20天，并适当稀播培育大苗。山西晋中地区可于8月中下旬播种，6月上中旬前后定植，株行距适当加大，一般沟栽行距50～60厘米，株距6～7厘米。株行圃地应地力均匀、前茬一致。

株行比较时，每个处理重复1～2次，每个小区种植株数不小于200株。生长期间按单株选择的标准对每个株行内的植株进行鉴定，尤其是在葱白形成后收获时对株行内各单株间整齐一致性进行选择。如果大多数株行内整齐一致，纯度达95%以上，则先选留优良典型的株行，并在株行内按混合选择法或去杂去劣后贮藏越冬，翌年春定植后开花留种，进行株系比较；如果性状还不稳定或纯度低时，应在较优良的株行内继续单株选择，留种后再进行株行比较，直至主要经济性状稳定一致后进行株系比较。经株行比较后，入选的株行不宜过多或过少，一般10～15个为宜。

3. 株系比较

株系比较圃一般采用随机区组设计，重复 3～4 次，以原品种（提纯复壮前）为对照，每小区栽植 500 株左右。为提高比较试验的准确性，可尽量增加重复次数。株系比较圃的栽培管理按一般生产田进行，生长期间观察各株系的性状特征，葱白收获时重点对各株系产品器官的性状及产量、品质等进行记载和测定，最后根据方差分析等统计分析的结果比较各株系的优劣及其与对照的差异，选择出符合原品种特征特性、产量突出、商品性及品质、株间一致性等较提纯前显著提高的株系。根据横向比较的结果，将性状表现相似的入选株系进行合并，种株栽植在土壤中贮藏越冬后，翌年春定植在隔离的采种圃中，抽薹开花结实，收获混合的种子即为原原种种子。

由于大葱为异花授粉作物，采种周期长，提纯复壮中只要在表现型上达到稳定、整齐一致即可，不必追求基因型的纯合。这样不仅可以缩短提纯复壮的年限，而且有利于适应生产上品种的更新换代的要求。

4. 优良混系种子扩大繁殖

优良混系种子（原原种）一般先经一次扩大繁殖，生产大量的原种，才能满足进一步繁种的需要。用原种种子以成株采种的方法按照原种的生产要求生产原种一代、二代、三代等；用原种各代以半成株采种的方法生产生产用种。

（二）原种种子的生产

在原原种的基础上，通过一次扩大繁殖，即可获得大量的原种种子。由于大葱种子寿命很短，所以其原种种子的生产不能采取一年繁殖多年使用的方式进行，要求每年都要进行原种种子的生产。为了保持品种的种性特点，原种的生产采用成株采种法，不可采用半成株采种法。其农业栽培技术如下：

1. 播种、培育壮苗

（1）播种时期。大葱成株采种，以秋播为主，也可春季播种。秋播采种的周期需要 21 个月，春播则需要 15 个月。前者的生长发育期长，种子产量略高于后者。山东、河南、晋南、陕南和冀中南地区多在秋分前后播种，冀北、晋中、辽南等地多在白露时节播种。各地秋播时期虽有差异，但以幼苗越冬前有 40～50 天的生长发育期，秧苗株高 10 厘米左右，径粗 4 毫米以下，具有 2～3 片真叶为宜。春季播种一般在春分到清明之间进行。

（2）苗床准备。苗床宜选择土质疏松、富含有机质、地势平坦、排灌方便的砂壤土。每亩施入腐熟农家肥 5 000 千克，过磷酸钙 25 千克，浅耕细耙，整平做畦，畦长 8～10 米、宽 1.5～1.7 米。

（3）播种方法。有撒播和条播两种，以撒播应用最为普遍。方法是从播种畦内取土，过筛后供做覆土用。整平畦面，浇足底水，少量盖土，均匀播种后覆土 1 厘米即可。每亩播种量为 3～4 千克。

（4）幼苗的冬前管理。大葱幼苗在冬前生长量较小，应严格控制水肥，防止秧苗过大或徒长。冬前生长期间一般浇水 1～2 次，结合中耕除草，间除病弱苗，促进幼苗健壮生长。冻前浇足防冻水。

（5）幼苗的春季管理。翌年春季，日平均气温达到 13℃时浇返青水，结合浇水每

亩追施尿素 10 ~ 15 千克，促进幼苗生长。然后中耕、除草、间苗。间苗时要间除小苗、弱苗、病苗和并生苗。间苗可分两次进行，第一次株行距 2 ~ 3 厘米，第二次 3 ~ 4 厘米。浇返青水后蹲苗 7 ~ 10 天，之后葱苗进入旺盛生长期，结合浇水每亩追施尿素 10 千克，定植前 7 ~ 10 天停止浇水，锻炼幼苗，准备定植。此时幼苗株高 30 ~ 40 厘米、径粗 1 ~ 1.2 厘米。

2. 定植与田间管理

（1）定植田的选择与准备。大葱忌连作，定植葱苗时应选择土层深厚肥沃、中性、3 ~ 4 年内没种过葱蒜类蔬菜的砂壤土田块。每亩施入腐熟的有机肥 5 000 ~ 6 000千克，深翻后整平，开定植沟，沟宽 15 厘米，沟深 15 ~ 20 厘米，沟间距 45 ~ 50 厘米。

（2）定植。华北地区一般在 6 月上中旬定植。定植前对葱苗进行选择，选择整齐一致，健壮的秧苗，淘汰病弱苗。定植深度以不埋没葱心为宜，定植密度以每亩 2 万 ~ 2.5 万株为宜。定植后顺沟浇定植水。

（3）田间管理。定植后，大葱的田间管理重点是促进葱白的生长，而发达的根系、茂盛的管状叶是葱白形成、肥大的基础。所以，田间管理的中心是促根、壮棵、培土软化和肥水管理。进入炎热夏季以后，大葱生长进入半休眠状态，此期要控制浇水，加强中耕除草，促进根系发育，雨后及时排水防涝；立秋以后，气温逐渐降低，植株开始加快生长，结合浇水每亩追施粪尿 1 000 ~ 1 500千克、过磷酸钙 20 ~ 25 千克，立秋至白露，浇水宜在早晚进行且遵循少量的原则；白露以后，大葱进入生长盛期，浇水应勤浇重灌，每隔 4 ~ 6 天浇 1 次，并顺水追肥 2 次，每次亩施尿素 15 ~ 20 千克、硫酸钾 10 ~ 15 千克；霜降以后气温降低，大葱基本长成，进入假茎充实期，需水需肥量减少，但要保持土壤湿润。收获种株前 7 ~ 10 天停止浇水。培土是提高种株葱白产量的重要措施，培土伴随假茎旺盛生长的全过程。培土要分期进行，从立秋到收获前这一段时间要培土 3 ~ 4 次，每次培土以不埋没心叶为宜。

3. 种株收获与定植

华北地区一般在 10 月中下旬收获种株。在收获的过程中，要根据本品种的特征特性淘汰杂劣株。入选的种株可以在冬前定植，也可窖藏越冬后春季定植。一般冬前定植可减少种株越冬期间的营养消耗，种子产量略高于春季定植，因此大葱成株采种时多采用冬前定植。

定植田块要求与其他品种采种田有 2 000米以上的隔离距离，定植前每亩施入腐熟有机肥 3 000千克，三元复合肥 20 千克，深翻整平后开沟定植。行距 45 ~ 50 厘米，株距 6 ~ 8 厘米，每亩栽植 2 万 ~ 2.5 万株，冻前浇足防冻水。

4. 制种田的春季管理

（1）浇水。种株返青后，适时浇返青水。之后合墒中耕，提高地温，保持土壤水分。抽薹开花期间适当控制浇水，防止花薹倒伏。开花盛期要经常保持土壤湿润，但浇水应选择在晴朗无风天气进行，以防止花薹倒伏。种子成熟期要减少浇水量和浇水次数，以利种子成熟。

（2）追肥。种株田追肥要分两次进行。第一次是在抽薹前，每亩顺水追施尿素 10 ~ 15 千克、过磷酸钙 15 千克、硫酸钾 20 千克；第二次是在抽薹开花期，结合培土，每亩追施尿素 10 千克、硫酸钾 20 千克。

（3）支架。为了防止花薹倒伏，抽薹期应在制种田搭设支架，方法是沿着种株行每隔 1～1.2 米插一竹竿，之后再用横杆将竖杆连在一起，将种株松松夹住。

（4）病虫害防治。制种田主要要防治紫斑病、霜霉病和菌核病等的发生。在抽薹开花期可喷施甲基托布津 600～800 倍液 1～2 次防治菌核病；喷施百菌清 800 倍液防治紫斑病和霜霉病。主要虫害有根蛆、葱蓟马和潜叶蝇。根蛆可用 90% 的敌百虫 700 倍液灌根防治；葱蓟马和潜叶蝇可用 50% 的敌敌畏乳剂 1 000倍液喷施防治，连喷 2 次，间隔 7～10 天。

5. 种子采收

大葱种子一般在 5 月下旬至 6 月上中旬成熟。同一花序的花期 15～20 天，开花后 40 天左右种子成熟，所以就单株而言其种子成熟期也不一致。根据开花的顺序，头状花序顶部的种子先成熟，其次是中部的，再次是下部的。种子采收最好分期进行，不同植株的种子分 3～4 次采收，同一花序的种子分 2～3 次采收。

采收的方法是在花序上部蒴果开裂、露出黑色种子时进行第一次采收，将花序放入布袋中抖动，使成熟的种子脱落入袋中；第二次、第三次采收可采用同样的方法；最后一次采收是用剪刀将头状花序连带一段花茎剪下，经晾晒后脱粒。一般花序中部的种子最充实饱满，因此原种采收应注意分别收藏。原种一般亩产 50～70 千克，千粒重 3.5 克左右。种子收获后应充分晾晒，并妥善贮藏。

（三）生产种的生产

生产种一般由原种一代、二代等原种级种子播种培育半成株，去杂去劣后采种，供生产使用。半成株采种花球小，花数少（平均每个花序有小花 250 朵，而成株采种每个花序有小花 450 朵），但结籽率与成株相当；在生殖生长期，半成株根系活力强于成株，种株绿薹面积与成株接近。所以，只要合理密植，半成株采种单位面积采种量与成株采种相似。半成株生产生产种的技术要点如下：

1. 播种育苗

（1）播种期。一般在当地原种种子收获后，及时播种。在华北地区，一般于 6 月下旬至 7 月上旬进行播种。半成株采种要求种株的叶鞘在冬前长出 14～24 片叶（成株为 19～29 片叶），花芽分化前大于 7℃ 的日均温生长天数为 100～180 天。华北地区最迟不能晚于 7 月下旬。

（2）播种。播种最好采用开沟条播，以利于出苗后中耕除草。沟距 15～20 厘米，播种后覆盖细土 1 厘米，出苗后保持土壤湿润。

（3）间苗。幼苗长至 2～3 片真叶时间苗。留苗密度与播种期及肥水条件有关，播期早的生长期长、苗大，留苗应稀些；播种晚的应留苗密些。一般 6 月下旬播种的每亩留苗 8 万～10 万株，7 月上旬播种的每亩留苗 10 万～12 万株。

（4）水肥管理。育苗期间正值炎热夏季，播种后出苗前要保持苗床土壤湿润。出苗后适当控水以促进幼苗根系发育。8 月中旬，当植株进入生长盛期时追肥一次，每亩施氮磷钾肥各 10 千克，以促进幼苗生长。9 月中旬是种株生长盛期，应保持土壤水肥充足。定植前减少浇水，以利于定植后缓苗。

2. 定植

结合定植要进行秧苗选择，存优去劣。华北地区一般在9月中旬左右定植。定植田的选择和准备同成株采种田，开沟定植，行距30厘米，株距6厘米，亩栽4万～5万株。

3. 田间管理

田间管理同此时期的成株采种田，包括中耕除草、浇水施肥、培土软化以及翌年春季的管理等。半成株采种生产生产种，秋后不起苗，在制种田内越冬，因此要在冬前浇足冻水。

4. 种子采收

同成株采种部分的相关内容。半成株采种每亩可收获种子75千克左右，高者可达100千克。

五、杂种一代种子的生产

（一）利用雄性不育系生产杂种一代

由于大葱的花器较小，很难进行人工去雄和授粉的操作，因而长期以来大葱的杂交优势无法大规模加以利用。自从发现了大葱的雄性不育性以后，它的杂交种生产才得以顺利实现。利用雄性不育系生产杂交种需要建立3个繁育区，即不育系繁育区、父本系繁育区（有些作物称此系为恢复系，但商品大葱是以营养体为产品，不是以籽实为产品，因此大葱杂交种的父本不必具有恢复性。）和杂交种（F1）制种区。

（二）杂种一代亲本的繁育

亲本的繁育必须采用成株采种，每代都必须进行严格的去杂去劣，防止种性退化和变异。

1. 不育系（A系）的繁育

A系不育性的保持是由其保持系（B系）完成的，因此不育系的繁育有两个亲本即A系和B系。

（1）育苗。A系和B系在育苗时必须分开播种，避免机械混杂，二者用种量（或播种面积）的比例应在2∶1左右。华北地区秋育苗播种期在秋分至白露之间，春播应在3月上、中旬。育苗应选择旱能灌、涝能排的地块，播前要施足底肥，细致整地，采用撒播和条播均可。发芽率85%的种子每亩的播种量为：秋播不应超过3千克，春播不应超过2千克。种子播后应喷施辛硫磷，然后再覆土，可有效防止蝼蛄等为害，播后覆盖地膜可有效提高出苗率和缩短播种至出苗的时间。为了防止苗期杂草为害，可使用33%的施田补150～200毫升/亩，在播后苗前或苗后喷雾，但要严格避免药液与种子接触，防止产生药害。一般苗期使用2次基本可以防止杂草为害。另外苗期应根据土壤肥力和墒情适当追肥和灌水，出苗后要注意防治地蛆。

（2）定植。定植时间一般在6月中旬左右。行距65厘米左右，株距5～6厘米，A系和B系的定植行比为2∶1，即2垄A系，1垄B系相间定植。如果B系的花粉量少，还应缩小定植行比；如果花粉量大，可扩大定植行比。定植后的田间管理同常规种采种田。

（3）隔离。A系的繁育田必须进行严格的隔离，防止外来花粉污染。其隔离措施：

①自然地理隔离应在2 000米以上；

②网室隔离，网布的网目应在30目以上；

③时间隔离，目前我们采用的时间隔离主要在冬季利用日光温室繁育亲本，日光温室繁育亲本不但隔离效果好，而且还起加代作用，但是种子量稍低，成本较高。冬季利用日光温室繁育亲本，种株的定植时间非常关键，种株一定要通过一段时间低温打破休眠再定植，华北地区一般在11月上旬定植。

（4）去杂除劣。去杂除劣是保持亲本种性的重要措施之一，种株开花以前应多次进行。其内容主要有：株型不符、病株、育性不符、抽薹过早或过晚、生殖性状不佳等。

（5）授粉。网室内和冬季温室内没有传粉媒介，必须进行细致的人工授粉。最好1天授1次粉，最多不能超过2天，授粉可用手掌（或戴线手套）轻轻触摸花球，在A系和B系间交替进行。在室外的繁种田，传粉昆虫少时或阴天、大风天也应进行人工辅助授粉。

（6）种子采收。种球顶端种果开裂面积有5分硬币大小时就应分期分批进行采收。采收时，A系和B系必须分别收获种球、单独存放后熟、单独脱粒、单独贮藏，做好标记，严防机械混杂。

2. 父本系的繁育

父本系的繁育可采用2种途径：一是专门繁育父本系，其繁育方法同不育系（但只是一个系）；二是结合杂交种（F1）制种，父本单收，作为下一年制种用，但是这种方法繁育父本系不能连续多代进行，应与前种方法交替进行。因为半成株制种，容易造成父本种性退化。

杂交种的亲本（不育系和父本系）不一定年年繁育，如果条件允许，可一年大量繁殖，多年制种用。大葱种子寿命短，种子贮藏条件必须按种子生态条件要求，严格控制。

（三）杂交种的制种技术

生产配合力高的杂交种（F1）是杂种优势利用的关键环节之一，不但要求杂交种的目标性状有明显的杂种优势，而且要求有充足的种子供应量。

1. 隔离与地块选择

为了降低杂交种子的生产成本，一般在自然条件下制种。因此种子生产的地块选择，首先要考虑隔离的问题。实践要求以制种田为中心，半径1 000米以内不能有非父本种株采种；其次要选择旱能灌、涝能排，土壤适宜大葱采种的地块；再次就是要选择上茬为非葱、蒜、韭茬的地块。

2. 育苗

大葱杂交种（F1）的种子生产，主要采用半成株制种。半成株制种占地时间短，种子生产成本较低。用半成株制种，种株花芽分化前的营养体大小，对种子产量影响很大。营养体大、种子产量高，因此育苗播种不能过晚，华北地区一般应在7月上旬以前播种。每亩制种田需要播种不育系种子150～200克，父本系种子150克，不育系和父

本系要分别播种，严禁机械混杂。其他技术措施同不育系和父本系的繁育。

3. 定植

半成株制种要合理密植方能高产，定植行距40～50厘米，株距3～4厘米，父母本的面积比例配置为1∶3，株数配置为2∶3，即父本行可栽双行，小行距10厘米左右，母本（不育系）和父本系相间定植。实践看出大葱杂交种的种子单位面积产量受母本（不育系）的面积比例影响，母本面积比例在一定范围内越大产量越高，而这个范围主要由父本的花粉量左右。所以，大葱杂交种制种要根据父本花粉量的多少合理配置父母本比例。在花粉量够用的情况下，尽量扩大母本比例，同时也要在有限的父本比例中，合理增加父本株数，增加花粉供应量。待花期结束后，拔除父本种株，以防机械混杂，如果父本有用亦可不拔除，但收种时必须单收、单放、单打、单贮，准确标记，严禁混杂。在不育系（A系）上收到的种子就是杂交种（F1）。

制种田的病虫害防治、其他田间管理和种子收获等请参照常规种采种技术。

第二节　洋葱

洋葱（*Allium cepa* L.）又名葱头、圆葱，起源于中亚，至今在伊朗和阿富汗北部还有野生种分布，近东和地中海沿岸是第二原产地，在我国南北方均普遍栽培。洋葱耐寒、喜湿，适应性强，高产、耐贮，供应期长。种子寿命短，生产上需要年年制种。

一、洋葱的生物学特性

（一）植物学特征

1. 根

洋葱的根为弦状须根，着生于茎盘下部，无主根，吸收能力和耐旱能力较弱。洋葱根系入土深和水平分布直径均为30～40厘米，主要根群集中分布于20厘米内的耕层中。

2. 茎

营养生长时期，茎短缩为扁圆锥形的茎盘；生殖生长时期，生长锥分化花芽，抽生出筒状、中空、中部膨大的花薹，顶端形成花球。

3. 叶

洋葱的叶片由叶身和叶鞘两部分构成。叶身暗绿色，圆筒状，中空，腹部凹陷，叶身稍弯曲，表面有蜡粉，属耐旱的生态类型；叶鞘上部形成假茎，基部在生长后期膨大，形成肉质鳞茎。每个鳞茎中含有2～5个鳞芽，鳞芽数量越多，鳞茎就越肥大。

4. 花、果实、种子

洋葱定植后当年形成鳞茎，第二年开花。每个鳞茎抽薹数量取决于所含鳞芽数每个花薹顶端有1个伞状花序花球，内着生小花400～900朵。果实为蒴果，内含6粒种子，种子的寿命1～2年。

（二）生长发育

洋葱为二年生蔬菜，整个生长期分为营养生长和生殖生长两个阶段。生长周期长短因品种及播种时期不同而异。

1. 营养生长期

从播种到花芽分化为营养生长时期，可划分为发芽期、幼苗期、叶部生长期、鳞茎膨大期和休眠期。

（1）发芽期。

从种子萌动到第一片真叶出现为发芽期，约需15天左右。在5℃以下发芽缓慢，12℃以上发芽较快。在适宜的条件下，播种后7～8天出土。播种后覆土不宜过厚，并在出苗前要保持土壤湿润，防止板结。

（2）幼苗期。

从第一片真叶出现到长出4～5真叶为幼苗期。该时期的长短随各地的播种期、定植期不同而异。幼苗期要培育出适龄的健壮幼苗，最适宜的定植苗是单株重5～6克，直径粗0.5～0.6厘米，株高15～20厘米左右，具有4～5片真叶。幼苗期应控制水肥，防止徒长，以免降低越冬能力和防止第二年先期抽薹。

（3）叶片生长期。

从4～5片真叶到植株长出8～9片真叶为叶片生长期。春栽幼苗随着外界气温的上升，根先于地上部生长，以后叶片迅速生长，直到长出8～9片功能叶，需要40～60天；秋栽越冬幼苗需120～150天，此期是植株生长最快的时期。随着叶片旺盛生长、叶鞘基部渐渐增厚，鳞茎缓慢膨大。栽培上应保证水分供应，促进植株及早形成一定大小的营养体，为下一个阶段生长准备充足的物质基础。

（4）鳞茎膨大期。

从叶鞘基部开始膨大到鳞茎成熟收获为鳞茎膨大期，需30～40天，随着气温的升高，日照加长，地上部停止生长，叶片中的营养物质向基部和鳞茎输送，鳞茎迅速膨大，这个时期栽培上应肥水齐供，全力促进鳞茎膨大。此时需要较高的温度和较长的日照条件。

（5）休眠期。

鳞茎收获后进入生理休眠期。休眠是洋葱对高温、长日照、干旱等不良条件的适应，这个时期即使给予良好的发芽条件，洋葱也不会萌发。休眠期长短随品种、休眠程度和外界条件而异，一般需60～90天。通过生理休眠期后，鳞茎进入被迫休眠期，此时只要外界条件适宜，鳞茎就会萌发。

2. 生殖生长期

从花芽分化到种子成熟为生殖生长期，包括抽薹开花期和种子形成期两个阶段。

（1）抽薹开花期。

采种的鳞茎在储存期间或定植后满足了对低温的要求（2～5℃的低温，60～70天），在田间又获得了适宜的长日照，就能形成花芽，抽薹开花。洋葱是多胚植物，每个鳞茎可长出2～5个花薹。洋葱花两性，异花授粉，采种时应注意品种间隔离。

（2）种子形成期。

从开花到种子成熟为止，此期水肥充足，种子才能充实饱满。

（三）生长发育对环境条件的要求

1. 温度

洋葱对温度的适应性强，种子和鳞茎在3～5℃可缓慢发芽，但12℃以上发芽迅速。幼苗的生长适温为12～20℃，叶片生长适温为18～20℃，鳞茎生长适温为20～26℃。鳞茎膨大需要较高的温度，鳞茎在15.5℃以下不能膨大，15.5～21℃开始膨大，21～26℃时生长最好。温度过高，生长衰退，进入休眠阶段。

鳞茎的花芽分化需要低温，多数品种要求2～5℃的低温60～70天。其中南方品种冬性相对较弱需40～60天即可，北方品种冬性相对较强则需100～130天。

2. 光照

洋葱生长发育期内要求中等强度的光照，适宜的光照强度为2万～4万勒克斯。鳞茎形成需要长日照，延长日照长度可以加速鳞茎的形成和成熟；同时长日照也是诱导花芽分化的必要条件之一。短日性品种和早熟品种，在13小时以下的短日照下形成鳞茎；长日性品种和晚熟品种，必须在15小时左右的条件下才形成鳞茎；中间型品种鳞茎形成对日照时间长短要求不严格。

3. 水分

洋葱根系浅，吸收水分能力较弱，所以洋葱幼苗出土前后，要保持土壤湿润，尤其是生长旺盛期和鳞茎膨大期，需要有充足的水分，才能保证幼苗出土整齐、苗壮。

洋葱在幼苗期和越冬期要控制水分，防止幼苗徒长、遭受冻害。收获前要控制水分，使鳞茎组织充实，加速成熟，提高产品的品质和耐储存性。土壤干旱可促使鳞茎成熟，但产量低。洋葱的叶身和鳞茎具有抗旱特性，生长期间要求较低的空气湿度，湿度过高容易发病。鳞茎贮藏在干旱的环境中，仍可长期保持水分，维持幼芽的生命活动。

4. 土壤营养

洋葱要求土壤肥沃、疏松、保水力强、中性。洋葱能忍耐轻度盐碱。洋葱为喜肥作物，对土壤营养要求较高，每亩洋葱对氮、磷、钾肥的需求标准为：氮肥12.5～14.3千克，磷肥10～11.3千克，钾肥12.5～15千克。幼苗期以氮肥为主，鳞茎膨大期以钾肥为主，磷肥在幼苗期施用，以促进对氮肥的吸收和提高产品品质。

二、种株的开花授粉结实习性

（一）花器结构

在生殖生长期，主芽及侧芽抽生花薹，花薹高度因品种和地区而异，高的可达140～180厘米，矮的仅60～80厘米。花薹中空管状，中下部稍膨大。伞形花序位于花薹顶端，外有总苞包被，一般内有小花400～900朵，最少也有数十朵，最多可达2 000朵以上；花被6枚，白色至淡绿色，其中萼片和花瓣各3枚，形状和色泽都相似而难以区分。花两性，有雄蕊6枚，分为内外两轮，内轮基部有蜜腺；花柱1枚，柱头部膨大呈尖状，子房3室，每室有两个胚珠。

（二）开花授粉结实习性

种株的主花薹先抽生，以后陆续抽生侧花薹。一个花序内一般顶部小花先分化，开花早；基部小花后分化，开花晚。一朵小花的花期4～5天，一个花序的花期约15天，一个植株花期约30天。洋葱为雄蕊先熟植物，花柱在花初开时长度仅1毫米左右，经2天花粉散尽后才能达到成熟长度（5毫米左右），柱头成熟后能接受花粉完成受精作用的有效期为6~8天。花冠开裂时花药尚未开裂，不久内轮雄蕊伸长开药散粉，然后外轮散粉，偶尔也有外轮花药先开的，每轮3枚雄蕊的花药往往不同时开裂。一朵小花的散粉期约24~48小时。从花蕾中取出的花药不能发芽，开放花朵的未开裂花药内的花粉具有发芽能力。正常离体花粉在室内经2天即失去活力，在干燥器内3天失活。洋葱为异花授粉植物，但自交结实率也较高。授粉昆虫主要是蜜蜂和蝇类。果实为蒴果，每个果实含种子6枚。种子黑色盾形有簇角，皱纹稍多而不规则，脐部凹洼很深，千粒重约2.8~3.7克。

三、采种方式与繁育制度

（一）采种方式

洋葱制种主要有以下三种方式：秋播三年采种法（成株采种法），春播二年采种法（半成株采种法），夏秋播二年采种法（小株采种法）。

1. 秋播三年采种法（成株采种法）

第一年秋季播种，以幼苗露地越冬，寒冷地区可覆盖秸秆等越冬。第二年夏季收获充分膨大的鳞茎作为采种母球，经去杂去劣后风干贮藏。当年秋季或第三年春季栽植采种母球，第三年夏季采收种子，采种过程约历时21~23个月。此种方法选择环节多，选择效果好，利于保持原品种的种性特征，收获的种子质量高，但采种周期较长，制种成本较高。主要用于原种的生产。

2. 春播二年采种法（半成株采种法）

适于春播洋葱生产地区。第一年按当地生产商品洋葱的方法播种，夏季形成半成品的鳞茎，经去杂去劣后作采种母球贮藏越冬。第二年春季定植，夏季采收种子，采种周期历时16~19个月。这种采种方法的优点是采种周期短，制种成本较低；缺点是缺乏对先期不易抽薹特性、鳞茎经济性状和耐藏性状的严格选择，在保持品种特性方面不如成株采种法。适用于繁殖生产用种，也可与成株采种法结合繁殖原种。

3. 夏秋播二年采种法（小株采种法）

第一年7~9月播种，冬前培育大苗，以保证第二年全部植株抽薹。第二年春季抽薹开花，夏季采收种子，采种周期历时11~13个月。这种采种方法的优点是采种周期短，制种成本低；缺点是缺乏对先期易抽薹植株的淘汰，缺乏对种株鳞茎商品特性以及耐贮性的选择，不利于保持品种种性，故一般只可用于繁殖生产用种。

（二）繁育制度

目前，生产上所用的洋葱种子多为常规品种，也有少量的一代杂种。其良种繁育多是围绕常规品种种子的生产进行的。在实践中，多采用原种—生产种二级良种繁育制度。即原原种繁殖原种，用原种通过成株采种的方式生产原种一代、二代、三代等；而后再用原种级的种子以半成株或小株采种的方式生产生产用种。其过程如图6－2所示。

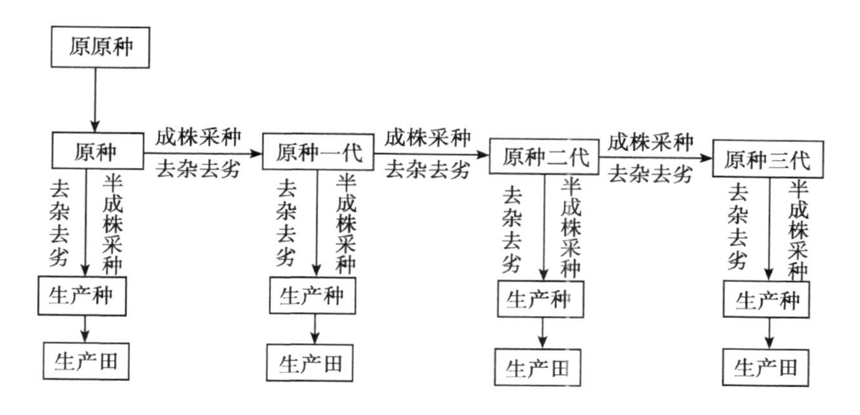

图6－2　洋葱原种—生产种二级种子生产程序

四、常规品种种子的生产

（一）原原种的生产

原原种一般由育种单位提供，或经品种提纯复壮后获得。经品种提纯复壮生产原原种的过程如下：

1. 单株选择

（1）单株选择的基本要求。

提纯复壮应该在原种圃或生产条件好、品种来源可靠、种性退化程度轻的生产田进行单株选择。为了保证株选的几率，供选圃地面积应在1亩以上。一般多采用母系选择法和混合选择法相结合，约经连续2～3代选择即可恢复原品种的优良种性。

（2）单株选择的时期和标准。

第一次选择：在春季返青后的田间进行株选，选择具有本品种典型特征特性、抗寒性强（返青早，越冬叶干尖少，叶色深绿）的植株，在株旁插杆标记。

第二次选择：于鳞茎膨大初期淘汰先期易抽薹及感病株，对早熟品种应注意选留鳞茎膨大早的植株。

第三次选择：在鳞茎收获时，对入选鳞茎进行重点选择。选择标准是：具有原品种典型特征特性、形状端正、大小适中、色泽光亮、纯正、外皮光滑、不裂皮、无病虫害及损伤、颈部细而紧实、茎盘小且底部与鳞茎底部平（成熟度高的特征），淘汰颈部周围向内部稍凹陷的种球。入选鳞茎经晾晒、风干后编辫挂藏于阴凉干燥处。

第四次选择：在采种母株定植前，重点对鳞茎耐贮藏特性进行选择，淘汰贮藏期间萌芽发根、感病、腐烂、裂球及外层鳞片萎缩的鳞茎，入选鳞茎栽入采种圃采种。

第五次选择：在抽薹期，选择花薹数较多、抽薹期集中的种株，入选种株间自由授粉。种子成熟后各入选单株分别编号收获留种，以备进行株行比较。

2. 株行比较

各入选单株的种子分别播种育苗，定植后建立株行比较圃。株行数少时可设置重复和对照（提纯前的原品种），田间随机排列。每小区定植株数应尽量多些，一般300株以上为好，最少不可少于150株，以便在纯度不高时连续选择或去杂去劣。为了对各株行的抽薹性进行比较鉴定，株行圃播期一般要比生产田提早10~15天，并在苗床和定植田给予较大的营养面积。幼苗在秋季定植，株行距应扩大到15~17厘米×17~20厘米，以便形成较大的植株进而增大对抽薹性选择强度。生育期内，对各株行的表型性状进行分期观察记载，在鳞茎收获时初步淘汰品种典型特征不突出、群体整齐度又很差的株行。在纯度较高的入选株行内去杂去劣，对于纯度较低的株行可继续按照品种的典型特征进行进一步的株选，直至入选株行内纯度达95%以上，主要经济性状典型性突出为止。将入选株行鳞茎收获后去杂去劣，然后作采种母球贮藏，贮藏期间继续淘汰贮藏性差的株行及种球。入选株行内的种球栽植后按混合选择法采种，然后进行株系比较。

3. 株系比较

为了保证株系比较的精确性，株系比较圃内株系数不宜过多，但也不能过少，一般应为10~15个，不少于5个。株系比较圃应选择地力均匀、前茬一致且为非葱蒜类的地块。其播种育苗期、定植期及定植密度、田间管理等栽培技术均应按大田生产水平进行。为了保证株系比较后尽量获得较多的原原种，各参比株系的株数应尽量多些。株系比较圃按随机排列设计，以提纯前的原品种为对照，3~5次重复，每小区定植500~1 000株。重点对各株系的丰产性、熟性、品质、纯度等经济性状进行比较。在鳞茎收获或贮藏后，利用方差分析等统计分析方法，对各株系的性状表现做出科学客观的评价。对评选出的优良株系去杂去劣，并对经济性状极其相似、丰产性和耐贮藏性均显著高于对照的株系进行合并。合并后的鳞茎作为种球栽植后采种，所收获的优良混系种子即为该品种提纯复壮后的原原种。

4. 优良混系种子扩大繁殖

优良混系种子（原原种）一般先经一次扩大繁殖，生产大量的原种，才能满足进一步繁种的需要。用原种种子以成株采种的方法按照原种的生产要求生产原种一代、二代、三代等；用原种各代以半成株采种或小株采种的方法生产生产用种。

（二）原种的生产

原种由原原种繁殖获得。由原种按照特定的程序生产出原种一代，由原种一代生产出原种二代等。每一步都要严格的去杂去劣，以保持种性。当原种出现退化时，应重新进行提纯复壮的操作。洋葱种子的寿命很短，但在低温干燥条件下贮藏寿命会大大延长。有条件的单位可一次多繁殖些原种，贮藏在低温干燥条件下多年使用。

原种的生产主要采用成株采种法，先是培育采种母株，其过程和技术与一般商品鳞茎的生产相同；然后是培育种株和采种。原种生产一般应选地理、气候、土壤等综合条件优良的地区进行，以便种子充分饱满成熟。具体生产技术要点如下：

1. 适时播种育苗

（1）适期播种。

如果播种过早，幼苗过大，直径超过0.9厘米，容易在冬季感受低温通过春化作用而在第二年发生先期抽薹现象；如果播种过晚，幼苗过小，越冬能力差，定植后生长期推迟，茎叶生长量不够，使鳞茎不能充分膨大而影响种球质量。因此培育适龄壮苗是洋

葱成株采种的关键。壮苗的标准：苗龄50天左右，苗高20厘米左右，4片真叶。茎粗0.6~0.8厘米，根系发达，无病虫害。一般情况下，应在当地平均气温降到15℃前40天左右播种。西安、郑州一带约在9月中旬播种，北京、济南一带在9月上中旬播种，太原一带在8月下旬播种。

（2）苗床准备。

育苗床地块选择3年内未种过葱蒜类蔬菜、质地疏松、肥力中等、土层深厚的中性或微碱性土壤。播种前要清洁田园，耕翻土壤，施入充分腐熟的农家肥做基肥，但基肥的用量不宜太多，以避免秧苗生长过旺。一般每亩施入农家肥3 000~4 000千克，如果缺乏磷肥，还可每亩施入过磷酸钙25~30千克。

（3）播种。

为了加快出苗，可对种子进行浸种催芽，其具体方法：将种子在冷水中浸12小时左右，捞出后用湿润的棉布包好，在22~23℃下催芽，每天用清水冲洗一次，待大部分种子露白时可播种，播后覆土0.5厘米。每亩的播种量为4~5千克，苗床面积与栽植大田面积的比例约为1：10，苗床内单株营养面积为4~5平方厘米。

2. 苗期管理

洋葱的苗期管理主要有间苗、中耕、浇水、追肥、除草等工作，目的是培育适龄壮苗，既要防止幼苗长得过大而引起先期抽薹，又要避免幼苗生长细弱而难于越冬。要达到这个标准，可通过控制水肥来调节幼苗生长，使其达到适龄壮苗的标准。

具体方法：在苗前期要保持土壤湿润，一般播种后2~3天补水1次，使种子顺利出土。种子出土需要10天左右，以后每隔10天左右浇水1次，整个育苗期浇水4次左右。若发现幼苗生长瘦弱，浇水时每亩施入硫酸铵10~15千克左右。苗期中耕、拔草2~3次，并用药杀死地下害虫。

3. 幼苗越冬管理

华北地区洋葱秋播，幼苗可在露地苗床中越冬。越冬的幼苗应在土壤封冻前浇好冻水，以全部水渗入土中，地面无积水结冰为准，而后用稻草或地膜覆盖地面。

4. 春后选苗，合理密植

（1）土地准备。

洋葱生长需要土壤肥沃，有机质丰富的砂壤土，最好选择施肥较多的茄果类、瓜果类、豆类蔬菜前茬。前茬收获后每亩施腐熟有机肥4 000千克及过磷酸钙50千克，深耕后耙平做畦。华北地区春栽多在2月下旬至3月上中旬进行。

（2）定植方法。

定植前要选苗，剔除无根、伤残病苗。起苗后要立即栽植，防止根系干燥而伤根。栽植时可按照株行距13~15厘米×15~18厘米刨穴栽，深度以覆土后能盖住小鳞茎，浇水后不倒秧、不漂根为宜。栽植过深，只发秧不长头；栽植过浅，根系生长不良，容易倒伏，鳞茎变绿，种球质量下降。亩栽3万~3.5万株。

5. 田间管理

（1）叶片生长期。

洋葱定植后要尽快促进缓苗，及早形成一定数量和大小的功能叶片，以利于制造和积累养分，这是提高洋葱种球质量的前提。这个时期的田间管理可分为2个阶段。前期气温、地温较低，植株处于缓慢生长阶段，要轻浇水，勤中耕，促进缓苗，防止幼苗徒长，通过蹲苗，促进根系发育。缓苗后，植株进入旺盛生长期，要加大浇水量，并顺水追肥1~2次，以促进地上部旺盛生长。

（2）鳞茎膨大期。

随着气温上升，植株小鳞茎增大到直径3厘米时，洋葱进入鳞茎膨大期。这个时期是洋葱产品器官形成的重要时期，也是水肥供应的关键时期，应做到肥足水勤，以促进鳞茎膨大。具体做法：小鳞茎长到3厘米时，灌水1次，并顺水每亩追施硫酸铵20千克，3~4天后灌1次清水。当鳞茎的直径为6厘米时，每亩追施硫酸铵25千克，以后4~5天浇水1次，以保持土壤湿润。鳞茎收获前7~8天停止浇水，以利于种球贮藏。

6. 种球收获选择

洋葱成熟后立即收获。洋葱成熟的标志是植株基部第一、第二片叶枯黄，假茎失水松软，地上部倒伏，鳞茎停止膨大，外层鳞片革质，此时是洋葱收获的最适宜时期。收获时按原品种典型特征严格选择鳞茎，作为原种的种球宜选用大鳞茎。种球收获后就地晾晒2~3天，待表皮干燥后贮藏。洋葱休眠期约为3个月，休眠解除后即开始萌芽。

7. 采种母球贮藏

洋葱为绿体低温春化型作物，诱导花芽分化的适温为4~10℃，幼苗或种球越大，低温感应能力越强，对温度适应范围也越宽；温度愈适，诱导花芽分化需要的天数愈短。多数品种在2~5℃低温下经过60~70天可完成春化，但南方品种需要的时间较短，40~60天即可；北方品种需要的时间较长，有的需要100~130天才能通过春化作用。所以，种球贮藏温度影响花芽分化，进而影响到种株抽薹和种子产量。

8. 整地栽植种球

种球栽植田应选土壤肥沃、排灌方便、具有良好隔离条件的地块，空间隔离时周围2 000米内应无其他品种采种田。栽植前施足底肥，一般每亩施5 000千克厩肥，再加上40~50千克过磷酸钙和30千克硫酸钾，翻耕耙平后做成平畦。

定植时期，华北及北京地区一般在9月上旬，陕西关中、山东、河南等地在10月上旬。栽植期对抽薹和种子产量均有影响。球栽过晚，根系不易深扎，越冬易受冻。栽植密度也会对种子产量产生影响。有研究表明：黄皮洋葱每个种球抽生2~4个花薹，合适的株行距为24厘米×33厘米；红皮洋葱每个种球抽生4~7个花薹，适宜的株行距为25厘米×40厘米。种株栽植后覆土以埋没种球为宜，盖土过浅越冬易受冻，次年花薹容易倒伏；盖土过深则不利于根系发育。

9. 种株田间管理

种株栽植后应随即浇水，以促进发根长叶。种株田总共要施入硫酸铵40~50千克，分2~3次追施。栽植后15天左右追施1次，每亩10千克。随着新叶生长应注意防治葱蓟马等害虫，11月中下旬至元月上旬灌足冻水，以后再加盖马粪或枯草防寒，以确保种株安全越冬。翌春返青后，及时灌返青水，但水量不宜过大，以免影响低温回升。结合浇水，每亩追施硫酸铵10~15千克。合墒及时中耕，提高地温以促进根系发育。以后控制浇水，防止花薹抽生过快而变细致使倒伏。花薹抽齐后，每亩随水重施硫酸铵

20~25千克，同时配以过磷酸钙和速效钾肥。以后经常保持地面湿润，促进开花授粉和种子饱满。种子成熟前10天左右停止浇水，以促进种子成熟。

10. 种子采收

洋葱种子采收的原则是成熟一批，采收一批，一般分3~4次采收完毕。始收的标准是当花球中约有20%左右的蒴果自然开裂、种子即将脱落时为宜。华北地区一般在7月上中旬种子开始成熟。采收时选择晴天上午进行，将花球带20~25厘米长花茎割下，每5~6个花球扎成一束，悬于阴凉通风干燥处后熟，该处地面要清洁，以便及时收集脱落的种子。待花球上的蒴果全部干裂后揉搓脱粒，清选后贮藏。原种种子田一般亩产50~100千克原种，高产的亩产可达150千克。

（三）生产种的生产

生产种的生产可采用半成株采种法，也可采用小株采种法。为了节约制种成本，生产上多采用后者。其技术要点如下：

1. 提早播种、培育大苗

小株采种法是以幼苗通过春化阶段形成花芽，不形成大鳞茎而直接抽薹开花结籽。所以，在冬前培育大苗，保证其在越冬过程中充分完成春化作用而分化花芽是提高种子产量的关键所在。一般采种育苗的播种期应比当地生产田育苗或成株采种育苗提早30~50天，保证在冬前假茎粗度超过0.9厘米。

小株采种的播种期多在炎热的夏季，因此在育苗时要注意遮阴，同时苗床土要求富含有机质、肥沃、疏松。播种方法与一般栽培育苗相同，但播种量应适当减少，每亩苗床播种3.5~4千克，以保证冬前大苗有足够的生长空间。播种后经常保持床土湿润，以利出苗。雨季要注意架设防雨设施，苗稠处及时间苗，随时拔除杂草。8月下旬和9月下旬分别对苗床追肥1次，结合浇水每次亩施硫酸铵10~15千克。

2. 适时定植、加大定植密度

当苗高20厘米以上，约有5片真叶时及时定植。华北地区一般在10月上旬至中旬定植。由于小株采种单株花薹数少、采种量低，所以提高种子单产主要通过密植来实现。一般秋栽可按行距15厘米，株距12~14厘米进行，每亩定植3万株左右；如果是春季定植，行距15厘米，株距10厘米，每亩定植4.2万~4.5万株。定植时要严格对秧苗进行选择，淘汰杂苗、病苗和弱苗，并对幼苗进行分级，同一级别的幼苗定植在一起，大苗较小苗稀植。采种田应与其他品种采种田空间隔离距离达1 000米。

3. 种株田管理

定植后田间管理与成株采种不同的是，秋栽定植较早，定植后要及时浇水施肥，促进植株生长，冬前适当蹲苗，促进根系发育。越冬期间应注意防寒，冬前灌足冻水，并盖马粪或秸秆等防寒。翌年春季返青后及时浇返青水，同时加大施肥量，并加强中耕，促进幼苗根系发育。抽薹开花后，结合防病治虫，每7~10天叶面喷施0.4%磷酸二氢钾1次，以促进种子充分发育。

4. 适时采种

洋葱从开花到种子成熟需70天左右，种子开始成熟时可分2~3次采收花球，采收方法及后熟、清选与原种生产相同。种子产量可接近或超过成株采种。

五、杂种一代种子的生产

洋葱花器小、一朵花只能结6粒种子，人工杂交制种工作量大，杂种生产成本高，无实际应用价值。选育雄性不育系配制一代杂种是洋葱杂种优势利用的主要途径。

利用雄性不育性生产一代杂种需要三系三圃，即雄性不育系（A系）、保持系（B系）和父本系（C系）；制种圃、A系繁殖圃和C系繁殖圃，杂一代种子生产包括亲本繁殖和制种两步。

（一）亲本繁殖

包括作为母本的雄性不育系（A系）的繁殖和作为父本的C系的繁殖，分别在A系繁殖圃和C系繁殖圃进行。亲本繁殖与一般原种繁殖相同，必须采用成株采种法，严格去杂去劣，以保持种性和纯度，并且实行严格的隔离。

1. 雄性不育系繁殖

在A系繁殖圃进行，由于雄性不育系（A系）本身不能正常结籽，繁殖时必须与保持系（B系）同圃繁殖。在A系繁殖圃按比例相间栽植A系和B系种株，天然杂交授粉，由B系提供花粉使A系授粉结籽，繁殖A系；而B系正常自交结籽，繁殖供下一年A系繁殖圃用的B系种子。

（1）适时按比例分区播种。

一般按秋播三年采种法，播期与一般生产田相同，A系和B系约按7∶1的比例分区同时播种，苗期管理与一般生产田相同。

（2）适时按比例定植、培育采种母株。

在幼苗定植时，根据苗态去杂去劣，然后将A系和B系分区定植，定植时期、方法和定植后的管理均同一般生产，返青后注意拔除先期抽薹种株。

（3）种球收获、选择和贮藏。

鳞茎成熟时及时收获、晾晒和去杂去劣，A系和B系分开贮藏，以免混杂。贮藏条件和贮藏期间的管理与一般成株采种法相同。

（4）按比例相间定植两系采种母株。

按当地成株采种种球栽植时期，将A系和B系按7∶1比例相间定植，即每7行A系定植1行B系。各地气候条件不同，授粉昆虫的数量和种类及保持系花粉数量的多少都影响两系的栽植比例。如果B系花粉少，或授粉昆虫少，或花期遇阴雨天气，则B系比例应增大，A系和B系的比例可采用8∶2。定植田即为A系繁殖圃，同时应与其他品种采种田空间隔离距离达2 000米以上为宜。

（5）去杂去劣、拔除A系中雄性可育株。

种株田要去除抽薹过早或过晚的植株、病株及杂株和畸形株，对A系中的雄蕊进行鉴定，及时拔除雄性可育株。鉴别方法是形态观察：不育株花丝短，花药皱缩不开裂，花药色浅略呈灰褐色，初期呈透明状并带绿色，花药无花粉。

（6）种子分别收获、避免机械混杂。

种子成熟时，种花球分3～4次采收后熟，集中脱粒。注意A系和B系花球单收、单打、单藏，防止发生机械混杂。

2. 父本系繁殖

父本系（C 系）虽然可在杂交种制种圃中采用小株采种繁殖，但这样会引起父本种性退化，从而影响杂交种质量。所以，父本应单设专圃繁殖，并采用成株采种进行，具体方法与一般原种的繁殖相同。

（二）杂种一代的生产

由于杂种一代种子直接供生产使用，所以为了降低杂交种子的生产成本，一般都采用小株采种法。在制种圃内将 A 系和 C 系种株按比例间行栽植，天然杂交授粉，即可从 A 系植株上收获杂种一代种子。为了保证杂种质量，制种圃应与其他种子生产田严格隔离。制种过程中，亲本种株的培育与常规品种小株采种相同，但应注意以下几点：

1. 提早播种、培育大苗

保证全部植株抽薹是提高制种量的关键。提早播种、加强苗期管理、培育大苗是保证抽薹开花的主要措施。播种期一般较当地生产田提早 30～50 天，夏季多采用遮阴育苗方式。苗床内应保证单株有足够大的营养面积，播种量按每亩 4 千克左右为宜。苗床管理同常规品种生产的相关技术。A 系和 C 系一般按 7∶1 的比例播种，分开育苗，以便管理和防止混杂。

2. 合理密植、提高单产

由于小株采种时单株花薹数少，种子产量低，因此合理密植是提高单位面积种子产量的重要措施。田间管理过程中，不仅要注意去杂去劣，而且要加强水肥管理和病虫害防治。一般将 A 系和 C 系按 7∶1 比例相间定植；但如果 C 系花粉少，或授粉昆虫少，或花期遇阴雨天气，则 C 系比例应增大，A 系和 C 系的比例可采用 8∶2 的比例。

3. 适时分别采收杂交种和父本种子

为保证杂交种的质量，种子采收应分次进行，一般 2～3 次。在采收过程中要注意避免人为错误操作，将杂交种与父本种子分别采收，防止机械学混杂。洋葱杂一代种子产量一般每亩可达 50 千克左右。

第三节　芦笋

芦笋（*Asparagus officinalis*）又名石刁柏、龙须菜等，是百合科天门冬属中多年生草本植物。原产于欧洲地中海东岸和小亚细亚地区，后随欧洲移民传入亚洲、美洲、澳洲等地，目前世界各国都有栽培，是当今世界十大名菜之一。2000 年前欧洲已有栽培，20 世纪初传入我国，台湾省栽培较普遍，1980 年代以来，福建、河南、江苏、江西、安徽、四川、天津等省市迅速发展芦笋生产并加工出口。目前我国芦笋种植总面积约 150 万亩，产量约占全世界总量的 60%，罐头出口量占世界芦笋罐头贸易量的 70% 左右。我国栽培芦笋品种早期多从美国进口，1994 年培育成了国内第一个品种，目前多采用杂种一代品种。

一、芦笋的生物学特性

（一）植物学特征

1. 根

芦笋为被子植物亚门，单子叶植物纲。属于须根系，其根群发育特别旺盛，具有长、粗、多的特点。芦笋的根分为种子根、肉质根和吸收根三种类型。

（1）种子根。

在种子吸水膨胀后，由胚根发育而成的根为种子根，也叫初生根。初生根的长度不超过35厘米，寿命也较短。它是植株最早的吸收器官，在种子发芽初期吸收养料和水分。随后种子根上产生比较粗大的第二次和第三次纤细根，吸收养分、水分供种子发芽和幼苗发育。

（2）肉质根（贮藏根）。

随着种子根的延伸和幼茎的形成，幼茎与种子根的交接处逐渐膨大，形成鳞茎盘。鳞茎盘上方突起，着生大量的鳞芽，下方生出肉质根。这些根的特点是多肉质，粗细均匀，直径达4～6毫米，长度可达1.2～3米，起着贮藏和吸收养分与水分两种作用，称之为肉质根（贮藏根）。肉质根从外向内由表皮、薄壁组织和中柱三部分构成。薄壁组织是贮藏同化产物的主要场所，中柱的主要作用是运输水分和养分。肉质根除贮藏吸收根所吸收的养分和水分外，还是储藏茎叶形成的同化产物。随着鳞茎盘的扩展，肉质根逐步增多。据测定，一个长2.5厘米的鳞茎盘，能产生35条根；长15厘米的鳞茎盘，肉质根多达140条。肉质根每年春季开始生长延伸，冬季停止。当年生长部分为白色，第2年后逐渐变成浅褐色。每条贮藏根的寿命可达3～6年。贮藏根切断后无再生能力，因此应避免损伤。

（3）吸收根（纤维根）。

从贮藏根表面长出的白色纤细根叫吸收根，起着吸收水分和矿物质养分，供植株生长发育的作用。纤维根的寿命很短，一般每年春季从肉质根的皮层四周发生大量的纤维根，当年冬季休眠期间枯萎，第二年春季再大量发生新根。但是气候温暖地区，如果条件适宜，纤维根寿命可在1年以上，而且冬季也会发生纤维根。

芦笋的根群极其发达，在疏松、深厚的土壤中，横向分布长度最大可达3～3.7米，纵向可达3米以上，但大多分布在离地表2米左右的土层内。定植当年的秋季，1.5米行距的相邻两垄间的根群即已交错在一起，随着株龄的增长，根群逐步扩大。

2. 茎

分为初生茎、地上茎、地下茎3种。

（1）初生茎。

芦笋种子萌发时首先长出地面的茎称为初生茎，它是由芽发育而成的。

（2）地上茎。

在条件适宜时，是由地下茎上的部分鳞芽群萌动抽出地面，形成地上茎。刚刚抽出的地上嫩茎粗大多汁，在幼龄时适时采收，即是通常食用的芦笋。

芦笋嫩茎多肉质、粗壮，直径一般为1.0～2.3厘米。嫩茎上生有许多腋芽，均由

鳞片包被，顶部腋芽密集，中部和基部腋芽稀疏。如果让嫩茎继续生长，就会成为直立具分支的绿色地上茎，其高度一般在 1.5～2 米。每株芦笋的地上茎最多可达 70～80 根，最粗为 5 厘米。嫩茎抽出地面 20～30 厘米时，茎顶松散，腋芽萌动，形成侧枝、亚侧枝及拟叶等器官。

（3）地下茎。

随着幼苗的生长，在初生茎与根的交接处产生突起，形成鳞茎，亦叫地下茎。芦笋的地下茎是一种非常短缩的变态茎。茎上有许多节，节间极短，节上着生鳞片状的变态叶（退化叶），叶腋间有芽。已发育的芽是由地下茎的上方分生组织形成的，有几个至十几个，都由鳞片包着，故称为鳞芽。地下茎前端有许多鳞芽，群聚发生，集结形成鳞芽群。鳞芽群的多少和健壮程度，是决定芦笋嫩茎产量高低的物质基础。一般当年秋季鳞芽越多，翌年春季生长的嫩茎越多，芦笋的产量也就越高。在地下茎下方分生组织则形成肉质根和纤维根。

3. 叶和拟叶

在芦笋茎的各节上着生有淡绿色、薄膜状、呈三角形的结构物，就是芦笋已经退化的真叶，俗称鳞片。它基本不含叶绿素，在生理营养功能上没什么意义，随着茎的生长发育，鳞片便自行脱落。但是在嫩茎期，鳞片叶包裹着茎的顶端，可保护茎尖和腋芽。

通常所说的芦笋叶，实际上是变态的枝。它是从膜状叶腋处抽生出来的 6～9 条簇生短枝，形似针状，植物学上称为叶状枝或拟叶。拟叶由表皮细胞、三层栅栏组织和维管组织三部分构成，含有丰富的叶绿素，是进行光合作用的重要营养器官。拟叶及绿色器官的繁茂程度直接关系到嫩茎的产量。芦笋雄株比雌株的拟叶多。

4. 花

芦笋是雌雄异花异株的植物。在自然条件下，雌株和雄株大体相同。芦笋的花分别着生在雌株及雌株分枝基部拟叶的叶腋处，花朵有单生或簇生，花形均呈钟状。每朵花有 6 枚花瓣和萼片，白色或乳黄色，花有蜜腺。由于芦笋不断抽发新嫩茎，因此芦笋的花期较长，在我国北方地区，花期可一直延续到秋末。

芦笋在开花前很难区分其雌、雄株，只有待开花后才能加以区分。二者的区别是雌花只有 1 枚发育正常的雌蕊和已退化的 6 枚雄蕊；而雄花则具有 6 枚发育正常的雄蕊和已退化的 1 枚雌蕊。雌花粗短，而雄花细长。

此外，在自然群体中，有极少数花，花形酷似雄花，具有发育正常的雄蕊 6 枚和不完全退化的雌蕊 1 枚，这种花称为两性花，花形一般大于同品种的雌花。两性花有一定的结实率，具有两性花的植株，被称为雌雄异型株。

5. 果实和种子

雌花经授粉受精后，发育成果实。芦笋的果实为浆果，呈球形，直径 7～8 毫米，由果皮、果肉、种子三部分组成。果实未成熟时呈深绿色，逐渐变为淡绿、橙绿、橙红，成熟时为暗红色，含糖量较高。果实内有 3 室，每室可结 2 粒种子。果实内种子的多少与授粉条件、植株营养状况及植株倍性有关。良好的授粉条件和营养状况，可使果实内的种子数明显增多，二倍体植株果实内的种子多于倍性高的植株。每个果实内的种子数 1～6 粒不等。

芦笋种子成熟后为黑色，略呈半球形，一面下陷，稍有棱角，坚硬而有光泽。千粒重20克左右。种子寿命4～5年，但陈种子发芽率低，一般贮存三年后的种子发芽率为30%左右。

（二）生长发育

1. 芦笋的发育周期

芦笋为多年生宿根植物，从种子萌芽到植株衰老的整个过程称为芦笋的生命活动周期。芦笋的寿命在不同地区有差异。热带、亚热带地区一般5～10年，温暖地区为10～15年，在寒冷地区15～20年。根据植株形态特征的变化，芦笋的一生经过发芽、幼苗、幼龄、成龄、衰老5个生长发育时期。

（1）发芽期。

从种子萌动到第1次茎出土散头为发芽阶段，经历20天左右。种子浸种后，经3～4天，胚根露尖即可播种。播种后胚根向下形成初生根，胚轴向上长出第1次地上茎。幼茎出土后由白色逐渐变为绿色，茎尖散头，出现分枝，此时发芽期结束。

（2）幼苗期。

从第1次茎尖散头出现分枝到定植前为幼苗期，历经70天左右。随着幼苗的生长，初生根与第一次茎的交接处形成小突起，发育成植株的地下基，以后依次形成二次根、三次根和肉质根。此时，肉质贮藏根也是愈粗愈长，地下茎鳞芽逐渐发展，成为鳞芽群。地下茎不断延伸，并开始出现分支。幼苗前期生长缓慢，待抽出第2根茎后即进入生长活跃期。地上部茎叶逐渐长出，枝叶由稀少到茂密，从而形成健壮的幼苗。

（3）幼龄期。

从定植到芦笋采收的初期，幼龄期为2～3年。这是芦笋整个植株迅速成长并向四周扩展的时期，地上茎不断增多，并达到一定粗度，但仍偏细。幼龄芦笋的地下茎开始是单一的，呈水平向一个方向延伸。当幼苗生长到3～4个茎，5～6条根时，地下茎开始分支，即地下茎先端以外的鳞芽也发育生长，继续延伸，鳞芽群数不断增加，肉质根迅速增多，生长健壮并达到一定的粗度。同时，地上部嫩茎产量大幅度地增加。

（4）成龄期。

从开始采笋到嫩茎产量和品质逐渐下降为成龄期。此时期持续时间较长，一般6～10年或长至15～20年。成龄期是芦笋生命周期中最旺盛的时期，这期间地上茎抽出量大，枝叶繁茂，光合能力强，同化产物不断地输入到贮藏根。地下茎不断分支、扩大，肉质根不断增加和伸长，逐渐形成庞大的鳞芽群和根系。

（5）衰老期。

芦笋产量急速下降到失去继续栽培价值为衰老期，这期间植株生长势变弱，地上茎抽出明显减少，茎叶稀疏，同化能力下降，产量降低，细笋、畸形笋再次增多，品质变差。

2. 芦笋年生长周期

在我国南方和世界上其他热带或亚热带地区，芦笋地上部全年常绿，同化作用常年进行，年生长周期不明显；而在我国北方地区，随着外界自然环境条件的不断变化，芦笋的年生长周期有两个明显不同的阶段，即生长期和休眠期。

（1）生长期。

从当年春季嫩茎开始抽发到秋冬地上部茎叶枯黄凋谢为生长期。春季当地温上升到10℃左右时，少量嫩茎开始抽发；地温上升到15～17℃时，嫩茎大量产生，嫩茎长到适宜标准时即行采收，嫩茎采收量的多少主要取决于前年根株中同化养分的积累量。采收结束后，嫩茎任其生长，进入茎叶生长发育期，决定茎叶繁茂程度的最重要因素是采收结束后根株中残存的养分量，当然也与品种、病虫害及栽培管理水平等因素有关。

（2）休眠期。

从秋冬地上部茎叶枯死到翌年早春幼芽萌动为休眠期。休眠期的长短取决于温度和笋龄，一般低温期越长，休眠期越长。山东、山西、河北大约4～5个月，辽宁及东北地区约5～6个月。幼龄笋的休眠期短于成龄笋。芦笋进入休眠期后，地上部全部枯死，地下茎不再延伸，贮藏根停止生长，维持最低限度的呼吸作用。温度高的南方可以没有休眠期。

（三）生长发育对环境条件的要求

1. 温度

芦笋对温度的适应性很强，生长发育的起始温度为5℃，最高适温37℃，最适温度12～26℃，休眠期间的地下部分可耐受－38℃的低温。

芦笋种子发芽的最适温度为20～25℃，发芽率可达90%以上。经浸泡的种子在25℃条件下3天即可发芽。芦笋种子鳞芽萌发所需最低温度为5℃，当地温超过28℃，气温超过32℃时，嫩茎变细，易散头，易老化，味苦。温度是引起芦笋休眠的主要因素。在秋末，当气温降到10℃以下时，芦笋逐渐进入休眠状态。芦笋进行光合作用的适宜温度为16～25℃。

2. 光照

芦笋是喜光作物，对光照要求较高。若地上茎叶旺盛生长期光照不足，会严重影响同化物质的制造和积累，进而影响芦笋的生长发育。种植芦笋应选择向阳地块，并合理密植，避免过密而致田间郁闭，相互遮阴。南北向栽植有利于提高光合效率。

3. 水分

芦笋的拟叶为针状，茎叶表面被蜡质层所覆盖，从而减少了水分蒸发，提高了芦笋的抗旱、耐旱性能。芦笋有庞大的根系，贮藏根内含有大量水分，可以短期调节水分不足，并能深入地下2～3米含水量较多的土层内，遇旱时能自行调节，因而又是一种较耐旱的作物。但芦笋对水分的反应十分敏感。土壤过于干燥时，嫩茎变细，畸形笋、空心笋增多，苦味重、纤维多，易老化，严重影响产量和品质。芦笋生长期内最适土壤湿度为最大田间持水量60%～65%。芦笋不耐涝，如果土壤长期水分过多，或地下水位过高，排水不良或常渍水的地块，易使土壤中氧气不足，会使根系呼吸作用受阻，造成芦笋生长不良或烂根，或导致整株死亡。另外，若空气湿度过大，再遇高温，也易招致芦笋病害，特别是茎枯病的大量发生。因而，要选择灌水和排水条件均优越的土地进行种子生产。

4. 土壤养分

芦笋的根系发达，根群发育十分旺盛，同时芦笋根系具有吸收和贮藏双重作用，根系发育的好坏及贮存养分的多少，直接关系到地上茎叶的生长发育。土壤性质直接影响着芦笋根系的发育情况，因此栽培芦笋时，应选择土层深厚、疏松，有良好透气性且富含有机质、保水保肥力强的腐殖土或砂质壤土。

芦笋对土壤 pH 值要求以 5.8 ~ 7.5 为宜。当土壤 pH 值小于 5.5 或大于 8 时，芦笋根系发育不良，生长停止或腐烂，地上部干枯。芦笋的耐盐能力较强，一般土壤的含盐量不超过 0.2% 为宜。

芦笋在生长发育过程中需要大量的氮磷钾钙肥，除此之外，虽然对其他微量元素需求量较少，但反应也比较敏感。如果缺镁时，拟叶会发生缺绿症；缺锰时，植株易衰老；缺硼时，芦笋的产量和质量均会下降。因此，在芦笋高产优质栽培中，不仅要满足氮、磷、钾、钙元素的供应，而且也要注意镁、锰、硼、铁、锌、铜等微量元素的供应。

二、芦笋开花结实习性

（一）芦笋植株性型

芦笋雌雄异株，一般品种雌雄株比例为 1 ∶ 1，偶尔在其自然群体中也能发现雌雄同花的两性花植株。这种植株在遗传上属于雄性，因而称为雄性两性花植株。

雌株茎粗，植株高大，分枝部位高，枝叶稀疏，茎数少，但笋较大，秋季结果形成种子，寿命短；雄株茎较细，植株较矮，分枝部位低，枝叶繁茂，发生茎数多，春季嫩茎发生早，又因雄株不结果，养分消耗少，积累多，因而鲜笋产量一般要比雌株高 20% 以上，经济寿命长，但笋较小。芦笋自然群体中只有 0% ~ 2% 的两性花植株，大多数两性花雄蕊正常而雌蕊不够健全，完全两性花比例甚小，两性花结实率很低甚至不能结实。

（二）芦笋性别的遗传特点

芦笋的性别遗传特点是雌株纯合型（同质型），基因型为 XX；雄株杂合型（异质型），基因型为 XY；同质型雄株（YY）的胚珠一般都败育。芦笋在正常育种程度上较难获得纯系，可利用雄株的花粉进行离体培养，得到由 X 和 Y 两种配子型花粉发育而来的单倍体植株，这种植株经染色体加倍后，获得 YY 的纯雄株即叫“超雄株”和 XX 的纯雌株，用超雄株和雌株杂交，F1 代全部为雄株 XY，称“全雄系”。

芦笋杂种一代就是以超雄系 YY 为父本，性状优良的纯雌株作母本杂交所得，其后代全部都是雄株，即为全雄系品种。

（三）芦笋的花器构造

芦笋花单生于叶腋中，单性，偶有两性花。花小，吊钟形，花被 6 片。雄花淡黄色，花朵比较细长，花被长 7 ~ 14 毫米，花药近圆形；雌花绿白色，花朵较短粗，花被长 3 ~ 4 毫米，具 6 枚退化雄蕊。雄株在茎粗达到 0.25 ~ 0.3 厘米时开始开花，雌株在茎粗达到 0.7 ~ 0.76 厘米时开始开花，雄株开花期早于雌株半个月左右。制种过程中要注意采取一定措施使花期相遇。

芦笋的雄花花器上有退化的雌蕊，在雌花花器上有退化的雄蕊，芦笋雌雄花依据发育程度不同分为：强雄花、弱雄花、两性花、弱雌花、强雌花。

在芦笋的自然群体中还存在着一定数量的两性花植株。两性花植株外表酷似雄株，花形也与雄花相似，但结构却有所不同。雄株雄蕊健全，雌蕊完全退化，只留有痕迹；两性花植株不仅雄蕊健全，还有健全程度不同的雌蕊。雌花上的雄蕊发育程度一致，都表现退化，只是子房大小略有差异。但是，雄花中的雌蕊发育程度却有明显的差别。根据其花柱的发育程度，可将雄花大致分为5类：①无花柱；②有花柱痕迹；③短花柱；④花柱正常，但柱头不完全；⑤正常的花柱和柱头。显然后三者都是两性花，第⑤类发育正常，雌雄蕊健全，为完全两性花；③④类雄蕊正常，雌蕊不完全退化，为不完全两性花，雌蕊大小与雄蕊大小成反比。两性花基因型一般是XY，以不同发育程度的两性花植株为亲本进行杂交试验，其后代两性花的比例与发育程度很大程度上决定于父本以及Y染色体上的主因子。两性花自交后代中，雌雄比例为1∶3。

（四）芦笋结实习性

芦笋为虫媒花。果实为圆球形浆果，幼果青绿色，成熟后红色，直径6～7毫米。种子黑色，坚硬，半圆球形，每克种子40～50粒，千粒重20克左右。种子使用年限为2～3年，生产上宜用新种子，陈种子发芽势弱。

三、芦笋的繁殖方法

芦笋的繁殖方法主要有三种：一是种子繁殖；二是分株繁殖；三是用组织培养技术生产试管苗。

1. 种子繁殖

目前，我国栽培芦笋主要是采用种子进行繁殖，可以育苗移栽，也可大田直播。直播用种量较大，而我国当前芦笋种子仍以国外进口较多，种子价格昂贵，成本高，再加上直播浪费种子，出苗率低，不易管理，培育壮苗困难，所以生产中多采用育苗移栽的方法。

2. 分株繁殖

分株繁殖也称为分根法，即利用多年生芦笋可自然分成若干株的特点，选择经济性状良好的芦笋成年植株，于采收后或休眠期分根；或选择年久需更新的老笋园，全部挖出进行分株，每公顷老笋园可繁殖新笋园75公顷，若考虑芦笋的栽后成活、发根孕芽及早笋，则在9月中下旬至10月上旬分根为好。分根时靠一边深挖出宿根，用手端着肉质根轻轻取出，剪除衰老的肉质根和病残的地上茎，另切成丛，每丛选留20～30条肉质根、2～3株地上茎和一定数量的鳞芽。分好的株丛按一定的行株距，开沟或开穴，施足基肥，进行定植。由于分株根系带有贮藏养分，因而采用这一方法，起产早，收益快，栽培的第二年即可采笋，而且能保持品种的优良特性，变异小，还可在分株时选留优良高产雄株，淘汰雌株。这一方法的缺点是分株比较费工，种根数量有限，不能大面积供种；操作中极易伤根、伤芽，栽植后形成的植株生长势较弱；繁殖系数很低。所以，一般不宜采用此法。

3. 组织培养

利用优良芦笋植株的茎尖、腋芽、嫩枝、叶片、花粉等体细胞，在适宜的环境中离体培养，短期内可获大量植株，实现工厂化育苗。组织培养繁殖系数高，每人每年可繁育7万株组培苗，供4公顷大田使用；繁殖中脱去植株所带病毒，使植株更健壮；同时，利用这一技术可培养全雄株，从而提高产量和品质。但组织培养需要一定的设备，要建立无菌操作室、试管苗培养室、成苗培养室等。目前由于成本较高，培养技术难度大等问题，组培苗主要用于芦笋育种中制种田的建立及优良雌、雄株系的快速繁殖。

四、芦笋杂交制种技术

国内外芦笋生产中应用的芦笋品种多是单交种或双交种。近一二十年来，由于芦笋组织培养技术在芦笋育种中得到广泛应用，从而加速了芦笋良种的繁育推广，并利用该技术选育出了一大批产量更高、品质更佳、抗病性强的优良杂交一代种、多倍体及全雄系芦笋新品种，大大推动了芦笋种植业的发展。

芦笋杂交制种是将超雄株系做父本系，纯雌株系做母本系，二者按一定比例相间种植，使其自由授粉，则从母本系上采收的即为全雄系杂种一代。与常规制种相比，芦笋杂交制种主要在于父本系与母本系的选择，有了具备优良的性状和高配合力的父母本组合，只要按照正常的种子生产程序进行即可。

（一）茎尖培养法快速繁殖亲本和采种株

芦笋用种子繁殖，常有相当一部分植株在品质和生产力上有差别，不良株增加，对生产和制种都带来很大影响；采用分株繁殖可以保持植株优良性状，但繁殖系数小，繁殖速度慢，费工费时。芦笋杂交制种中，亲本和采种株的繁殖多采用茎尖培养法，这种无性繁殖可以快速获得大量品质优良的幼苗。具体方法如下：

1. 选取嫩枝

在田间分别选取生长健壮的超雄株、纯雌株，从所选植株上切取带有若干侧芽的嫩枝。

2. 无菌培养

在无菌操作室，将嫩枝浸入5%次氯酸钠溶液中消毒7分钟，取出用无菌水冲洗几次，然后剥去侧芽外层鳞片，将侧芽切成带1~2个芽的小段，接种到含0.05~0.11μl/L萘乙酸和0.3~0.5μl/L激动素的MS培养基上。培养10天左右，不经过产生愈伤组织茎叶即可伸长，经过4~6周，侧芽即可伸长3~5厘米，生有5个左右侧芽。此时再将茎段分切成带有1个芽的小段，芽面朝上，另插接到含有萘乙酸和激动素的培养基上；在26~28℃的温度中，每日用日光灯照射16小时，光照度1 300勒克斯。经10~12周，又可产生许多丛生小芽。再分切培养，反复扩繁，即可得到大量的原始母茎。将母株分植到含有0.1μl/L萘乙酸的培养基上，约经4周即可发育成具有根的完整植株。

健壮的试管苗为：苗高不超过10厘米，根长不小于5厘米，并有须根。

3. 苗床炼苗

试管苗定植到大田前4个月左右，要先连根一起移植到苗床进行适应性培养。最好采用营养钵培育，应选用疏松透气性好、利于根系伸长的蛭石、珍珠岩、草炭等做营养土。试管苗移到营养钵后，先放在室内适应环境，罩塑料薄膜保温，在开始的1~2周内喷雾保湿，并适当遮阴。之后逐渐撤掉保温与遮阴材料，接受自然光照，室温控制在

25℃左右。当枝梢开始生长时，再移到温室中，生长3～4个月后即可定植大田。定植前7～10天开始要逐渐加大通风量，进行幼苗锻炼，以提早适应大田生长环境。

注意父母本植株要分开培养，防止发生混杂。

（二）种株定植

1. 制种田的选择

芦笋制种田应选择土层深厚、通透性好、富含有机质、排水良好的砂质壤土，田块要向阳，地势要平坦，前茬不能是桑园、果园、甘薯、马铃薯等。芦笋为异花授粉植物，因此制种田不能选在邻近果园、桑园的地方，与它们最少要隔离1 000米以上。

2. 整地施肥

制种田块必须深耕和重施基肥。先把土地整平，四周做好排水沟，之后沿南北行向按1.8～2米的行距挖定植沟，沟深和沟宽40各厘米。然后在沟内施肥，亩施充分腐熟的厩肥5 000千克，过磷酸钙30千克，尿素7千克，氯化钾10千克，与土壤混合均匀。之后将翻出的表土填入沟内约20厘米，以备定植。

3. 选苗分级

选生长健壮的幼苗，按植株大小分级，所选超雄株、纯雌株比例大致为1：10。用营养钵培育的幼苗，定植前只需把营养钵去掉，可连营养土一起定植；未用营养钵培育的幼苗，也要带土坨起苗以免损伤根系，根系受损缓苗时间长。

4. 分行定植

芦笋采种株定植时间应根据各地气候条件而定，华北地区可在4月中下旬定植。超雄株、纯雌株按1:10的比例分行定植，即10行纯雌株夹1行超雄株。定植时将幼苗放入定植沟内，使根系舒展，然后覆土6～10厘米。单株栽植，株距40～50厘米，每亩约1 000株左右。

（三）田间管理

1. 及时排水灌溉、除草施肥

芦笋定植后随即灌定植水，4～5天后灌缓苗水，半月之后再灌一水，覆土4～5厘米。以后适当控制灌水，并结合中耕及时除草。定植当年以培育生长势强的健壮植株为主，因此要勤中耕、勤除草、勤灌水。长时间降雨形成田间积水，要及时引导使用排水沟排水，防止茎枯病的发生与迅速蔓延。冬季地上部植株枯黄后即可割去，烧毁防病，土壤封冻前要及时浇冻水，有利于越冬。

定植后第二年，早春要在芦笋返青、抽生嫩茎后，及时培土4～5厘米、施肥，亩施尿素50千克，之后中耕除草。嫩茎抽生较多时，适时灌水，保持土壤湿润。芦笋采种株在前两年一般不采笋，或第二年少量采笋，第三年开始可大量采笋。每年越冬前要浇冻水，返青后要追肥，气温升高后要及时灌水。抽生花茎前，亩施腐熟粪肥3 000千克，尿素15千克；开花结实期间亩施复合肥100千克，并连续喷施0.2%磷酸二氢钾2～3次，促进果实成熟。

秋季采种结束后，为促进地上部茁壮生长和贮藏积累养分，应重点施肥，用肥量为全年总施肥量的2/3，每亩沟施腐熟粪肥2 000～3 000千克，复合肥20～30千克，施肥后扒垄晒土，扒垄时不要伤鳞茎，晒土3～4天后灌水盖肥。秋季根据植株生长情况根外追肥 1 ~ 2 次。

2. 调节花期、自然授粉

芦笋雄株比雌株开花要早 10 天以上，为防止花期不遇，保证雌株受粉结实，一般父本要比母本植株多采笋 10 天，这样能延长雄株花期。父母本开花前要随时检查田间植株生长情况，发现不健壮的、受病害的要及时拔除。花期相遇后，雌花即可接受雄花自然授粉，完成受精过程，形成种子和果实。

3. 设立支柱

芦笋植株高大，花茎多，容易倒伏，要及时设立支柱拉绳子支撑。

（四）适时采种

雌花受粉后 65 ~ 70 天，芦笋浆果即由绿变红，充分老熟后即可采收。种子收获后，浸入水中 1 ~ 2 天，搓去果皮，捞去浮在水面的瘪籽，将沉入水底的种子洗干净、晒干。种子含水量达到 8% 时即可装袋贮藏。4 年生芦笋一般每亩可采收一代杂种 50 千克左右。

第七章　菊科蔬菜良种繁育

第一节　生菜

生菜（*Lactuca sativa*）是叶用莴苣的俗称，因可以生食而得名，又名团叶生菜、莴菜、千金菜等，是一二年生的菊苣属菊科植物。原产了地中海沿岸，约在5世纪传入中国。

生菜包括三个变种：长叶莴苣又称散叶莴苣，叶全缘或有锯齿，外叶直立，一般不结球或有松散的圆筒形或圆锥形叶球；皱叶莴苣，叶片深裂，叶面皱缩，有松散的叶球或不结球；结球莴苣，叶全缘，有锯齿或深裂，叶面平滑成皱缩，外叶开展，心叶形成叶球。

一、生菜的生物学特性

（一）植物学特征

1. 根

生菜属直根性蔬菜，根系不很发达，分布浅，主要根群分布在地表下20厘米左右的土层内，主根深21～24厘米，根系的吸收能力较弱，侧根的生长也较弱，数目也少，但经育苗移栽后，因主根被切断，再生能力增强，可发生很多侧根。

2. 茎

生菜的茎为缩短茎，在营养生长时期，随着植株的旺盛生长而缓慢伸长、加粗；茎端花芽分化后，随着生殖生长的加强，也继续伸长、加粗，抽薹后期形成肉质茎。

3. 叶

生菜叶片互生，密集于缩短茎上，为莲座叶，叶面平滑或有皱缩，叶全缘或有缺刻，有披针形、椭圆形、倒卵形等，叶色也因不同的品种而呈深绿、浅绿、黄绿、紫红和淡紫等颜色。外叶开展，心叶松散，结球莴苣在莲座叶形成后，心叶内卷结成叶球。叶球有圆球形、扁圆球形、圆锥形、圆筒形等形状。

4. 花

花为头状花序，黄色或白色，一个花序上有花20朵左右，子房单室，为自花授粉，有少数异花授粉。

5. 果实

果实为瘦果，呈灰黑、黄褐等颜色，在开花后15天左右成熟，生产上所用的种子，即为这种植物学上的果实。它成熟后顶部生长伞状细毛即冠毛，能借风力传播，结球莴苣种子的千粒重为8～12克，而散叶品种种子的千粒重为0.8～1.2克。种子成熟后有一段时间的休眠期，贮藏一年后种子的发芽率可以有一定程度的提高。

（二）生长发育

生菜的生育周期包括营养生长和生殖生长两个阶段。

1. 营养生长期

包括发芽期、幼苗期、发棵期及产品器官形成期。各期的长短因品种和栽培季节不同而异。

（1）发芽期。

从播种至第一片真叶初现为发芽期。其临界形态特征为“破心”，需 8 ~ 10 天。种子发芽的最低温度为 4℃，发芽的适温为 15 ~ 20℃，低于 15℃时发芽整齐度较差，高于 25℃时因种皮吸水受阻种子发芽率明显下降，30℃以上发芽受阻。有些生菜品种的种子在光下发芽较快。各种光质的作用不同，红光促进发芽，而近红外光和蓝光则抑制发芽。

（2）幼苗期。

从“破心”至第一个叶环的叶片全部展开为幼苗期，其临界形态标志为“团棵”，每叶环有 5 ~ 8 枚叶片。该期需 20 ~ 25 天，生长适温为 16 ~ 20℃。

（3）发棵期。

又称莲座期、开盘期，从“团棵”至第二叶环的叶片全部展开为发棵期。结球莴苣心叶开始卷抱，需 15 ~ 30 天，生长适温为 18 ~ 22℃。散叶莴苣无此期。

（4）产品器官形成期。

此期内，结球莴苣从卷心到叶球成熟；而散叶莴苣则以齐顶为成熟标志，需 15 ~ 25 天。

2. 生殖生长期

生菜苗端分化花芽是从营养生长转向生殖生长的标志。生菜在 2 ~ 5℃的温度条件下，10 ~ 15 天就可以通过春化阶段，在长日照条件下通过春化阶段的速度加快。但生菜对低温、长日照的要求并不十分严格，它的春化不一定需要低温，而与积温密切相关，在连续高温下，只要积温够了，就可以抽薹开花。对光照的要求也不十分严格，但加长光照时数可以加速发育。在长日照条件下，生菜的发育速度可以随温度的升高而加快，所以生菜是高温感应型植物，但其对高温的敏感程度随品种不同而异。早熟品种最敏感，中熟品种次之，晚熟品种迟钝。花芽分化后，植株抽薹开花到果实成熟为生殖生长阶段。花后 15 天左右瘦果即成熟。

（三）生长发育对环境条件的要求

1. 温度

生菜是半耐寒的蔬菜，喜欢冷凉，忌高温。种子在 4℃以上时开始发芽，最适宜的发芽温度为 15 ~ 20℃。多数品种的种子有休眠期，在高温季节播种时，播前种子需进行低温处理，在 5 ~ 18℃条件下浸种即可促进种子发芽。幼苗生长的适宜温度为 16 ~ 20℃，结球莴苣外叶生长的适宜温度为 18 ~ 23℃，结球期的适温为 17 ~ 18℃。根系生长的适宜温度为 15 ~ 20℃，低温有利于同化产物向根部运输。开花结实期要求有较高的温度，在 22 ~ 29℃的温度范围内，温度愈高从开花到种子成熟所需要的天数愈少。

2. 光照

生菜属长日照作物，散叶莴苣生长期间要求日照充足，长期阴雨或遮阴密闭会影响叶片和茎部的生长发育；但结球莴苣的生长需要中等的光照强度，光照过强或过弱对其生长均不利。对于采种的结球莴苣则需要长日照。生菜种子是需光种子，即发芽时有适当的散射光可以促进发芽。

3. 水分

因生菜的叶片多，叶面积大，蒸腾量大，不耐旱，所以栽培上必须经常保持土壤湿润；但水分过多且温度又高时，极易引起徒长，所以生菜对水分的要求十分严格。幼苗期土壤不能干燥也不能太湿，以免秧苗老化或徒长；发棵期，为使莲座叶健壮生长，要适当控制水分，进行蹲苗，使根系往纵深生长，莲座叶得以充分发育；产品形成期水分要充足，否则会影响产量和品质。结球生菜结球期若水分不足，则叶球小，味苦，结球后期水分不可过多，以免发生裂球，导致软腐病和菌核病的发生。

4. 土壤营养

生菜的根吸收能力弱，且根系对氧气的要求较高，在有机质丰富、保水保肥力强、通气性能较好的砂质壤土或壤土上栽培，根系生长快，植株生长健壮。在缺乏有机质、通气不良的瘠薄土壤上栽培根系发育不好，叶球小，不充实，品质差。生菜喜微酸性土壤，适宜的土壤 pH 值为 6.0 左右，pH 值在 5 以下和 7 以上时，生长发育不良。

生菜对土壤养分的要求较高，尤其是对氮肥的要求，在任何时期，缺氮都会抑制生菜叶片的分化，使叶数减少，尤其是在幼苗期。生长期缺钾，对叶片的分化没有太大的影响，但可影响叶重，若是在结球期缺钾，则会导致显著减产。据试验分析，每产 1 500千克的生菜，吸收氮、磷、钾的量分别为 3.8 千克、1.8 千克和 6.7 千克。

二、种株的开花结实习性

生菜的主花茎上有许多分枝，每个分枝上有一个圆锥形的头状花序，花托扁平，每个花序中有小花 20 朵左右；外围有总苞，花瓣淡黄色，内着生一枚雄蕊；子房单室；萼片退化成毛状，称冠毛。清晨，每一个花序的小花同时开放，1 ~ 2 小时后闭花；开花前 1 天，各小花的雄蕊花药散出花粉，雌蕊的花柱也同时伸长，沾上花粉，完成授粉受精。虽然有时也会通过昆虫等造成异花授粉，但异交率一般不超过 1%。果实为瘦果，扁平细长，呈披针形，黑褐色或灰白色，果实两面有浅棱，成熟时果实顶部附有雨伞形丝状冠毛，可随风飞散。

三、采种方式与繁育制度

（一）采种方式

1. 春播采种

一般于 3 月上中旬在阳畦或小拱棚内播种育苗，5 月初露地定植，7 月下旬至 8 月上中旬采收种子。该采种方式因种株开花结实期正值多雨季节，种子极易发霉，同时产量也较低，所以现在专业制种很少采用。

2. 夏播采种

一般于7月中旬前后露地播种育苗，8月上旬定植于大田，9月上旬抽薹，10月上旬至下旬收获种子。此种方法由于后期温度偏低，种子成熟度较差，发芽率低下，也不宜采用。

3. 秋播采种

露地可越冬的地区（如西安、郑州、济南等地），一般于9月上中旬播种育苗，10月下旬到11月上旬定植，翌年6月至7月收获种子。此种方法所收获的种子质量优，产量高，是原种和生产种生产中普遍采用的菜种方式。

4. 冬播采种

一般于10月中旬前后在阳畦中播种育苗，齐苗后按20厘米的株行距适时定苗。天气渐冷后，保护越冬。翌年4月初露地定植，7月上旬种子成熟收获。由于种株在雨季来临前开花结实，所以种子质量优、产量高，是露地不能安全越冬地区（如北京、太原、银川、兰州等地）普遍采用的种子生产方式。

（二）繁育制度

目前，生产上所用的生菜的种子绝大多数均为常规品种，因此其良种繁育也是围绕常规品种种子的生产进行的。在实践中，多采用原种—生产种二级良种繁育制度。即原原种繁殖原种，用原种通过成株采种的方式生产原种一代、二代、三代等；而后再用原种级的种子生产生产用种。其过程如图7－1所示。

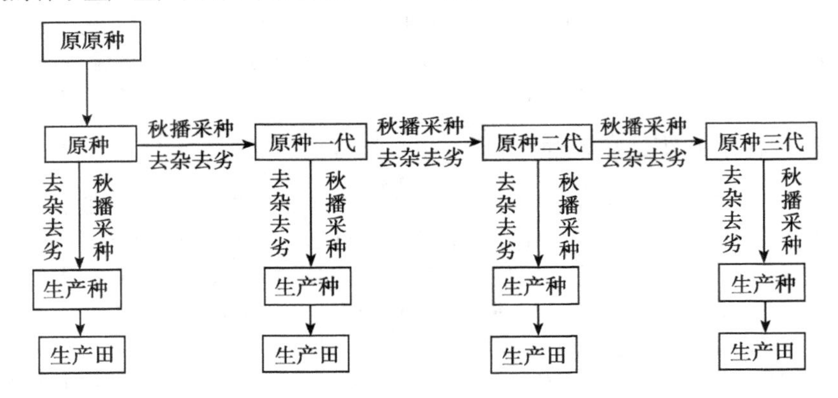

图7－1　生菜原种—生产种二级种子生产程序

四、生菜种子生产技术

无论是原种还是生产用种生产，也无论采用哪种方式进行生菜种子的生产，其技术基本相同，现以秋播采种为例介绍如下：

1. 育苗

（1）苗床准备。

苗床应选择在阳光充足、地势高而平坦、排灌方便、残留菊科蔬菜病菌少的地方。

苗床土以菜园土为主，辅以充分腐熟的优质有机肥，按 6∶4 比例配比，打碎后过筛，要混合均匀，保证床土疏松透气，保水保肥。为防止土传病菌，用床土重量万分之五的敌克松在床土配制时均匀混入进行消毒。苗床面积按栽苗面积的 1/8 比例准备。

（2）播种。

生菜种子为灰白色或黑褐色瘦果，种子千粒重约 0.8～1.2 克。播前用 70% 敌克松按种子重量的 0.3% 对种子进行药剂处理。生菜种子发芽时对温度要求较低，一般在 9 月上中旬播种育苗。播前苗床浇透水，采用撒播或条播方式，播种量 60～80 克/每亩，播后浅耙覆土，然后覆膜。

（3）苗期管理。

幼苗出土后，要加强水肥管理，冬前要通过低温锻炼，抑制幼苗徒长，提高抗寒性。当苗床土的湿度过低时，酌情补充水份，苗期可浇 1～3 次水。用 0.1% 的磷酸二氢钾和 0.3% 的尿素水溶液叶面追肥 1～2 次，增产效果显著。苗期无需间定苗，为保证制种纯度，2～4 片真叶时，应及时拔除畸形苗和杂苗。

2. 移苗定植

定植前 7～10 天整地，结合整地，每亩施磷酸二铵 15～20 千克。定植采用平畦栽培，结合地势注意畦宽，确保浇水方便。移苗时间一般在 10 月下旬到 11 月上旬，早熟品种株行距 20 厘米，中晚熟品种株行距 25～30 厘米为宜。定植时，务必做到随栽随灌。

3. 定植后水肥管理

浇定植水后一个星期，可根据墒情再浇 1～2 次缓苗水。生菜既怕干旱又怕潮湿，所以水分管理是关键，全生育期浇水 3～5 次，结球后期要适当控制浇水。定植后随水每亩追肥尿素 10～20 千克。在生长中后期，要及时进行根外追肥 3～4 次，以补充钙、硼、镁、铜等微量元素，这对提高种子产量十分重要。通过 1～2 次中耕和人工除草，确保田间无杂草。翌年 4 月、5 月份抽薹开花，6 月、7 月份种子成熟。

4. 病虫害防治

病害主要为霜霉病，可用 50% 克菌丹 500 倍液进行喷洒 1～2 次防治。植株缺钙所引起的干烧病，可用 0.5% 的硝酸钙进行叶面喷洒防治。主要害虫为红蜘蛛，可用 73% 克螨特 1 000倍液喷洒防治。

5. 采收

正常水肥管理下，生菜种子至翌年 6 月、7 月份陆续成熟。当种子显灰色或发黑、有光泽时，即可收获。采收时，按成熟情况逐棵割倒。为防止落粒，收割宜在清晨时进行。在地头铺放塑料布，将割倒植株放在上面晾晒，到下午即可通过人工摔抖，使种子脱落。采收到的种子，选微风天气或利用电风扇，通过风选，将秸梗、残叶和花絮等杂物清除，确保种子净度在 98% 以上。筛选过的种子及时用防潮袋包装，至阴凉处，防雨防鼠，以备销售。

第二节　茼蒿

茼蒿（*Chrysanthemum coronarium* L.）别名蓬蒿、春菊，是菊科茼蒿属以嫩茎叶为食用器官的栽培种，为一二年生草本植物。茼蒿植株具特殊气味，富含蛋白质。茼蒿原产于地中海沿岸，在我国栽培历史悠久。

茼蒿根据叶片大小、缺刻深浅不同，可分为大叶种和小叶种两个类型。大叶种又称板叶茼蒿或圆叶茼蒿，全国各地均有栽培。其特点是叶丛半直立，分枝力中等，嫩枝短而粗，叶片大而肥厚，叶面皱缩、绿色，有蜡粉。肉厚纤维少，香味较浓，品质好，产量较高。但耐寒性差，比较耐热，病虫害少，生长较慢，南方地区种植较多。小叶种又称花叶茼蒿、蒿子秆。其特点是叶片长椭圆形，分枝多，叶绿色，叶面较平，叶肉薄，嫩枝有清香味。适应性强，较抗病，抗寒性强，喜冷凉不耐热，生长期短，北方种植较多。

一、茼蒿的生物学特性

（一）植物学特征与开花结实习性

茼蒿主根不发达，须根多，根群主要分布于10～20厘米的土层内，属浅根系作物。茎圆柱形、浅绿色，柔嫩，粗壮，能直立。营养生长期茎高20～30厘米，春季抽薹开花，茎高60～90厘米。茎秆叶长形，根出叶无叶柄，叶片较厚，互生，二回羽状深裂。叶缘波状或深裂，叶缘缺刻深浅因品种而异。植株自叶腋处分生侧枝。春季抽薹开花，头状花序，单花舌状，花黄色或白色，单瓣或重瓣，着生于主茎或侧枝的顶端。自花授粉，但因常招引昆虫，故也能进行异花授粉。5个雄蕊的花药是合生的聚药雄蕊，包围在花柱外面，而花丝是分离生于花冠筒中。果实为瘦果，有3个突起的翅肋，翅肋间有几条不明显的纵肋，无冠毛。果皮为2心皮形成，每一朵小花结1粒种子。种子是植物学上的瘦果，褐色，有棱角；果实小，扁方块形，暗褐色，千粒重在1.6～2克，使用年限2～3年。

（二）生长发育对环境条件的要求

1. 温度

茼蒿性喜冷凉，不耐高温，但适应性较广，在10～29℃温度范围内均能生长。种子在10℃时即可缓慢发芽，发芽适宜温度为15～20℃。植株生长适温为17～20℃，12℃以下生长缓慢，30℃以上生长不良。能耐短时间的0℃的低温。

2. 光照

茼蒿属长日照植物，在夏季高温长日照条件下，植株长不大就抽薹、开花。茼蒿对光照强度要求不严格，弱光下也能正常生长。在北方地区当年直播可开花、结籽。

3. 水分

茼蒿属于浅根性蔬菜，而且生长速度快。因此，需要充足的水分供应。土壤需经常保持湿润，土壤相对湿度70%～80%，空气相对湿度以85%～95%为宜。

4. 土壤和养分

茼蒿对土壤要求不太严格，以保水保肥能力强、土质比较疏松、肥沃的壤土或砂质壤土为好。土壤 pH 值以 5.5 ~6.8 最适宜茼蒿生长。

二、采种方式与繁育制度

（一）采种方式

茼蒿可采用埋头采种、育苗移栽采种和春露地直播采种 3 种方式进行种子的生产。前两种方式种子产量高，质量好，适于原种和生产种的生产；第三种方式种子产量和质量不如前两种，只适用于生产种的生产。

（二）繁育制度

目前，生产上所用的茼蒿的种子绝大多数均为常规品种，因此其良种繁育也是围绕常规品种种子的生产进行的。在实践中，多采用原种—生产种二级良种繁育制度。即原原种繁殖原种，用原种通过成株采种的方式生产原种一代、二代、三代等；而后再用原种级的种子生产生产用种。其过程如图 7 –2 所示。

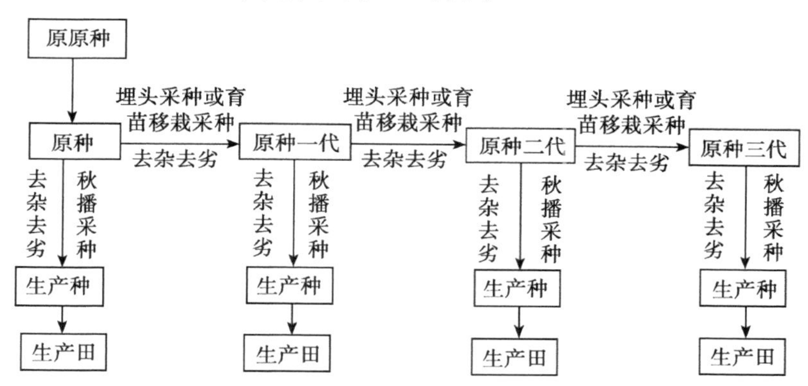

图 7 –2 茼蒿原种—生产种二级种子生产程序

三、茼蒿种子生产技术

（一）埋头采种法

埋头采种是在入冬之前播种，翌年春季出苗，然后抽薹、开花、结实、采种。

1. 采种田选择

茼蒿采种时要选择地势平坦、排灌方便、土壤肥沃、疏松透气的壤土或砂壤土作为制种田。为了保证种子的纯度，避免发生生物学混杂，采种田应与其他品种的制种田间隔 1 000米以上。

2. 施基肥、整地做畦

茼蒿虽然适应性较强，但在采种时为了提高种子的产量和质量一定要重视施入基肥。浅翻细耙前可每亩施入腐熟厩肥 3 000千克左右，过磷酸钙 50 千克，并施入适量的速效氮肥。施入基肥时一定要使肥料散播均匀，避免肥烧苗导致断苗或因肥力不均导致种株生长发育不整齐。翻耕并耙平整细，做成宽 1.2～1.5 米、长 7～8 米的平畦。

3. 播种期及种子处理

在华北地区，采用埋头采种法制种，茼蒿种子的播种期一般在 10 月底、11 月上旬左右。播种后，种子不萌动或有一部分萌动，土壤即已封冻。在播种前，有时要对种子进行简单的处理，如清选或浸泡等。一般每亩的播种量为 3～3.5 千克。

4. 播种

埋头采种可采用条播法播种，行距 8～9 厘米，播后覆土 1～1.5 厘米；也可散播，尔后覆土。播种时将种子与细沙混匀，种子与细沙的比例为 1∶5～10 为宜，这样出苗时可避免过稀或过稠。

5. 采种田的越冬管理

（1）浇冻水。

在冻前浇足冻水，使萌动的种子处于较高的土壤水分之中，从而提高种子的耐寒能力。

（2）适当覆盖。

浇过冻水后，为保持土壤含水量，可在畦面适当加盖地膜或马粪等，利于翌年春季种子出苗。

（3）防践踏。

茼蒿制种田在越冬期间，要尽量避免牲畜践踏，以免翌年春季出苗不整齐而影响了种子产量和质量。

6. 翌年的田间管理

（1）间苗留种株。

在幼苗 2～4 片真叶期间，结合中耕除草进行 1～2 次的间苗，选择具有本品种特征特性的健壮苗做种株，淘汰杂株劣株，最后留苗保持株行距 8～9 厘米。在这种密度下制种，单位面积的主花枝花序数比较多，种子质量较高；如果稀植，侧枝增多，而主花枝花序总数相对减少，种子质量会有所下降。

（2）中耕蹲苗。

埋头采种法制种，茼蒿种株的果实成熟期正临夏季高温多雨期，很容易倒伏，严重影响种子的产量和质量，所以在苗期应进行适当蹲苗，使花枝粗壮，防止后期倒伏。种株确定后，连续进行 2～3 次中耕，疏松土壤，促进根系发育，使地上部主侧枝生长均匀粗壮。

（3）肥水管理。

根据土壤墒情和植株生长情况，当幼苗 2～3 片真叶时，可浇 1 次小水，然后控水蹲苗。当主花枝上的花序即将开花时，结合浇水进行追肥，每亩施入腐熟的人粪尿 2 000千克或尿素 20 千克，磷酸二氢钾 5～8 千克，促使花蕾长大，籽粒饱满。当主花枝上的花已凋谢，开始结果后，可叶面喷施 0.2%～0.3% 磷酸二氢钾水溶液 1～2 次。谢花后和种子成熟前减少浇水，以利种子充实饱满。

（4）搭架防倒伏。

在开花前，把同一畦两边的种株用横竖架进行固定，防止种株后期倒伏。

7. 种子采收

华北地区采用埋头采种技术，种株一般在6月上中旬开花，7月上中旬种子成熟。由于种株主花枝和侧花枝上花序的开花期和种子成熟期不一致，为保证种子产量和质量，种子采收最好分次进行。第一次采收主枝及第一侧枝上的种子，第二次采收第二侧枝上的种子。采种时，因种子易散落，应用小布袋边采边装，采收完经干燥和清选，去除杂质后装袋贮存。第二次采收后，将种株割下晾晒，晾晒至叶片萎蔫时便可脱粒，再经干燥和清选后入库贮存。一般每亩的种子产量在60~80千克。

（二）育苗移栽采种法

育苗移栽采种，植株开花、结果期较春露地直播采种提早半个月左右，种子产量和质量相对较高。

1. 播种育苗

播种期较春露地直播采种提早15天左右，华北地区一般于2月上旬至3月上旬在阳畦或温室中播种育苗。

播种前，做好育苗床，施入基肥。一般采用条播，行距10厘米。播后覆土，浇水，覆膜。出苗后撤去薄膜。一般6~7天可出齐苗。苗期一般不需要浇水追肥，但具体情况要根据土壤及幼苗长势而定。当幼苗具有2片以上真叶时，结合除草适当间苗。

2. 整地做畦、定植

整地之前要施入基肥，施入量同埋头采种法的相关内容。按行距40厘米做好东西向小高垄，垄高13~15厘米。

结合气候条件，当幼苗长至高5~10厘米时即可定植于露地。在华北地区，一般于4月初定植。定植前1天，将育苗床浇透水，以免起苗时伤根过重。将茼蒿种株按穴距30厘米栽在垄沟的北侧，每穴栽4~5株。定植后及时浇定植水。

栽在垄沟的北侧是因为那里阳光充足，地温提高较快，有利于缓苗。另外，还可以随着种株的生长，进行分次培土，防止倒伏。

3. 采种田的管理

缓苗后，即进行控水蹲苗，以促使幼苗健壮生长，防止徒长。当主枝和侧枝初现花蕾时，进行浇水、施肥，并适当增施速效性磷、钾肥。施肥量同埋头采种法的相应内容。

为了多发枝，多开花，可在主枝现蕾时摘心，促进侧枝发育。

在6月下旬终花期前停止浇水，使植株的营养物质向种子输送，以便提高种子的饱满度和产量。

4. 种子采收

种子采种方法同埋头采种法相关内容。

（三）春露地直播采种法

露地直播采种，出苗晚，种株生长期短，花枝较细弱，花期和种子成熟期较晚，种子产量和质量不如埋头采种和育苗移栽采种。

该种方法采种技术与前两种的基本相同，只是播种期不同。华北地区春季露地直播采种，一般在3月上中旬播种。有时为了加快出苗，使出苗整齐一致，要适当进行浸种催芽处理。其方法是：在播种前3～4天，把种子放入20℃左右的水中浸泡24小时左右，捞出用清水冲洗掉杂物，控干种子表面的水分，用湿纱布包好，在15～20℃温度下催芽。催芽期间，每天检查种子并用清水投洗1次，防止种子发霉。当种子萌发“露白”时，即可播种。

制种地块的选择，整地做畦施肥播种以及田间管理、种子采收等可参照前两种方法进行。

第八章　藜科蔬菜（菠菜）良种繁育

菠菜（*Spinacia oleracea* L.）又名红根菜、波斯草等，是藜科菠菜属的一二年生草本植物。菠菜原产于亚洲西部古波斯（现伊朗一带），唐朝由尼泊尔作为贡品传入中国，已有2 000多年的栽培历史，目前全国各地都普遍栽培。

菠菜在适应不同气候条件、栽培方式的过程中，大致形成了两种类型的变种，通常按照叶形和种子（实际是果实）上刺的有无来划分。

（1）有刺种菠菜。通称“尖叶菠菜”，在我国广泛栽培，也叫中国菠菜。该类型菠菜叶片狭小而薄，叶端尖，叶柄长，呈戟形或箭形；“种子”有刺（果实外面的苞片），因此又称“刺籽菠菜”，果皮较厚。耐寒性强，耐热性较弱，对日照反应较敏感，在长日照下抽薹快，品质鲜美，产量低。适于晚秋和秋播越冬栽培，春播易抽薹。

（2）无刺种菠菜。通称“圆叶菠菜”，叶片宽大而肥厚，叶柄短，多卵圆形或椭圆形；“种子”无刺，果皮较薄。耐寒性较弱，耐热性强，对长日照感应不如尖叶类型敏感，春季抽薹较迟，风味较淡薄，产量高。适于春季和早秋栽培。

有刺种与无刺种菠菜杂交育成的品种，叶片近似箭形，大小居双亲之间，叶顶稍钝，叶肉肥厚，种子以无刺为主，也有的有刺，称为串菠菜。串菠菜耐寒，耐藏，丰产。

第一节　生物学特性

一、植物学特征

1. 根

菠菜有较深的主根，直根略粗稍膨大，上部紫红色，是养分的贮藏器官，味甜，可以食用。侧根不发达，不适于移栽。主要根群分布在地表深25～30厘米处。

2. 茎

营养生长期间为短缩茎，生殖生长期间花茎抽长，高66～100厘米，花茎柔嫩时可以食用。

3. 叶

抽薹以前菠菜的叶片簇生在短缩茎上，根出叶。叶型有圆叶和尖叶两种。圆叶菠菜叶大而肥，叶面光滑，卵圆形或戟形；尖叶菠菜叶片狭小而薄，戟形或箭形，先端锐尖或钝尖。菠菜的叶色深绿，质地柔软，叶柄细长，多肉质。

4. 花

菠菜的花为单性花，一般雌雄异株。雄花穗状花序，着生在花茎顶端或叶腋中，无花瓣，花萼4～5裂，雄蕊数和花萼片数相同。花药纵裂，花粉较多，黄绿色，轻而干燥，风媒花。雌花簇生在叶腋内，每叶腋有小花6～20朵，无花柄，或有长短不等的花柄；无花瓣。有雌蕊1个，柱头4～6个，花萼2～4裂，包被着于房，子房1室，内有胚珠1个。

5. 果实与种子

菠菜的果实为胞果，呈不规则圆形，内有1粒种子，被坚硬革质的外果皮包裹。种子发育时果实上有刺，刺的多少和形状因品种而异。内果皮木栓化，厚壁细胞发达，水分、空气不易透入，所以种子发芽比较缓慢。种子千粒重9.5～12.5克，每千克有刺种子约7.9万粒，无刺种子约10.5万粒。在一般贮藏条件下，种子可保存3～5年，以1～2年的种子发芽力强。

二、生长发育

菠菜的整个生长发育过程可分为两个阶段，即营养生长期和生殖生长期。

1. 营养生长期

营养生长期是指从菠菜播种、出苗，到将已分化的叶片全部长成为止。从播种出苗到2片真叶展开，菠菜植株在这一阶段的生长速度缓慢，但苗端叶原基分化迅速。当2片真叶展开以后，植株进入幼苗期，这时叶片的数量、叶面积和叶重迅速增长。大约在播种后30天左右，苗端花芽开始分化。随后，已分化的叶片陆续长出，叶片数不再增加，叶面积和叶重不断增长。菠菜营养生长期的长短、植株生长的速度和生长量，随生长期间的气候条件、品种类型不同而异。

2. 生殖生长期

从花芽分化到抽薹、开花、结实、种子成熟为生殖生长期。前期与营养生长期重叠，重叠时间的长短与气温高低、日照长短密切相关。在营养生长时期内，如果雌株生长健壮，光合作用强，积累养分多，则种株抽薹后侧枝多、花多，授粉受精后种子发育健壮，籽粒饱满。

三、生长发育对环境条件的要求

1. 温度

菠菜的抗寒性和适应性强。种子发芽的最低温度为4℃；最适温度为15～20℃，在适温下4天可发芽；温度过高，发芽率降低，发芽天数增多，35℃时，发芽率不到20%。因此高温季节播种时，种子要先放在冷凉环境中浸种催芽。叶片在日平均气温20～25℃时生长最好，叶片数和叶面积增长最快。成株可忍耐－10℃左右的低温。华北、东北、西北等地区的北部，冬季平均最低气温低于－10℃，只要设置风障或用秸秆等覆盖地面，菠菜即能安全越冬。耐寒力强的品种，具有4～6片真叶的植株，可耐短期－30℃的低温；甚至在－40℃的低温下，仅外叶受冻枯黄，根系和幼芽不受损伤。只有1～2片真叶的小苗和将要抽薹的成株，抗寒力差。

2. 光照

菠菜是典型的长日照型蔬菜。长日照是菠菜花芽分化的重要条件。在长日照条件下，即使不经受低温，也可分化花芽；在短日照条件下，低温有促进花芽分化的作用。

花芽分化后，花器的发育、抽薹和开花，均随温度的升高和日照时间的加长而加快。由此，在菠菜种子生产中可以利用这一特性，通过适当延长光照时间来促进花芽分化，进而缩短制种周期。

3. 水分

菠菜叶片柔嫩多汁，含水量为92%左右，叶面积大，生长过程中对水分的要求比较高。在空气相对湿度为80%～90%、土壤含水量为18%～20%的环境中，叶部生长旺盛，品质柔嫩，产量高。空气和土壤干燥时，叶部生长缓慢，组织老化，纤维增多，品质下降。特别是在温度高、日照时间长的季节，缺水使营养器官发育不良，生殖生长占优势，从而加速了抽薹，而且雄株数目超过雌株，对菠菜采种也会造成不利影响。但水分过多，土壤透气性不良，根系生长不良。

4. 土壤

菠菜对不同质地的土壤适应性强，可根据不同栽培季节选择适宜的土壤。砂壤土早春地温回升较快，菠菜越冬后返青快，采收早；壤土或黏质壤土保水、保肥性好，菠菜可以获得高产。但菠菜耐酸、耐碱能力弱，适宜微酸性至中性的土壤。在酸性土壤中，菠菜生长缓慢，严重时叶色变黄，叶片变硬，无光泽，不伸展；碱性土壤中，也生长不良，产量降低。

5. 营养

菠菜生长需要氮、磷、钾全肥，每生产100千克菠菜，需要吸收氮40克、磷20克、钾30～50克。但目前生产上以偏施氮肥为主，而忽视磷、钾肥的施用。缺氮不足，植株矮小，叶色发黄，叶片小而薄，纤维多，而且容易早抽薹；氮肥供应充足，叶部生长旺盛，产量高，品质好；但仅施氮肥的菠菜，与施氮、磷、钾肥料的菠菜相比，株高降低33.3%，单株重降低43.5%。缺硼时，菠菜心叶卷曲、失绿，植株矮小。

第二节　种株的开花结实习性

一、开花习性与花器构造

菠菜花芽分化，主要依赖于长日照条件，低温只起促进作用。在自然条件下，日照从10～14.8小时，日平均温度从0.2～24.9℃，均可促进分化花芽。

菠菜有三种不同性型的花朵：雄花、雌花和两性花。雄花和雌花常生长在不同的植株上，两性花一般着生在雌花占多数的雌雄同株的植株上。

1. 雄花

穗状花序，着生在花茎顶端或叶腋中，无花瓣，无雌蕊，仅由花萼和雄蕊组成。花萼4～5裂，裂片在雄蕊外侧展开。雄蕊4～5枚，与萼片对生，每个雄蕊有2个花药，花丝短。花药黄绿色，成熟时纵向开裂散粉，花药壁翻转散出黄色花粉；同一朵花的花药不是同时开裂，同一个花序或一簇内的花也是陆续开放的。花粉多、轻而干燥，可随风飘落到很远的地方，是典型的风媒花。花粉直径25.8～38.7微米。

2. 雌花

簇生在叶腋中，每簇的花数为2～20朵。无花柄或有长短不等的花柄，无花瓣，无雄蕊，仅由花萼和雌蕊组成。花萼2~4裂，裂片包被着子房。子房单生没有花柱，但有丝状柱头4~6个，其上有许多柔软的小突起，接受花粉的能力可保持15~20天。子房只有一个心室，内含一个胚珠，受精后结一粒种子，包在由花萼和子房壁形成的果皮之中，即成为一个“胞果”，从花萼上伸出2~4个角状突起，形成“刺”，也有的不生“刺”。

3. 两性花

极少见，有雄蕊、雌蕊，无花瓣。有的花萼开展，近似雄花；有的花萼包被子房，近似雌花。有1~3个雄蕊，柱头和花药都从花萼顶端伸出，雄蕊先熟。

二、菠菜植株性型

菠菜植株性型通常有4种。

1. 绝对雄株（极端雄株）

植株上只有雄花而无雌花，雄花集中在花茎顶端。其特点是植株较矮小，抽薹开花早，无明显分枝，花枝叶片小，花的数量极多。花期短，常在雌花开花前谢花，在田中极易识别，采种田中应尽早拔除。有刺种菠菜绝对雄株较多。

2. 营养雄株

植株也只有雄花，簇生在茎生叶叶腋内。但其特点是植株较高大，花枝上叶片较肥大，抽薹开花较迟，花期长，是制种过程中花粉的主要供给者。无刺种营养雄株较多。

3. 雌雄同株

植株既有雄花又有雌花，有时也出现两性花，能结籽，后代仍为雌雄同株。基生叶与茎生叶发育良好，抽薹开花较迟。依雌花和雄花的比例又有几种情况：雄花较多或雌花较多，或者两类花数相近，也有早期发生雌花后期发生雄花的植株。

4. 纯雌株（雌性株）

植株仅生雌花，簇生在叶腋内。其特点是植株高大，基生叶与茎生叶发育良好，抽薹开花迟，分枝较多，是主要的采种株型。在菠菜自然群体中雌雄株的比例大致为1∶1。

三、结实习性

菠菜为异花授粉作物，花粉靠风传播，即使为两性花，也会因为雄蕊先于雌蕊成熟而很少发生自花授粉，但若异花授粉仍可以受精结籽。种子生产中必须远距离隔离。

菠菜果实为聚合果，也就是“胞果”，每个果内含种子1粒。一般所说的“种子”实际上是果实，种皮革质，水分和空气不易透入，较难发芽。千粒重有刺种12.5克左右，无刺种9.5克左右。

第三节　采种方式与繁育制度

一、采种方式

1. 秋播老根采种法

秋季适时播种，以4~8片真叶的大苗露地越冬，翌年春季气温回升后抽薹、开花、

结籽。此法由于经历了严冬条件下的自然选择，能够淘汰掉群体中抗寒性较差的个体，有利于保持原品种抗寒的种性。另外，由于植株抽薹时营养体较大，花薹分枝多，开花结籽量大，种子籽粒饱满，发芽率高，因而此种方法成为菠菜种子生产过程中最为主要的途径，无论是原种种子的生产还是生产种的生产，常采用此法。

2. 冬播埋头采种法

入冬后土壤即将封冻时播种，以萌动状态的种子在土壤中越冬，翌年春季气温回升后陆续出苗，进行营养生长。日照长度适宜时进行花芽分化，进而抽薹开花结籽。此种方法由于抽薹时植株营养体比秋播老根种株小，花薹分枝少，开花结籽量小，产量低。另外，埋头采种不利于品种抗寒性的保持，故只能用作生产种生产时采用，不可用于原种种子的生产。

3. 春季露地直播采种法

早春露地直播，出苗后经过短暂的营养生长便抽薹开花结籽。此种方法由于种株抽薹时营养体过小，主花薹低矮瘦弱，多不分枝，所以种子产量很低且质量较差。同埋头采种一样，因无法对种株的抗寒性进行鉴定选择，所以连续的春播采种必然导致品种抗寒性的退化。故此种方法不可用于原种的生产，只能在非越冬用品种的生产种生产中作为辅助性采种方式有限制地采用。

二、繁育制度

目前，生产上利用的菠菜品种有常规品种，也有利用雌株系或自交系配制的杂交种。无论是常规品种还是杂交种，其在良种繁育过程中都要遵循特定的程序。菠菜种子的生产多采用原种（或亲本）—生产种（或杂交种）二级种子生产程序，其过程如图8－1所示。

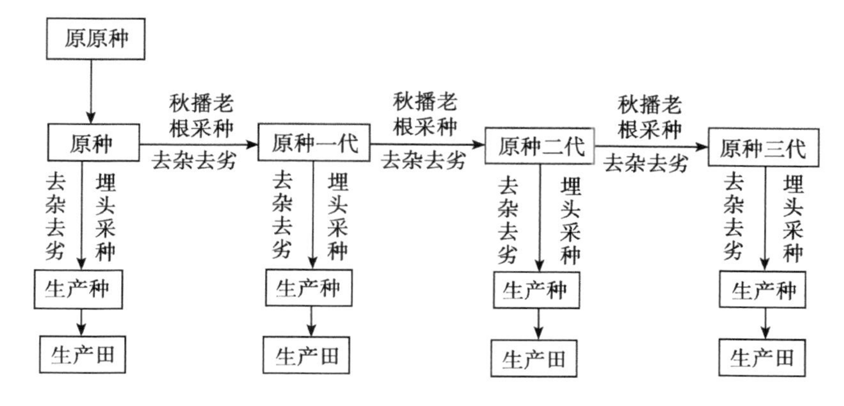

图8－1　菠菜原种—生产种二级种子生产程序

第四节　杂种一代种子的生产

菠菜常规品种种子的生产在栽培技术上与杂种一代种子的相似，原种的生产相当于杂交亲本的生产，生产种的生产相当于杂交种的生产。因此在这里只对杂种一代种子的生产技术加以阐述。

菠菜具有明显的杂种优势，尤其是在有刺种与无刺种间的一代杂种优势更明显。但由于菠菜花器小，每朵花结籽量少，单位面积播种量又较大，所以人工杂交制种工作量大，无实际应用价值。目前，菠菜的杂交制种多数利用雌株系制种或利用两个配合力高的普通品种雌株与雄株制种，包括亲本繁殖和杂交一代的制种两个方面。

亲本繁殖需要两个隔离区，一个是雌株系及其保持系的繁殖区，另一个是父本系的繁殖区，这两个繁殖区要隔离2 000米以上。亲本繁殖多采用秋播老根越冬采种法，即在第一年秋季播种，培养成大苗露地越冬，第二年抽薹、开花、结实。这种方法能根据植株的生长情况去杂去劣，有利于品种耐寒性的保持，种子质量好。

杂一代种子生产需要专门的制种区，与其他菠菜栽培区和亲本繁殖区要至少隔离1 000米以上。为降低成本，一般采用冬播埋头采种法，在第一年入冬后土壤即将封冻时播种，以萌动状态的种子在土壤中越冬，第二年春季出苗生长，不形成大苗就抽薹、开花、结实。

一、采用秋播老根越冬采种法进行亲本繁殖

1. 播前准备

菠菜秋播老根越冬采种田占地时间较长，植株生长对土壤养分的消耗较大，因此首先要选择土壤肥沃疏松、腐殖质多、保肥蓄水、排灌方便的砂壤土或壤土地块；其次要施用充足的优质基肥，基肥不足，则幼苗生长细弱，耐寒力差，容易越冬死苗，返青后营养生长缓慢，抽薹早，种子质量低。菠菜采种多以大架番茄、青椒、菜豆、豇豆、南瓜、冬瓜等为前茬，前茬收获后及时清理枯枝落叶，亩施充分腐熟的农家肥5 000千克，深翻，整地，做平畦，畦宽1.6～1.7米。

选用头年秋播、第二年采收的种子。菠菜种子外果皮较硬，内果皮木栓化，厚壁组织发达，种子透水透气性差，干籽播种后出苗慢，最好在播前进行浸种催芽。可先用木棒等敲打种子，使外果皮破裂；之后用清水浸泡12～24小时，捞出沥干，用湿布包好，置于15～20℃温度下催芽，每天须用清水洗1次，3～4天露出胚芽后即可播种。

2. 适时播种

我国北方地区，菠菜的适宜播期在9月中下旬，到越冬前有40～60天的生长期。越冬前幼苗能长出5～8片真叶，主根10厘米左右，可以安全越冬。播种过晚，停止生长时仅有1～2片小叶，越冬死苗多，而且叶原基分化少，叶片生长期短，抽薹时种株营养体明显较小，种子产量、质量显著下降；播种过早，越冬前长成大苗，因外叶衰老，越冬期间干枯脱落较多，早春返青后又因根系吸水不足，外叶继续干枯脱落，也不

利于产种量的提高。

采种田一般采取开沟条播、稀播，沟距为20～25厘米。在一个繁殖区内，将雌株系与保持系按3～5∶1的行数比，相间条播。另一个繁殖区内只需条播父本系。播种方法有干播和湿播两种。干播法是先播种后盖土，用脚踩镇压，之后耙平灌水；湿播法是先灌水，水下渗后铺一薄层底土，播种后盖土。一般播种深度2～3厘米，每亩用种量4～5千克。

3. 加强管理，培育大苗

菠菜在土壤相对含水率为70%～80%的条件下生长良好。菠菜播种后要保持土壤有适宜水分，如出苗期间水分不够应灌1次水。齐苗后应适当控水，促使根系发育。2片真叶后间苗，苗距10厘米左右。间苗后轻补一次水，并结合灌水追肥一次，亩施硫酸铵10～15千克或尿素5～10千克，加速幼苗生长。以后根据幼苗生长及土壤湿度状况适当灌水。苗期还应及时除草，中耕松土，促进根系生长。

4. 防寒保墒，安全越冬

从停止生长到第二年春季返青，菠菜越冬期长达80～120天，一定要做好防寒保墒，使幼苗安全越冬，防止死苗。越冬前一定要灌冻水，时间以土壤表面夜间冻结，次日中午能融化为最适。具体时间因不同地区和年份而异，早在“立冬”前后，晚在“冬至”前后。灌水量应掌握水分充足但在短时间内可渗完为原则。灌冻水可防根系受冻，维持地温稳定。灌冻水的同时顺水施入腐熟的人粪尿，每亩1 000～1 500千克。水肥可供第二年返青时用，还可使土壤结构疏松。另外，趁早晨地冻时可在地面盖一层细土或土粪，起到弥缝护根和保墒作用。

在菠菜北面设立风障，可以使土壤提前解冻，达到防寒、提前返青的目的。若在返青时或土壤解冻时降雪，应尽快清扫，以免雪融化后水分不能下渗而冻结，影响根系呼吸，或土壤反复冻化，使根系断裂，造成菠菜死亡。

5. 翌春返青后的田间管理

菠菜返青后，在气温趋于稳定，土壤化冻深度达25～30厘米后，心叶仍暗绿无光泽时，若表土干燥应灌一水。灌水的同时追肥一次，亩施硫酸铵或尿素15～20千克。之后定苗，使株距保持在20～25厘米，并结合定苗去杂去劣，拔除发育瘦弱、株丛较小、不符合本品种典型性状的植株。

随着气温升高，植株生长加快。一直到抽薹以前，应适当控制灌水施肥，以防植株徒长而延迟抽薹，或使花薹细弱而倒伏，降低种子产量和质量。期间应淘汰掉全部抽薹早和经济性状差的植株。

当部分植株开始抽薹即进入抽薹初期，开始灌水，并结合灌水每亩施用尿素10千克左右，使种株多发生侧枝。花蕾伸长后再去劣一次，拔除绝对雄株、部分抽薹较早或生长不良的营养雄株和雌雄同株的植株。即将进入盛花期前，每亩追施氮磷钾复合肥15～20千克，先后在叶面喷施0.1%～0.2%磷酸二氢钾溶液2～3次，并增加灌水，促进籽粒饱满。花期过后将全部营养雄株全部拔除，使通风良好，光照充足，利于种子发育。种子成熟期减少灌水。

6. 及时采种

菠菜果实外面的果皮，随成熟度的增加而变厚变硬。过度老熟的种子，发芽率降低，而且容易脱落和遭受麻雀为害，要及时采收。一般约在7月份收获，当较晚成熟的种株茎叶有一半开始变黄、果实呈现黄绿色时，就应该齐地面割下。

从雌株系上收获的种子仍为雌株系，从保持系上收获的种子仍为保持系，从父本系上收获的种子仍为父本系。采收后要把种株晾晒几天，进行后熟，促使茎叶中的养分向籽粒转移。待种株充分干燥后，在帆布或篷布上用碾子压碾或用脱粒机脱粒。然后风选2～3次，净选后的种子再晒3～4天，含水量达到8%左右时即可装袋贮藏。注意雌株系、保持系、父本系种子要严格分别采收、晾晒和贮藏，以免发生机械混杂。每亩可收种子150～200千克。

二、采用冬播埋头采种法生产杂种一代

1. 严格播期，适时播种

冬播埋头菠菜采种法对播期要求严格。早播，土壤温度高，种子冬前发芽出土，抗寒性弱，容易冻死；晚播，土壤已经上冻，播种质量差，第二年春季出苗不整齐。日平均气温下降到2～4℃时是适宜的播种时期，最迟可在夜冻日消时播种。华北地区多在11月中旬播种。

杂种一代制种区要与其他菠菜栽培、亲本繁殖区严格隔离1 000米以上。将雌株系和父本系按8～10：1的行数比条播于制种区内。播前整地、做畦、开沟，沟距15～20厘米。干籽播种，播种深度3厘米左右，播后镇压。每亩用种量7～8千克。

2. 翌春出苗，加强管理

冬播埋头菠菜以萌动状态的种子在土壤中越冬；待第二年春季地温回升后，种子缓慢发芽；土壤解冻后，种子萌芽出土，继续生长。因此，越冬期间要防止人畜践踏，以免影响春季出苗。早春土壤化冻2～3厘米时耙耧畦面，以保持墒情，提高地温，利于发芽。长出3～4片真叶后灌第一水，并顺水追肥，亩施硫酸铵10～15千克，促进叶片快速生长。之后控水蹲苗，中耕松土，促进花芽分化。期间适当间苗，株距10～15厘米，并结合间苗严格去杂去劣。在母本行中雌株开花以前，将所有能产生花粉的绝对雄株、营养雄株及雌雄同株彻底拔除干净，仅保留雌株；同时将父本行内的绝对雄株、两性株也要拔除干净而只保留生长健壮的营养雄株，以后任其自由传粉。抽薹开花后管理同亲本繁殖。花期过后，也将父本系植株全部拔除，有利于改善雌株系的通风透光条件，利于种子发育成熟。

3. 严格分行，适时采收

与秋播老根越冬菠菜采种法相比，冬播埋头菠菜种子成熟晚半个月，且种子较小。一般在7月下旬8月上旬采收，没有提前拔除父本系植株的要严格分行采收、脱粒。这样从雌株系上采收的种子即为一代杂种，供生产上使用；从父本系上采收的种子仍为父本系，可供下年配制一代杂种及父本系繁殖使用。

三、利用自交系杂交制种

在严格隔离的杂交制种田中，将父母本植株按1：6～8的比例分行播种。抽薹开花时分别拔除父本行中的雌株以及母本行中的雄株，尤其是母本行中的雄株必须严格及时鉴别去除，否则一旦散出花粉将会影响一代杂种纯度。然后任其自然授粉，母本株谢花后可以将父本雄株全部拔除，这样从母本雌株上收获的种子即为一代杂种。利用自交系杂交制种可采用秋播老根越冬菠菜采种法，也可采用冬播埋头菠菜采种法。其余管理相同。

后 记

本书在编写的过程中直接或间接地参考和引用了有关专家学者的学术研究成果，在此向原作者致以深切的谢意！本书在出版的过程中得到了赵赟同志的热情支持和大力帮助，在此向他表示衷心的感谢！另外，也对卫晶晶、王月清、白莹、祁彩霞等同学对本书的认真校对表示衷心的感谢！

主要参考文献

1. 赵国余．蔬菜种子学．北京：北京农业大学出版社，1989
2. 吴淑芸，曹晨兴．蔬菜良种繁育原理与技术．北京：中国农业出版社，1995
3. 陈世儒．蔬菜种子生产原理与实践．北京：中国农业出版社，1993
4. 余文贵．蔬菜良种繁育与杂交制种技术．南京：江苏科学技术出版社，1996
5. 于志章，程智慧，郭莫盈．蔬菜种子生产原理与技术．陕西：天则出版社，1990
6. 山东农业大学主编．蔬菜栽培学各论（北方本）．北京：中国农业大学出版社，1999
7. 何启伟，郭素英．十字花科蔬菜优势育种．北京：中国农业出版社，1993
8. 曹家树，申书兴．园艺植物育种学．北京：中国农业大学出版社，2002
9. 沈火林，乔志霞．瓜类蔬菜制种技术．北京：金盾出版社，2004
10. 张鲁刚．白菜甘蓝类蔬菜制种技术．北京：金盾出版社，2004
11. 巩振辉，张菊平．茄果类蔬菜制种技术．北京：金盾出版社，2004
12. 沈火林，李昌伟．根菜类蔬菜制种技术．北京：金盾出版社，2004
13. 宋元林，王倩．大白菜 白菜 甘蓝．北京：科学技术文献出版社，1999
14. 马德伟．西葫芦保护地栽培技术．北京：金盾出版社，1997
15. 任华中．番茄高产优质栽培实用技术．北京：中国林业出版社，1995
16. 高援献．番茄、茄子栽培技术．北京：中国盲文出版社，1999
17. 戴雄泽．辣椒制种技术．北京：中国农业出版社，2000
18. 徐毅．杂交辣椒育种与高效益栽培．南昌：江西科学技术出版社，1999
19. 王长林．茄果类蔬菜高产优质栽培技术．北京：中国林业出版社，2000
20. 姚元干．茄子新品种与优质高产栽培．北京：中国农业科学技术出版社，1993
21. 宋元林．萝卜 胡萝卜 牛蒡．北京：科学技术文献出版社，1998
22. 宋元林．芹菜、莴苣、菠菜．北京：科学技术文献出版杜，1998
23. 杨力，张民．大葱、圆葱优质高效栽培．济南：山东科学技术出版社，2006
24. 于继庆．芦笋栽培及加工新技术．北京：中国农业出版社，1996
25. 张福墁．生菜（叶用莴苣）高产优质栽培实用技术．北京：中国林业出版社，1995
26. 孙胜，李连旺，张智．发根农杆菌 Ri 质粒转化要用植物研究综述．山西农业大学学报（自然科学版），2005，25（5）：131～134
27. 孙胜，张智，曲亚明．嫁接对冬春茬茄子果实营养品质的影响．中国农学通报，2007，23（3），336～338
28. 卢敏敏，孙胜．镉胁迫对小型西瓜幼苗生长及脂膜过氧化的影响．山西农业科学，

2008，36（12）：64～66
29. 孙胜，张智，卢敏敏，邢国明．镉对小型西瓜幼苗生长及光合特性的影响．农业与技术，2009，29（3）：39～42
30. 孙胜，田永生，冷丹丹，王宇，邢国明．不同砧木对西瓜嫁接苗耐寒性的影响．生态学杂志，2009，28（8），1561～1566
31. 孙胜，田永生，冷丹丹，李先得，袁世连，邢国明．不同砧木对嫁接西瓜经济产量及叶片矿质营养含量的影响．植物营养与肥料学报，2010，16（1）：179～184
32. 孙胜，张智，卢敏敏，邢国明．镉胁迫对西瓜幼苗光合特性及脂膜过氧化的影响．核农学报，2010，（2）：43～46
33. 宋敏丽．嫁接栽培对茄子生长发育的影响．太原师范学院学报（自然科学版），2006，3：121～124
34. 宋敏丽．嫁接栽培对茄子黄萎病抗性及产量的影响．华北农学报，2006，2：124～126
35. 宋敏丽，王俊华，赵岳平．无公害蔬菜生产的技术措施．太原师范学院学报（自然科学版），2005，3：85～87
36. 李砧，宋敏丽．蔬菜的科学施肥．太原师范学院学报（自然科学版），2003，4：85～87
37. 宋敏丽．生物技术在蔬菜育种中的应用．改革先声，2001，7：45
38. 宋敏丽．绿色蔬菜及其生产技术要点．改革先声，2001，6：55
39. 薛义霞，李亚灵，温祥珍．高架床立体无土栽培技术．农村实用工程技术・温室园艺，2003（1）：13～14
40. 薛义霞．我国蔬菜无土育苗技术研究进展．陕西农业科学，2003（3）：33～35
41. 薛义霞．设施园艺作物的立体栽培模式．内蒙古农业科技，2005（6）：24～26
42. 薛义霞，栗东霞，李亚灵．番茄叶面积测量方法的研究．西北农林科技大学学报（自然科学版），2006，34（8）：116～120
43. 薛义霞，李亚灵，温祥珍．空气湿度对高温下番茄光合作用及坐果率的影响．园艺学报，2010，37（3）：397～404
44. 薛义霞，李亚灵，温祥珍．空气湿度对高温下番茄营养生长的影响．西北农业学报，2010（4）：215～220
45. 郭尚，张作刚．不同授粉时间对西瓜坐果的影响．中国瓜菜，2009（2）：24～25
46. 郭尚，王秀英．不同因素对西瓜花粉生活力的影响．华北农学报，2006，21（3）：91～94
47. 冯丽萍，郭尚，王秀英，田志刚．高寒地区大叶芫荽制种技术．中国种业，2004（7）：35
48. 郭尚，王秀英，焦彦生．晋北胡萝卜优质高产制种技术．中国种业，2004（4）：45～46
49. 王秀英，巫东堂，赵军良，李改珍，郭尚．影响大白菜游离小孢子培养因素的研究．中国瓜菜，2009（2）：10～12

50. 韩志平，郭世荣，朱国荣等．砧木对嫁接西瓜生长发育、产量和品质的影响．中国蔬菜，2006，（2）：22～23
51. 韩志平，郭世荣，冯吉庆等．盐胁迫对西瓜幼苗生长、叶片光合色素和脯氨酸含量的影响．南京农业大学学报，2008，31（2）：32～36
52. 韩志平，郭世荣，焦彦生等．盐胁迫对西瓜幼苗生长和光合气体交换参数的影响．西北植物学报，2008，28（4）：745～751
53. 韩志平，郭世荣，李娟．不同西瓜品种在盐胁迫下的生长与生理响应及其聚类分析．江苏农业学报，2008，24（6）：888～895
54. 樊怀福，郭世荣，张润花，韩志平．外源 NO 对 NaCl 胁迫下黄瓜幼苗生长和根系膜脂过氧化作用的影响．生态与农村环境学报，2007，23（1）：63～67